TURING 图灵原创

Go语言设计与实现

左书祺（@Draven）著

人民邮电出版社
北 京

图书在版编目(CIP)数据

Go语言设计与实现 / 左书祺著. -- 北京 : 人民邮电出版社, 2021.11(2024.5重印)
(图灵原创)
ISBN 978-7-115-57661-3

Ⅰ. ①G… Ⅱ. ①左… Ⅲ. ①程序语言—程序设计 Ⅳ. ①TP312

中国版本图书馆CIP数据核字(2021)第213405号

内 容 提 要

本书基于在读者之间广为传阅的同名开源电子书《Go 语言设计与实现》，是难得一见的 Go 语言进阶图书。

书中结合近 200 幅生动的全彩图片，配上详尽的文字剖析与精选源代码段，为读者奉上了异彩纷呈、系统完善的 Go 语言解读。本书内容分为 9 章：调试源代码、编译原理、数据结构、语言特性、常用关键字、并发编程、内存管理、元编程和标准库，几乎涵盖了 Go 语言从编译到运行的方方面面。书中的代码片段基于 Go 1.15。通过阅读本书，读者不仅能够深入理解 Go 语言的实现细节，而且可以深刻认识设计背后的原理，同时提升阅读源代码的技能。

本书适合所有 Go 语言工程师，以及有其他语言基础、想深入理解 Go 语言的开发者，此外，本书也适合作为 Go 语言培训参考书。

◆ 著　　　　左书祺(@Draven)
　责任编辑　刘美英
　责任印制　周昇亮
◆ 人民邮电出版社出版发行　　北京市丰台区成寿寺路11号
　邮编　100164　　电子邮件　315@ptpress.com.cn
　网址　https://www.ptpress.com.cn
　北京九州迅驰传媒文化有限公司印刷
◆ 开本 : 800×1000　1/16
　印张 : 26.25　　　　2021年11月第1版
　字数 : 620千字　　　2024年5月北京第9次印刷

定价 : 139.80元

前　言

Go 语言的历史和现状

Go 语言诞生于 2009 年，发展到今天已经有十多年历史了。在 Go 语言诞生之前，大多数公司会选择 C 和 C++ 作为系统编程语言。这两门语言虽然历史悠久，但是它们的开发和编译速度一直为人诟病；语言本身工具链的不完善也让开发体验非常糟糕。与此同时，随着计算机硬件的发展，多线程编程变得越来越普遍，已有的多数编程语言在使用线程能力时很烦琐。在这种情形下，一门开发和编译速度快、具有优异的现代工具链并且原生支持多线程编程的语言被谷歌的开发者带到了台前。

Go 语言的出身让其从诞生之初就广受关注。它的三位主要创始人 Robert Griesemer、Rob Pike 和 Ken Thompson 选择了极其简单的设计，对编程稍微有些经验的开发者就能在短时间内快速上手，其内置的 Goroutine 和 Channel 等特性也可以让开发者轻松利用机器上的多个 CPU。虽然 Go 语言本身的出身和设计都堪称优秀，但是这门语言要想走进更多人的视野，被广大开发者熟知，仍然需要一些契机。2010 年前后，容器技术作为基础设施开始登上历史舞台。2013 年，Docker 作为明星级容器开源项目发布，随后成为 Go 语言发展的重要助推器。Docker 社区选择 Go 作为开发语言让更多人看到了这门语言并认识到：Go 有足够的能力实现生产级的应用程序。

目前，随着容器和云原生的大热，Go 语言在国内外社区越来越受欢迎——Kubernetes、etcd 和 Prometheus 等著名开源框架都是使用 Go 语言开发的；近年来热门的微服务架构和云原生技术也为 Go 语言社区注入了新活力。

Go 语言吉祥物 Gopher[①]

我的 Go 语言之路

在当前的日常开发工作中，我使用的主力编程语言就是 Go。虽然 Go 语言没有 Lisp 系语言的开

① Renee French，CC BY-SA 3.0（本书内文出现的所有 Gopher 的设计者为艺术家 Renee French，封面上的 Gopher 也参考了 Renee 的设计）。

发效率和强大的表达能力，却是一门非常容易使用并且适合大规模运用的工程语言，这也是我学习和使用 Go 语言的主要原因。

我刚接触编程还是上初中那会儿。那时我沉迷于游戏，为了转移我的注意力，父母想办法弄来了 C 语言的编程书。初次接触编程确实令人震撼——能够在一个黑框里操作计算机完成特定指令是一件看起来很神奇的事情。

上大学之后我学习了 iOS 客户端开发。那时候使用 Objective-C 在手机上编写小程序是相当有成就感的事情。大学四年，除了学习客户端开发，我还学习了几种编程语言，比如 Ruby、Lisp、Haskell 等。我到今天都非常喜欢 Ruby，也深深地被 Ruby 社区所影响。

我是从 2018 年才真正开始学习和使用 Go 语言的。说实话，刚开始接触 Go 语言，我是有些排斥和拒绝的，曾经一度认为 Go 语言中 GOPATH 的设计非常诡异——毕竟有使用 Ruby 的“快乐编程”经历在先，一开始很难接受设计如此“简陋”的语言。当时，我对 Go 语言的总体认知是：简单的语法导致表达能力低下，并且严重影响了开发效率。

然而，随着对 Go 语言的深入学习和理解，我的观念发生了质的改变。正是因为 Go 语言的简单性，它编写的应用程序相对容易维护，哪怕是对这门语言不熟悉的开发者，也大概率能写出让其他人看得懂的代码。而我一直认为，写出易于维护的代码是一件极其艰难的工作，我们应该珍惜每一位能够写出易于测试、易于维护的代码的工程师。

Go 语言不是一门完美的编程语言，它在选择使用运行时解决调度和内存管理等问题的同时，一定会放弃执行上的部分性能。事实上，它的性能也确实无法与 C++ 匹敌。但它可以在保证性能的前提下，利用内置的代码格式化工具、依赖管理工具以及更快的编译速度解放工程师的生产力，让大家有更多时间思考业务逻辑，而不是如何管理依赖和编译程序。

虽然目前 Go 语言还有很多问题，但是其本身以及周边工具的不断完善、社区活力的不断提升，都让我坚定地认为这门语言未来的发展会越来越好。

写作缘由

目前市面上分析 Go 语言实现的图书较少，其中多数偏重于 Go 语言的基础和实战。分析 Go 语言实现的博客不在少数，但它们存在以下两个问题：

- 大量博客成段展示源代码的实现细节，没有深入剖析背后的原理，可读性较差；
- 少量博客的质量较高，对 Go 语言的一些模块讲解得比较深入，但不够系统，无法形成足够丰富、完整的内容。

除了上述两个原因，我认为，阅读 Go 语言源代码和理解 Go 语言发展史是帮助我们深入理解 Go 语言最有效的途径。本书致力于将这一途径变得更高效。

本书基于我的开源电子书《Go 语言设计与实现》，是我深入学习 Go 的过程中对这门语言底层设计与实现原理的全部心得与体会。不少读者见证了电子书的诞生过程，其间大家一起学习，一起讨论。回复大家的问题一方面帮助我个人精进了 Go 语言知识，另一方面还纠正了内容中的不少细节问题。借着纸质书出版的机会，感谢大家！

写作理念

在讲解语言设计与实现的书中，这本可能是你见过的最易读的图书之一。本书的写作遵循以下理念，以期竭尽所能为大家提供高质量的内容和良好的阅读体验。

- 以图配文：全书包含近 200 幅全彩配图，核心知识点以源代码 + 解释文字 + 配图的方式展示。色彩丰富和清晰明了的配图能够提供更多上下文，帮助大家快速理解不同模块之间的关系和作用，进而深刻理解 Go 语言的实现细节。
- 精简源代码：删减源代码中的无关细节，精准分析核心代码的实现逻辑，帮助大家翻越阅读 Go 语言源代码的障碍。
- 注重演进：分析 Go 语言社区中贡献者对相关特性的讨论，并通过追踪提交了解代码的更新过程，一言以蔽之，通过历史的演进和社区讨论剖析设计背后的决策和原因，让大家知其然，更知其所以然。

主要内容

本书共计 9 章内容：调试源代码、编译原理、数据结构、语言特性、常用关键字、并发编程、内存管理、元编程和标准库，几乎涵盖了 Go 语言从编译到运行的方方面面。书中的代码片段基于 Go 1.15。大家可以按照准备工作、基础知识、核心知识和进阶知识的顺序来学习。下面以表式思维导图的方式展示了本书的主要内容。

Go语言设计与实现

准备工作	基础知识	核心知识	进阶知识
第 1 章 调试源代码 1.1 Go语言源代码 1.2 编译源代码 1.3 中间代码 1.4 小结	第 3 章 数据结构 3.1 数组 3.2 切片 3.3 哈希表 3.4 字符串	第 6 章 并发编程 6.1 上下文 6.2 同步原语与锁 6.3 计时器 6.4 Channel 6.5 调度器 6.6 网络轮询器 6.7 系统监控	第 8 章 元编程 8.1 插件系统 8.2 代码生成
第 2 章 编译原理 2.1 编译过程 2.2 词法分析和语法分析 2.3 类型检查 2.4 中间代码生成 2.5 机器码生成	第 4 章 语言特性 4.1 函数调用 4.2 接口 4.3 反射	第 7 章 内存管理 7.1 内存分配器 7.2 垃圾收集器 7.3 栈空间管理	第 9 章 标准库 9.1 JSON 9.2 HTTP 9.3 数据库
	第 5 章 常用关键字 5.1 for 和 range 5.2 select 5.3 defer 5.4 panic 和 recover 5.5 make 和 new		

各章内容简单介绍如下。

- **第 1 章 调试源代码**：介绍调试和编译 Go 语言源代码和中间代码的方法。
- **第 2 章 编译原理**：按照从词法分析、语法分析、类型检查、中间代码生成到机器码生成的顺序，介绍 Go 语言源代码的编译过程，为我们理解 Go 语言关键字和语言特性的实现打下基础。
- **第 3 章 数据结构**：介绍 Go 语言中最常见的容器数据结构，其中包括数组、切片、哈希表和字符串，会深入介绍切片的复制和扩容、哈希表的读写以及字符串的拼接等常见操作。
- **第 4 章 语言特性**：介绍 Go 语言中的函数调用惯例、接口的实现原理、反射的三大法则以及具体实现。
- **第 5 章 常用关键字**：介绍使用 Go 语言常用关键字时会遇到的一些现象，从编译原理和运行时两个角度分析它们的具体实现。
- **第 6 章 并发编程**：介绍 Go 语言并发编程中常用的结构和概念，例如上下文、同步原语、计时器、Channel 和调度器等。
- **第 7 章 内存管理**：内存管理是编程语言的重要组成部分，本章会分别介绍堆空间和栈空间的内存管理，前者会从内存分配器和垃圾收集器两个维度介绍。
- **第 8 章 元编程**：介绍 Go 语言的元编程能力，教大家通过插件系统和代码生成达到使用更少代码实现更多功能的目的。
- **第 9 章 标准库**：介绍 Go 语言的常见标准库，涉及 JSON 解析、HTTP 请求和响应处理、数据库操作，通过学习标准库了解 Go 语言更多的使用技巧。

通过阅读本书，读者不仅能够深入理解 Go 语言的实现细节，而且可以深刻认识设计背后的原因，同时提升阅读源代码的技能。

目标读者

- 学过 Go 语言、想要理解其背后设计与实现的开发者；
- 有过其他语言开发经验、想要学习 Go 语言的开发者。

互动与勘误

如果你对本书内容有疑问，可通过图灵社区本书主页[①]提交勘误；如果想跟我互动，可以前往开源电子书《Go 语言设计与实现》官方博客 draveness.me/golang/ 的对应章节留言，我会尽快回复。

---

① 请见：ituring.cn/book/2911。

目录

第1章　调试源代码

本书的目的不仅仅是从理论层面介绍 Go 语言的设计，还要深入 Go 语言的源代码逐行分析其实现原理。而各位要想理解 Go 语言的实现原理，动手实践是必不可少的工作，也就是调试 Go 语言源代码。

本章主要介绍调试 Go 语言源代码的方法，其中包括如何修改和编译源代码与中间代码的生成两部分。

1.1　Go 语言源代码

作为开源项目，Go 语言的源代码很容易获取。Go 语言有着非常复杂的项目结构和庞大的代码库，今天的 Go 语言中差不多有 150 万行源代码，其中包含将近 140 万行的 Go 语言代码。我们可以使用如下命令查看项目中代码的行数：

```
$ cloc src
    5988 text files.
    5875 unique files.
    1165 files ignored.

github.com/AlDanial/cloc v 1.78  T=6.96 s (693.7 files/s, 274805.2 lines/s)
-------------------------------------------------------------------------------
Language                     files          blank        comment           code
-------------------------------------------------------------------------------
Go                           4199         139910         221375        1398357
Assembly                     486          12784          19137         106699
C                            64             718            562           4587
JSON                         12               0              0           1712
...
-------------------------------------------------------------------------------
SUM:                         4828         154344         242395        1515787
-------------------------------------------------------------------------------
```

随着 Go 语言的不断演进，整个代码库也会随着时间不断变化，所以上面的统计结果每天都会有所不同。虽然该项目有着庞大的代码库，但要调试 Go 语言也不是不可能，只要我们掌握合适的方法并且对 Go 语言的标准库有一定了解即可。下面介绍一些编译和调试 Go 语言的方法。

1.2 编译源代码

假设我们想修改 Go 语言中常用方法 fmt.Println 的实现，实现如下所示的功能：在打印字符串之前先打印任意其他字符串。我们可以将该方法的实现修改成如下所示的代码片段，其中 println 是 Go 语言运行时提供的内置方法，它不需要依赖任何包即可向标准输出打印字符串：

```
func Println(a ...interface{}) (n int, err error) {
    println("draven")
    return Fprintln(os.Stdout, a...)
}
```

当我们修改了 Go 语言的源代码项目后，可以使用仓库中提供的脚本来编译生成 Go 语言的二进制文件以及相关工具链：

```
$ ./src/make.bash
Building Go cmd/dist using /usr/local/Cellar/go/1.14.2_1/libexec. (go1.14.2
darwin/amd64)
Building Go toolchain1 using /usr/local/Cellar/go/1.14.2_1/libexec.
Building Go bootstrap cmd/go (go_bootstrap) using Go toolchain1.
Building Go toolchain2 using go_bootstrap and Go toolchain1.
Building Go toolchain3 using go_bootstrap and Go toolchain2.
Building packages and commands for darwin/amd64.
---
Installed Go for darwin/amd64 in /Users/draveness/go/src/github.com/golang/go
Installed commands in /Users/draveness/go/src/github.com/golang/go/bin
```

./src/make.bash 脚本会编译 Go 语言的二进制文件、工具链以及标准库和命令并将源代码和编译好的二进制文件移动到对应位置上。如上述代码所示，编译好的二进制文件会存储在 $GOPATH/src/github.com/golang/go/bin 目录中，这里需要使用绝对路径来访问并使用它：

```
$ cat main.go
package main

import "fmt"

func main() {
    fmt.Println("Hello World")
}
$ $GOPATH/src/github.com/golang/go/bin/go run main.go
draven
Hello World
```

上述命令成功地调用了我们修改后的 fmt.Println 函数，而这时如果直接使用 go run main.go，很可能会使用包管理器安装的 Go 语言二进制文件，得不到期望的结果。

1.3 中间代码

Go 语言的应用程序在运行之前需要先编译成二进制文件，在编译过程中会经过中间代码生成阶段。Go 语言编译器的中间代码具有静态单赋值的特性，后文会介绍，这里我们只需要知道这是中间代码的一种表示方式。

很多 Go 语言开发者知道可以使用下面的命令将 Go 语言的源代码编译成汇编语言，然后通过汇编语言分析程序的具体执行过程：

```
$ go build -gcflags -S main.go
    rel 22+4 t=8 os.(*file).close+0
"".main STEXT size=137 args=0x0 locals=0x58
    0x0000 00000 (main.go:5)    TEXT    "".main(SB), ABIInternal, $88-0
    0x0000 00000 (main.go:5)    MOVQ    (TLS), CX
    0x0009 00009 (main.go:5)    CMPQ    SP, 16(CX)
    ...
    rel 5+4 t=17 TLS+0
    rel 40+4 t=16 type.string+0
    rel 52+4 t=16 ""..stmp_0+0
    rel 64+4 t=16 os.Stdout+0
    rel 71+4 t=16 go.itab.*os.File,io.Writer+0
    rel 113+4 t=8 fmt.Fprintln+0
    rel 128+4 t=8 runtime.morestack_noctxt+0
```

然而上述汇编代码只是 Go 语言编译的结果，作为 Go 语言开发者，我们已经能够通过上述结果分析程序的性能瓶颈，如果想了解 Go 语言更详细的编译过程，可以通过下面的命令获取汇编指令的优化过程：

```
$ GOSSAFUNC=main go build main.go
# runtime
dumped SSA to /usr/local/Cellar/go/1.14.2_1/libexec/src/runtime/ssa.html
# command-line-arguments
dumped SSA to ./ssa.html
```

上述命令会在当前文件夹下生成一个 ssa.html 文件，打开该文件后就能看到汇编代码优化的每一个步骤，如图 1-1 所示。

下图中的 HTML 文件是可交互的，当我们点击网页上的汇编指令时，页面会使用相同的颜色在 SSA 中间代码生成的不同阶段标识出相关代码行，方便开发者分析编译优化过程。

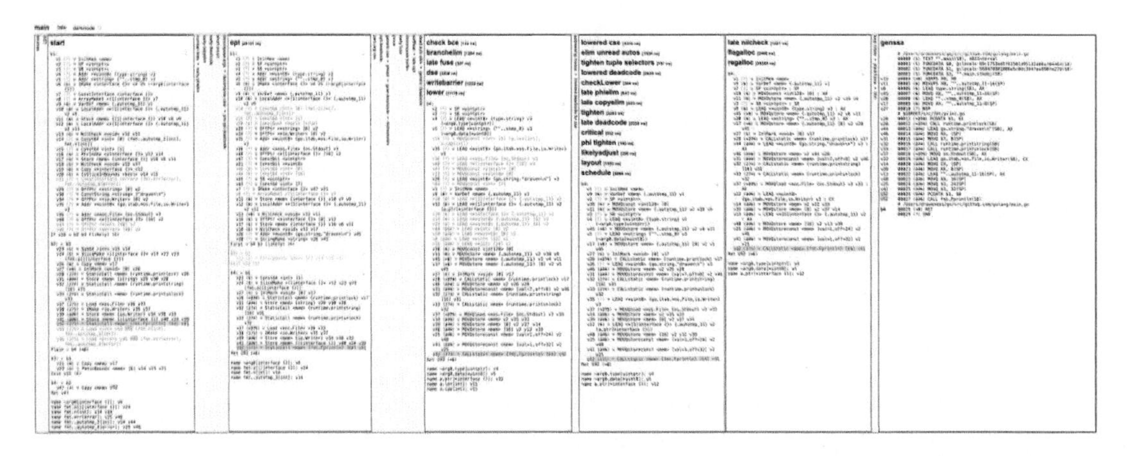

图 1-1　SSA 示例

1.4　小结

掌握调试和自定义 Go 语言二进制文件的方法可以帮助我们快速验证对 Go 语言内部实现的猜想，通过简单的 `println` 函数可以调试 Go 语言的源代码和标准库；而如果我们想研究源代码的详细编译优化过程，可以使用上面提到的 SSA 中间代码深入研究 Go 语言的中间代码以及编译优化方式。不过，只要我们想了解 Go 语言的实现原理，阅读源代码就是绕不开的过程。

第2章 编译原理

Go 语言是一门需要编译才能运行的编程语言，也就是说，代码在运行之前需要通过编译器生成二进制机器码，包含二进制机器码的文件才能在目标机器上运行。如果我们想了解 Go 语言的实现原理，理解其编译过程就是一个无法绕过的事情。

本章首先为大家构建了一个较高层面的视角——从 Go 语言编译器执行的几个步骤出发，介绍理解编译过程需要的一些预备知识、Go 语言编译器的相关代码；随后会按照词法和语法分析、类型检查、中间代码生成和机器码生成几个阶段分别介绍编译器不同阶段的实现原理。

2.1 编译过程

本节将分两部分介绍编译过程相关内容，第一部分是预备知识，包括编译器中的一些常见术语，如抽象语法树、静态单赋值和指令集；第二部分会从理论层面依次介绍编译过程的四个阶段并点出 Go 语言编译器的入口。

2.1.1 预备知识

想深入了解 Go 语言的编译过程，需要提前了解编译过程中涉及的一些术语和专业知识。这些知识其实在日常工作和学习中一般用不到，但是对于理解编译过程和原理还是非常重要的。下面简单挑选几个重要的概念进行介绍，以减轻后续章节的学习压力。

1. 抽象语法树

抽象语法树（abstract syntax tree，AST）是源代码语法结构的一种抽象表示，它用树状的方式表示编程语言的语法结构。抽象语法树中的每一个节点都表示源代码中的一个元素，每一棵子树都表示一个语法元素。以表达式 `2 * 3 + 7` 为例，编译器的语法分析阶段会生成如图 2-1 所示的抽象语法树。

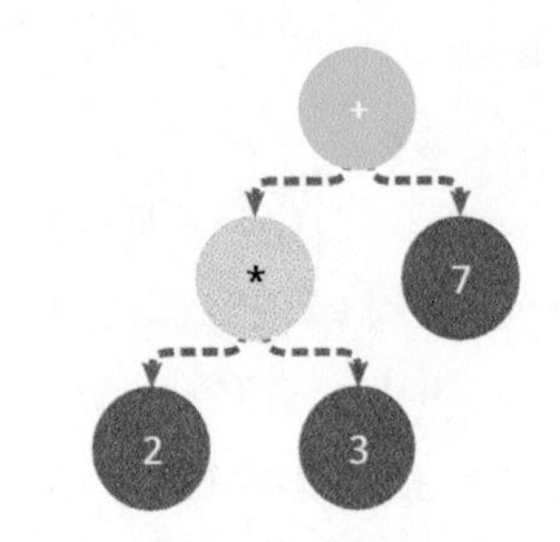

图 2-1 简单表达式的抽象语法树

作为编译器常用的数据结构，抽象语法树抹去了源代码中一些不重要的字符，如空格、分号、括号等。编译器在执行完语法分析之后会输出一棵抽象语法树，这棵抽象语法树会辅助编译器进行语义分析，我们可以用它来确定语法正确的程序是否存在一些类型不匹配问题。

2. 静态单赋值

静态单赋值（static single assignment，SSA）是中间代码的特性，如果中间代码具有 SSA 特性，那么每个变量就只会被赋值一次。在实践中，我们通常用下标实现 SSA，这里用下面的代码举个例子：

```
x := 1
x := 2
y := x
```

经过简单的分析就能发现，上述代码第一行的赋值语句 x := 1 不会起到任何作用。下面是具有 SSA 特性的中间代码，显然，变量 y_1 和 x_1 没有任何关系，所以在机器码生成时可以省去 x := 1 的赋值，通过减少需要执行的指令优化这段代码：

```
x_1 := 1
x_2 := 2
y_1 := x_2
```

因为 SSA 的主要作用是对代码进行优化，所以它是编译器后端[①] 的一部分。当然，代码编译领域除了 SSA 还有很多中间代码的优化方法。编译器生成代码的优化也是一个古老且复杂的领域，这里就不展开介绍了。

3. 指令集

最后要介绍的预备知识是指令集[②]。很多开发者遇到过“在本地开发环境编译和运行正常的代码在生产环境却无法正常工作”的情况，这种问题背后有多种原因，而不同机器使用不同指令集可能是原因之一。

很多开发者使用 x86_64 的 MacBook 作为主要工作设备，在命令行中输入 uname -m 就能获得当前机器的硬件信息：

```
$ uname -m
x86_64
```

x86 是目前比较常见的指令集，除 x86 外，还有 ARM 等指令集，苹果最新的 MacBook 自研芯片就使用了 ARM 指令集。不同的处理器使用了不同的架构和机器语言，所以为了在不同的机器上运行，很多编程语言需要将源代码根据架构翻译成不同的机器代码。

复杂指令集计算机（complex instruction set computer，CISC）和**精简指令集计算机**（reduced instruction set computer，RISC）是两种遵循不同设计理念的指令集，从名字就可以推测出二者的区别。

---

① 编译器一般分为前端和后端，其中前端主要负责将源代码翻译成与编程语言无关的中间表示，而后端主要负责目标代码的生成和优化。

② 指令集架构是计算机的抽象模型，也称架构或者计算机架构。

- 复杂指令集：通过增加指令的类型减少需要执行的指令数量。
- 精简指令集：使用更少的指令类型完成目标计算任务。

早期的 CPU 为了减少机器语言指令的数量，一般使用复杂指令集完成计算任务。两者并没有绝对的优劣，只是在一些设计上的选择不同以达到不同的目的。我们会在本节最后详细介绍指令集架构，读者也可以自主了解相关内容。

2.1.2 编译四阶段

Go 语言编译器的源代码在 `src/cmd/compile` 目录中，目录下的文件共同组成了 Go 语言的编译器。学过编译原理的人可能听说过编译器的前端和后端，编译器前端一般承担着词法分析、语法分析、类型检查和中间代码生成几部分工作，而编译器后端主要负责目标代码的生成和优化，也就是将中间代码翻译成目标机器能够运行的二进制机器码，如图 2-2 所示。

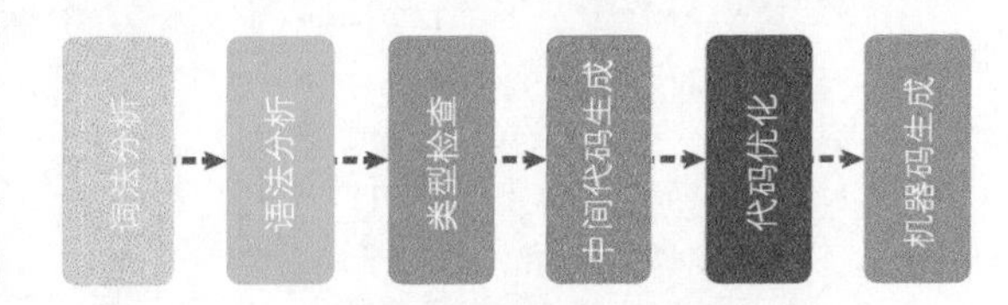

图 2-2 编译核心过程

根据前后端的工作，Go 的编译器在逻辑上可以分成 4 个阶段：词法分析与语法分析、类型检查、中间代码生成和最后的机器代码生成。下面简单介绍这 4 个阶段做的工作，后面的章节会详细介绍每个阶段的具体内容。

1. 词法分析与语法分析

所有编译过程其实都是从解析代码的源文件开始的。词法分析的作用就是解析源代码文件，它将文件中的字符串序列转换成 Token 序列，方便后面的处理和解析。我们一般把执行词法分析的程序称为**词法分析器**（lexer）。

语法分析的输入是词法分析器输出的 Token 序列。语法分析器会按照顺序解析 Token 序列，该过程会将词法分析生成的 Token 按照编程语言定义好的**文法**（grammar）自下而上或自上而下地归约，每一个 Go 源代码文件最终会被归纳成一个 `SourceFile` 结构[①]：

```
SourceFile = PackageClause ";" { ImportDecl ";" } { TopLevelDecl ";" } .
```

词法分析会返回一个不包含空格、换行等字符的 Token 序列，例如 `package, json, import, (, io, ), ...`，而语法分析会把 Token 序列转换成有意义的结构体，即语法树：

```
"json.go": SourceFile {
    PackageName: "json",
    ImportDecl: []Import{
        "io",
    },
    TopLevelDecl: ...
}
```

① `SourceFile` 表示一个 Go 语言源文件，它由 `package` 定义，由多条 `import` 语句以及顶层声明组成。

Token 到上述抽象语法树的转换过程会用到语法分析器，每棵抽象语法树都对应一个单独的 Go 语言文件，这棵抽象语法树中包括当前文件属于的包名、定义的常量、结构体和函数等。从源文件到抽象语法树的转换过程如图 2-3 所示。

图 2-3 从源文件到抽象语法树

语法解析过程中发生的任何语法错误都会被语法分析器发现并将消息打印到标准输出中，整个编译过程也会随着错误的出现而中止。2.2 节会详细介绍 Go 语言的文法、词法分析和语法分析过程。

Go 语言的语法分析器使用的是 LALR(1)[①] 的文法，对分析器文法感兴趣的读者可以在延伸阅读部分找到编译器文法的相关资料。

2. 类型检查

当拿到一组文件的抽象语法树之后，Go 语言的编译器会检查语法树中定义和使用的类型，类型检查会按照以下顺序分别验证和处理不同类型的节点：

(1) 常量、类型，函数名及其类型；

(2) 变量的赋值和初始化；

(3) 函数和闭包的主体；

(4) 哈希表键值对的类型；

(5) 导入函数体；

(6) 外部声明。

通过遍历整棵抽象语法树，我们在每个节点上都会验证当前子树的类型，以保证节点不存在类型错误。所有类型错误和不匹配都会在该阶段暴露出来，其中包括结构体对接口的实现。

类型检查阶段不止会验证节点的类型，还会展开和改写一些内置函数，例如 `make` 关键字在该阶段会根据子树的结构被替换成 `runtime.makechan`、`runtime.makeslice` 或者 `runtime.makemap` 等函数[②]，如图 2-4 所示。

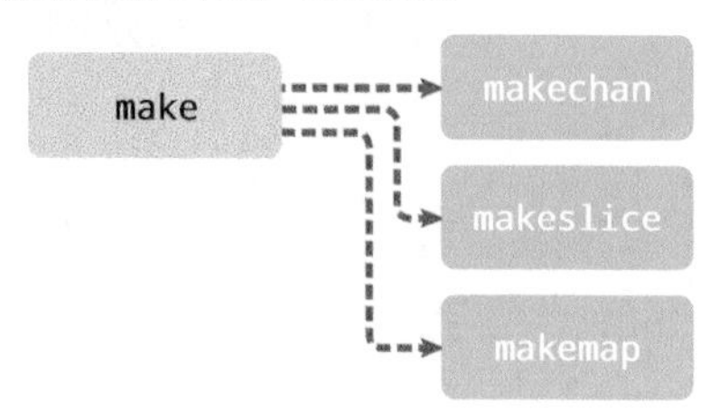

图 2-4 类型检查阶段对 make 进行改写

类型检查这一过程在整个编译流程中非常重要，Go 语言的很多关键字依赖类型检查期间的改写，2.3 节会详细介绍这些步骤。

---

① 关于 Go 语言的文法是不是 LALR(1) 的讨论，见 Google Groups。
LALR 的全称是 Look-Ahead LR，大多数通用编程语言使用 LALR 的文法。

② 因为 `makechan`、`makeslice`、`makemap` 等函数均属于 `runtime` 包，所以此处省略。为了简单起见，本书中的函数均采用略写，只保留最后一部分。

3. 中间代码生成

当我们将源文件转换成了抽象语法树、对整棵树的语法进行解析和类型检查之后，就可以认为当前文件中的代码不存在语法错误和类型错误问题了，Go 语言的编译器就会将输入的抽象语法树转换成中间代码。

在类型检查之后，编译器会通过 `cmd/compile/internal/gc.compileFunctions`① 编译整个 Go 语言项目中的全部函数，这些函数会在一个编译队列中等待几个 Goroutine 的消费，并发执行的 Goroutine 会将所有函数对应的抽象语法树转换成中间代码，如图 2-5 所示。

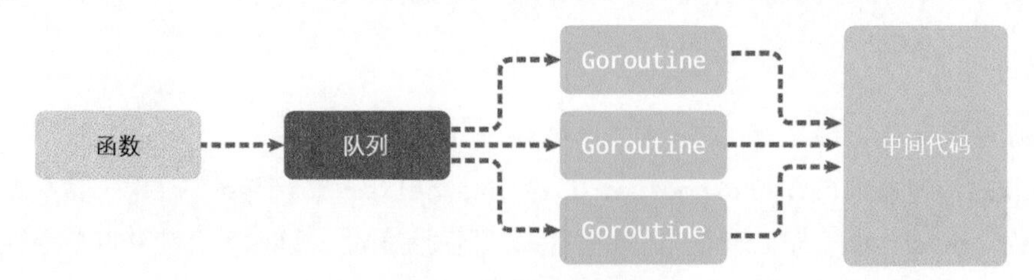

图 2-5 并发编译过程

由于 Go 语言编译器的中间代码使用了 SSA 的特性，所以在该阶段我们能够分析出代码中的无用变量和片段并对代码进行优化。2.4 节会详细介绍中间代码的生成过程并简单介绍 Go 语言中间代码的 SSA 特性。

4. 机器码生成

Go 语言源代码的 `src/cmd/compile/internal` 目录中包含了很多机器码生成相关的包，不同类型的 CPU 使用了不同的包生成机器码，包括 AMD64、ARM、ARM64、MIPS、MIPS64、ppc64、s390x、x86 和 Wasm，其中比较有趣的是 Wasm（WebAssembly）②。

作为一种在栈虚拟机上使用的二进制指令格式，其设计的主要目标就是在 Web 浏览器上提供一种具有高可移植性的目标语言。Go 语言的编译器既然能够生成 Wasm 格式的指令，那么就能在主流浏览器中运行：

```
$ GOARCH=wasm GOOS=js go build -o lib.wasm main.go
```

我们可以使用上述命令将 Go 的源代码编译成能够在浏览器上运行的 WebAssembly 文件。当然，除这种新兴的二进制指令格式外，Go 语言经过编译还可以在几乎所有主流机器上运行，如图 2-6 所示，不过它的兼容性在除 Linux 和 Darwin 外的机器上可能还有一些问题，例如 Go Plugin 至今仍不支持 Windows③。

---

① 大家可以通过“draveness.me/golang/tree/+ 方法名”直接访问本书所有方法对应的代码，例如 `cmd/compile/internal/gc.compileFunctions` 对应的链接为 draveness.me/golang/tree/cmd/compile/internal/gc.compileFunctions。

② WebAssembly 是基于栈的虚拟机的二进制指令，简称 Wasm。

③ 参见 plugin: add Windows support #19282。

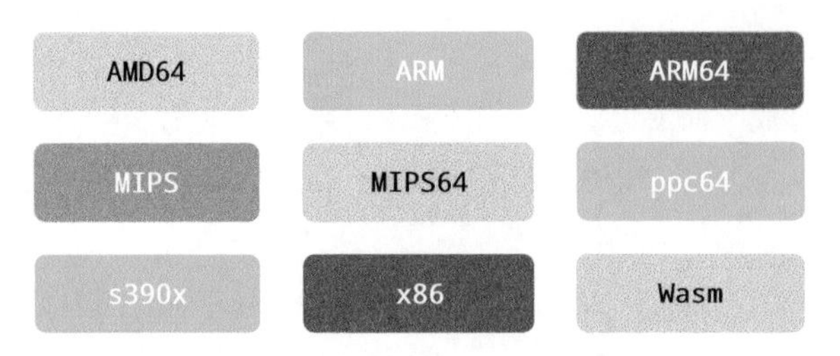

图 2-6 Go 语言支持的架构

2.5 节会详细介绍将中间代码翻译到不同目标机器的过程，其中也会简单介绍不同指令集架构的区别。

2.1.3 编译器入口

Go 语言的编译器入口在 src/cmd/compile/internal/gc/main.go 文件中，其中 600 多行的 cmd/compile/internal/gc.Main 就是 Go 语言编译器的主程序。该函数会先获取命令行传入的参数并更新编译选项和配置，随后会调用 cmd/compile/internal/gc.parseFiles 对输入的文件进行词法分析与语法分析，得到对应的抽象语法树：

```
func Main(archInit func(*Arch)) {
    ...
    lines := parseFiles(flag.Args())
```

就像我们前面介绍的，抽象语法树会经历类型检查、SSA 中间代码生成以及机器码生成 3 个阶段。得到抽象语法树后会分 9 个阶段对其进行更新和编译：

(1) 检查常量、类型，函数名及其类型；

(2) 处理变量的赋值；

(3) 对函数主体进行类型检查；

(4) 决定如何捕获变量；

(5) 检查内联函数的类型；

(6) 进行逃逸分析；

(7) 将闭包的主体转换成引用的捕获变量；

(8) 编译顶层函数；

(9) 检查外部依赖的声明。

对整个编译过程有一个顶层的认识之后，我们回到词法分析和语法分析后的具体流程。在这里编译器会对生成语法树中的节点执行类型检查，除常量、类型和函数这些顶层声明外，它还会检查变量的赋值语句、函数主体等结构：

```
    for i := 0; i < len(xtop); i++ {
        n := xtop[i]
```

```
        if op := n.Op; op != ODCL && op != OAS && op != OAS2 && (op != ODCLTYPE || !n.Left.
Name.Param.Alias) {
            xtop[i] = typecheck(n, ctxStmt)
        }
    }

    for i := 0; i < len(xtop); i++ {
        n := xtop[i]
        if op := n.Op; op == ODCL || op == OAS || op == OAS2 || op == ODCLTYPE && n.Left.Name.
Param.Alias {
            xtop[i] = typecheck(n, ctxStmt)
        }
    }
    ...
```

类型检查会遍历传入节点的全部子节点，这个过程会展开和重写 make 等关键字。类型检查会改变语法树中的一些节点，不会生成新的变量或者语法树，这个过程的结束也意味着源代码中已经不存在语法错误和类型错误，中间代码和机器码都可以根据抽象语法树正常生成。

在主程序运行的最后，编译器会将顶层函数编译成中间代码并根据目标的 CPU 架构生成机器码，不过在该阶段也有可能会再次对外部依赖进行类型检查以验证其正确性：

```
    initssaconfig()

    peekitabs()

    for i := 0; i < len(xtop); i++ {
        n := xtop[i]
        if n.Op == ODCLFUNC {
            funccompile(n)
        }
    }

    compileFunctions()

    for i, n := range externdcl {
        if n.Op == ONAME {
            externdcl[i] = typecheck(externdcl[i], ctxExpr)
        }
    }

    checkMapKeys()
}
```

2.1.4 小结

Go 语言的编译过程非常有趣并且值得学习。通过对 Go 语言 4 个编译阶段的分析和对编译器主函数的梳理，我们对 Go 语言的实现有了基本的理解。掌握编译过程之后，Go 语言对我们来讲也不再是一个黑盒，所以学习其编译原理的过程还是非常让人着迷的。

2.1.5 延伸阅读

"Go 1.5 Bootstrap Plan"

2.2 词法分析和语法分析

使用**通用编程语言**（general-purpose programming language）编写代码时，我们一定要认识到，代码首先是写给人看的，只是恰好可以被机器编译和执行，而很难被人理解和维护的代码是非常糟糕的。代码其实是按照约定格式编写的字符串，经过训练的软件工程师能对本来无意义的字符串进行分组和分析，按照约定的语法来理解源代码，从而在脑中编译并运行程序。

既然工程师能够按照一定的方式理解和编译 Go 语言的源代码，那么我们如何模拟人理解源代码的方式构建一个能够分析编程语言代码的程序呢？本节将介绍词法分析和语法分析这两个重要的编译过程，这两个过程能将原本机器认为无序的源文件转换成更容易理解、分析并且结构化的抽象语法树。接下来我们就看一看分析器眼中的 Go 语言是什么样的。

2.2.1 词法分析

源代码在计算机"眼中"其实是一团乱麻，是由字符组成、无法被理解的字符串。所有字符在计算机看来并没有什么区别，为了理解这些字符，我们要做的第一件事情就是将字符串分组，这能够降低理解字符串的成本，简化源代码的分析过程。

```
make(chan int)
```

哪怕是不懂编程的人，看到上述文本的第一反应也应该会将上述字符串分成几个部分：make、chan、int 和括号，这个凭直觉分解文本的过程就是**词法分析**（lexical analysis），这是将字符序列转换为**标记**（Token）序列的过程。

1. lex

lex 是用于生成词法分析器的工具，lex 生成的代码能够将一个文件中的字符分解成 Token 序列，很多语言在设计早期会使用它快速设计出原型。词法分析作为具有固定模式的任务，出现这种更抽象的工具是必然的。lex 作为一个代码生成器，使用了类似于 C 语言的语法。我们可以将 lex 理解为正则匹配的生成器，它会使用正则匹配扫描输入的字符流，下面是一个 lex 文件的示例：

```
%{
#include <stdio.h>
%}

%%
package     printf("PACKAGE ");
import      printf("IMPORT ");
\.          printf("DOT ");
\{          printf("LBRACE ");
```

```
\}          printf("RBRACE ");
\(          printf("LPAREN ");
\)          printf("RPAREN ");
\"          printf("QUOTE ");
\n          printf("\n");
[0-9]+      printf("NUMBER ");
[a-zA-Z_]+  printf("IDENT ");
%%
```

这个定义好的文件能够解析 `package` 和 `import` 关键字、常见的特殊字符、数字以及标识符。虽然这里的规则可能有一些简陋和不完善，但是用来解析下面这段代码还是比较轻松的：

```
package main

import (
    "fmt"
)

func main() {
    fmt.Println("Hello")
}
```

以 `.l` 结尾的 lex 代码并不能直接运行，我们首先需要通过 `lex` 命令将上面的 lex 代码展开成 C 语言代码，这里可以直接执行如下命令编译并打印文件中的内容：

```
$ lex simplego.l
$ cat lex.yy.c
...
int yylex (void) {
    ...
    while ( 1 ) {
        ...
yy_match:
        do {
            register YY_CHAR yy_c = yy_ec[YY_SC_TO_UI(*yy_cp)];
            if ( yy_accept[yy_current_state] ) {
                (yy_last_accepting_state) = yy_current_state;
                (yy_last_accepting_cpos) = yy_cp;
            }
            while ( yy_chk[yy_base[yy_current_state] + yy_c] != yy_current_state ) {
                yy_current_state = (int) yy_def[yy_current_state];
                if ( yy_current_state >= 30 )
                    yy_c = yy_meta[(unsigned int) yy_c];
                }
            yy_current_state = yy_nxt[yy_base[yy_current_state] + (unsigned int) yy_c];
            ++yy_cp;
        } while ( yy_base[yy_current_state] != 37 );
        ...

do_action:
        switch ( yy_act )
            case 0:
                ...
```

```
        case 1:
            YY_RULE_SETUP
            printf("PACKAGE ");
            YY_BREAK
        ...
}
```

lex.yy.c① 的前 600 行基本都是宏和函数的声明和定义，后面生成的代码大都是为 yylex 函数服务的。该函数使用**确定有限自动机**（deterministic finite automaton，DFA）的程序结构来分析输入的字符流，上述代码中的 while 循环就是这个有限自动机的主体。仔细查看这个文件生成的代码，就会发现当前文件中并不存在 main 函数，main 函数是在 liblex 库中定义的，所以在编译时其实需要添加额外的 -ll 选项：

```
$ cc lex.yy.c -o simplego -ll
$ cat main.go | ./simplego
```

当我们将 C 语言代码通过 gcc 编译成二进制代码之后（如图 2-7 所示），就可以使用 Channel 将上面提到的 Go 语言代码作为输入传递到生成的词法分析器中，这个词法分析器会打印出如下内容：

```
PACKAGE  IDENT

IMPORT  LPAREN
    QUOTE IDENT QUOTE
RPAREN

IDENT  IDENT LPAREN RPAREN  LBRACE
    IDENT DOT IDENT LPAREN QUOTE IDENT QUOTE RPAREN
RBRACE
```

从上面的输出我们能够看到 Go 源代码的影子，lex 生成的词法分析器 lexer 通过正则匹配的方式将机器原本很难理解的字符串分解成很多 Token，便于后面的处理。

图 2-7　从 .l 文件到二进制代码

到这里，我们已经学习了从定义 .l 文件到使用 lex 将 .l 文件编译成 C 语言代码以及二进制代码的全过程，而最后生成的词法分析器能够将简单的 Go 语言代码转换成 Token 序列。lex 的使用还是比较简单的，我们可以使用它快速实现词法分析器，相信各位对它也有了一定的了解。

2. Go

Go 语言的词法解析是通过 src/cmd/compile/internal/syntax/scanner.go 文件中的 cmd/

① 生成的 simplego.lex.c 文件。

compile/internal/syntax.scanner 结构体实现的，这个结构体会持有当前扫描的数据源文件、启用的模式和当前被扫描到的 Token：

```
type scanner struct {
    source
    mode   uint
    nlsemi bool

    line, col uint
    blank     bool
    tok       token
    lit       string
    bad       bool
    kind      LitKind
    op        Operator
    prec      int
}
```

src/cmd/compile/internal/syntax/tokens.go 文件中定义了 Go 语言中支持的全部 Token 类型，都是正整数，你可以在该文件中找到一些常见 Token 的定义，例如操作符、括号和关键字等：

```
const (
    _     token = iota
    _EOF

    // 操作符和操作
    _Operator
    ...

    // 分隔符
    _Lparen    // (
    _Lbrack    // [
    ...

    // 关键字
    _Break
    ...
    _Type
    _Var

    tokenCount
)
```

根据 Go 语言中定义的 Token 类型，我们可以将语言中的元素分成几类，分别是名称和字面量、操作符、分隔符和关键字。词法分析主要是由 cmd/compile/internal/syntax.scanner 这个结构体中的 cmd/compile/internal/syntax.scanner.next 方法驱动的，这个拥有 250 行代码的函数的主体是一个 switch/case 结构：

```
func (s *scanner) next() {
    ...
    s.stop()
```

```go
    startLine, startCol := s.pos()
    for s.ch == ' ' || s.ch == '\t' || s.ch == '\n' && !nlsemi || s.ch == '\r' {
        s.nextch()
    }

    s.line, s.col = s.pos()
    s.blank = s.line > startLine || startCol == colbase
    s.start()
    if isLetter(s.ch) || s.ch >= utf8.RuneSelf && s.atIdentChar(true) {
        s.nextch()
        s.ident()
        return
    }

    switch s.ch {
    case -1:
        s.tok = _EOF

    case '0', '1', '2', '3', '4', '5', '6', '7', '8', '9':
        s.number(false)
    ...
    }
}
```

cmd/compile/internal/syntax.scanner 每次都会通过 cmd/compile/internal/syntax.source.nextch 函数获取文件中最近的、未被解析的字符，然后根据当前字符的不同执行不同的 case，如果遇到空格和换行符，这些空白字符会直接跳过；如果当前字符是 0，就会执行 cmd/compile/internal/syntax.scanner.number 方法尝试匹配一个数字：

```go
func (s *scanner) number(seenPoint bool) {
    kind := IntLit
    base := 10
    digsep := 0
    invalid := -1

    s.kind = IntLit
    if !seenPoint {
        digsep |= s.digits(base, &invalid)
    }

    s.setLit(kind, ok)
}

func (s *scanner) digits(base int, invalid *int) (digsep int) {
    max := rune('0' + base)
    for isDecimal(s.ch) || s.ch == '_' {
        ds := 1
        if s.ch == '_' {
            ds = 2
        } else if s.ch >= max && *invalid < 0 {
            _, col := s.pos()
            *invalid = int(col - s.col)
        }
```

```
        digsep |= ds
        s.nextch()
    }
    return
}
```

上述 cmd/compile/internal/syntax.scanner.number 方法省略了很多代码，包括如何匹配浮点数、指数和复数，这里只是简单看一下词法分析匹配整数的逻辑：在 for 循环中不断获取最新的字符，将字符通过 cmd/compile/internal/syntax.source.nextch 方法追加到 cmd/compile/internal/syntax.scanner 持有的缓冲区中。

当前包中的词法分析器 cmd/compile/internal/syntax.scanner 也只是为上层提供了 cmd/compile/internal/syntax.scanner.next 方法，词法解析过程都是惰性的，只有在上层分析器需要时才会调用 cmd/compile/internal/syntax.scanner.next 获取最新的 Token。

Go 语言的词法元素比较简单，使用这种巨大的 switch/case 进行词法解析也比较方便顺手。早期的 Go 语言虽然使用 lex 这种工具来生成词法分析器，但最后还是使用 Go 语言代码来实现，相当于用自己写的词法分析器来解析自己[①]。

2.2.2 语法分析

语法分析（syntactic analysis）是根据特定形式的文法对 Token 序列构成的输入文本进行分析并确定其语法结构的过程。从上面的定义来看，词法分析器输出的结果——Token 序列——是语法分析器的输入。

语法分析过程会使用自顶向下或者自底向上的方式进行推导，在介绍 Go 语言语法分析之前，我们先来介绍语法分析中的文法和分析方法。

1. 文法

上下文无关文法是用来形式化、精确描述某种编程语言的工具，我们能够通过文法定义一种语言的语法，它主要包含一系列用于转换字符串的**生产规则**（production rule）[②]。上下文无关文法中的每一项生产规则都会将规则左侧的非终结符转换成右侧的字符串，文法都由以下 4 个部分组成。

- N：有限个非终结符的集合。
- Σ：有限个终结符的集合。
- P：有限个生产规则[③]的集合。
- S：非终结符集合中唯一的开始符号。

① 参见“Go 1.5 Bootstrap Plan”。

② 见维基百科词条 context-free grammar。

③ 生产规则在计算机科学领域是符号替换的重写规则，$S \rightarrow aSb$ 代表可以用右侧的 aSb 将左侧的符号展开。

终结符是文法中无法再被展开的符号，而非终结符与之相反，还可以通过生产规则进行展开，例如 "id"、"123" 等标识或者字面量[1]。

文法被定义成一个四元组 (N, Σ, P, S)。该元组中的几部分是上面提到的 4 个符号，其中最重要的就是生产规则。每项生产规则都会包含非终结符、终结符或者开始符号，我们在这里可以举个简单的例子：

- $S \rightarrow aSb$
- $S \rightarrow ab$
- $S \rightarrow \varepsilon$

上述规则构成的文法就能够表示 *ab*、*aabb* 以及 *aaa...bbb* 等字符串，编程语言的文法就是由这一系列生产规则表示的，这里我们可以从 src/cmd/compile/internal/syntax/parser.go 文件中摘抄 Go 语言文法的一些生产规则：

```
SourceFile = PackageClause ";" { ImportDecl ";" } { TopLevelDecl ";" } .
PackageClause  = "package" PackageName .
PackageName    = identifier .

ImportDecl       = "import" ( ImportSpec | "(" { ImportSpec ";" } ")" ) .
ImportSpec       = [ "." | PackageName ] ImportPath .
ImportPath       = string_lit .

TopLevelDecl  = Declaration | FunctionDecl | MethodDecl .
Declaration   = ConstDecl | TypeDecl | VarDecl .
```

Go 语言更详细的文法可以从 Language Specification[2] 中找到，其中不仅包含语言的文法，还包含词法元素、内置函数等信息。

因为每个 Go 源代码文件最终都会被解析成一棵独立的抽象语法树，所以语法树最顶层的结构或者开始符号都是 SourceFile：

```
SourceFile = PackageClause ";" { ImportDecl ";" } { TopLevelDecl ";" } .
```

从 SourceFile 相关生产规则可以看出，每一个文件都包含一个 package 的定义以及可选的 import 声明和其他顶层声明（TopLevelDecl），每一个 SourceFile 在编译器中都对应一个 cmd/compile/internal/syntax.File 结构体，你能从它们的定义中轻松找到两者的联系：

```
type File struct {
    Pragma   Pragma
    PkgName  *Name
    DeclList []Decl
    Lines    uint
```

① 参见维基百科词条“终结符与非终结符”（terminal and nonterminal symbols）。

② 参见“The Go Programming Language Specification”。

```
    node
}
```

顶层声明有 5 大类型，分别是常量、类型、变量、函数和方法，可以在文件 src/cmd/compile/internal/syntax/parser.go 中找到这 5 大类型的定义。

```
ConstDecl = "const" ( ConstSpec | "(" { ConstSpec ";" } ")" ) .
ConstSpec = IdentifierList [ [ Type ] "=" ExpressionList ] .

TypeDecl  = "type" ( TypeSpec | "(" { TypeSpec ";" } ")" ) .
TypeSpec  = AliasDecl | TypeDef .
AliasDecl = identifier "=" Type .
TypeDef   = identifier Type .

VarDecl = "var" ( VarSpec | "(" { VarSpec ";" } ")" ) .
VarSpec = IdentifierList ( Type [ "=" ExpressionList ] | "=" ExpressionList ) .
```

上述文法分别定义了 Go 语言中 3 种常见的结构：常量、类型和变量。从文法中可以看到语言中的很多关键字，如 const、type 和 var，稍微回想一下我们日常接触的 Go 语言代码就能验证这里文法的正确性。

除 3 种简单的语法结构外，函数和方法的定义更加复杂。从下面的文法中可以看到，Statement 总共可以转换成 15 种语法结构，其中就包括我们经常使用的 switch/case、if/else、for 循环以及 select 等语句：

```
FunctionDecl = "func" FunctionName Signature [ FunctionBody ] .
FunctionName = identifier .
FunctionBody = Block .

MethodDecl = "func" Receiver MethodName Signature [ FunctionBody ] .
Receiver   = Parameters .

Block = "{" StatementList "}" .
StatementList = { Statement ";" } .

Statement =
    Declaration | LabeledStmt | SimpleStmt |
    GoStmt | ReturnStmt | BreakStmt | ContinueStmt | GotoStmt |
    FallthroughStmt | Block | IfStmt | SwitchStmt | SelectStmt | ForStmt |
    DeferStmt .

SimpleStmt = EmptyStmt | ExpressionStmt | SendStmt | IncDecStmt | Assignment | ShortVarDecl .
```

这些不同的语法结构共同定义了 Go 语言中能够使用的语法结构和表达式，关于 Statement 的更多内容，这里就不详细介绍了，感兴趣的读者可以直接查看 Go 语言说明书或者直接从 src/cmd/compile/internal/syntax/parser.go 文件中找到想要的答案。

2. 分析方法

语法分析的分析方法一般分为自顶向下和自底向上两种，二者以不同的方式对输入的 Token 序列进行推导。

- **自顶向下分析**（top-down parsing）：可以看作找到当前输入流最左推导的过程。对于任意一个输入流，根据当前的输入符号确定一项生产规则，使用生产规则右侧的符号替代相应的非终结符向下推导。
- **自底向上分析**（down-top parsing）：语法分析器从输入流开始，每次都尝试重写最右侧的多个符号，即分析器会从最简单的符号进行推导，在解析的最后合并成开始符号。

如果读者无法理解上述定义也没有关系，下面介绍这两种分析方法以及它们的具体分析过程。

❒ 自顶向下

LL 文法[①]使用自顶向下的分析方法，常见的 LL 文法如下：

(1) $S \rightarrow aS_1$

(2) $S_1 \rightarrow bS_1$

(3) $S_1 \rightarrow \varepsilon$

假设存在以上生产规则和输入流 *abb*，如果这里使用自顶向下的方式进行语法分析，可以理解为每次分析器会通过新加入的字符判断应该使用什么方式展开当前输入流：

(1) S（开始符号）

(2) aS_1（规则 1）

(3) abS_1（规则 2）

(4) $abbS_1$（规则 2）

(5) abb（规则 3）

这种分析方法一定会从开始符号分析，通过下一个即将入栈的符号判断应该如何对当前栈上右侧的非终结符（S 或 S_1）进行展开，直到整个字符串中不存在任何非终结符，整个解析过程才会结束。

❒ 自底向上

如果使用自底向上的方式对输入流进行分析，处理过程就会完全不同。常见的 4 种文法 LR(0)、SLR、LR(1) 和 LALR(1) 使用自底向上的处理方式[②]，我们可以简单写一个与前面效果相同的 LR(0) 文法：

(1) $S \rightarrow aS_1$

(2) $S_1 \rightarrow S_1 b$

(3) $S_1 \rightarrow a$

使用上述等效文法处理同样的输入流 *abb* 会以完全不同的过程对输入流进行展开：

(1) a（入栈）

(2) S_1（规则 3）

(3) $S_1 b$（入栈）

① LL 文法与上下文无关，可以使用 LL 解析器解析。

② LR 解析器是一种自底向上的解析器，它有很多变种，如 SLR、LALR 等。

(4) S_1（规则 2）

(5) S_1b（入栈）

(6) S_1（规则 2）

(7) S（规则 1）

自底向上的分析过程会维护一个栈用于存储未被归约的符号，在整个过程中会执行两种操作，一种叫作**入栈**（shift），也就是将下一个符号入栈；另一种叫作**归约**（reduce），也就是对最右侧的字符串按照生产规则进行合并。

上述分析过程和自顶向下的分析方法完全不同，这两种分析方法其实也代表了计算机科学中的两种思想——从抽象到具体和从具体到抽象。

❐ lookahead

在语法分析中，除 LL 和 LR 这两种语法分析方法外，还存在一个非常重要的概念——**向前查看**（lookahead）。当不同生产规则发生冲突时，当前分析器需要通过预读一些 Token 判断当前应该用什么生产规则对输入流进行展开或者归约，例如在 LALR(1) 文法中，需要预读一个 Token 保证出现冲突的生产规则能够被正确处理。

3. Go

Go 语言的分析器使用 LALR(1) 的文法来解析词法分析过程中输出的 Token 序列[①]，最右推导加向前查看构成了 Go 语言分析器的基本原理，这也是大多数编程语言的选择。

我们在 2.1 节介绍过编译器的主函数，该函数调用的 `cmd/compile/internal/gc.parseFiles` 会使用多个 Goroutine 来解析源文件，解析过程会调用 `cmd/compile/internal/syntax.Parse`，该函数初始化了一个新的 `cmd/compile/internal/syntax.parser` 结构体并通过 `cmd/compile/internal/syntax.parser.fileOrNil` 方法开启对当前文件的词法和语法解析：

```go
func Parse(base *PosBase, src io.Reader, errh ErrorHandler, pragh PragmaHandler, mode Mode) (_
*File, first error) {
    var p parser
    p.init(base, src, errh, pragh, mode)
    p.next()
    return p.fileOrNil(), p.first
}
```

`cmd/compile/internal/syntax.parser.fileOrNil` 方法其实是对前面介绍的 Go 语言文法的实现，该方法首先会解析文件开头的 `package` 定义：

```go
// SourceFile = PackageClause ";" { ImportDecl ";" } { TopLevelDecl ";" } .
func (p *parser) fileOrNil() *File {
    f := new(File)
    f.pos = p.pos()
```

① 关于 Go 语言文法的讨论，见 Google Groups。

```
    if !p.got(_Package) {
        p.syntaxError("package statement must be first")
        return nil
    }
    f.PkgName = p.name()
    p.want(_Semi)
```

从上面这段方法中可以看出，当前方法会通过 cmd/compile/internal/syntax.parser.got 来判断下一个 Token 是不是 package 关键字，如果是，就会执行 cmd/compile/internal/syntax.parser.name 来匹配一个包名，并将结果保存到返回的文件结构体中：

```
    for p.got(_Import) {
        f.DeclList = p.appendGroup(f.DeclList, p.importDecl)
        p.want(_Semi)
    }
```

确定了当前文件的包名之后，就开始解析可选的 import 声明。在分析器看来每一个 import 都是一条声明语句，这些声明语句都会被加入文件的 DeclList 中。

在这之后会根据编译器获取的关键字进入 switch 的不同分支，这些分支调用 cmd/compile/internal/syntax.parser.appendGroup 方法并在其中传入用于处理对应类型语句的 cmd/compile/internal/syntax.parser.constDecl、cmd/compile/internal/syntax.parser.typeDecl 函数：

```
    for p.tok != _EOF {
        switch p.tok {
        case _Const:
            p.next()
            f.DeclList = p.appendGroup(f.DeclList, p.constDecl)

        case _Type:
            p.next()
            f.DeclList = p.appendGroup(f.DeclList, p.typeDecl)

        case _Var:
            p.next()
            f.DeclList = p.appendGroup(f.DeclList, p.varDecl)

        case _Func:
            p.next()
            if d := p.funcDeclOrNil(); d != nil {
                f.DeclList = append(f.DeclList, d)
            }
        default:
            ...
        }
    }

    f.Lines = p.source.line

    return f
}
```

cmd/compile/internal/syntax.parser.fileOrNil 使用了非常多的子方法对输入的文件进行语法分析，并在最后会返回文件开始创建的 cmd/compile/internal/syntax.File 结构体。

读到这里，大家可能会有一些疑惑，为什么没有看到词法分析的代码？这是因为词法分析器 cmd/compile/internal/syntax.scanner 作为结构体嵌入 cmd/compile/internal/syntax.parser 中了，所以这个方法中的 p.next() 实际上调用的是 cmd/compile/internal/syntax.scanner.next 方法，它会直接获取文件中的下一个 Token，所以词法分析和语法分析是一起进行的。

cmd/compile/internal/syntax.parser.fileOrNil 与在这个方法中执行的其他子方法共同构成了一棵树，这棵树的根节点是 cmd/compile/internal/syntax.parser.fileOrNil，子节点是 cmd/compile/internal/syntax.parser.importDecl、cmd/compile/internal/syntax.parser.constDecl 等方法，如图 2-8 所示，它们与 Go 语言文法中的生产规则一一对应。

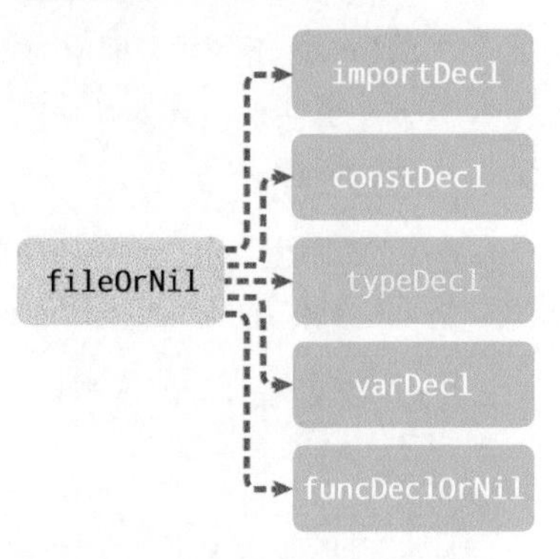

图 2-8 Go 语言分析器的方法

cmd/compile/internal/syntax.parser.fileOrNil、cmd/compile/internal/syntax.parser.constDecl 等方法对应 Go 语言中的生产规则，例如 cmd/compile/internal/syntax.parser.fileOrNil 实现的是：

```
SourceFile = PackageClause ";" { ImportDecl ";" } { TopLevelDecl ";" } .
```

根据这条规则，我们能很好地理解语法分析器的实现原理——将编程语言的所有生产规则映射到对应方法上，这些方法构成的树形结构最终会返回一棵抽象语法树。

因为大多数方法的实现非常相似，所以这里仅介绍 cmd/compile/internal/syntax.parser.fileOrNil 方法的实现。想了解其他方法的实现原理，可以自行查看 src/cmd/compile/internal/syntax/parser.go 文件，该文件包含了语法分析阶段的全部方法。

❒ 辅助方法

虽然这里不会展开介绍其他类似方法的实现，但我们还是要简单说明一下分析器运行过程中的几个辅助方法，首先是两个常见方法 cmd/compile/internal/syntax.parser.got 和 cmd/compile/internal/syntax.parser.want：

```
func (p *parser) got(tok token) bool {
    if p.tok == tok {
        p.next()
        return true
    }
    return false
}

func (p *parser) want(tok token) {
    if !p.got(tok) {
```

```
        p.syntaxError("expecting " + tokstring(tok))
        p.advance()
    }
}
```

cmd/compile/internal/syntax.parser.got 仅用于快速判断一些语句中的关键字，如果当前分析器中的 Token 是传入的 Token，就会直接跳过该 Token 并返回 true；而 cmd/compile/internal/syntax.parser.want 是对 cmd/compile/internal/syntax.parser.got 的简单封装。如果当前 Token 不是我们期望的，就会立刻返回语法错误并结束这次编译。

这两个方法的引入能够帮助工程师在上层减少判断关键字的大量重复逻辑，让上层语法分析过程的实现更加清晰。

另一个方法 cmd/compile/internal/synctax.parser.appendGroup 的实现就稍微复杂了一点儿，它的主要作用是找出批量的定义，举个简单的例子：

```
var (
   a int
   b int
)
```

这两个变量其实属于同一个组（group），各种顶层定义的结构体 cmd/compile/internal/syntax.parser.constDecl、cmd/compile/internal/syntax.parser.varDecl 在进行语法分析时有一个额外的参数 cmd/compile/internal/syntax.Group，这个参数是通过 cmd/compile/internal/syntax.parser.appendGroup 方法传入的：

```
func (p *parser) appendGroup(list []Decl, f func(*Group) Decl) []Decl {
    if p.tok == _Lparen {
        g := new(Group)
        p.list(_Lparen, _Semi, _Rparen, func() bool {
            list = append(list, f(g))
            return false
        })
    } else {
        list = append(list, f(nil))
    }

    return list
}
```

cmd/compile/internal/syntax.parser.appendGroup方法会调用传入的f方法对输入流进行匹配，并将匹配的结果追加到另一个参数 cmd/compile/internal/syntax.File 结构体中的 DeclList 数组中，import、const、var、type 和 func 声明语句都是调用 cmd/compile/internal/syntax.parser.appendGroup 方法解析的。

❒ 节点

语法分析器最终会使用不同的结构体来构建抽象语法树中的节点，根节点 cmd/compile/internal/syntax.File 我们已经介绍过了，其中包含当前文件的包名、所有声明结构的列表和文件的行数：

```
type File struct {
    Pragma   Pragma
    PkgName  *Name
    DeclList []Decl
    Lines    uint
    node
}
```

src/cmd/compile/internal/syntax/nodes.go 文件中也定义了其他节点的结构体，其中包含全部声明类型，这里简单看一下函数声明的结构：

```
type (
    Decl interface {
        Node
        aDecl()
    }

    FuncDecl struct {
        Attr   map[string]bool
        Recv   *Field
        Name   *Name
        Type   *FuncType
        Body   *BlockStmt
        Pragma Pragma
        decl
    }
}
```

从函数定义中可以看出，函数在语法结构上主要由接收者、函数名、函数类型和函数体几个部分组成，如图 2-9 所示。函数体 cmd/compile/internal/syntax.BlockStmt 是由一系列表达式组成的，这些表达式共同组成了函数的主体。

函数主体其实是一个 cmd/compile/internal/syntax.Stmt 数组，它是一个接口，实现该接口的类型其实非常多，总共有 14 种，如图 2-10 所示。

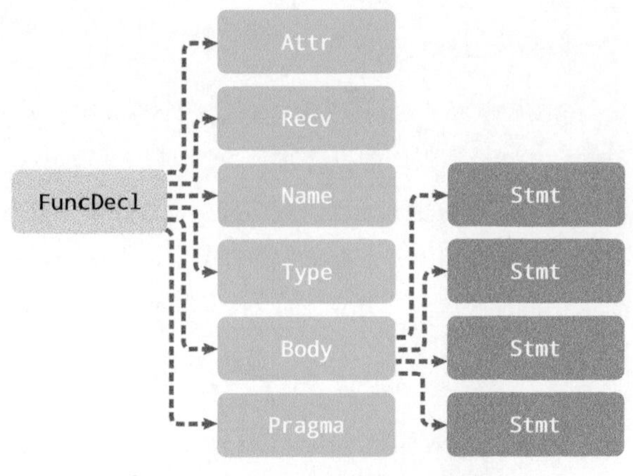

图 2-9 Go 语言函数定义的结构体

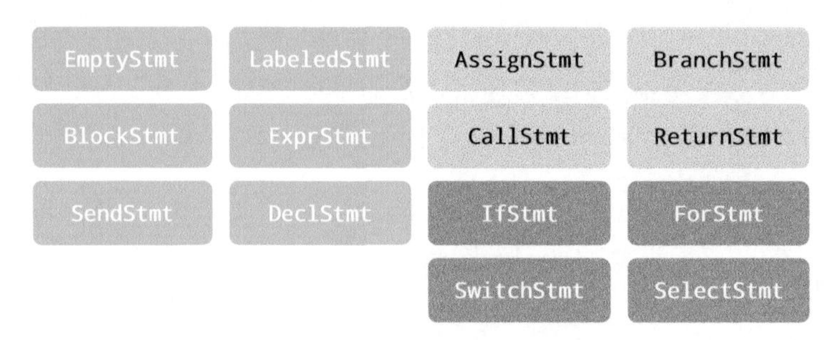

图 2-10 Go 语言的 14 种声明

这些不同类型的 `cmd/compile/internal/syntax.Stmt` 构成了全部命令式 Go 语言代码，从中我们可以看到很多熟悉的控制结构，例如 `if`、`for`、`switch` 和 `select`，这些命令式结构在其他编程语言中也非常常见。

2.2.3 小结

本节介绍了 Go 语言的词法分析和语法分析过程，不仅从理论层面介绍了词法分析和语法分析的原理，还从源代码出发详细分析了 Go 语言的编译器是如何在底层实现词法和语法解析功能的。

了解 Go 语言的词法分析器 `cmd/compile/internal/syntax.scanner` 和语法分析器 `cmd/compile/internal/syntax.parser` 让我们对分析器处理源代码的过程有了比较清楚的认识，同时我们也在 Go 语言的文法和语法分析器中找到了熟悉的关键字和语法结构，加深了对 Go 语言的理解。

2.2.4 延伸阅读

"Lexical Scanning in Go - Rob Pike"

2.3 类型检查

2.2 节介绍了 Go 语言编译的第一个阶段——通过词法分析器和语法分析器的解析得到了抽象语法树，本节介绍编译器执行的下一个阶段——类型检查。

提到类型检查和编程语言的类型系统，很多读者可能会想到几个有些模糊并且不好理解的术语：强类型、弱类型、静态类型和动态类型。既然谈到 Go 语言编译器的类型检查过程，接下来我们就来彻底搞清楚这几个"类型"的含义与异同。

2.3.1 强弱类型

强类型和**弱类型**（strong and weak typing）经常放在一起讨论，然而这两者并没有学术上的严格定义，多查阅资料理解起来反而更加困难，很多资料甚至相互矛盾。

由于缺乏权威定义，对于强弱类型，很多时候我们只能根据现象和特性从直觉上进行判断，一般有如下结论①：

- 强类型的编程语言在编译期间会有更严格的类型限制，也就是编译器会在编译期间发现变量赋值、返回值和函数调用时的类型错误；
- 弱类型的编程语言在出现类型错误时可能会在运行时进行隐式类型转换，这可能会造成运行错误。

依据上述结论，我们可以认为 Java、C# 等在编译期间进行类型检查的编程语言是强类型的。同样，因为 Go 语言会在编译期间发现类型错误，所以也应该是强类型的编程语言，如图 2-11 所示。

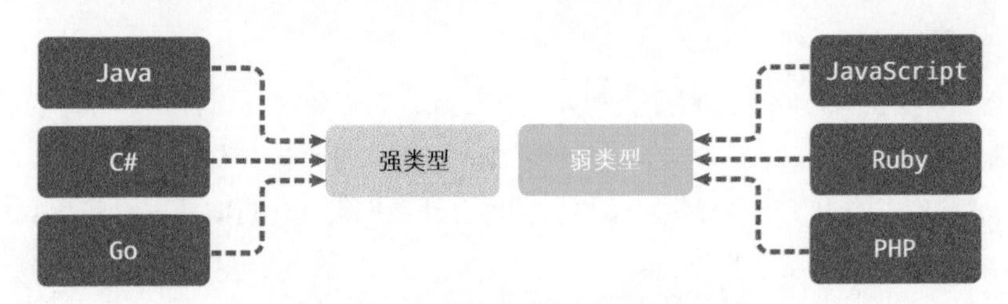

图 2-11 强类型和弱类型编程语言

如果强类型与弱类型这对概念定义不严格且有歧义，那么在概念上较真本身没有太多实际价值，起码对于我们真正理解和使用编程语言帮助不大。那么问题来了，作为一种抽象的定义，我们使用它是为了什么呢？答案是，更多时候是为了方便沟通和分类。我们忽略强弱类型，把更多注意力放到下面的问题上：

- 类型的转换是显式的还是隐式的？
- 编译器会帮助我们推断变量的类型吗？

这些具体问题在这种语境下其实更有价值，也希望读者能够减少对强弱类型的争执。

2.3.2 静态类型与动态类型

静态类型的编程语言和动态类型的编程语言其实也是两个不精确的表述，正确的表述应该是使用**静态类型检查**和**动态类型检查**的编程语言，下面分别介绍两种检查的特点以及它们的区别。

1. 静态类型检查

静态类型检查是基于对源代码的分析来确定运行程序类型安全的过程②。如果我们的代码能够通过静态类型检查，那么当前程序在一定程度上可以满足类型安全的要求，它能够减少程序在运行时的类型检查，也可以看作一种代码优化方式。

静态类型检查能够帮助开发者在编译期间发现程序中出现的类型错误，一些动态类型的编程语言有社区提供的工具为其加入静态类型检查，例如针对 JavaScript 的 Flow，这些工具能够在编译期间发现代码中的类型错误。

① 参见"Weak And Strong Typing"（WikiWikiWeb）。

② 参见维基百科词条 type system 下的 static type checking 部分内容。

相信很多读者听过“动态类型一时爽，代码重构火葬场”[①]，使用 Python、Ruby 等编程语言的开发者一定对这句话深有体会，静态类型为代码在编译期间提供了约束，编译器能够在编译期间约束变量的类型。

静态类型检查在重构时有助于节省大量时间并避免遗漏，但是如果编程语言仅支持动态类型检查，那么就需要编写大量单元测试来保证重构不会出现类型错误。当然，并不是说测试不重要，我们写的**任何代码都应该经过良好的测试**，这与语言没有太多关系。

2. 动态类型检查

动态类型检查是在运行时确定程序类型安全的过程，它需要编程语言在编译时为所有对象加入类型标签等信息，运行时可以使用这些存储的类型信息来实现动态派发、向下转型、反射以及其他特性[②]。动态类型检查能为工程师提供更多操作空间，让我们能在运行时获取一些类型相关的上下文并根据对象的类型完成一些动态操作。

只使用动态类型检查的编程语言叫作动态类型编程语言，常见的动态类型编程语言包括 JavaScript、Ruby 和 PHP。虽然这些编程语言在使用上非常灵活，也不需要经过编译，但是有问题的代码不会因为更加灵活就减少错误，该出错时仍然会出错，它们在提高灵活性的同时也提高了对工程师的要求。

3. 小结

静态类型检查和动态类型检查不是完全冲突和对立的，很多编程语言同时使用两种类型检查，例如 Java 不仅在编译期间提前检查类型，发现类型错误，还为对象添加了类型信息，在运行时使用反射根据对象的类型动态执行方法增强灵活性并减少冗余代码。

2.3.3 执行过程

Go 语言的编译器不仅使用静态类型检查来保证程序运行的类型安全，还会在编程期间引入类型信息，让工程师能够使用反射来判断参数和变量的类型。当我们想把 `interface{}` 转换成具体类型时会进行动态类型检查，如果无法转换，程序就会崩溃。

这里重点介绍编译期间的静态类型检查，2.1 节介绍过 Go 语言编译器主程序中的 `cmd/compile/internal/gc.Main` 函数，其中一段如下所示：

```
for i := 0; i < len(xtop); i++ {
    n := xtop[i]
    if op := n.Op; op != ODCL && op != OAS && op != OAS2 && (op != ODCLTYPE || !n.Left.
Name.Param.Alias) {
        xtop[i] = typecheck(n, ctxStmt)
    }
}
```

① 参见知乎讨论。

② 参见维基百科词条 type system 下的 dynamic type checking and runtime type information 部分内容。

```
    for i := 0; i < len(xtop); i++ {
        n := xtop[i]
        if op := n.Op; op == ODCL || op == OAS || op == OAS2 || op == ODCLTYPE && n.Left.Name.
Param.Alias {
            xtop[i] = typecheck(n, ctxStmt)
        }
    }

    ...

    checkMapKeys()
```

这段代码的执行过程可以分成两部分，首先通过 `src/cmd/compile/internal/gc/typecheck.go` 文件中的 `cmd/compile/internal/gc.typecheck` 函数检查常量、类型、函数声明以及变量赋值语句的类型，然后使用 `cmd/compile/internal/gc.checkMapKeys` 检查哈希表中键的类型，我们会分几个部分分析上述代码的实现原理。

编译器类型检查的主要逻辑在 `cmd/compile/internal/gc.typecheck` 和 `cmd/compile/internal/gc.typecheck1` 中，其中 `cmd/compile/internal/gc.typecheck` 中的逻辑不是特别多，它会做类型检查之前的一些准备工作，而核心逻辑在 `cmd/compile/internal/gc.typecheck1` 中，这是由 `switch` 语句构成的拥有 2000 行代码的函数：

```
func typecheck1(n *Node, top int) (res *Node) {
    switch n.Op {
    case OTARRAY:
        ...

    case OTMAP:
        ...

    case OTCHAN:
        ...
    }

    ...

    return n
}
```

`cmd/compile/internal/gc.typecheck1` 根据传入节点 `Op` 的类型进入不同的分支，其中包括加减乘除等操作符、函数调用、方法调用等，共计 150 多种。因为节点种类很多，所以这里只选取几个典型案例深入分析。

1. 切片 OTARRAY

如果当前节点的操作类型是 `OTARRAY`，那么这个分支首先会对右节点，也就是切片或数组中元素的类型进行检查：

```
    case OTARRAY:
        r := typecheck(n.Right, Etype)
        if r.Type == nil {
            n.Type = nil
            return n
        }
```

然后会根据当前节点的左节点的不同，分 3 种情况更新 cmd/compile/internal/gc.Node 的类型，即 3 种声明方式：[]int、[...]int 和 [3]int。第一种比较简单，会直接调用 cmd/compile/internal/types.NewSlice：

```
        if n.Left == nil {
            t = types.NewSlice(r.Type)
```

cmd/compile/internal/types.NewSlice 直接返回了一个 TSLICE 类型的结构体，元素的类型信息也会存储在结构体中。当遇到 [...]int 这种形式的数组类型时，会由 cmd/compile/internal/gc.typecheckcomplit 处理：

```
func typecheckcomplit(n *Node) (res *Node) {
    ...
    if n.Right.Op == OTARRAY && n.Right.Left != nil && n.Right.Left.Op == ODDD {
        n.Right.Right = typecheck(n.Right.Right, ctxType)
        if n.Right.Right.Type == nil {
            n.Type = nil
            return n
        }
        elemType := n.Right.Right.Type

        length := typecheckarraylit(elemType, -1, n.List.Slice(), "array literal")

        n.Op = OARRAYLIT
        n.Type = types.NewArray(elemType, length)
        n.Right = nil
        return n
    }
    ...
}
```

最后，如果源代码中包含了数组的大小，那么会调用 cmd/compile/internal/types.NewArray 初始化一个存储着数组中元素类型和数组大小的结构体：

```
        } else {
            n.Left = indexlit(typecheck(n.Left, ctxExpr))
            l := n.Left
            v := l.Val()
            bound := v.U.(*Mpint).Int64()
            t = types.NewArray(r.Type, bound)        }

        n.Op = OTYPE
        n.Type = t
```

```
        n.Left = nil
        n.Right = nil
```

3 个分支会分别处理数组和切片声明的不同形式，每一个分支都会更新 cmd/compile/internal/gc.Node 结构体中存储的类型并修改抽象语法树中的内容。通过对这个片段的分析，我们发现数组的长度是在类型检查期间确定的，而 [...]int 这种声明形式也只是 Go 语言为我们提供的语法糖。

2. 哈希表 OTMAP

如果处理的节点是哈希表，那么编译器会分别检查哈希表的键值类型以验证其合法性：

```
    case OTMAP:
        n.Left = typecheck(n.Left, Etype)
        n.Right = typecheck(n.Right, Etype)
        l := n.Left
        r := n.Right
        n.Op = OTYPE
        n.Type = types.NewMap(l.Type, r.Type)
        mapqueue = append(mapqueue, n)
        n.Left = nil
        n.Right = nil
```

与处理切片时几乎完全相同，这里会通过 cmd/compile/internal/types.NewMap 创建一个新的 TMAP 结构，并将哈希表的键值类型都存储到该结构体中：

```
func NewMap(k, v *Type) *Type {
    t := New(TMAP)
    mt := t.MapType()
    mt.Key = k
    mt.Elem = v
    return t
}
```

代表当前哈希表的节点最终也会被加入 mapqueue 队列，编译器会在后面的阶段再次检查哈希表键的类型，而检查键类型调用的其实是上面提到的 cmd/compile/internal/gc.checkMapKeys 函数：

```
func checkMapKeys() {
    for _, n := range mapqueue {
        k := n.Type.MapType().Key
        if !k.Broke() && !IsComparable(k) {
            yyerrorl(n.Pos, "invalid map key type %v", k)
        }
    }
    mapqueue = nil
}
```

该函数会遍历 mapqueue 队列中等待检查的节点，判断这些类型能否作为哈希表的键，如果当前类型不合法，会在类型检查阶段直接报错并中止整个检查过程。

3. 关键字 OMAKE

最后介绍 Go 语言中很常见的内置函数 make。在类型检查阶段之前，无论是创建切片、哈希表还是 Channel 用的都是 make 关键字，不过在类型检查阶段会根据创建的类型将 make 替换成特定函数，如图 2-12 所示。后面生成中间代码的过程就不再会处理 OMAKE 类型的节点了，而会依据生成的细分类型处理。

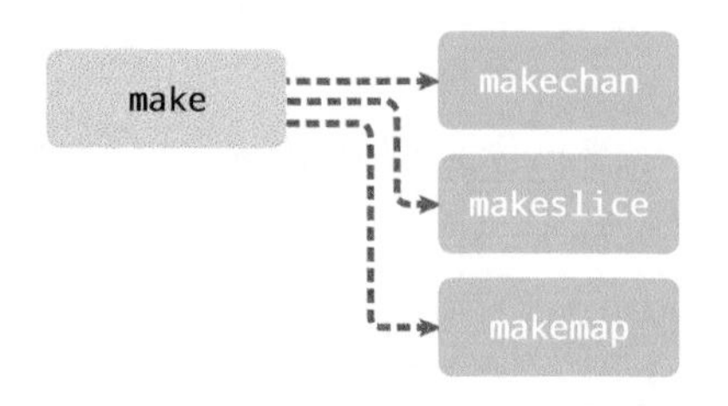

图 2-12 类型检查阶段对 make 进行改写

编译器会先检查关键字 make 的第一个类型参数，根据类型的不同进入不同分支——切片分支 TSLICE、哈希表分支 TMAP 和 Channel 分支 TCHAN：

```
case OMAKE:
    args := n.List.Slice()

    n.List.Set(nil)
    l := args[0]
    l = typecheck(l, Etype)
    t := l.Type

    i := 1
    switch t.Etype {
    case TSLICE:
        ...

    case TMAP:
        ...

    case TCHAN:
        ...
    }

    n.Type = t
```

如果 make 的第一个参数是切片类型，那么就会从参数中获取切片的长度 len 和容量 cap 并对这两个参数进行校验，其中包括：

- 切片的长度参数是否被传入；
- 切片的长度必须小于或等于切片的容量。

代码如下所示：

```
    case TSLICE:
        if i >= len(args) {
            yyerror("missing len argument to make(%v)", t)
            n.Type = nil
            return n
        }

        l = args[i]
```

```
            i++
            l = typecheck(l, ctxExpr)
            var r *Node
            if i < len(args) {
                r = args[i]
                i++
                r = typecheck(r, ctxExpr)
            }

            if Isconst(l, CTINT) && r != nil && Isconst(r, CTINT) && l.Val().U.(*Mpint).Cmp(r.
    Val().U.(*Mpint)) > 0 {
                yyerror("len larger than cap in make(%v)", t)
                n.Type = nil
                return n
            }

            n.Left = l
            n.Right = r
            n.Op = OMAKESLICE
```

除了对参数的数量和合法性进行校验，上面这段代码最后会将当前节点的操作 Op 改成 OMAKESLICE，方便后面编译阶段的处理。

如果 make 的第一个参数是 map 类型，在这种情况下，第二个可选参数就是哈希表的初始大小，默认为 0，当前分支最后也会改变当前节点的 Op 属性：

```
        case TMAP:
            if i < len(args) {
                l = args[i]
                i++
                l = typecheck(l, ctxExpr)
                l = defaultlit(l, types.Types[TINT])
                if !checkmake(t, "size", l) {
                    n.Type = nil
                    return n
                }
                n.Left = l
            } else {
                n.Left = nodintconst(0)
            }
            n.Op = OMAKEMAP
```

make 内置函数能够初始化的最后一种结构是 Channel。从下面的代码中我们可以发现第二个参数表示的就是 Channel 的缓冲区大小。如果不存在第二个参数，那么会创建缓冲区大小为 0 的 Channel：

```
        case TCHAN:
            l = nil
            if i < len(args) {
                l = args[i]
                i++
                l = typecheck(l, ctxExpr)
```

```
        l = defaultlit(l, types.Types[TINT])
        if !checkmake(t, "buffer", l) {
            n.Type = nil
            return n
        }
        n.Left = l
    } else {
        n.Left = nodintconst(0)
    }
    n.Op = OMAKECHAN
```

在类型检查过程中，无论 make 的第一个参数是什么类型，都会修改当前节点的 Op 类型并且对传入参数的合法性进行一定的验证。

2.3.4　小结

类型检查是 Go 语言编译的第二个阶段，在词法分析和语法分析之后我们得到了每个文件对应的抽象语法树，随后的类型检查会遍历抽象语法树中的节点，检验每个节点的类型，找出其中存在的语法错误。在此过程中也可能改写抽象语法树，这不仅能够去除一些不会被执行的代码，优化代码以提高执行效率，而且会修改 make、new 等关键字对应节点的操作类型。

make 和 new 这些内置函数其实不会直接对应某些函数的实现，它们会在编译期间被转换成真正存在的其他函数，我们会在下一节介绍编译器对它们做了什么。

2.4　中间代码生成

前两节介绍的词法分析和语法分析以及类型检查都属于编译器前端，它们负责对源代码进行分析并检查其中存在的词法错误和语法错误，经过这两个阶段生成的抽象语法树已经不存在语法错误了。本节介绍编译器的后端工作——中间代码生成。

2.4.1　概述

中间代码是编译器或者虚拟机使用的语言，它可以帮助我们分析计算机程序。在编译过程中，编译器会在将源代码转换成机器码的过程中先把源代码转换成一种中间表示形式，即中间代码[①]，如图 2-13 所示。

图 2-13　源代码、中间代码和机器码

很多读者可能认为中间代码没有太多价值，毕竟可以直接将源代码翻译成目标语言。这种办法看起来可行，实际上有很多问题，其中最主要的是，它忽略了编译器面对的复杂场景，很多编译器

① 中间代码也被翻译成中间表示，即 intermediate representation。

需要将源代码翻译成多种机器码，而直接翻译高级编程语言比较困难。

将编程语言到机器码的过程拆成中间代码生成和机器码生成两个简单步骤可以简化该问题。中间代码是一种更接近机器语言的表示形式，对中间代码的优化和分析相比直接分析高级编程语言更容易。

Go 语言编译器的中间代码具有 SSA 的特性，对该特性不了解的读者可以回顾 2.1 节相关内容。

我们回忆一下编译阶段入口的主函数 `cmd/compile/internal/gc.Main` 中关于中间代码生成的部分，这段代码会初始化 SSA 生成的配置，在配置初始化结束后会调用 `cmd/compile/internal/gc.funccompile` 编译函数：

```
func Main(archInit func(*Arch)) {
    ...

    initssaconfig()

    for i := 0; i < len(xtop); i++ {
        n := xtop[i]
        if n.Op == ODCLFUNC {
            funccompile(n)
        }
    }

    compileFunctions()
}
```

接下来将分别介绍配置的初始化以及函数编译两部分内容，我们会以 `cmd/compile/internal/gc.initssaconfig` 和 `cmd/compile/internal/gc.funccompile` 这两个函数作为入口，分析中间代码生成的具体过程和实现原理。

2.4.2 配置初始化

SSA 配置的初始化过程是中间代码生成之前的准备工作。在此过程中，我们会缓存可能用到的类型指针、初始化 SSA 配置和一些之后会调用的运行时函数，例如用于处理 `defer` 关键字的 `runtime.deferproc`、用于创建 Goroutine 的 `runtime.newproc` 和用于扩容切片的 `runtime.growslice` 等，除此之外，还会根据当前目标设备初始化特定的 ABI（application binary interface，应用程序二进制接口）。我们以 `cmd/compile/internal/gc.initssaconfig` 作为入口分析配置初始化的过程：

```
func initssaconfig() {
    types_ := ssa.NewTypes()

    _ = types.NewPtr(types.Types[TINTER])                          // *interface{}
    _ = types.NewPtr(types.NewPtr(types.Types[TSTRING]))           // **string
    _ = types.NewPtr(types.NewPtr(types.Idealstring))              // **string
    _ = types.NewPtr(types.NewSlice(types.Types[TINTER]))          // *[]interface{}
    ..
    _ = types.NewPtr(types.Errortype)                              // *error
```

这个函数的执行过程总共可以分成 3 部分，首先是调用 cmd/compile/internal/ssa.NewTypes 初始化 cmd/compile/internal/ssa.Types 结构体，并调用 cmd/compile/internal/types.NewPtr 函数缓存类型的信息。cmd/compile/internal/ssa.Types 中存储了 Go 语言中基本类型对应的所有指针，比如 bool、int64 以及 string 等，如图 2-14 所示。

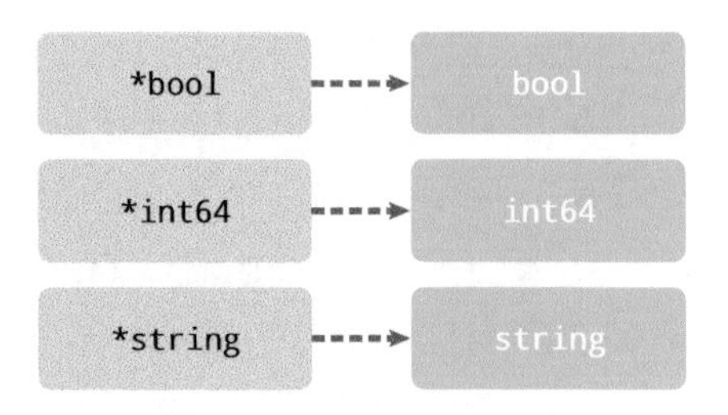

图 2-14 类型和类型指针

cmd/compile/internal/types.NewPtr 函数的主要作用是根据类型生成指向这些类型的指针，同时它会根据编译器的配置将生成的指针存在当前类型中，提高类型指针的获取效率：

```go
func NewPtr(elem *Type) *Type {
    if t := elem.Cache.ptr; t != nil {
        if t.Elem() != elem {
            Fatalf("NewPtr: elem mismatch")
        }
        return t
    }

    t := New(TPTR)
    t.Extra = Ptr{Elem: elem}
    t.Width = int64(Widthptr)
    t.Align = uint8(Widthptr)
    if NewPtrCacheEnabled {
        elem.Cache.ptr = t
    }
    return t
}
```

配置初始化的第二步是根据当前的 CPU 架构初始化 SSA 配置，我们会向 cmd/compile/internal/ssa.NewConfig 函数传入目标机器的 CPU 架构、上述代码初始化的 cmd/compile/internal/ssa.Types 结构体、上下文信息和 Debug 配置：

```go
    ssaConfig = ssa.NewConfig(thearch.LinkArch.Name, *types_, Ctxt, Debug['N'] == 0)
```

cmd/compile/internal/ssa.NewConfig 会根据传入的 CPU 架构设置用于生成中间代码和机器码的函数，包括当前编译器使用的指针、寄存器大小、可用寄存器列表、掩码等编译选项：

```go
func NewConfig(arch string, types Types, ctxt *obj.Link, optimize bool) *Config {
    c := &Config{arch: arch, Types: types}
    c.useAvg = true
    c.useHmul = true
    switch arch {
    case "amd64":
        c.PtrSize = 8
        c.RegSize = 8
        c.lowerBlock = rewriteBlockAMD64
        c.lowerValue = rewriteValueAMD64
```

```
        c.registers = registersAMD64[:]
        ...
    case "arm64":
    ...
    case "wasm":
    default:
        ctxt.Diag("arch %s not implemented", arch)
    }
    c.ctxt = ctxt
    c.optimize = optimize

    ...
    return c
}
```

所有配置项一旦被创建，在整个编译期间都是只读的并且被全部编译阶段共享，也就是说，中间代码生成和机器码生成这两部分都会使用这一份配置完成自己的工作。在 cmd/compile/internal/gc.initssaconfig 方法调用的最后，会初始化一些编译器可能用到的 Go 语言运行时函数：

```
    assertE2I = sysfunc("assertE2I")
    assertE2I2 = sysfunc("assertE2I2")
    assertI2I = sysfunc("assertI2I")
    assertI2I2 = sysfunc("assertI2I2")
    deferproc = sysfunc("deferproc")
    Deferreturn = sysfunc("deferreturn")
    ...
```

cmd/compile/internal/ssa.sysfunc 函数会在对应的运行时包结构体 cmd/compile/internal/types.Pkg 中创建一个新符号 cmd/compile/internal/obj.LSym，表示该方法已经注册到运行时包中。后面的中间代码生成阶段直接使用这些方法，例如上述代码片段中的 runtime.deferproc 和 runtime.deferreturn 就是 Go 语言用于实现 defer 关键字的运行时函数，大家可以从第 5 章了解更多相关内容。

2.4.3 遍历和替换

在生成中间代码之前，编译器还需要替换抽象语法树中节点的一些元素，这个替换过程是通过 cmd/compile/internal/gc.walk 和相关函数实现的，下面简单展示几个函数的签名：

```
func walk(fn *Node)
func walkappend(n *Node, init *Nodes, dst *Node) *Node
...
func walkrange(n *Node) *Node
func walkselect(sel *Node)
func walkselectcases(cases *Nodes) []*Node
func walkstmt(n *Node) *Node
func walkstmtlist(s []*Node)
func walkswitch(sw *Node)
```

这些用于遍历抽象语法树的函数会将一些关键字和内置函数转换成函数调用，例如上述函数会将 panic、recover 两个内置函数转换成 runtime.gopanic 和 runtime.gorecover 两个真正的运行时函数，而关键字 new 也会被转换成调用 runtime.newobject 函数，如图 2-15 所示。

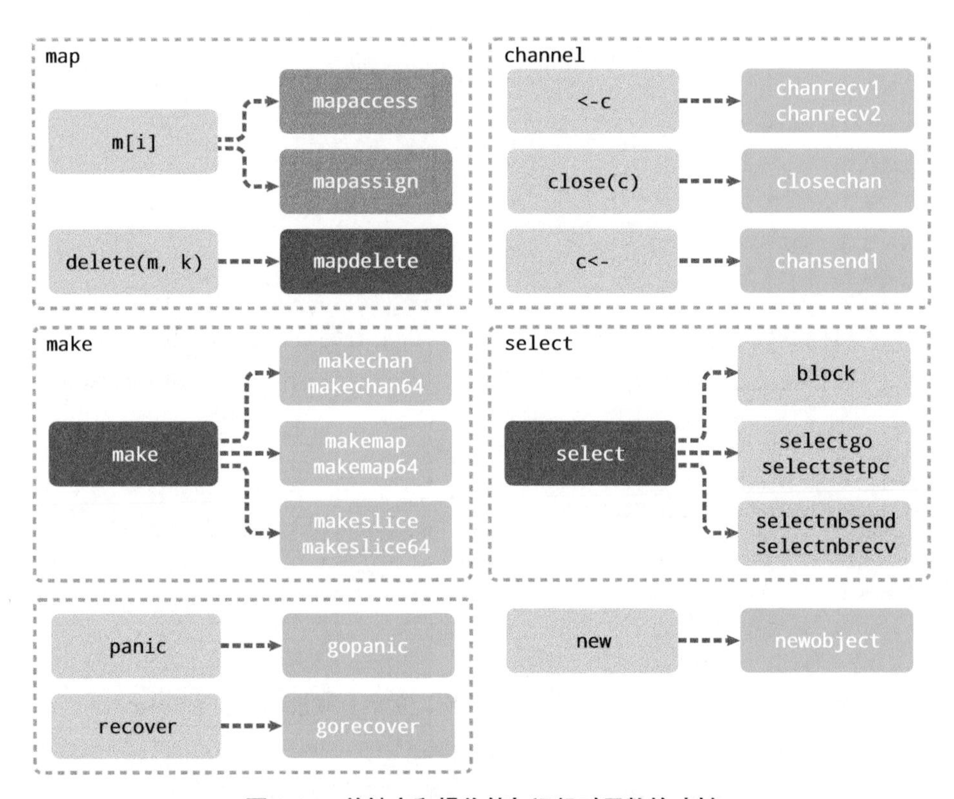

图 2-15 关键字和操作符与运行时函数的映射

图 2-15 是从关键字或内置函数到运行时函数的映射，其中涉及 Channel、哈希表、make、new 关键字以及控制流中的关键字 select 等。转换后的全部函数都属于运行时包，我们能在 src/cmd/compile/internal/gc/builtin/runtime.go 文件中找到函数对应的签名和定义：

```
func makemap64(mapType *byte, hint int64, mapbuf *any) (hmap map[any]any)
func makemap(mapType *byte, hint int, mapbuf *any) (hmap map[any]any)
func makemap_small() (hmap map[any]any)
func mapaccess1(mapType *byte, hmap map[any]any, key *any) (val *any)
...
func makechan64(chanType *byte, size int64) (hchan chan any)
func makechan(chanType *byte, size int) (hchan chan any)
...
```

这里的定义只是让 Go 语言完成编译，它们的实现都在另一个 runtime 包中。简单总结一下，编译器会将 Go 语言关键字转换成运行时包中的函数，也就是说，关键字和内置函数的功能是由编译器和运行时共同完成的。

我们简单了解一下遍历节点时几个 Channel 操作是如何转换成运行时的对应方法的，首先介绍向 Channel 发送消息和从 Channel 接收消息两个操作，编译器会分别使用 OSEND 和 ORECV 表示发送和接收消息，在 cmd/compile/internal/gc.walkexpr 函数中会根据节点类型的不同进入不同的分支：

```
func walkexpr(n *Node, init *Nodes) *Node {
    ...
    case OSEND:
        n1 := n.Right
        n1 = assignconv(n1, n.Left.Type.Elem(), "chan send")
        n1 = walkexpr(n1, init)
        n1 = nod(OADDR, n1, nil)
        n = mkcall1(chanfn("chansend1", 2, n.Left.Type), nil, init, n.Left, n1)
    ...
}
```

当遇到 OSEND 操作时，会使用 cmd/compile/internal/gc.mkcall1 创建一个操作为 OCALL 的节点，这个节点包含当前调用的函数 runtime.chansend1 和参数，新的 OCALL 节点会替换当前的 OSEND 节点，这就完成了对 OSEND 子树的改写，如图 2-16 所示。

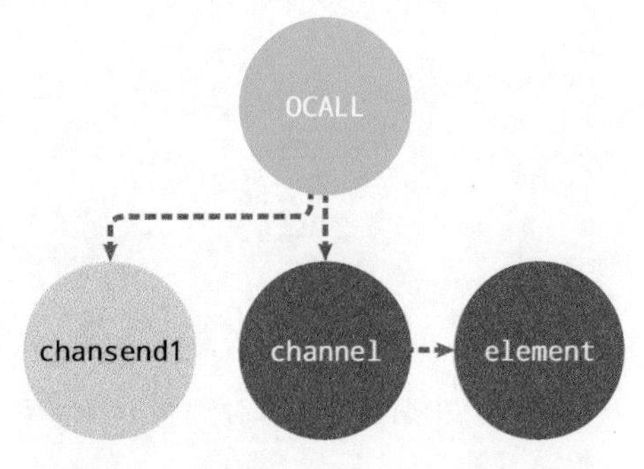

图 2-16 改写后的 Channel 发送操作

在中间代码生成阶段遇到 ORECV 操作时，编译器的处理与遇到 OSEND 时相差无几，我们只是将 runtime.chansend1 换成了 runtime.chanrecv1，其他参数没有发生太大变化：

```
        n = mkcall1(chanfn("chanrecv1", 2, n.Left.Type), nil, &init, n.Left, nodnil())
```

使用 close 关键字的 OCLOSE 操作也会在 cmd/compile/internal/gc.walkexpr 函数中被转换成调用 runtime.closechan 的 OCALL 节点：

```
func walkexpr(n *Node, init *Nodes) *Node {
    ...
    case OCLOSE:
        fn := syslook("closechan")

        fn = substArgTypes(fn, n.Left.Type)
        n = mkcall1(fn, nil, init, n.Left)
    ...
}
```

编译器会在编译期间将 Channel 的这些内置操作转换成几个运行时函数。很多人想了解 Channel 底层的实现，但是并不知道函数的入口，通过本节的分析我们可知，runtime.chanrecv1、runtime.chansend1 和 runtime.closechan 几个函数分别实现了 Channel 的接收、发送和关闭操作。

2.4.4　SSA 生成

经过 `walk` 系列函数的处理之后，抽象语法树就不会改变了，Go 语言的编译器会使用 `cmd/compile/internal/gc.compileSSA` 函数将抽象语法树转换成中间代码。我们先看一下该函数的简要实现：

```
func compileSSA(fn *Node, worker int) {
    f := buildssa(fn, worker)
    pp := newProgs(fn, worker)
    genssa(f, pp)

    pp.Flush()
}
```

`cmd/compile/internal/gc.buildssa` 负责生成具有 SSA 特性的中间代码，我们可以使用命令行工具来观察中间代码的生成过程。假设有以下 Go 语言源代码，其中只包含一个简单的 `hello` 函数：

```
package hello

func hello(a int) int {
    c := a + 2
    return c
}
```

我们可以使用 `GOSSAFUNC` 环境变量构建上述代码，并获取从源代码到最终中间代码经历的几十次迭代，其中所有数据都存储到了 `ssa.html` 文件中：

```
$ GOSSAFUNC=hello go build hello.go
# command-line-arguments
dumped SSA to ./ssa.html
```

`ssa.html` 文件中包含源代码对应的抽象语法树、几十个版本的中间代码以及最终生成的 SSA，这里截取文件的一部分以便读者简单了解该文件的内容。

如图 2-17 所示，其中最左侧就是源代码，中间是源代码生成的抽象语法树，最右侧是生成的第一轮中间代码，后面还有几十轮，感兴趣的读者可以自己尝试编译一下。

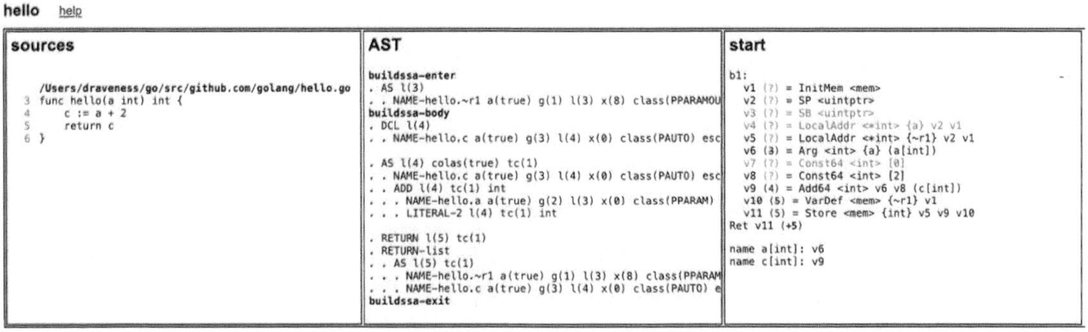

hello　help

sources

```
  /Users/draveness/go/src/github.com/golang/hello.go
3 func hello(a int) int {
4     c := a + 2
5     return c
6 }
```

AST

```
buildssa-enter
. AS l(3)
. . NAME-hello.~r1 a(true) g(1) l(3) x(8) class(PPARAMOU
buildssa-body
. DCL l(4)
. . NAME-hello.c a(true) g(3) l(4) x(0) class(PAUTO) esc

. AS l(4) colas(true) tc(1)
. . NAME-hello.c a(true) g(3) l(4) x(0) class(PAUTO) esc
. . ADD l(4) tc(1) int
. . . NAME-hello.a a(true) g(2) l(3) x(0) class(PPARAM)
. . . LITERAL-2 l(4) tc(1) int

. RETURN l(5) tc(1)
. RETURN-list
. . AS l(5) tc(1)
. . . NAME-hello.~r1 a(true) g(1) l(3) x(8) class(PPARAM
. . . NAME-hello.c a(true) g(3) l(4) x(0) class(PAUTO) e
buildssa-exit
```

start

```
b1:
  v1 (?) = InitMem <mem>
  v2 (?) = SP <uintptr>
  v3 (?) = SB <uintptr>
  v4 (?) = LocalAddr <*int> {a} v2 v1
  v5 (?) = LocalAddr <*int> {~r1} v2 v1
  v6 (3) = Arg <int> {a} (a[int])
  v7 (?) = Const64 <int> [0]
  v8 (?) = Const64 <int> [2]
  v9 (4) = Add64 <int> v6 v8 (c[int])
  v10 (5) = VarDef <mem> {~r1} v1
  v11 (5) = Store <mem> {int} v5 v9 v10
Ret v11 (+5)

name a[int]: v6
name c[int]: v9
```

图 2-17　SSA 中间代码生成过程

hello函数对应的抽象语法树会包含当前函数的Enter、NBody和Exit 3个属性，cmd/compile/internal/gc.buildssa函数会输出这些属性，你能从这个简化的逻辑中看到上述输出的影子：

```
func buildssa(fn *Node, worker int) *ssa.Func {
    name := fn.funcname()
    var astBuf *bytes.Buffer
    var s state

    fe := ssafn{
        curfn: fn,
        log:   printssa && ssaDumpStdout,
    }
    s.curfn = fn

    s.f = ssa.NewFunc(&fe)
    s.config = ssaConfig
    s.f.Type = fn.Type
    s.f.Config = ssaConfig

    ...

    s.stmtList(fn.Func.Enter)
    s.stmtList(fn.Nbody)

    ssa.Compile(s.f)
    return s.f
}
```

ssaConfig是我们在本章前面初始化的结构体，其中包含与CPU架构相关的函数和配置，随后的中间代码生成其实也分成两个阶段，第一阶段使用cmd/compile/internal/gc.state.stmtList以及相关函数将抽象语法树转换成中间代码，第二阶段调用cmd/compile/internal/ssa包的cmd/compile/internal/ssa.Compile通过多轮迭代更新SSA中间代码。

1. AST到SSA

cmd/compile/internal/gc.state.stmtList会为传入数组中的每个节点调用cmd/compile/internal/gc.state.stmt方法，编译器会根据节点操作符的不同将当前AST节点转换成对应的中间代码：

```
func (s *state) stmt(n *Node) {
    ...
    switch n.Op {
    case OCALLMETH, OCALLINTER:
        s.call(n, callNormal)
        if n.Op == OCALLFUNC && n.Left.Op == ONAME && n.Left.Class() == PFUNC {
            if fn := n.Left.Sym.Name; compiling_runtime && fn == "throw" ||
                n.Left.Sym.Pkg == Runtimepkg && (fn == "throwinit" || fn == "gopanic" || fn ==
"panicwrap" || fn == "block" || fn == "panicmakeslicelen" || fn == "panicmakeslicecap") {
                m := s.mem()
```

```
                b := s.endBlock()
                b.Kind = ssa.BlockExit
                b.SetControl(m)
            }
        }
        s.call(n.Left, callDefer)
    case OGO:
        s.call(n.Left, callGo)
    ...
    }
}
```

从上面的代码中我们会发现，在遇到函数调用、方法调用或使用 defer 与 go 关键字时，都会执行 cmd/compile/internal/gc.state.callResult 和 cmd/compile/internal/gc.state.call 生成调用函数的 SSA 节点，这些在开发者看来不同的概念在编译器中都会实现为静态的函数调用，上层的关键字和方法只是 Go 语言为我们提供的语法糖：

```
func (s *state) callResult(n *Node, k callKind) *ssa.Value {
    return s.call(n, k, false)
}

func (s *state) call(n *Node, k callKind) *ssa.Value {
    ...
    var call *ssa.Value
    switch {
    case k == callDefer:
        call = s.newValue1A(ssa.OpStaticCall, types.TypeMem, deferproc, s.mem())
    case k == callGo:
        call = s.newValue1A(ssa.OpStaticCall, types.TypeMem, newproc, s.mem())
    case sym != nil:
        call = s.newValue1A(ssa.OpStaticCall, types.TypeMem, sym.Linksym(), s.mem())
    ..
    }
    ...
}
```

首先，从 AST 到 SSA 的转化过程中，编译器会生成将函数调用的参数放到栈上的中间代码，处理参数之后才会生成一条运行函数的命令 ssa.OpStaticCall：

- 当使用 defer 关键字时，插入 runtime.deferproc 函数；
- 当使用 go 关键字时，插入 runtime.newproc 函数符号；
- 当遇到其他情况时，插入表示普通函数对应的符号。

cmd/compile/internal/gc/ssa.go 这个拥有近 7000 行代码的文件包含用于处理不同节点的各种方法，编译器会根据节点类型的不同，在一条巨型 switch 语句中处理不同的情况，这也是在编译器这种独特的场景下才能看到的现象。

```
compiling hello
hello func(int) int
  b1:
```

```
    v1 = InitMem <mem>
    v2 = SP <uintptr>
    v3 = SB <uintptr> DEAD
    v4 = LocalAddr <*int> {a} v2 v1 DEAD
    v5 = LocalAddr <*int> {~r1} v2 v1
    v6 = Arg <int> {a}
    v7 = Const64 <int> [0] DEAD
    v8 = Const64 <int> [2]
    v9 = Add64 <int> v6 v8 (c[int])
    v10 = VarDef <mem> {~r1} v1
    v11 = Store <mem> {int} v5 v9 v10
    Ret v11
```

上述代码就是在这个过程中生成的，可以看到中间代码主体中的每一行都定义了一个新变量，这是前面提到的具有 SSA 特性的中间代码。如果你使用 `GOSSAFUNC=hello go build hello.go` 命令亲自编译一下，会对这种中间代码有更深的印象。

2. 多轮转换

虽然我们在 `cmd/compile/internal/gc.state.stmt` 以及相关方法中生成了 SSA 中间代码，但是这些中间代码仍然需要编译器优化以去掉无用代码并精简操作数，编译器优化中间代码的过程都是由 `cmd/compile/internal/ssa.Compile` 函数执行的：

```go
func Compile(f *Func) {
    if f.Log() {
        f.Logf("compiling %s\n", f.Name)
    }

    phaseName := "init"

    for _, p := range passes {
        f.pass = &p
        p.fn(f)
    }

    phaseName = ""
}
```

上述函数删除了很多打印日志和性能分析的代码，SSA 需要经历的多轮处理也都保存在了 `passes` 变量中，这个变量中存储了每一轮处理的名字、使用的函数以及表示是否必要的 `required` 字段：

```go
var passes = [...]pass{
    {name: "number lines", fn: numberLines, required: true},
    {name: "early phielim", fn: phielim},
    {name: "early copyelim", fn: copyelim},
    ...
    {name: "loop rotate", fn: loopRotate},
    {name: "stackframe", fn: stackframe, required: true},
    {name: "trim", fn: trim},
}
```

目前的编译器总共引入了近 50 个需要执行的过程，我们能在 GOSSAFUNC=hello go build hello.go 命令生成的文件中看到每一轮处理后的中间代码，例如最后一个 trim 阶段就生成了如下 SSA 代码：

```
  pass trim begin
  pass trim end [738 ns]
hello func(int) int
  b1:
    v1 = InitMem <mem>
    v10 = VarDef <mem> {~r1} v1
    v2 = SP <uintptr> : SP
    v6 = Arg <int> {a} : a[int]
    v8 = LoadReg <int> v6 : AX
    v9 = ADDQconst <int> [2] v8 : AX (c[int])
    v11 = MOVQstore <mem> {~r1} v2 v9 v10
    Ret v11
```

经过近 50 轮处理，中间代码相比处理之前改变非常大，执行效率大幅提升。多轮处理已经包含了机器特定的一些修改，包括根据目标架构改写代码，这里就不介绍每一轮处理的内容了。

2.4.5 小结

中间代码生成过程是从抽象语法树到 SSA 中间代码的转换过程，在此期间会再次改写语法树中的关键字，改写后的语法树会经过多轮处理转变成最后的 SSA 中间代码，相关代码中包括了大量 switch 语句、复杂的函数和调用栈，阅读和分析起来也非常困难。

Go 语言中的很多关键字和内置函数是在该阶段被转换成运行时包中的方法的，后面的章节会从具体的关键字和内置函数的角度介绍一些数据结构和内置函数的实现。

2.5 机器码生成

Go 语言编译的最后一个阶段是根据 SSA 中间代码生成机器码，这里谈的机器码是在目标 CPU 架构上能够运行的二进制代码。2.4 节简单介绍了从抽象语法树到 SSA 中间代码的生成过程，近 50 个生成中间代码的步骤中有一些过程严格说来属于机器码生成阶段。

机器码的生成过程其实是对 SSA 中间代码的**降级**（lower）过程。在 SSA 中间代码降级过程中，编译器将一些值重写成了目标 CPU 架构的特定值，降级过程处理了机器特定的所有重写规则并对代码进行了一定程度的优化；在 SSA 中间代码生成阶段的最后，Go 函数体的代码会被转换成 cmd/compile/internal/obj.Prog 结构。

2.5.1 指令集架构

首先需要介绍的就是指令集架构，它是计算机软硬件之间的桥梁（如图 2-18 所示），虽然我们在 2.1 节讲解过指令集架构，但这里需要引入更多指令集架构知识。

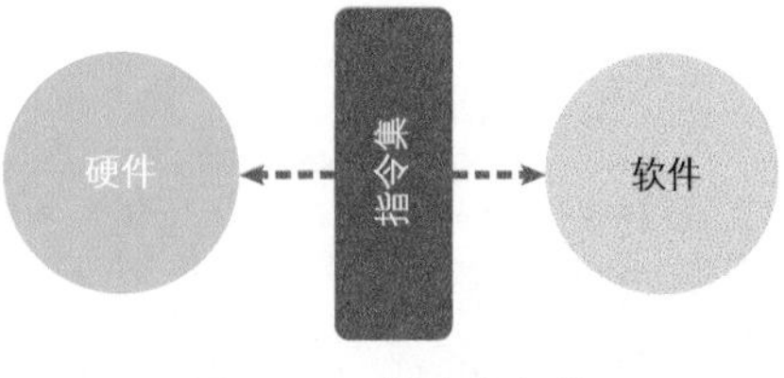

图 2-18 指令集架构

指令集架构是计算机的抽象模型，很多时候也称作**架构**或**计算机架构**，它是计算机软件和硬件之间的接口和桥梁。一个为特定指令集架构编写的应用程序能够在所有支持这种指令集架构的机器上运行。也就是说，如果当前应用程序支持 x86 的指令集，那么就可以在所有使用 x86 指令集的机器上运行，这其实就是抽象层的作用。每一个指令集架构都定义了支持的数据结构、寄存器、管理主内存的硬件支持（例如内存一致、地址模型和虚拟内存）、支持的指令集和 I/O 模型，它其实就在软件和硬件之间引入了一个抽象层，让同一个二进制文件能够在不同版本的硬件上运行。

如果一门编程语言想在所有机器上运行，它可以将中间代码转换成使用不同指令集架构的机器码，这比为不同硬件单独移植简单太多了。

最常见的指令集架构分类方法是，根据指令的复杂度将其分为**复杂指令集**（CISC）和**精简指令集**（RISC）。复杂指令集架构包含了很多特定指令，但是其中一些指令很少会被程序使用；精简指令集只实现了常用指令，不常用的操作会通过组合简单指令来实现。

复杂指令集的特点是指令数量多且复杂，每条指令的字节长度并不相等。x86 就是常见的复杂指令集处理器，它的指令长度范围非常广，从 1 字节到 15 字节不等。对于长度不固定的指令，计算机必须额外对指令进行判断，这需要额外的性能损失。

而**精简指令集**对指令数量和寻址方式做了精简，大大减少指令数量的同时更容易实现了。精简指令集中的每一条指令都使用标准的字节长度，执行时间相比复杂指令集会少很多，处理器在处理指令时也可以流水执行，增强了对并行的支持。作为一种常见的精简指令集处理器，ARM 使用 4 字节作为指令的固定长度，消除了判断指令的性能损失。精简指令集其实就是利用了我们耳熟能详的二八定律，用 20% 的基础指令和它们的组合来解决问题。

关于两种指令集的简单归纳如图 2-19 所示。

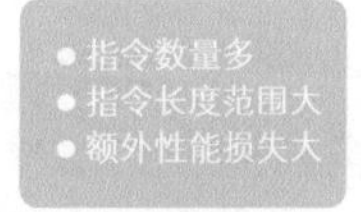

图 2-19 两种指令集

最初的计算机使用复杂指令集是因为当时计算机的性能和内存比较有限，业界需要尽可能地减少机器需要执行的指令，所以更倾向于高度编码、长度不等以及多操作数的指令。不过随着计算机性能的提升，出现了精简指令集这种牺牲代码密度换取简单实现的设计。除此之外，硬件的飞速发展还带来了更多的寄存器和更高的时钟频率，软件开发人员也不再直接接触汇编代码，而是通过编译器和汇编器生成指令，复杂的机器指令对于编译器来说很难利用，所以精简指令在这种场景下更适合。

复杂指令集和精简指令集的使用是设计上的权衡，经过这么多年的发展，两种指令集也相互借鉴和学习，与刚被设计出来时已经有了较大的差别。对于软件工程师来讲，复杂的硬件设备已经是领域下三层的知识了，其实无须掌握太多，但是对指令集架构感兴趣的读者可以找一些资料开阔眼界。

2.5.2 机器码生成

机器码的生成在 Go 的编译器中主要由两部分协同完成，其中一部分是负责 SSA 中间代码降级和根据目标架构进行特定处理的 cmd/compile/internal/ssa 包，另一部分是负责生成机器码的 cmd/internal/obj①：

- cmd/compile/internal/ssa 主要负责对 SSA 中间代码进行降级、执行架构特定的优化和重写并生成 cmd/compile/internal/obj.Prog 指令；
- cmd/internal/obj 作为汇编器会将这些指令转换成机器码完成这次编译。

1. SSA 降级

SSA 降级是在中间代码生成过程中完成的。在近 50 轮的处理过程中，lower 以及后面的阶段都属于 SSA 降级这一过程，这么多轮处理会将 SSA 转换成机器特定的操作：

```
var passes = [...]pass{
    ...
    {name: "lower", fn: lower, required: true},
    {name: "lowered deadcode for cse", fn: deadcode},
    {name: "lowered cse", fn: cse},
    ...
    {name: "trim", fn: trim}, // 移除空代码块
}
```

SSA 降级执行的第一个阶段就是 lower，该阶段的入口方法是 cmd/compile/internal/ssa.lower 函数，它会将 SSA 的中间代码转换成机器特定的指令：

```
func lower(f *Func) {
    applyRewrite(f, f.Config.lowerBlock, f.Config.lowerValue)
}
```

向 cmd/compile/internal/ssa.applyRewrite 传入的两个函数 lowerBlock 和 lowerValue，是在中间代码生成阶段初始化 SSA 配置时确定的，这两个函数会分别转换函数中的代码块和代码块中的值。

假设目标机器使用 x86 的架构，最终会调用 cmd/compile/internal/ssa.rewriteBlock386 和 cmd/compile/internal/ssa.rewriteValue386 两个函数，这两个函数是两组庞大的 switch 语句，前者共有 2000 多行，后者近 700 行。用于处理 x86 架构重写的函数共有近 30 000 行代码，你能在 cmd/compile/internal/ssa/rewrite386.go 找到文件的全部内容，我们只节选其中的一段展示一下：

```
func rewriteValue386(v *Value) bool {
    switch v.Op {
    case Op386ADCL:
        return rewriteValue386_Op386ADCL_0(v)
    case Op386ADDL:
        return rewriteValue386_Op386ADDL_0(v) || rewriteValue386_Op386ADDL_10(v) ||
rewriteValue386_Op386ADDL_20(v)
```

① 参见"Introduction to the Go compiler"。

```
	...
	}
}

func rewriteValue386_Op386ADCL_0(v *Value) bool {
	// match: (ADCL x (MOVLconst [c]) f)
	// cond:
	// result: (ADCLconst [c] x f)
	for {
		_ = v.Args[2]
		x := v.Args[0]
		v_1 := v.Args[1]
		if v_1.Op != Op386MOVLconst {
			break
		}
		c := v_1.AuxInt
		f := v.Args[2]
		v.reset(Op386ADCLconst)
		v.AuxInt = c
		v.AddArg(x)
		v.AddArg(f)
		return true
	}
	...
}
```

重写过程会将通用的 SSA 中间代码转换成目标架构特定的指令，上述 rewriteValue386_Op386ADCL_0 函数会使用 ADCLconst 替换 ADCL 和 MOVLconst 两条指令，它能通过对指令的压缩和优化减少在目标硬件上执行所需要的时间和资源。

2.4 节介绍过 cmd/compile/internal/gc.compileSSA 中调用 cmd/compile/internal/gc.buildssa 的执行过程，我们在这里继续介绍 cmd/compile/internal/gc.buildssa 函数返回后的逻辑：

```
func compileSSA(fn *Node, worker int) {
	f := buildssa(fn, worker)
	pp := newProgs(fn, worker)
	defer pp.Free()
	genssa(f, pp)

	pp.Flush()
}
```

cmd/compile/internal/gc.genssa 函数会创建一个新的 cmd/compile/internal/gc.Progs 结构，并将生成的 SSA 中间代码都存入新建的结构体中，2.4 节得到的 ssa.html 文件就包含最后生成的中间代码，如图 2-20 所示。

```
genssa

        # /Users/draveness/go/src/github.com/golang/hello.go
        00000 (3) TEXT "".hello(SB), ABIInternal
        00001 (3) FUNCDATA $0, gclocals·33cdeccccebe80329f1fdbee7f5874cb(SB)
        00002 (3) FUNCDATA $1, gclocals·33cdeccccebe80329f1fdbee7f5874cb(SB)
        00003 (3) FUNCDATA $2, gclocals·33cdeccccebe80329f1fdbee7f5874cb(SB)
v8      00004 (+4) PCDATA $0, $0
v8      00005 (+4) PCDATA $1, $0
v8      00006 (+4) MOVQ "".a(SP), AX
v9      00007 (4) ADDQ $2, AX
v11     00008 (+5) MOVQ AX, "".~r1+8(SP)
b1      00009 (5) RET
        00010 (?) END
```

图 2-20　genssa 的执行结果

上述输出结果跟最后生成的汇编代码已经非常相似了，随后调用的 cmd/compile/internal/gc.Progs.Flush 会使用 cmd/internal/obj 包中的汇编器将 SSA 转换成汇编代码：

```go
func (pp *Progs) Flush() {
    plist := &obj.Plist{Firstpc: pp.Text, Curfn: pp.curfn}
    obj.Flushplist(Ctxt, plist, pp.NewProg, myimportpath)
}
```

cmd/compile/internal/gc.buildssa 中的 lower 和随后的多个阶段会对 SSA 进行转换、检查和优化，生成机器特定的中间代码，接下来通过 cmd/compile/internal/gc.genssa 将代码输出到 cmd/compile/internal/gc.Progs 对象中，这也是代码进入汇编器前的最后一个步骤。

2. 汇编器

汇编器是将汇编语言翻译为机器语言的程序，Go 语言的汇编器是基于 Plan 9 汇编器的输入类型设计的。Go 语言关于汇编语言 Plan 9 和汇编器的资料十分匮乏，网上能够找到的资料也大多含糊不清，官方对汇编器在不同处理器架构上的实现细节也没有明确定义：

> The details vary with architecture, and we apologize for the imprecision; the situation is not well-defined.①

研究汇编器和汇编语言时不应陷入细节，只需理解汇编语言的执行逻辑就能够帮助我们快速读懂汇编代码。当我们将如下代码编译成汇编指令时，会得到如下内容：

① 参见“A Quick Guide to Go’s Assembler”。

```
$ cat hello.go
package hello

func hello(a int) int {
    c := a + 2
    return c
}
$ GOOS=linux GOARCH=amd64 go tool compile -S hello.go
"".hello STEXT nosplit size=15 args=0x10 locals=0x0
    0x0000 00000 (main.go:3)    TEXT    "".hello(SB), NOSPLIT, $0-16
    0x0000 00000 (main.go:3)    FUNCDATA    $0, gclocals·33cdeccccebe80329f1fdbee7f5874cb(SB)
    0x0000 00000 (main.go:3)    FUNCDATA    $1, gclocals·33cdeccccebe80329f1fdbee7f5874cb(SB)
    0x0000 00000 (main.go:3)    FUNCDATA    $3, gclocals·33cdeccccebe80329f1fdbee7f5874cb(SB)
    0x0000 00000 (main.go:4)    PCDATA    $2, $0
    0x0000 00000 (main.go:4)    PCDATA    $0, $0
    0x0000 00000 (main.go:4)    MOVQ    "".a+8(SP), AX
    0x0005 00005 (main.go:4)    ADDQ    $2, AX
    0x0009 00009 (main.go:5)    MOVQ    AX, "".~r1+16(SP)
    0x000e 00014 (main.go:5)    RET
    0x0000 48 8b 44 24 08 48 83 c0 02 48 89 44 24 10 c3     H.D$.H...H.D$..
...
```

上述汇编代码都是由 cmd/internal/obj.Flushplist 这个函数生成的，该函数会调用架构特定的 Preprocess 和 Assemble 方法：

```
func Flushplist(ctxt *Link, plist *Plist, newprog ProgAlloc, myimportpath string) {
    ...

    for _, s := range text {
        mkfwd(s)
        linkpatch(ctxt, s, newprog)
        ctxt.Arch.Preprocess(ctxt, s, newprog)
        ctxt.Arch.Assemble(ctxt, s, newprog)
        linkpcln(ctxt, s)
        ctxt.populateDWARF(plist.Curfn, s, myimportpath)
    }
}
```

Go 编译器会通过最外层的主函数确定调用的 Preprocess 和 Assemble 方法，编译器在 2.1.3 节中提到的 cmd/compile.archInit 中根据目标硬件初始化当前架构使用的配置。

如果目标机器的架构是 x86，那么这两个函数最终会使用 cmd/internal/obj/x86.preprocess 和 cmd/internal/obj/x86.span6。这两个底层函数特别复杂，这里就不展开介绍了，有兴趣的读者可以找到目标函数的位置了解预处理和汇编的处理过程，机器码的生成也都是由这两个函数组合完成的。

2.5.3 小结

机器码生成作为 Go 语言编译的最后一步，其实已经到了硬件和机器指令这一层，其中对于内存、寄存器的处理非常复杂并且难以阅读，想真正掌握这里的处理步骤和原理，需要耗费很多精力。

作为软件工程师，如果不需要经常处理汇编语言和机器指令，掌握这些知识的投资回报率实在太低，我们只需要对这个过程有所了解，消除知识盲点，在遇到问题时能够快速定位即可。

2.5.4 延伸阅读

"A Manual for the Plan 9 assembler"

第3章　数据结构

我们常说数据结构和算法是程序最重要的两个组成部分。每门编程语言可能都有与数组、哈希表和字符串等价的实现，但是不同编程语言在实现上可能有些许不同，这些数据结构在编程过程中起着举足轻重的作用，本章我们会一一学习。

本章将分别介绍数组、切片、哈希表和字符串这 4 种最常见的数据结构的实现原理，我们将结合编译期和运行时分析它们的实现。在这个过程中，我们不仅会学习其常见操作的实现原理，还会学习其内存布局以及语言内部的优化。

3.1　数组

数组和切片是 Go 语言中常见的数据结构，很多 Go 语言初学者往往会混淆这两个概念。数组作为最常见的集合，在编程语言中非常重要。除数组外，Go 语言还引入了另一个概念——切片，切片与数组有些类似，但它们的不同导致了使用上的巨大差别。本节会结合 Go 语言的编译期和运行时来介绍数组的底层实现原理，其中包括数组的初始化、访问和赋值等常见操作。

3.1.1　概述

数组是一种数据结构，是相同类型元素组成的集合。计算机会为数组分配一块连续的内存来保存其中的元素，我们可以利用数组中元素的索引快速访问特定元素。常见的数组大多是一维线性数组，而多维数组在数值和图形计算领域应用得更为广泛[①]。

作为一种基本的数据类型，我们通常会从两个维度描述数组——数组中存储的元素类型和数组最多能存储的元素个数。在 Go 语言中，我们往往使用如下所示的方式来表示数组类型：

```
[10]int
[200]interface{}
```

Go 语言数组在初始化之后大小就无法改变了，存储元素类型相同但大小不同的数组类型在 Go 语言看来也完全不同，只有两个条件都相同才是同一类型。

```
func NewArray(elem *Type, bound int64) *Type {
    if bound < 0 {
        Fatalf("NewArray: invalid bound %v", bound)
    }
```

① 参见维基百科词条 array data structure。

```
    t := New(TARRAY)
    t.Extra = &Array{Elem: elem, Bound: bound}
    t.SetNotInHeap(elem.NotInHeap())
    return t
}
```

编译期间的数组类型是由上述 `cmd/compile/internal/types.NewArray` 函数生成的，该类型包含两个字段，分别是元素类型 `Elem` 和数组大小 `Bound`。这两个字段共同构成了数组类型，而当前数组是否应该在堆栈中初始化也在编译期就确定了。

3.1.2 初始化

Go 语言的数组有两种创建方式，一种是显式指定数组大小，另一种是使用 `[...]T` 声明数组，Go 语言会在编译期间通过源代码推导数组大小：

```
arr1 := [3]int{1, 2, 3}
arr2 := [...]int{1, 2, 3}
```

上述两种声明方式在运行期间得到的结果完全相同，后一种声明方式在编译期间就会转换成前一种，这也就是编译器对数组大小的推导。下面介绍编译器的推导过程。

1. 上限推导

两种声明方式会导致编译器做出完全不同的处理，如果使用第一种方式 `[10]T`，那么变量类型在编译进行到类型检查阶段就会被提取出来，随后使用 `cmd/compile/internal/types.NewArray` 创建包含数组大小的 `cmd/compile/internal/types.Array` 结构体。

当我们使用 `[...]T` 的方式声明数组时，编译器会在 `cmd/compile/internal/gc.typecheckcomplit` 函数中推导数组的大小：

```
func typecheckcomplit(n *Node) (res *Node) {
    ...
    if n.Right.Op == OTARRAY && n.Right.Left != nil && n.Right.Left.Op == ODDD {
        n.Right.Right = typecheck(n.Right.Right, ctxType)
        if n.Right.Right.Type == nil {
            n.Type = nil
            return n
        }
        elemType := n.Right.Right.Type

        length := typecheckarraylit(elemType, -1, n.List.Slice(), "array literal")

        n.Op = OARRAYLIT
        n.Type = types.NewArray(elemType, length)
        n.Right = nil
        return n
    }
    ...

    switch t.Etype {
```

```
	case TARRAY:
		typecheckarraylit(t.Elem(), t.NumElem(), n.List.Slice(), "array literal")
		n.Op = OARRAYLIT
		n.Right = nil
	}
}
```

这个删减后的 cmd/compile/internal/gc.typecheckcomplit 会调用 cmd/compile/internal/gc.typecheckarraylit，通过遍历元素的方式来计算数组中元素的数量。

所以我们可以看出，[...]T{1, 2, 3} 和 [3]T{1, 2, 3} 在运行时完全等价，[...]T 这种初始化方式也只是 Go 语言为我们提供的一种语法糖，当我们不想计算数组中元素的个数时，可以通过这种方法减少一些工作量。

2. 语句转换

对于由字面量组成的数组，根据数组元素数量的不同，编译器会在负责初始化字面量的 cmd/compile/internal/gc.anylit 函数中做两种优化：

- 当元素少于或等于 4 个时，会直接将数组中的元素放置在栈上；
- 当元素多于 4 个时，会将数组中的元素放置到静态区并在运行时取出。

代码如下所示：

```
func anylit(n *Node, var_ *Node, init *Nodes) {
	t := n.Type
	switch n.Op {
	case OSTRUCTLIT, OARRAYLIT:
		if n.List.Len() > 4 {
			...
		}

		fixedlit(inInitFunction, initKindLocalCode, n, var_, init)
	...
	}
}
```

当数组元素少于或等于 4 个时，cmd/compile/internal/gc.fixedlit 会负责在函数编译之前将 [3]{1, 2, 3} 转换成更原始的语句：

```
func fixedlit(ctxt initContext, kind initKind, n *Node, var_ *Node, init *Nodes) {
	var splitnode func(*Node) (a *Node, value *Node)
	...

	for _, r := range n.List.Slice() {
		a, value := splitnode(r)
		a = nod(OAS, a, value)
		a = typecheck(a, ctxStmt)
		switch kind {
		case initKindStatic:
			genAsStatic(a)
		case initKindLocalCode:
```

```
                a = orderStmtInPlace(a, map[string][]*Node{})
                a = walkstmt(a)
                init.Append(a)
            }
        }
    }
```

当数组元素少于或等于4个并且 cmd/compile/internal/gc.fixedlit 函数接收的 kind 是 initKindLocalCode 时，上述代码会将原有初始化语句 [3]int{1, 2, 3} 拆分成一个声明变量的表达式和几个赋值表达式，这些表达式会完成对数组的初始化：

```
var arr [3]int
arr[0] = 1
arr[1] = 2
arr[2] = 3
```

但是如果当前数组的元素多于4个，cmd/compile/internal/gc.anylit 会先获取唯一的 staticname，然后调用 cmd/compile/internal/gc.fixedlit 函数在静态存储区初始化数组中的元素，并将临时变量赋值给数组：

```
func anylit(n *Node, var_ *Node, init *Nodes) {
    t := n.Type
    switch n.Op {
    case OSTRUCTLIT, OARRAYLIT:
        if n.List.Len() > 4 {
            vstat := staticname(t)
            vstat.Name.SetReadonly(true)

            fixedlit(inNonInitFunction, initKindStatic, n, vstat, init)

            a := nod(OAS, var_, vstat)
            a = typecheck(a, ctxStmt)
            a = walkexpr(a, init)
            init.Append(a)
            break
        }

        ...
    }
}
```

假设代码需要初始化 [5]int{1, 2, 3, 4, 5}，那么我们可以将上述过程理解成以下伪代码：

```
var arr [5]int
statictmp_0[0] = 1
statictmp_0[1] = 2
statictmp_0[2] = 3
statictmp_0[3] = 4
statictmp_0[4] = 5
arr = statictmp_0
```

总结起来，在不考虑逃逸分析的情况下，如果数组元素少于或等于 4 个，那么所有变量会直接在栈上初始化；如果数组元素多于 4 个，变量就会在静态存储区初始化然后复制到栈上，这些转换后的代码才会继续进入中间代码生成和机器码生成两个阶段，最后生成可执行的二进制文件。

3.1.3 访问和赋值

无论是在栈上还是静态存储区，数组在内存中都是一连串的内存空间（如图 3-1 所示），我们通过指向数组开头的指针、元素的数量以及元素类型占的空间大小表示数组。如果不知道数组中元素的数量，访问时可能会发生越界；而如果不知道数组中元素类型的大小，就无法知道应该一次取出多少字节数据。无论丢失了哪项信息，我们都无法知道这块连续的内存空间到底存储了什么数据。

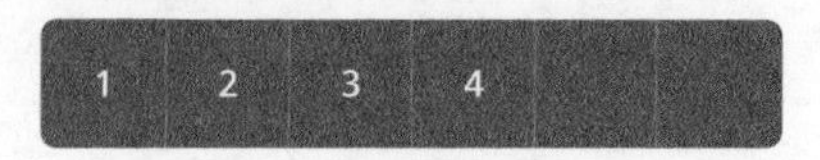

图 3-1 数组的内存空间

数组访问越界是非常严重的错误，Go 语言中可以通过编译期间的静态类型检查判断数组是否越界，cmd/compile/internal/gc.typecheck1 会验证访问数组的索引：

```
func typecheck1(n *Node, top int) (res *Node) {
    switch n.Op {
    case OINDEX:
        ok |= ctxExpr
        l := n.Left  // 数组
        r := n.Right // 索引
        switch n.Left.Type.Etype {
        case TSTRING, TARRAY, TSLICE:
            ...
            if n.Right.Type != nil && !n.Right.Type.IsInteger() {
                yyerror("non-integer array index %v", n.Right)
                break
            }
            if !n.Bounded() && Isconst(n.Right, CTINT) {
                x := n.Right.Int64()
                if x < 0 {
                    yyerror("invalid array index %v (index must be non-negative)", n.Right)
                } else if n.Left.Type.IsArray() && x >= n.Left.Type.NumElem() {
                    yyerror("invalid array index %v (out of bounds for %d-element array)",
n.Right, n.Left.Type.NumElem())
                }
            }
        }
    ...
    }
}
```

代码的核心逻辑如下。

- 访问数组的索引是非整数时，报错 "non-integer array index %v"。
- 访问数组的索引是负数时，报错 "invalid array index %v (index must be non-negative)"。
- 访问数组的索引越界时，报错 "invalid array index %v (out of bounds for %d-element array)"。

数组和字符串的一些简单越界错误会在编译期间发现，例如直接使用整数或者常量访问数组；但是如果使用变量访问数组或者字符串，编译器就无法提前发现错误，我们需要 Go 语言运行时阻止不合法的访问：

```
arr[4]: invalid array index 4 (out of bounds for 3-element array)
arr[i]: panic: runtime error: index out of range [4] with length 3
```

Go 语言运行时发现数组、切片和字符串的越界操作时，会由运行时的 `runtime.panicIndex` 和 `runtime.goPanicIndex` 触发程序的运行时错误并导致崩溃退出：

```
TEXT runtime. panicIndex(SB),NOSPLIT,$0-8
    MOVL    AX, x+0(FP)
    MOVL    CX, y+4(FP)
    JMP    runtime. goPanicIndex(SB)

func goPanicIndex(x int, y int) {
    panicCheck1(getcallerpc(), "index out of range")
    panic(boundsError{x: int64(x), signed: true, y: y, code: boundsIndex})
}
```

当数组的访问操作 OINDEX 成功通过编译器的检查后，会被转换成几个 SSA 指令。假设我们有如下所示的 Go 语言代码，通过如下方式进行编译会得到 ssa.html 文件：

```
package check

func outOfRange() int {
    arr := [3]int{1, 2, 3}
    i := 4
    elem := arr[i]
    return elem
}

$ GOSSAFUNC=outOfRange go build array.go
dumped SSA to ./ssa.html
```

`start` 阶段生成的 SSA 代码就是优化之前的第一版中间代码，下面展示的是 `elem := arr[i]` 对应的中间代码，从中我们发现 Go 语言为数组的访问操作生成了判断数组上限的指令 `IsInBounds`，以及当条件不满足时触发程序崩溃的 `PanicBounds` 指令：

```
b1:
    ...
    v22 (6) = LocalAddr <*[3]int> {arr} v2 v20
    v23 (6) = IsInBounds <bool> v21 v11
If v23 → b2 b3 (likely) (6)

b2: ← b1-
    v26 (6) = PtrIndex <*int> v22 v21
    v27 (6) = Copy <mem> v20
    v28 (6) = Load <int> v26 v27 (elem[int])
```

```
    ...
Ret v30 (+7)

b3: ← b1-
    v24 (6) = Copy <mem> v20
    v25 (6) = PanicBounds <mem> [0] v21 v11 v24
Exit v25 (6)
```

编译器会将 PanicBounds 指令转换成上面提到的 runtime.panicIndex 函数，当数组下标没有越界时，编译器会先获取数组的内存地址和访问的下标，利用 PtrIndex 计算出目标元素的地址，最后使用 Load 操作将指针中的元素加载到内存中。

当然，只有当编译器无法判断数组下标是否越界时，才会加入 PanicBounds 指令交给运行时进行判断，在使用字面量整数访问数组下标时会生成非常简单的中间代码。当我们将上述代码中的 arr[i] 改成 arr[2] 时，就会得到如下所示的代码：

```
b1:
    ...
    v21 (5) = LocalAddr <*[3]int> {arr} v2 v20
    v22 (5) = PtrIndex <*int> v21 v14
    v23 (5) = Load <int> v22 v20 (elem[int])
    ...
```

Go 语言对于数组的访问有比较多的检查，它不仅会在编译期间提前发现一些简单的越界错误并插入用于检测数组上限的函数调用，还会在运行期间通过插入的函数保证不会发生越界。

数组的赋值和更新操作 a[i] = 2 也会生成 SSA，生成期间计算出数组当前元素的内存地址，然后修改当前内存地址的内容，这些赋值语句会被转换成如下所示的 SSA 代码：

```
b1:
    ...
    v21 (5) = LocalAddr <*[3]int> {arr} v2 v19
    v22 (5) = PtrIndex <*int> v21 v13
    v23 (5) = Store <mem> {int} v22 v20 v19
    ...
```

赋值过程中会先确定目标数组的地址，再通过 PtrIndex 获取目标元素的地址，最后使用 Store 指令将数据存入地址中。从上述 SSA 代码中可以看出，无论是数组的寻址还是赋值，都是在编译阶段完成的，没有运行时的参与。

3.1.4 小结

数组是 Go 语言中重要的数据结构，了解它的实现能够帮助我们更好地理解这门语言。通过对其实现的分析，我们知道了对数组的访问和赋值需要同时依赖编译器和运行时，它的大多数操作在编译期间会转换成直接读写内存。在中间代码生成期间，编译器还会插入运行时方法 runtime.panicIndex 调用防止发生越界错误。

3.1.5 延伸阅读

- “Arrays, slices (and strings): The mechanics of ‘append’”
- “Array vs Slice: accessing speed”

3.2 切片

3.1 节介绍的数组在 Go 语言中没那么常用，更常用的数据结构是切片，即动态数组，其长度并不固定，我们可以向切片中追加元素，它会在容量不足时自动扩容。

在 Go 语言中，切片类型的声明方式与数组有一些相似，不过由于切片长度是动态的，所以声明时只需要指定切片中的元素类型：

```
[]int
[]interface{}
```

从切片的定义可以推测出，切片在编译期间生成的类型只会包含切片中的元素类型，即 int 或者 interface{} 等。cmd/compile/internal/types.NewSlice 就是编译期间用于创建切片类型的函数：

```
func NewSlice(elem *Type) *Type {
    if t := elem.Cache.slice; t != nil {
        if t.Elem() != elem {
            Fatalf("elem mismatch")
        }
        return t
    }

    t := New(TSLICE)
    t.Extra = Slice{Elem: elem}
    elem.Cache.slice = t
    return t
}
```

上述方法返回结构体中的 Extra 字段是一个只包含切片内元素类型的结构，也就是说，切片内元素的类型都是在编译期间确定的。编译器确定了类型之后，会将类型存储在 Extra 字段中帮助程序在运行时动态获取。

3.2.1 数据结构

编译期间的切片是 cmd/compile/internal/types.Slice 类型的，但是在运行时切片可以由如下所示的 reflect.SliceHeader 结构体表示，其中：

- Data 是指向数组的指针；
- Len 是当前切片的长度；
- Cap 是当前切片的容量，即 Data 数组的大小。

```
type SliceHeader struct {
    Data uintptr
    Len  int
    Cap  int
}
```

Data 是一块连续的内存空间，可用于存储切片中的全部元素，数组中的元素只是逻辑上的概念，底层存储其实都是连续的，所以我们可以将切片理解成一块连续的内存空间加上长度与容量的标识。

从图 3-2 中可以发现切片与数组关系非常密切。切片引入了一个抽象层，提供了对数组中部分连续片段的引用，而作为数组的引用，我们可以在运行时修改它的长度和范围。当切片底层的数组长度不足时就会触发扩容，切片指向的数组可能会发生变化。不过在上层看来切片没有变化，上层只需要与切片打交道，不需要关心数组的变化。

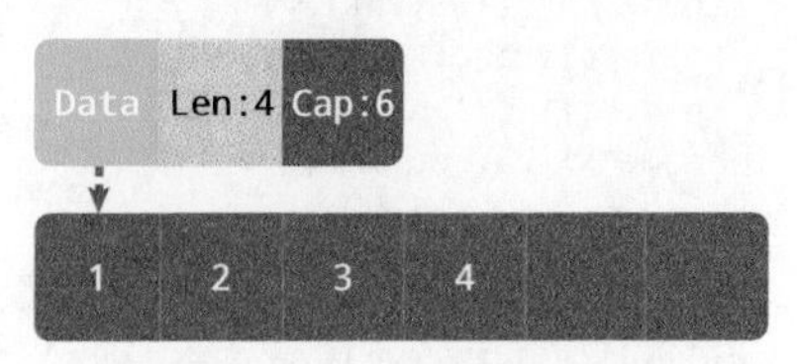

图 3-2　Go 语言切片结构体

3.1 节介绍过编译器在编译期间简化了获取数组大小、读写数组中的元素等操作。因为数组的内存固定且连续，所以多数操作会直接读写内存的特定位置。但是切片是运行时才会确定内容的结构，所有操作还需要依赖 Go 语言的运行时，下面结合运行时介绍切片常见操作的实现原理。

3.2.2　初始化

Go 语言中包含 3 种初始化切片的方式：

(1) 通过下标的方式获得数组或者切片的一部分；

(2) 使用字面量初始化新的切片；

(3) 使用关键字 make 创建切片。

代码如下所示：

```
arr[0:3] or slice[0:3]
slice := []int{1, 2, 3}
slice := make([]int, 10)
```

1. 使用下标

使用下标创建切片是最原始也最接近汇编语言的方式，它是所有方法中最为底层的一种。编译器会将 arr[0:3] 或者 slice[0:3] 等语句转换成 OpSliceMake 操作，可以通过下面的代码来验证一下：

```
// ch03/op_slice_make.go
package opslicemake

func newSlice() []int {
    arr := [3]int{1, 2, 3}
```

```
    slice := arr[0:1]
    return slice
}
```

通过 GOSSAFUNC 变量编译上述代码可以得到一系列 SSA 中间代码，其中 slice := arr[0:1] 语句在 decompose builtin 阶段对应的代码如下所示：

```
v27 (+5) = SliceMake <[]int> v11 v14 v17

name &arr[*[3]int]: v11
name slice.ptr[*int]: v11
name slice.len[int]: v14
name slice.cap[int]: v17
```

SliceMake 操作会接收 4 个参数创建新的切片——元素类型、数组指针、切片大小和容量，这也是前面提到的切片的几个字段。需要注意的是，使用下标初始化切片不会复制原数组或原切片中的数据，而只会创建一个指向原数组的切片结构体，所以修改新切片的数据也会修改原切片。

2. 字面量

当我们使用字面量 []int{1, 2, 3} 创建新切片时，cmd/compile/internal/gc.slicelit 函数会在编译期间将它展开成如下所示的代码片段：

```
var vstat [3]int
vstat[0] = 1
vstat[1] = 2
vstat[2] = 3
var vauto *[3]int = new([3]int)
*vauto = vstat
slice := vauto[:]
```

上述代码执行的相关操作如下：

(1) 根据切片中的元素数量推断底层数组的大小并创建一个数组；

(2) 将这些字面量元素存储到初始化的数组中；

(3) 创建一个同样指向 [3]int 类型的数组指针；

(4) 将静态存储区的数组 vstat 赋值给 vauto 指针所在的地址；

(5) 通过 [:] 操作获取一个底层使用 vauto 的切片。

第 (5) 步中的 [:] 就是使用下标创建切片的方法，从这一点也能看出 [:] 操作是创建切片的一种最底层方法。

3. 关键字

如果使用字面量的方式创建切片，大部分工作会在编译期间完成。但是当我们使用 make 关键字创建切片时，很多工作需要运行时的参与；调用方必须向 make 函数传入切片大小以及可选容量，类型检查期间的 cmd/compile/internal/gc.typecheck1 函数会校验入参：

```
func typecheck1(n *Node, top int) (res *Node) {
    switch n.Op {
    ...
    case OMAKE:
        args := n.List.Slice()

        i := 1
        switch t.Etype {
        case TSLICE:
            if i >= len(args) {
                yyerror("missing len argument to make(%v)", t)
                return n
            }

            l = args[i]
            i++
            var r *Node
            if i < len(args) {
                r = args[i]
            }
            ...
            if Isconst(l, CTINT) && r != nil && Isconst(r, CTINT) && l.Val().U.(*Mpint).Cmp(r.
Val().U.(*Mpint)) > 0 {
                yyerror("len larger than cap in make(%v)", t)
                return n
            }

            n.Left = l
            n.Right = r
            n.Op = OMAKESLICE
        }
    ...
    }
}
```

上述函数不仅会检查 `len` 是否传入，还会保证传入的容量 `cap` 一定大于或等于 `len`。除校验参数外，当前函数会将 `OMAKE` 节点转换成 `OMAKESLICE`，中间代码生成的 `cmd/compile/internal/gc.walkexpr` 函数会依据下面两个条件转换 `OMAKESLICE` 类型的节点：

(1) 切片大小和容量是否足够小；

(2) 切片是否发生了逃逸，最终在堆中初始化。

如果切片发生逃逸或者非常大，运行时需要 `runtime.makeslice` 在堆中初始化切片；如果切片不会发生逃逸并且非常小，`make([]int, 3, 4)` 会被直接转换成如下所示的代码：

```
var arr [4]int
n := arr[:3]
```

上述代码会初始化数组并通过下标 `[:3]` 得到数组对应的切片。这两部分操作都会在编译阶段完成，编译器会在栈上或者静态存储区创建数组，并将 `[:3]` 转换成前面提到的 `OpSliceMake` 操作。

分析了主要由编译器处理的分支之后，我们回到用于创建切片的运行时函数 `runtime.`

makeslice，该函数的实现很简单：

```
func makeslice(et *_type, len, cap int) unsafe.Pointer {
    mem, overflow := math.MulUintptr(et.size, uintptr(cap))
    if overflow || mem > maxAlloc || len < 0 || len > cap {
        mem, overflow := math.MulUintptr(et.size, uintptr(len))
        if overflow || mem > maxAlloc || len < 0 {
            panicmakeslicelen()
        }
        panicmakeslicecap()
    }

    return mallocgc(mem, et, true)
}
```

上述函数的主要工作是计算切片占用的内存空间，并在堆中申请一块连续的内存，它使用如下方式计算占用的内存：

$$内存空间 = 切片中元素大小 \times 切片容量$$

虽然编译期间可以检查出很多错误，但是在创建切片的过程中如果发生了以下错误，会直接触发运行时错误并崩溃：

- 内存空间大小发生溢出；
- 申请的内存大于最大可分配的内存；
- 传入的长度小于0或者大于容量。

runtime.makeslice最后调用的runtime.mallocgc是用于申请内存的函数，该函数的实现比较复杂，如果遇到比较小的对象，会直接在Go语言调度器里的P结构中初始化，而大于32KB的对象会在堆中初始化。后面的章节会详细介绍Go语言的内存分配器，这里就不展开分析了。

在之前版本的Go语言中，数组指针、长度和容量会被合成一个runtime.slice结构，但是从cmd/compile: move slice construction to callers of makeslice提交之后，构建结构体reflect.SliceHeader的工作就都交给了runtime.makeslice的调用方。该函数仅会返回指向底层数组的指针，调用方会在编译期间构建切片结构体：

```
func typecheck1(n *Node, top int) (res *Node) {
    switch n.Op {
    ...
    case OSLICEHEADER:
    switch
        t := n.Type
        n.Left = typecheck(n.Left, ctxExpr)
        l := typecheck(n.List.First(), ctxExpr)
        c := typecheck(n.List.Second(), ctxExpr)
        l = defaultlit(l, types.Types[TINT])
        c = defaultlit(c, types.Types[TINT])

        n.List.SetFirst(l)
        n.List.SetSecond(c)
```

```
        ...
    }
}
```

OSLICEHEADER 操作会创建前面介绍过的结构体 reflect.SliceHeader，其中包含数组指针、切片长度和容量，它是切片在运行时的表示：

```
type SliceHeader struct {
    Data uintptr
    Len  int
    Cap  int
}
```

正是因为对切片类型的大多数操作并不需要直接操作原来的 runtime.slice 结构体，所以 reflect.SliceHeader 的引入能够减少切片初始化时的少量开销。该改动不仅能够将 Go 语言包大小减少约 0.2%，还能够减少 92 个 runtime.panicIndex 的调用，约占 Go 语言二进制文件的 3.5%[①]。

3.2.3 访问元素

使用 len 和 cap 获取长度或者容量是切片最常见的操作，编译器将它们看成两种特殊操作——OLEN 和 OCAP。cmd/compile/internal/gc.state.expr 函数会在 SSA 生成阶段将它们分别转换成 OpSliceLen 和 OpSliceCap：

```
func (s *state) expr(n *Node) *ssa.Value {
    switch n.Op {
    case OLEN, OCAP:
        switch {
        case n.Left.Type.IsSlice():
            op := ssa.OpSliceLen
            if n.Op == OCAP {
                op = ssa.OpSliceCap
            }
            return s.newValue1(op, types.Types[TINT], s.expr(n.Left))
        ...
        }
    ...
    }
}
```

访问切片中的字段可能会触发 decompose builtin 阶段的优化，len(slice) 或者 cap(slice) 在一些情况下会直接替换成切片的长度或者容量，不需要在运行时获取：

```
(SlicePtr (SliceMake ptr _ _ )) -> ptr
(SliceLen (SliceMake _ len _)) -> len
(SliceCap (SliceMake _ _ cap)) -> cap
```

除获取切片的长度和容量外，访问切片中元素使用的 OINDEX 操作也会在中间代码生成期间转换

① 参见 cmd/compile: move slice construction to callers of makeslice。

成对地址的直接访问：

```
func (s *state) expr(n *Node) *ssa.Value {
	switch n.Op {
	case OINDEX:
		switch {
		case n.Left.Type.IsSlice():
			p := s.addr(n, false)
			return s.load(n.Left.Type.Elem(), p)
		...
		}
	...
	}
}
```

切片操作基本都是在编译期间完成的。除访问切片的长度、容量或其中的元素外，编译期间也会将包含 range 关键字的遍历转换成形式更简单的循环，后面的章节会介绍使用 range 遍历切片的过程。

3.2.4 追加和扩容

使用 append 关键字向切片中追加元素也是常见的切片操作，中间代码生成阶段的 cmd/compile/internal/gc.state.append 方法会根据返回值是否会覆盖原变量，选择进入两种流程之一。如果 append 返回的新切片不需要赋值回原变量，就会进入如下处理流程：

```
// append(slice, 1, 2, 3)
ptr, len, cap := slice
newlen := len + 3
if newlen > cap {
	ptr, len, cap = growslice(slice, newlen)
	newlen = len + 3
}
*(ptr+len) = 1
*(ptr+len+1) = 2
*(ptr+len+2) = 3
return makeslice(ptr, newlen, cap)
```

我们会先从切片中获取它的数组指针、大小和容量，如果在追加元素后切片大小大于容量，就会调用 runtime.growslice 对切片进行扩容并将新元素依次加入切片。

如果使用 slice = append(slice, 1, 2, 3) 语句，那么 append 后的切片会覆盖原切片，这时 cmd/compile/internal/gc.state.append 方法会使用另一种方式展开关键字：

```
// slice = append(slice, 1, 2, 3)
a := &slice
ptr, len, cap := slice
newlen := len + 3
if uint(newlen) > uint(cap) {
	newptr, len, newcap = growslice(slice, newlen)
	vardef(a)
	*a.cap = newcap
	*a.ptr = newptr
```

```
}
newlen = len + 3
*a.len = newlen
*(ptr+len) = 1
*(ptr+len+1) = 2
*(ptr+len+2) = 3
```

是否覆盖原变量的逻辑其实差不多，最大的区别在于得到的新切片是否会赋值回原变量。如果选择覆盖原变量，就不需要担心切片发生复制从而影响性能，因为Go语言编译器已经对这种常见情况做了优化。

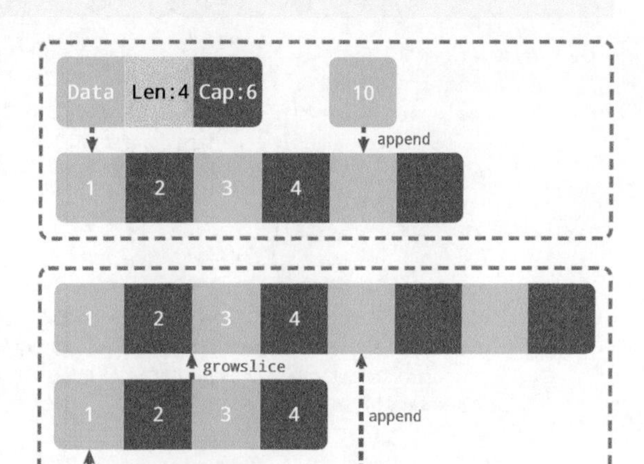

图3-3　向Go语言的切片追加元素

至此，我们已经清楚了Go语言如何在切片容量足够时向切片中追加元素（如图3-3所示），不过仍然需要研究切片容量不足时的处理流程。当切片容量不足时，我们会调用`runtime.growslice`函数为切片扩容。扩容是为切片分配新的内存空间并复制原切片中元素的过程。我们先来看看新切片的容量是如何确定的：

```
func growslice(et *_type, old slice, cap int) slice {
    newcap := old.cap
    doublecap := newcap + newcap
    if cap > doublecap {
        newcap = cap
    } else {
        if old.len < 1024 {
            newcap = doublecap
        } else {
            for 0 < newcap && newcap < cap {
                newcap += newcap / 4
            }
            if newcap <= 0 {
                newcap = cap
            }
        }
    }
```

在分配内存空间之前需要先确定新的切片容量，运行时根据切片的当前容量选择不同的策略进行扩容：

- 如果期望容量大于当前容量的两倍，就会使用期望容量；
- 如果当前切片的长度小于1024，就会将容量翻倍；
- 如果当前切片的长度大于1024，就会每次增加25%的容量，直到新容量大于期望容量。

上述代码片段仅会确定切片的大致容量，还需要根据切片中的元素大小对齐内存。当数组中元素所占字节大小为1、2或8的倍数时，运行时会使用如下所示的代码对齐内存：

```
var overflow bool
var lenmem, newlenmem, capmem uintptr
switch {
case et.size == 1:
    lenmem = uintptr(old.len)
    newlenmem = uintptr(cap)
    capmem = roundupsize(uintptr(newcap))
    overflow = uintptr(newcap) > maxAlloc
    newcap = int(capmem)
case et.size == sys.PtrSize:
    lenmem = uintptr(old.len) * sys.PtrSize
    newlenmem = uintptr(cap) * sys.PtrSize
    capmem = roundupsize(uintptr(newcap) * sys.PtrSize)
    overflow = uintptr(newcap) > maxAlloc/sys.PtrSize
    newcap = int(capmem / sys.PtrSize)
case isPowerOfTwo(et.size):
    ...
default:
    ...
}
```

`runtime.roundupsize` 函数会将待申请的内存向上取整，取整时会使用 `runtime.class_to_size` 数组，使用该数组中的整数可以提高内存分配效率并减少碎片，后面会详细介绍该数组的作用：

```
var class_to_size = [_NumSizeClasses]uint16{
    0,
    8,
    16,
    32,
    48,
    64,
    80,
    ...,
}
```

默认情况下，我们会将目标容量和元素大小相乘得到占用的内存。如果计算新容量时发生了内存溢出或者请求内存超过上限，程序就会直接崩溃退出，不过这里为了降低理解的成本，省略了相关代码：

```
var overflow bool
var newlenmem, capmem uintptr
switch {
...
default:
    lenmem = uintptr(old.len) * et.size
    newlenmem = uintptr(cap) * et.size
    capmem, _ = math.MulUintptr(et.size, uintptr(newcap))
    capmem = roundupsize(capmem)
    newcap = int(capmem / et.size)
```

```
    }
    ...
    var p unsafe.Pointer
    if et.kind&kindNoPointers != 0 {
        p = mallocgc(capmem, nil, false)
        memclrNoHeapPointers(add(p, newlenmem), capmem-newlenmem)
    } else {
        p = mallocgc(capmem, et, true)
        if writeBarrier.enabled {
            bulkBarrierPreWriteSrcOnly(uintptr(p), uintptr(old.array), lenmem)
        }
    }
    memmove(p, old.array, lenmem)
    return slice{p, old.len, newcap}
}
```

如果切片中元素不是指针类型，那么会调用 runtime.memclrNoHeapPointers 将超出切片当前长度的位置清空，并在最后使用 runtime.memmove 将原数组内存中的内容复制到新申请的内存中。这两个方法都是用目标机器上的汇编指令实现的，这里就不展开介绍了。

runtime.growslice 函数最终会返回一个新切片，其中包含了新的数组指针、大小和容量，这个返回的三元组最终会覆盖原切片：

```
var arr []int64
arr = append(arr, 1, 2, 3, 4, 5)
```

简单总结一下扩容过程，当我们执行上述代码时，会触发 runtime.growslice 函数对 arr 切片扩容并传入期望的新容量 5，这时期望分配的内存大小为 40 字节；不过因为切片中的元素大小等于 sys.PtrSize，所以运行时会调用 runtime.roundupsize 向上取整内存的大小到 48 字节，因此新切片的容量为 48/8=6。

3.2.5 复制切片

复制切片虽然不是常见操作，却是学习切片实现原理必须要涉及的。当我们使用 copy(a, b) 的形式对切片进行复制时，编译期间的 cmd/compile/internal/gc.copyany 也会分两种情况处理复制操作，如果当前 copy 不是在运行时调用的，copy(a, b) 会被直接转换成如下代码：

```
n := len(a)
if n > len(b) {
    n = len(b)
}
if a.ptr != b.ptr {
    memmove(a.ptr, b.ptr, n*sizeof(elem(a)))
}
```

上述代码中的 runtime.memmove 会负责复制内存。而如果复制是在运行时发生的，例如 go copy(a, b)，编译器会使用 runtime.slicecopy 替换运行期间调用的 copy，该函数的实现很简单：

```
func slicecopy(to, fm slice, width uintptr) int {
    if fm.len == 0 || to.len == 0 {
        return 0
    }
    n := fm.len
    if to.len < n {
        n = to.len
    }
    if width == 0 {
        return n
    }
    ...

    size := uintptr(n) * width
    if size == 1 {
        *(*byte)(to.array) = *(*byte)(fm.array)
    } else {
        memmove(to.array, fm.array, size)
    }
    return n
}
```

无论是编译期间复制还是运行时复制，两种复制方式都会通过 `runtime.memmove` 将整块内存的内容复制到目标内存区域中，如图 3-4 所示。

相比于依次复制元素，`runtime.memmove` 能够提供更好的性能。需要注意的是，整块复制内存仍然会占用非常多的资源，在大切片上执行复制操作时一定要注意对性能的影响。

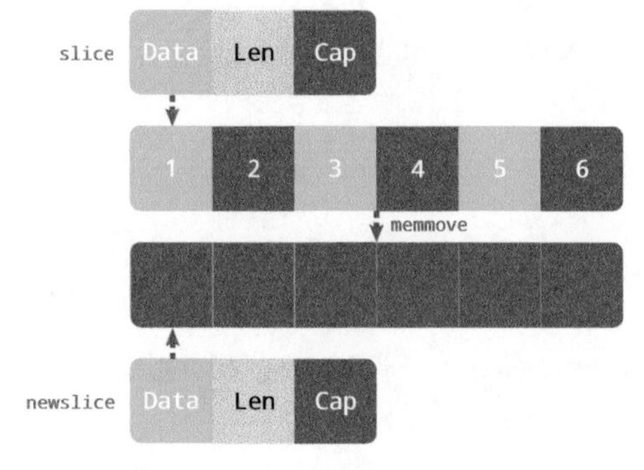

图 3-4 Go 语言切片的复制

3.2.6 小结

切片的很多功能是由运行时实现的，无论是初始化切片还是对切片进行追加或扩容，都需要运行时的支持。需要注意的是，在遇到大切片扩容或者复制时，可能会发生大规模的内存复制，一定要减少类似操作以避免影响程序的性能。

3.2.7 延伸阅读

- “Arrays, slices (and strings): The mechanics of ‘append’”
- “Go Slices: usage and internals”
- “Array vs Slice: accessing speed”

3.3 哈希表

本节介绍 Go 语言哈希表的实现原理，哈希表是除数组外最常见的数据结构。几乎所有编程语言都有数组和哈希表两种集合元素，有的语言将数组实现成列表，而有的语言将哈希表称作字典或者映射。无论如何命名或者如何实现，数组和哈希表都是设计集合元素的两种思路，数组用于表示元素的序列，而哈希表表示的是键值对之间的映射关系。

哈希表（hash table）是一种古老的数据结构，1953 年就有人使用拉链法实现了哈希表，它能够通过键直接获取该键对应的值。

3.3.1 设计原理

哈希表是计算机科学中最重要的数据结构之一，这不仅是因为它 $O(1)$ 的读写性能非常优秀，还因为它提供了键值之间的映射。要实现一个性能优异的哈希表，需要注意两个关键点——哈希函数和冲突解决方法。

1. 哈希函数

实现哈希表的关键点在于哈希函数的选择，这在很大程度上能够决定哈希表的读写性能。在理想情况下，哈希函数应该能将不同键映射到不同索引上（如图 3-5 所示），这要求**哈希函数的输出范围大于输入范围**，但是由于键的数量会远远大于映射的范围，所以在实际使用时这个理想效果不可能实现。

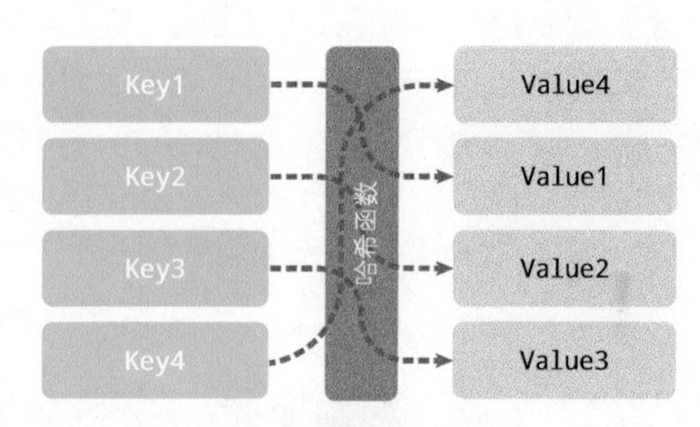

图 3-5　完美哈希函数

比较实际的方式是让哈希函数的结果尽可能地均匀分布，然后通过工程手段解决哈希冲突的问题。哈希函数映射的结果要尽可能均匀，结果不均匀的哈希函数（如图 3-6 所示）会导致哈希冲突增加、读写性能下降。

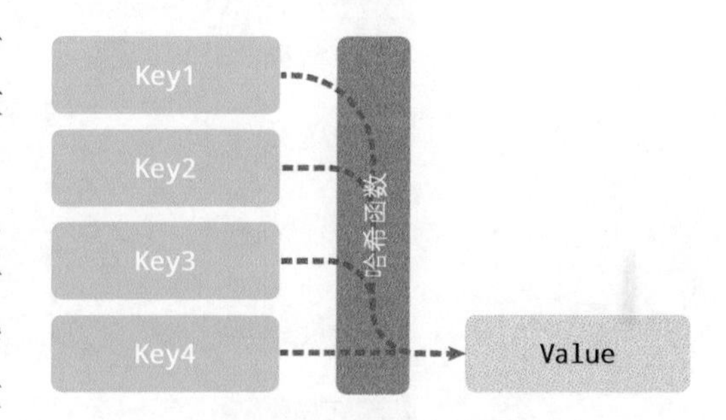

图 3-6　不均匀哈希函数

如果使用结果分布较为均匀的哈希函数，那么哈希表的增删改查的时间复杂度为 $O(1)$；如果哈希函数的结果分布不均匀，那么所有操作的时间复杂度可能会达到 $O(n)$。由此看来，使用好的哈希函数至关重要。

2. 解决冲突

就像我们之前提到的，通常情况下哈希函数输入的范围一定会远远大于输出的范围，所以在使用哈希表时一定会遇到冲突。哪怕我们使用了完美的哈希函数，当输入的键足够多时也会产生冲突。然而多数哈希函数不够完美，所以仍然存在发生哈希冲突的可能，这时就需要一些方法来解决哈希冲突问题，常用方法是开放寻址法和拉链法。

需要注意的是，这里提到的哈希冲突不是多个键对应的哈希完全相等，可能是多个哈希的部分相等，例如两个键对应哈希的前 4 个字节相同。

❒ 开放寻址法

开放寻址法（open addressing scheme）是一种在哈希表中解决哈希冲突的方法，这种方法的核心思想是：**依次探测和比较数组中的元素以判断目标键值对是否存在于哈希表中**。如果我们使用开放寻址法来实现哈希表，那么实现哈希表底层的数据结构就是数组，不过因为数组的长度有限，所以向哈希表写入 (author, draven) 这个键值对时会从如下索引开始遍历：

```
index := hash("author") % array.len
```

当我们向当前哈希表写入新数据时，如果发生了冲突，就会将键值对写入下一个索引不为空的位置。

如图 3-7 所示，当 Key3 与已经存入哈希表中的两个键值对 Key1 和 Key2 发生冲突时，Key3 会被写入 Key2 后面的空闲位置。当我们再去读取 Key3 对应的值时，就会先获取键的哈希并取模，这会先帮助我们找到 Key1，找到 Key1 后发现它与 Key3 不相等，所以会继续查找后面的元素，直到内存为空或者找到目标元素。当我们查找 Key4 时，会分别找到 Key1、Key2 和 Key3 对应的位置，直到遇到内存为空的位置，才确定当前键不存在对应的值，如图 3-8 所示。

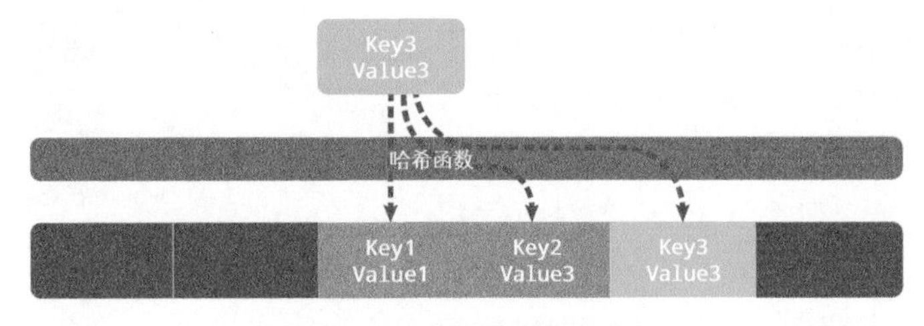

图 3-7 开放寻址法写入数据

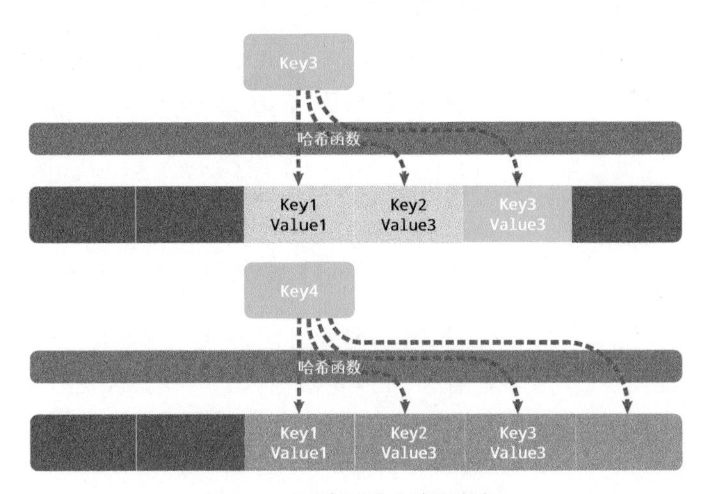

图 3-8 开放寻址法读取数据

当需要查找某个键对应的值时，会从索引的位置开始线性探测数组，找到目标键值对或者空内存就意味着这一次查询操作结束。

开放寻址法中对性能影响最大的是**装载因子**，它是数组中元素数量与数组大小的比值。随着装载因子的增加，线性探测的平均用时会逐渐增加，这会影响哈希表的读写性能。当装载率超过 70% 之后，哈希表的性能就会急剧下降，而一旦装载率达到 100%，整个哈希表就会完全失效，这时查找和插入任意元素的时间复杂度都是 $O(n)$，我们需要遍历数组中的全部元素，所以在实现哈希表时一定要关注装载因子的变化。

❐ 拉链法

与开放寻址法相比，拉链法是哈希表最常见的实现方法，大多数编程语言用拉链法实现哈希表。它的实现比开放寻址法稍复杂，但是平均查找的长度较短，各个用于存储节点的内存都是动态申请的，所以可以节省比较多的存储空间。

实现拉链法一般会使用数组加上链表，不过一些编程语言会在拉链法的哈希表中引入红黑树以优化性能。拉链法会使用链表数组作为哈希底层的数据结构，我们可以将它看成可以扩展的二维数组。

如图 3-9 所示，当我们需要将一个键值对 (Key6, Value6) 写入哈希表时，键值对中的键 Key6 会先经过一个哈希函数，哈希函数返回的哈希会帮助我们选择一个桶。和开放寻址法一样，选择桶的方式是直接对哈希函数返回的结果取模：

```
index := hash("Key6") % array.len
```

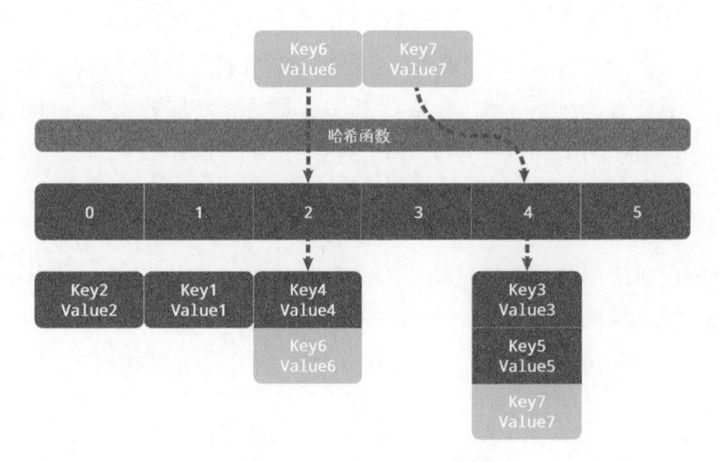

图 3-9 拉链法写入数据

选择 2 号桶后就可以遍历当前桶中的链表了，在遍历链表的过程中会遇到以下两种情况：

- 找到键相同的键值对——更新键对应的值；
- 没有找到键相同的键值对——在链表末尾追加新的键值对。

如果要在哈希表中获取某个键对应的值，会经历如图 3-10 所示的过程。

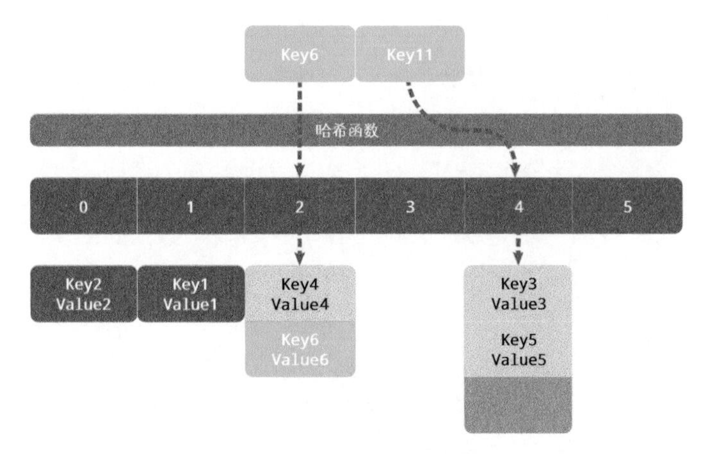

图 3-10 拉链法读取数据

Key11 展示了键在哈希表中不存在的例子，当哈希表发现它命中 4 号桶时，它会依次遍历桶中链表，然而遍历到链表末尾也没有找到期望的键，所以哈希表中没有该键对应的值。

在性能比较好的哈希表中，每一个桶中都应该有 0～1 个元素，有时会有 2～3 个，很少会超过这个数量。计算哈希、定位桶和遍历链表 3 个过程是哈希表读写操作的主要开销。使用拉链法实现的哈希表也有装载因子这一概念：

$$装载因子 = 元素数量 \div 桶数量$$

与开放寻址法一样，拉链法的装载因子越大，哈希表的读写性能就越差。一般情况下，使用拉链法的哈希表装载因子不会超过 1。当哈希表的装载因子较大时会触发哈希表扩容，创建更多桶来存储哈希表中的元素，避免性能严重下降。如果有 1000 个桶的哈希表存储了 10 000 个键值对，它的性能是保存 1000 个键值对的 1/10，但是仍然比在链表中直接读写好 1000 倍。

3.3.2 数据结构

Go 语言运行时同时使用多个数据结构组合表示哈希表，其中 `runtime.hmap` 是最核心的结构体，我们先来了解该结构体的内部字段：

```
type hmap struct {
    count     int
    flags     uint8
    B         uint8
    noverflow uint16
    hash0     uint32

    buckets    unsafe.Pointer
    oldbuckets unsafe.Pointer
    nevacuate  uintptr

    extra *mapextra
}
```

```
type mapextra struct {
    overflow    *[]*bmap
    oldoverflow *[]*bmap
    nextOverflow *bmap
}
```

- count 表示当前哈希表中的元素数量。
- B 表示当前哈希表持有的 buckets 数量，但是因为哈希表中桶的数量都是 2 的倍数，所以该字段会存储对数，即 len(buckets) == 2^B。
- hash0 是哈希表的种子，它能为哈希函数的结果引入随机性，这个值在创建哈希表时确定，并在调用哈希函数时作为参数传入。
- oldbuckets 是哈希表在扩容时用于保存之前 buckets 的字段，它的大小是当前 buckets 的一半。

图 3-11 所示哈希表 runtime.hmap 的桶是 runtime.bmap。每一个 runtime.bmap 都能存储 8 个键值对。当哈希表中存储的数据过多，单个桶已经装满时就会使用 extra.nextOverflow 中的桶存储溢出的数据。

上述两种桶在内存中是连续存储的，这里将它们分别称为正常桶和溢出桶，图 3-11 中黄色的 runtime.bmap 就是正常桶，绿色的 runtime.bmap 是溢出桶。溢出桶是 Go 语言还使用 C 语言实现时使用的设计①，由于它能降低扩容频率而沿用至今。

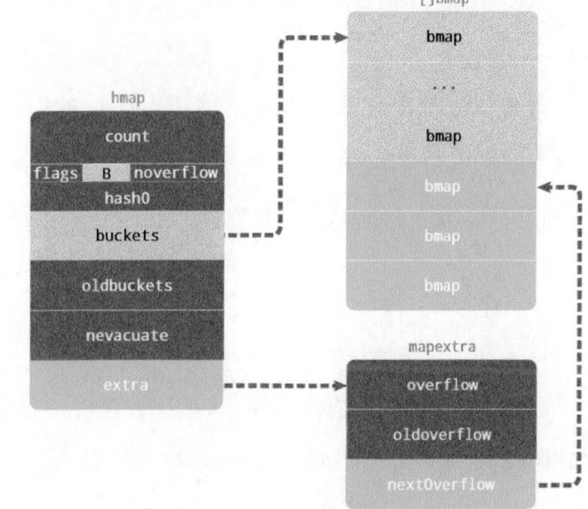

图 3-11 哈希表的数据结构

桶的结构体 runtime.bmap 在 Go 语言源代码中的定义只包含一个简单的 tophash 字段，tophash 存储了键的哈希的高 8 位，通过比较不同键的哈希的高 8 位可以减少访问键值对次数以提高性能：

```
type bmap struct {
    tophash [bucketCnt]uint8
}
```

在运行期间，runtime.bmap 结构体其实不止包含 tophash 字段，因为哈希表中可能存储不同类型的键值对，而且 Go 语言也不支持泛型，所以键值对占据的内存空间大小只能在编译时进行推导。runtime.bmap 中的其他字段在运行时也都是通过计算内存地址的方式访问的，所以它的定义中不包含这些字段，不过我们能根据编译期间的 cmd/compile/internal/gc.bmap 函数重建它的结构：

① 参见 runtime: convert map implementation to Go。

```
type bmap struct {
    topbits  [8]uint8
    keys     [8]keytype
    values   [8]valuetype
    pad      uintptr
    overflow uintptr
}
```

随着哈希表存储的数据逐渐增多，我们会对哈希表扩容或者使用额外的桶存储溢出的数据，不会让单个桶中的数据超过8个。不过溢出桶只是临时解决方案，创建过多溢出桶最终也会导致哈希表扩容。

从Go语言哈希表的定义中可以发现，改进元素比数组和切片复杂得多，它的结构体中不仅包含大量字段，还使用复杂的嵌套结构，后面会详细介绍不同字段的作用。

3.3.3 初始化

既然介绍了哈希表的基本原理和实现方法，那么就可以开始分析Go语言中哈希表的实现了，首先分析Go语言初始化哈希表的两种方法——通过字面量和通过运行时。

1. 字面量

现代编程语言基本都支持使用字面量的方式初始化哈希表，一般都会使用`key: value`的语法来表示键值对，Go语言也不例外：

```
hash := map[string]int{
    "1": 2,
    "3": 4,
    "5": 6,
}
```

我们需要在初始化哈希表时声明键值对的类型，这种使用字面量初始化的方式最终都会通过`cmd/compile/internal/gc.maplit`初始化。我们来分析一下该函数初始化哈希表的过程：

```
func maplit(n *Node, m *Node, init *Nodes) {
    a := nod(OMAKE, nil, nil)
    a.Esc = n.Esc
    a.List.Set2(typenod(n.Type), nodintconst(int64(n.List.Len())))
    litas(m, a, init)

    entries := n.List.Slice()
    if len(entries) > 25 {
        ...
        return
    }
    ...
}
```

当哈希表中的元素少于或等于25个时，编译器会将字面量初始化的结构体转换成以下代码，将所有键值对一次加入哈希表中：

```go
hash := make(map[string]int, 3)
hash["1"] = 2
hash["3"] = 4
hash["5"] = 6
```

这种初始化方式与初始化数组和切片几乎完全相同，由此看来集合类型的初始化在 Go 语言中有着相同的处理逻辑。

一旦哈希表中的元素超过 25 个，编译器就会创建两个数组分别存储键和值，这些键值对会通过如下所示的 for 循环加入哈希表：

```go
hash := make(map[string]int, 26)
vstatk := []string{"1", "2", "3", ... , "26"}
vstatv := []int{1, 2, 3, ... , 26}
for i := 0; i < len(vstak); i++ {
    hash[vstatk[i]] = vstatv[i]
}
```

这里展开的两个切片 vstatk 和 vstatv 还会被编辑器继续展开，具体的展开方式可以回顾切片的初始化，不过无论使用哪种方法，使用字面量初始化的过程都会使用 Go 语言中的关键字 make 来创建新的哈希表，并通过最原始的 [] 语法向哈希表追加元素。

2. 运行时

当创建的哈希表被分配到栈上并且其容量小于 BUCKETSIZE = 8 时，Go 语言在编译阶段会使用如下方式快速初始化哈希表，这也是编译器对小容量的哈希表做的优化：

```go
var h *hmap
var hv hmap
var bv bmap
h := &hv
b := &bv
h.buckets = b
h.hash0 = fashtrand0()
```

除上述特定优化外，无论 make 是从哪里来的，只要我们使用 make 创建哈希表，Go 语言编译器都会在类型检查期间将它们转换成 runtime.makemap。使用字面量初始化哈希表也只是 Go 语言提供的辅助工具，最后调用的都是 runtime.makemap：

```go
func makemap(t *maptype, hint int, h *hmap) *hmap {
    mem, overflow := math.MulUintptr(uintptr(hint), t.bucket.size)
    if overflow || mem > maxAlloc {
        hint = 0
    }

    if h == nil {
        h = new(hmap)
    }
    h.hash0 = fastrand()
```

```
    B := uint8(0)
    for overLoadFactor(hint, B) {
        B++
    }
    h.B = B

    if h.B != 0 {
        var nextOverflow *bmap
        h.buckets, nextOverflow = makeBucketArray(t, h.B, nil)
        if nextOverflow != nil {
            h.extra = new(mapextra)
            h.extra.nextOverflow = nextOverflow
        }
    }
    return h
}
```

这个函数会按照下面的步骤执行：

(1) 计算哈希表占用的内存是否溢出或者超出能分配的最大值；

(2) 调用 `runtime.fastrand` 获取一个随机的哈希种子；

(3) 根据传入的 `hint` 计算出至少需要多少桶；

(4) 使用 `runtime.makeBucketArray` 创建用于保存桶的数组。

`runtime.makeBucketArray` 会根据传入的 `B` 计算出需要创建的桶数，并在内存中分配一块连续的空间用于存储数据：

```
func makeBucketArray(t *maptype, b uint8, dirtyalloc unsafe.Pointer) (buckets unsafe.Pointer,
nextOverflow *bmap) {
    base := bucketShift(b)
    nbuckets := base
    if b >= 4 {
        nbuckets += bucketShift(b - 4)
        sz := t.bucket.size * nbuckets
        up := roundupsize(sz)
        if up != sz {
            nbuckets = up / t.bucket.size
        }
    }

    buckets = newarray(t.bucket, int(nbuckets))
    if base != nbuckets {
        nextOverflow = (*bmap)(add(buckets, base*uintptr(t.bucketsize)))
        last := (*bmap)(add(buckets, (nbuckets-1)*uintptr(t.bucketsize)))
        last.setoverflow(t, (*bmap)(buckets))
    }
    return buckets, nextOverflow
}
```

上述代码的核心逻辑如下。

- 当桶的数量少于 2^4 时，由于数据较少、使用溢出桶的可能性较小，因此会省略创建过程以减少额外开销。

- 当桶的数量多于 2^4 时，会额外创建 2^{B-4} 个溢出桶。

根据上述代码我们能确定，在正常情况下，正常桶和溢出桶在内存中的存储空间是连续的，只是被 runtime.hmap 中的不同字段引用，当溢出桶数量较多时会通过 runtime.newobject 创建新的溢出桶。

3.3.4 读写操作

哈希表作为一种数据结构，我们肯定要分析它的常见操作，首先是读写操作的原理。哈希表的访问一般是通过下标或者遍历进行的：

```
_ = hash[key]

for k, v := range hash {
    // k, v
}
```

这两种方式虽然都能读取哈希表的数据，但是使用的函数和底层原理完全不同。前者需要知道哈希表的键并且一次只能获取单个键对应的值，而后者可以遍历哈希表中的全部键值对，访问数据时也不需要预先知道哈希表的键。这里介绍前一种访问方式，第二种访问方式后面会详细分析。

数据结构的写一般指的是增加、删除和修改。增加和修改字段都使用索引和赋值语句，而删除字典中的数据需要使用关键字 delete：

```
hash[key] = value
hash[key] = newValue
delete(hash, key)
```

除这些操作外，我们还会分析哈希表的扩容过程，这能帮助我们深入理解哈希表是如何存储数据的。

1. 访问

在编译的类型检查期间，hash[key] 以及类似的操作都会被转换成哈希表的 OINDEXMAP 操作，中间代码生成阶段会在 cmd/compile/internal/gc.walkexpr 函数中将这些 OINDEXMAP 操作转换成如下代码：

```
v     := hash[key] // => v     := *mapaccess1(maptype, hash, &key)
v, ok := hash[key] // => v, ok := mapaccess2(maptype, hash, &key)
```

赋值语句左侧接收参数的个数会决定使用的运行时方法：

- 当接收一个参数时，会使用 runtime.mapaccess1，该函数仅会返回一个指向目标值的指针；
- 当接收两个参数时，会使用 runtime.mapaccess2，除了返回目标值，它还会返回一个用于表示当前键对应的值是否存在的布尔值。

runtime.mapaccess1 会先通过哈希表设置的哈希函数、种子获取当前键对应的哈希，再通过 runtime.bucketMask 和 runtime.add 拿到该键值对所在的桶序号和哈希的高 8 位数字：

```go
func mapaccess1(t *maptype, h *hmap, key unsafe.Pointer) unsafe.Pointer {
	alg := t.key.alg
	hash := alg.hash(key, uintptr(h.hash0))
	m := bucketMask(h.B)
	b := (*bmap)(add(h.buckets, (hash&m)*uintptr(t.bucketsize)))
	top := tophash(hash)
bucketloop:
	for ; b != nil; b = b.overflow(t) {
		for i := uintptr(0); i < bucketCnt; i++ {
			if b.tophash[i] != top {
				if b.tophash[i] == emptyRest {
					break bucketloop
				}
				continue
			}
			k := add(unsafe.Pointer(b), dataOffset+i*uintptr(t.keysize))
			if alg.equal(key, k) {
				v := add(unsafe.Pointer(b), dataOffset+bucketCnt*uintptr(t.keysize)+i*uintptr(t.
valuesize))
				return v
			}
		}
	}
	return unsafe.Pointer(&zeroVal[0])
}
```

在 bucketloop 循环中，哈希表会依次遍历正常桶和溢出桶中的数据，它会先比较哈希的高 8 位和桶中存储的 tophash，后比较传入的值和桶中的值以加速数据的读写。用于选择桶序号的是哈希的最低几位，而用于加速访问的是哈希的高 8 位，这种设计能够降低同一个桶中有大量相等 tophash 的概率以免影响性能。

如图 3-12 所示，每一个桶都是一整块内存空间，当发现桶中的 tophash 与传入键的 tophash 匹配之后，我们会通过指针和偏移量获取哈希表中存储的键 keys[0] 并与 key 比较，如果两者相同，就会获取目标值的指针 values[0] 并返回。

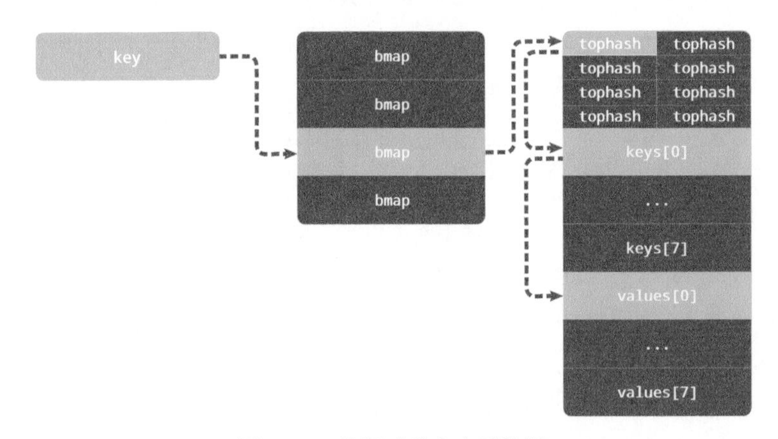

图 3-12 访问哈希表中的数据

另一个用于访问哈希表中数据的 runtime.mapaccess2，只是在 runtime.mapaccess1 的基础上多返回了一个标识键值对是否存在的布尔值：

```
func mapaccess2(t *maptype, h *hmap, key unsafe.Pointer) (unsafe.Pointer, bool) {
    ...
bucketloop:
    for ; b != nil; b = b.overflow(t) {
        for i := uintptr(0); i < bucketCnt; i++ {
            if b.tophash[i] != top {
                if b.tophash[i] == emptyRest {
                    break bucketloop
                }
                continue
            }
            k := add(unsafe.Pointer(b), dataOffset+i*uintptr(t.keysize))
            if alg.equal(key, k) {
                v := add(unsafe.Pointer(b), dataOffset+bucketCnt*uintptr(t.keysize)+i*uintptr(t.
valuesize))
                return v, true
            }
        }
    }
    return unsafe.Pointer(&zeroVal[0]), false
}
```

使用 v, ok := hash[k] 的形式访问哈希表中的元素时，我们能够通过这个布尔值更准确地知道：当 v == nil 时，v 到底是哈希表中存储的元素还是表示该键对应的元素不存在。因此，在访问哈希表时，更推荐使用这种方式判断元素是否存在。

上述过程是在正常情况下访问哈希表中元素时的表现。然而与数组一样，哈希表可能会在装载因子过高或者溢出桶过多时进行扩容。哈希表扩容并不是原子过程，在扩容过程中保证哈希表的访问是比较有意思的话题，这里省略了相关代码，后面会展开介绍。

2. 写入

当形如 hash[k] 的表达式出现在赋值符号左侧时，该表达式也会在编译期间转换成 runtime.mapassign 函数的调用。该函数与 runtime.mapaccess1 比较相似，我们将其分成几个部分依次分析，首先是函数会根据传入的键拿到对应的哈希和桶：

```
func mapassign(t *maptype, h *hmap, key unsafe.Pointer) unsafe.Pointer {
    alg := t.key.alg
    hash := alg.hash(key, uintptr(h.hash0))

    h.flags ^= hashWriting

again:
    bucket := hash & bucketMask(h.B)
    b := (*bmap)(unsafe.Pointer(uintptr(h.buckets) + bucket*uintptr(t.bucketsize)))
    top := tophash(hash)
```

然后通过遍历比较桶中存储的 tophash 和键的哈希，如果找到了相同结果，就会返回目标位置的地址。其中 inserti 表示目标元素在桶中的索引，insertk 和 val 分别表示键值对的地址，获得目标地址之后会通过算术计算寻址获得键值对 k 和 val：

```
    var inserti *uint8
    var insertk unsafe.Pointer
    var val unsafe.Pointer
bucketloop:
    for {
        for i := uintptr(0); i < bucketCnt; i++ {
            if b.tophash[i] != top {
                if isEmpty(b.tophash[i]) && inserti == nil {
                    inserti = &b.tophash[i]
                    insertk = add(unsafe.Pointer(b), dataOffset+i*uintptr(t.keysize))
                    val = add(unsafe.Pointer(b), dataOffset+bucketCnt*uintptr(t.keysize)+
i*uintptr(t.valuesize))
                }
                if b.tophash[i] == emptyRest {
                    break bucketloop
                }
                continue
            }
            k := add(unsafe.Pointer(b), dataOffset+i*uintptr(t.keysize))
            if !alg.equal(key, k) {
                continue
            }
            val = add(unsafe.Pointer(b), dataOffset+bucketCnt*uintptr(t.keysize)+i*uintptr(t.
valuesize))
            goto done
        }
        ovf := b.overflow(t)
        if ovf == nil {
            break
        }
        b = ovf
    }
```

上述 for 循环会依次遍历正常桶和溢出桶（如图 3-13 所示）中存储的数据，整个过程会分别判断 tophash 是否相等、key 是否相等，遍历结束后会从循环中跳出。

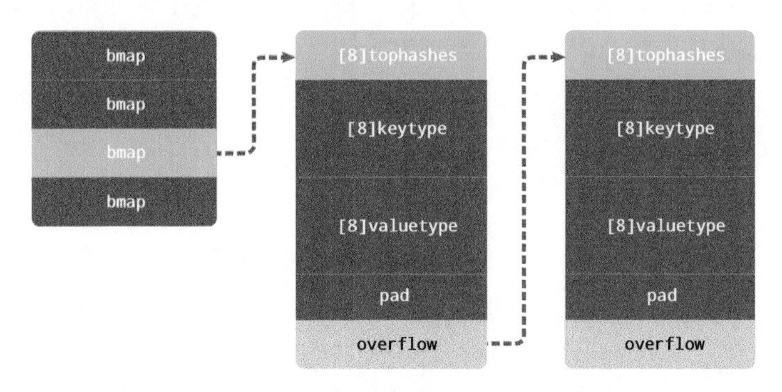

图 3-13 哈希表遍历溢出桶

如果当前桶已满，哈希表会调用 runtime.hmap.newoverflow 创建新桶或者使用 runtime.hmap 预先在 noverflow 中创建好的桶来保存数据，新创建的桶不仅会被追加到已有桶的末尾，还会增加哈希表的 noverflow 计数器：

```
    if inserti == nil {
        newb := h.newoverflow(t, b)
        inserti = &newb.tophash[0]
        insertk = add(unsafe.Pointer(newb), dataOffset)
        val = add(insertk, bucketCnt*uintptr(t.keysize))
    }

    typedmemmove(t.key, insertk, key)
    *inserti = top
    h.count++

done:
    return val
}
```

如果当前键值对在哈希表中不存在，哈希表会为新键值对规划存储的内存地址，通过 runtime.typedmemmove 将键移动到对应的内存空间中，并返回键对应值的地址 val。如果当前键值对在哈希表中存在，就会直接返回目标区域的内存地址。哈希表并不会在 runtime.mapassign 这个运行时函数中将值复制到桶中，该函数只会返回内存地址，真正的赋值操作是在编译期间插入的：

```
00018 (+5) CALL runtime.mapassign_fast64(SB)
00020 (5) MOVQ 24(SP), DI               ;; DI = &value
00026 (5) LEAQ go.string."88"(SB), AX   ;; AX = &"88"
00027 (5) MOVQ AX, (DI)                 ;; *DI = AX
```

runtime.mapassign_fast64 与 runtime.mapassign 函数的逻辑差不多，我们需要关注的是后面的 3 行代码，其中 24(SP) 是该函数返回的值地址，我们通过 LEAQ 指令将字符串的地址存储到寄存器 AX 中，MOVQ 指令将字符串 "88" 存储到了目标地址上，完成了这次哈希表的写入。

3. 扩容

前面介绍哈希表的写入过程时其实省略了扩容操作，随着哈希表中元素的逐渐增加，哈希表的性能会逐渐恶化，所以需要更多的桶和更大的内存保证哈希表的读写性能：

```
func mapassign(t *maptype, h *hmap, key unsafe.Pointer) unsafe.Pointer {
    ...
    if !h.growing() && (overLoadFactor(h.count+1, h.B) || tooManyOverflowBuckets(h.noverflow,
 h.B)) {
        hashGrow(t, h)
        goto again
    }
    ...
}
```

runtime.mapassign 函数会在以下两种情况发生时触发哈希表扩容：

(1) 装载因子超过 6.5；

(2) 哈希表使用了太多溢出桶。

不过，因为 Go 语言哈希表的扩容不是原子过程，所以 runtime.mapassign 还需要判断当前哈希表是否已处于扩容状态，避免二次扩容造成混乱。

根据触发的条件不同，扩容的方式分成两种，如果这次扩容是溢出桶太多导致的，那么这次扩容就是等量扩容 sameSizeGrow。sameSizeGrow 是一种在特殊情况下发生的扩容，当我们持续向哈希表中插入数据并将它们全部删除时，如果哈希表中的数据量没有超过阈值，溢出桶就会不断积累造成缓慢的内存泄漏①。runtime: limit the number of map overflow buckets 引入了 sameSizeGrow，通过复用已有的哈希表扩容机制解决该问题。一旦哈希表中出现了过多溢出桶，它就会创建新桶以保存数据，垃圾收集器清除老的溢出桶并释放内存②。

扩容的入口是 runtime.hashGrow：

```
func hashGrow(t *maptype, h *hmap) {
	bigger := uint8(1)
	if !overLoadFactor(h.count+1, h.B) {
		bigger = 0
		h.flags |= sameSizeGrow
	}
	oldbuckets := h.buckets
	newbuckets, nextOverflow := makeBucketArray(t, h.B+bigger, nil)

	h.B += bigger
	h.flags = flags
	h.oldbuckets = oldbuckets
	h.buckets = newbuckets
	h.nevacuate = 0
	h.noverflow = 0

	h.extra.oldoverflow = h.extra.overflow
	h.extra.overflow = nil
	h.extra.nextOverflow = nextOverflow
}
```

哈希表在扩容过程中会通过 runtime.makeBucketArray 创建一组新桶和预创建的溢出桶，随后将原有桶数组设置到 oldbuckets 上，并将新的空桶设置到 buckets 上，溢出桶也使用了相同的逻辑更新。图 3-14 展示了触发扩容后的哈希表。

① 参见 runtime: map memory usage grows as it changes even though number of entries does not grow。

② 参见 runtime: limit the number of map overflow buckets。

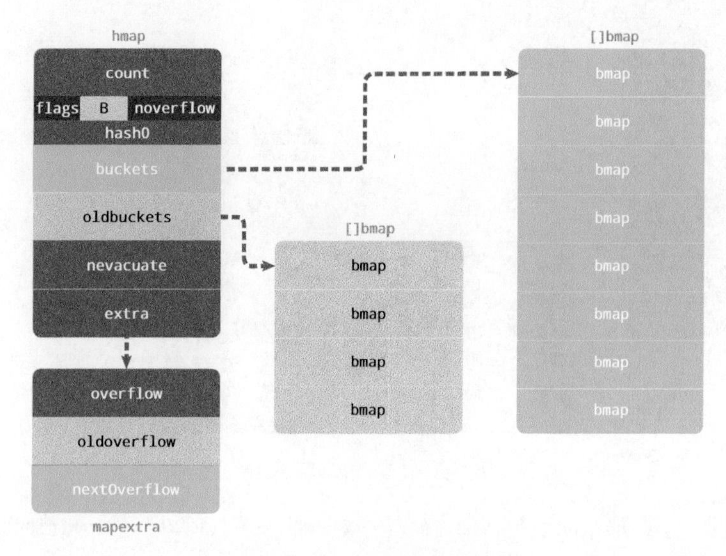

图 3-14 哈希表触发扩容

在 runtime.hashGrow 中等量扩容和翻倍扩容区别不明显，等量扩容创建的新桶数量和旧桶一样，该函数中只是创建了新桶，并没有对数据进行复制和转移。哈希表的数据迁移过程是在 runtime.evacuate 中完成的，它会对传入桶中的元素进行再分配：

```go
func evacuate(t *maptype, h *hmap, oldbucket uintptr) {
	b := (*bmap)(add(h.oldbuckets, oldbucket*uintptr(t.bucketsize)))
	newbit := h.noldbuckets()
	if !evacuated(b) {
		var xy [2]evacDst
		x := &xy[0]
		x.b = (*bmap)(add(h.buckets, oldbucket*uintptr(t.bucketsize)))
		x.k = add(unsafe.Pointer(x.b), dataOffset)
		x.v = add(x.k, bucketCnt*uintptr(t.keysize))

		y := &xy[1]
		y.b = (*bmap)(add(h.buckets, (oldbucket+newbit)*uintptr(t.bucketsize)))
		y.k = add(unsafe.Pointer(y.b), dataOffset)
		y.v = add(y.k, bucketCnt*uintptr(t.keysize))
```

runtime.evacuate 会将一个旧桶中的数据分流到两个新桶，所以它会创建两个用于保存分配上下文的 runtime.evacDst 结构体，这两个结构体分别指向了一个新桶，如图 3-15 所示。

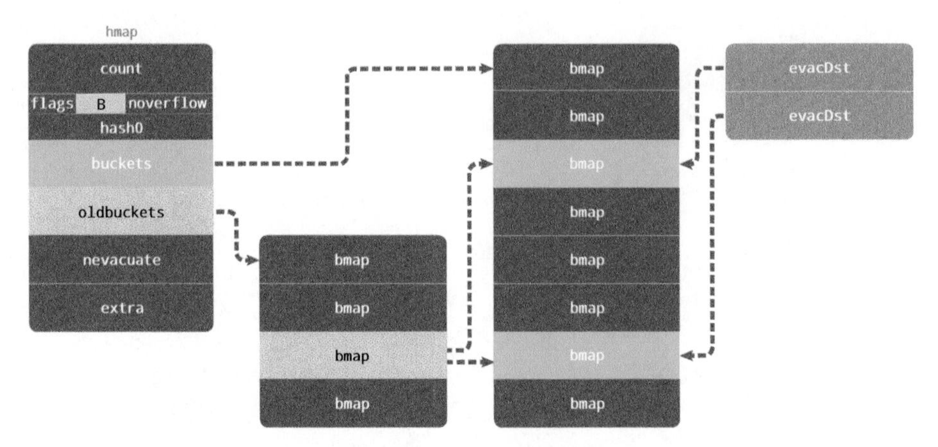

图 3-15 哈希表扩容目的

如果这是等量扩容，那么旧桶与新桶之间是一对一的关系，所以两个 runtime.evacDst 只会初始化其中一个。而当哈希表的容量翻倍时，每个旧桶的元素会都分流到新创建的两个桶中。下面仔细分析分流元素的逻辑：

```
	for ; b != nil; b = b.overflow(t) {
		k := add(unsafe.Pointer(b), dataOffset)
		v := add(k, bucketCnt*uintptr(t.keysize))
		for i := 0; i < bucketCnt; i, k, v = i+1, add(k, uintptr(t.keysize)), add(v, 
uintptr(t.valuesize)) {
			top := b.tophash[i]
			k2 := k
			var useY uint8
			hash := t.key.alg.hash(k2, uintptr(h.hash0))
			if hash&newbit != 0 {
				useY = 1
			}
			b.tophash[i] = evacuatedX + useY
			dst := &xy[useY]

			if dst.i == bucketCnt {
				dst.b = h.newoverflow(t, dst.b)
				dst.i = 0
				dst.k = add(unsafe.Pointer(dst.b), dataOffset)
				dst.v = add(dst.k, bucketCnt*uintptr(t.keysize))
			}
			dst.b.tophash[dst.i&(bucketCnt-1)] = top
			typedmemmove(t.key, dst.k, k)
			typedmemmove(t.elem, dst.v, v)
			dst.i++
			dst.k = add(dst.k, uintptr(t.keysize))
			dst.v = add(dst.v, uintptr(t.valuesize))
		}
	}
	...
}
```

只使用哈希函数不能定位到具体某一个桶，哈希函数只会返回很长的哈希，例如 b72bfae3f3285244c4732ce457cca823bc189e0b，我们还需要一些方法将哈希映射到具体的桶上。我们一般会使用取模或者位操作来获取桶的编号，假如当前哈希表中包含 4 个桶，那么它的桶掩码就是 0b11(3)，使用位操作会得到 3，我们就会在 3 号桶中存储该数据：

```
0xb72bfae3f3285244c4732ce457cca823bc189e0b & 0b11 #=> 0
```

如果新的哈希表有 8 个桶，在大多数情况下，原来经过桶掩码 0b11 结果为 3 的数据，会因为桶掩码增加了一位变成 0b111 而分流到新的 3 号桶和 7 号桶，所有数据也都会被 runtime.typedmemmove 复制到目标桶中，如图 3-16 所示。

runtime.evacuate 最后会调用 runtime.advanceEvacuationMark 增加哈希表的 nevacuate 计数器，并在所有旧桶都被分流后清空哈希表的 oldbuckets 和 oldoverflow：

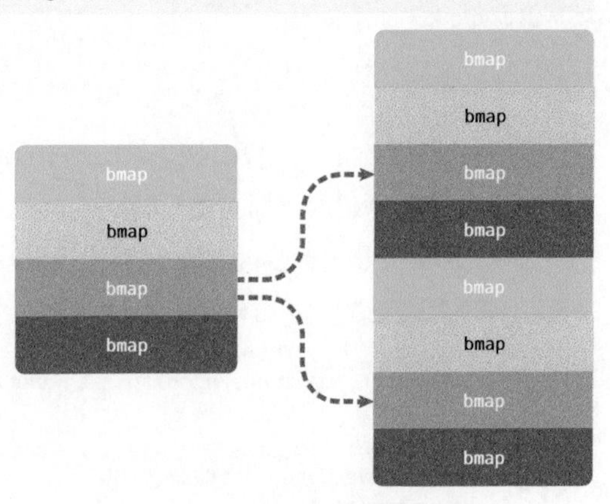

图 3-16　哈希表桶数据的分流

```
func advanceEvacuationMark(h *hmap, t *maptype, newbit uintptr) {
	h.nevacuate++
	stop := h.nevacuate + 1024
	if stop > newbit {
		stop = newbit
	}
	for h.nevacuate != stop && bucketEvacuated(t, h, h.nevacuate) {
		h.nevacuate++
	}
	if h.nevacuate == newbit { // newbit == # of oldbuckets
		h.oldbuckets = nil
		if h.extra != nil {
			h.extra.oldoverflow = nil
		}
		h.flags &^= sameSizeGrow
	}
}
```

之前在分析哈希表访问函数 runtime.mapaccess1 时，其实省略了扩容期间获取键值对的逻辑，当哈希表的 oldbuckets 存在时，会先定位到旧桶并在该桶没有被分流时从中获取键值对：

```
func mapaccess1(t *maptype, h *hmap, key unsafe.Pointer) unsafe.Pointer {
	...
	alg := t.key.alg
	hash := alg.hash(key, uintptr(h.hash0))
	m := bucketMask(h.B)
	b := (*bmap)(add(h.buckets, (hash&m)*uintptr(t.bucketsize)))
	if c := h.oldbuckets; c != nil {
```

```
        if !h.sameSizeGrow() {
            m >>= 1
        }
        oldb := (*bmap)(add(c, (hash&m)*uintptr(t.bucketsize)))
        if !evacuated(oldb) {
            b = oldb
        }
    }
bucketloop:
    ...
}
```

因为旧桶中的元素还没有被 runtime.evacuate 函数分流，其中还保存着需要使用的数据，所以旧桶会替代新创建的空桶提供数据。

我们在 runtime.mapassign 函数中也省略了一段逻辑，当哈希表处于扩容状态时，每次向哈希表写入值时都会触发 runtime.growWork 增量复制哈希表中的内容：

```
func mapassign(t *maptype, h *hmap, key unsafe.Pointer) unsafe.Pointer {
    ...
again:
    bucket := hash & bucketMask(h.B)
    if h.growing() {
        growWork(t, h, bucket)
    }
    ...
}
```

当然，除写入操作外，删除操作也会在哈希表扩容期间触发 runtime.growWork，触发的方式和代码与这里的逻辑几乎完全相同，都是计算当前值所在的桶，然后复制桶中元素。

简单总结一下哈希表扩容的设计和原理，哈希表在存储元素过多时会触发扩容操作，每次都会将桶的数量翻倍，扩容过程不是原子的，而是通过 runtime.growWork 增量触发的。在扩容期间访问哈希表时会使用旧桶，向哈希表写入数据时会触发旧桶元素的分流。除这种正常的扩容外，为了解决大量写入、删除造成的内存泄漏问题，哈希表引入了 sameSizeGrow 机制，在出现较多溢出桶时会整理哈希表的内存来减少空间占用。

4. 删除

如果想删除哈希表中的元素，就需要使用 Go 语言中的 delete 关键字（如图 3-17 所示），这个关键字的唯一作用是将某个键对应的元素从哈希表中删除，无论该键对应的值是否存在，这个内置函数都不会返回任何结果。

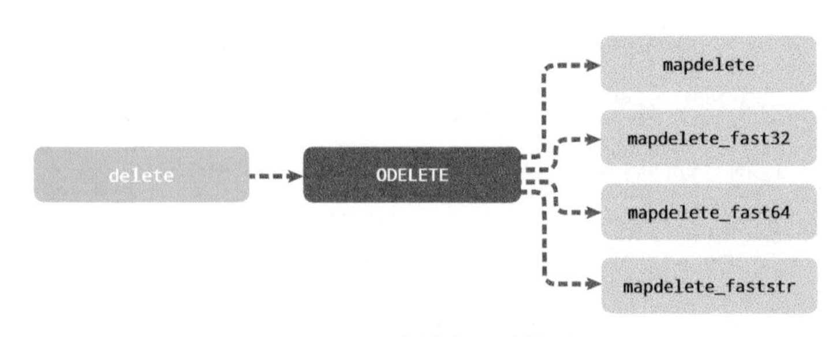

图 3-17 哈希表删除操作

在编译期间，delete 关键字会被转换成操作为 ODELETE 的节点，而 cmd/compile/internal/gc.walkexpr 会将 ODELETE 节点转换成 runtime.mapdelete 函数簇中的一个，包括 runtime.mapdelete、mapdelete_faststr、mapdelete_fast32 和 mapdelete_fast64：

```
func walkexpr(n *Node, init *Nodes) *Node {
	switch n.Op {
	case ODELETE:
		init.AppendNodes(&n.Ninit)
		map_ := n.List.First()
		key := n.List.Second()
		map_ = walkexpr(map_, init)
		key = walkexpr(key, init)

		t := map_.Type
		fast := mapfast(t)
		if fast == mapslow {
			key = nod(OADDR, key, nil)
		}
		n = mkcall1(mapfndel(mapdelete[fast], t), nil, init, typename(t), map_, key)
	}
}
```

这些函数的实现其实差不多，我们挑选其中的 runtime.mapdelete 分析一下（代码如下所示）。哈希表的删除逻辑与写入逻辑很相似，只是触发哈希表的删除需要使用关键字，如果在删除期间遇到哈希表的扩容，就会分流桶中元素，分流结束之后会找到桶中的目标元素完成键值对的删除工作。

```
func mapdelete(t *maptype, h *hmap, key unsafe.Pointer) {
	...
	if h.growing() {
		growWork(t, h, bucket)
	}
	...
search:
	for ; b != nil; b = b.overflow(t) {
		for i := uintptr(0); i < bucketCnt; i++ {
			if b.tophash[i] != top {
				if b.tophash[i] == emptyRest {
					break search
				}
				continue
			}
			k := add(unsafe.Pointer(b), dataOffset+i*uintptr(t.keysize))
			k2 := k
			if !alg.equal(key, k2) {
				continue
			}
			*(*unsafe.Pointer)(k) = nil
			v := add(unsafe.Pointer(b), dataOffset+bucketCnt*uintptr(t.keysize)+i*uintptr(t.valuesize))
			*(*unsafe.Pointer)(v) = nil
			b.tophash[i] = emptyOne
			...
		}
	}
}
```

我们其实只需要知道，delete 关键字在编译期间经过类型检查和中间代码生成阶段被转换成 runtime.mapdelete 函数簇中的一员，用于处理删除逻辑的函数与哈希表的 runtime.mapassign 几乎完全相同，不太需要刻意关注。

3.3.5 小结

Go 语言使用拉链法来解决哈希冲突问题实现了哈希表，它的访问、写入和删除等操作都在编译期间转换成了运行时的函数或者方法。哈希表在每一个桶中存储键对应哈希的前 8 位，当对哈希表进行操作时，这些 tophash 就成为可以帮助哈希表快速遍历桶中元素的缓存。

哈希表的每个桶都只能存储 8 个键值对，一旦当前哈希表的某个桶中的键值对超出 8 个，新的键值对就会存储到哈希表的溢出桶中。随着键值对数量的增加，溢出桶的数量和哈希表的装载因子也会逐渐升高，超过一定范围就会触发扩容，扩容会将桶的数量翻倍，元素再分配的过程也是在调用写操作时增量进行的，不会造成性能的瞬时巨大抖动。

3.3.6 延伸阅读

"Separate Chaining: Concept, Advantages & Disadvantages"

3.4 字符串

字符串是 Go 语言中的基础数据类型，虽然往往将字符串看作一个整体，但它实际上是一块连续的内存空间，我们也可以将它理解成由字符组成的数组。本节会详细介绍字符串的实现原理、转换过程以及常见操作的实现。

字符串实际上是由字符组成的数组，C 语言中的字符串使用字符数组 char[] 表示。数组会占用一块连续的内存空间，而内存空间存储的字节共同组成了字符串。Go 语言中的字符串是只读的字节数组，图 3-18 展示了 "hello" 字符串在内存中的存储方式。

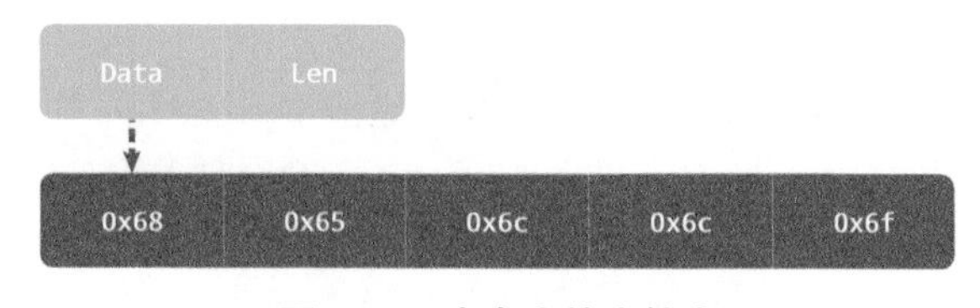

图 3-18 内存中的字符串

如果是代码中存在的字符串，编译器会将其标记成只读数据 SRODATA。假设我们有以下代码，其中包含了一个字符串，当我们将这段代码编译成汇编语言时，就能够看到 hello 字符串有一个 SRODATA 的标记：

```
$ cat main.go
package main

func main() {
    str := "hello"
    println([]byte(str))
```

```
}

$ GOOS=linux GOARCH=amd64 go tool compile -S main.go
...
go.string."hello" SRODATA dupok size=5
    0x0000 68 65 6c 6c 6f                                    hello
...
```

只读意味着字符串会分配到只读的内存空间，而 Go 语言不支持直接修改 string 类型变量的内存空间，我们可以通过在 string 和 []byte 类型之间反复转换实现修改：

(1) 将这段内存复制到堆中或栈上；

(2) 将变量的类型转换成 []byte 后并修改字节数据；

(3) 将修改后的字节数组转换回 string。

Java、Python 以及其他很多编程语言的字符串也是不可变的，这种不可变的特性可以保证我们不会引用到意外发生改变的值。而因为 Go 语言的字符串可以作为哈希表的键，所以如果哈希表的键是可变的，不仅会增加哈希表实现的复杂度，还可能会影响哈希表的比较。

3.4.1 数据结构

在 Go 语言中字符串的接口其实非常简单，每一个字符串在运行时都会使用如下 reflect.StringHeader 表示，其中包含指向字节数组的指针和数组的大小：

```go
type StringHeader struct {
    Data uintptr
    Len  int
}
```

与切片的结构体相比，字符串只少了一个表示容量的 Cap 字段。而正是因为切片在 Go 语言的运行时表示与字符串高度相似，所以我们常说字符串是只读的切片类型。

```go
type SliceHeader struct {
    Data uintptr
    Len  int
    Cap  int
}
```

因为字符串作为只读的类型，我们并不会直接向字符串追加元素改变其本身的内存空间，所以所有在字符串上的写入操作都是通过复制实现的。

3.4.2 解析过程

分析器会在词法分析阶段解析字符串，该阶段会对源文件中的字符串进行切片和分组，将原有无意义的字符流转换成 Token 序列。在 Go 语言中，我们可以使用两种字面量方式声明字符串，即双引号和反引号：

```
str1 := "this is a string"
str2 := `this is another
string`
```

使用双引号声明的字符串和其他语言中的字符串没有太多区别，它只能用于单行字符串的初始化，如果字符串内部出现双引号，需要使用 \ 符号避免编译器的解析错误，而反引号声明的字符串可以摆脱单行的限制。当使用反引号时，因为双引号不再负责标记字符串的开始和结束，所以我们可以在字符串内部直接使用 "，这在遇到需要手写 JSON 或者其他复杂数据格式的场景下非常方便：

```
json := `{"author": "draven", "tags": ["golang"]}`
```

两种声明方式其实也意味着，Go 语言编译器需要能够区分并且正确解析不同的字符串格式。解析字符串使用的扫描器 `cmd/compile/internal/syntax.scanner` 会将输入的字符串转换成 Token 流，`cmd/compile/internal/syntax.scanner.stdString` 方法是它用来解析使用双引号的标准字符串的：

```
func (s *scanner) stdString() {
    s.startLit()
    for {
        r := s.getr()
        if r == '"' {
            break
        }
        if r == '\\' {
            s.escape('"')
            continue
        }
        if r == '\n' {
            s.ungetr()
            s.error("newline in string")
            break
        }
        if r < 0 {
            s.errh(s.line, s.col, "string not terminated")
            break
        }
    }
    s.nlsemi = true
    s.lit = string(s.stopLit())
    s.kind = StringLit
    s.tok = _Literal
}
```

从这个方法的实现中我们能分析出 Go 语言处理标准字符串的逻辑：

- 标准字符串使用双引号表示开头和结尾；
- 标准字符串需要使用反斜杠 \ 来逃逸双引号；
- 标准字符串不能出现如下所示的隐式换行 \n。

```
str := "start
end"
```

使用反引号声明的原始字符串的解析规则就非常简单了，cmd/compile/internal/syntax.scanner.rawString会将非反引号的所有字符都划分到当前字符串的范围中，所以我们可以使用它支持复杂的多行字符串：

```
func (s *scanner) rawString() {
    s.startLit()
    for {
        r := s.getr()
        if r == '`' {
            break
        }
        if r < 0 {
            s.errh(s.line, s.col, "string not terminated")
            break
        }
    }
    s.nlsemi = true
    s.lit = string(s.stopLit())
    s.kind = StringLit
    s.tok = _Literal
}
```

无论是标准字符串还是原始字符串，都会被标记成StringLit并传递到语法分析阶段。在语法分析阶段，与字符串相关的表达式都会由cmd/compile/internal/gc.noder.basicLit方法处理：

```
func (p *noder) basicLit(lit *syntax.BasicLit) Val {
    switch s := lit.Value; lit.Kind {
    case syntax.StringLit:
        if len(s) > 0 && s[0] == '`' {
            s = strings.Replace(s, "\r", "", -1)
        }
        u, _ := strconv.Unquote(s)
        return Val{U: u}
    }
}
```

无论是import语句中包的路径、结构体中的字段标签还是表达式中的字符串，都会使用该方法将原生字符串中最后的换行符删除并对字符串Token进行Unquote处理，也就是去掉字符串两边的引号等无关干扰，还原其本来面目。

strconv.Unquote处理了很多边界条件，导致实现非常复杂，其中不仅包括引号，还包括UTF-8等编码的处理逻辑，这里就不展开介绍了。

3.4.3 拼接

Go语言使用+符号拼接字符串，编译器会将该符号对应的OADD节点转换成OADDSTR类型的节点，随后在 cmd/compile/internal/gc.walkexpr 中调用 cmd/compile/internal/gc.addstr 函数生成用于拼接字符串的代码：

```
func walkexpr(n *Node, init *Nodes) *Node {
	switch n.Op {
	...
	case OADDSTR:
		n = addstr(n, init)
	}
}
```

cmd/compile/internal/gc.addstr 能帮助我们在编译期间选择合适的函数对字符串进行拼接，该函数会根据待拼接的字符串数量选择不同的逻辑：

- 如果少于或等于 5 个，那么会调用 concatstring{2,3,4,5} 等一系列函数；
- 如果超过 5 个，那么会选择 runtime.concatstrings 传入一个数组切片。

```
func addstr(n *Node, init *Nodes) *Node {
	c := n.List.Len()

	buf := nodnil()
	args := []*Node{buf}
	for _, n2 := range n.List.Slice() {
		args = append(args, conv(n2, types.Types[TSTRING]))
	}

	var fn string
	if c <= 5 {
		fn = fmt.Sprintf("concatstring%d", c)
	} else {
		fn = "concatstrings"

		t := types.NewSlice(types.Types[TSTRING])
		slice := nod(OCOMPLIT, nil, typenod(t))
		slice.List.Set(args[1:])
		args = []*Node{buf, slice}
	}

	cat := syslook(fn)
	r := nod(OCALL, cat, nil)
	r.List.Set(args)
	...

	return r
}
```

其实无论使用 concatstring{2,3,4,5} 中的哪一个，最终都会调用 runtime.concatstrings，它会先遍历传入的切片参数，再过滤空字符串并计算拼接后字符串的长度：

```
func concatstrings(buf *tmpBuf, a []string) string {
	idx := 0
	l := 0
```

```
    count := 0
    for i, x := range a {
        n := len(x)
        if n == 0 {
            continue
        }
        l += n
        count++
        idx = i
    }
    if count == 0 {
        return ""
    }
    if count == 1 && (buf != nil || !stringDataOnStack(a[idx])) {
        return a[idx]
    }
    s, b := rawstringtmp(buf, l)
    for _, x := range a {
        copy(b, x)
        b = b[len(x):]
    }
    return s
}
```

如果非空字符串的数量为 1 并且当前字符串不在栈上，就可以直接返回该字符串，不需要额外操作。

但是在正常情况下，运行时会调用 copy 将输入的多个字符串复制到目标字符串所在的内存空间，如图 3-19 所示。新字符串是一块新的内存空间，与原来的字符串没有任何关联，一旦需要拼接的字符串非常大，复制造成的性能损失是无法忽略的。

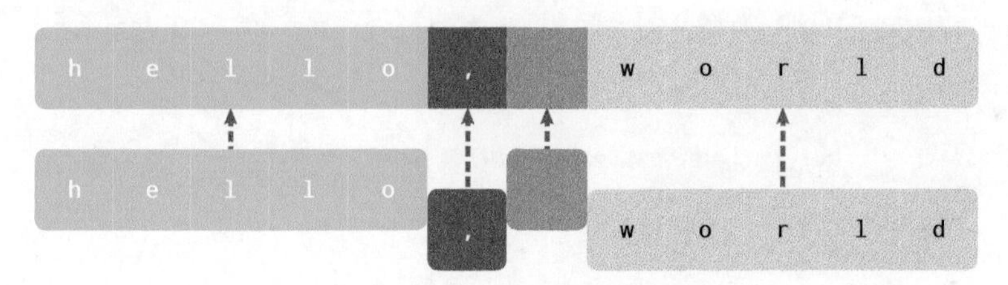

图 3-19 字符串的拼接和复制

3.4.4 类型转换

当我们使用 Go 语言解析和序列化 JSON 等数据格式时，经常需要将数据在 string 和 []byte 之间来回转换，类型转换的开销并没有想象得那么小，runtime.slicebytetostring 等函数经常出现在**火焰图**（flame graph）[1] 中，成为程序的性能热点。

从字节数组到字符串的转换需要使用 runtime.slicebytetostring 函数，例如 string(bytes)，

① 火焰图是分析程序性能的一种手段。

该函数在函数体中会先处理两种比较常见的情况——长度为0或1的字节数组，这两种情况处理起来都非常简单：

```
func slicebytetostring(buf *tmpBuf, b []byte) (str string) {
    l := len(b)
    if l == 0 {
        return ""
    }
    if l == 1 {
        stringStructOf(&str).str = unsafe.Pointer(&staticbytes[b[0]])
        stringStructOf(&str).len = 1
        return
    }
    var p unsafe.Pointer
    if buf != nil && len(b) <= len(buf) {
        p = unsafe.Pointer(buf)
    } else {
        p = mallocgc(uintptr(len(b)), nil, false)
    }
    stringStructOf(&str).str = p
    stringStructOf(&str).len = len(b)
    memmove(p, (*(*slice)(unsafe.Pointer(&b))).array, uintptr(len(b)))
    return
}
```

处理过后会根据传入的缓冲区大小决定是否需要为新字符串分配一块内存空间，runtime.stringStructOf 会将传入的字符串指针转换成 runtime.stringStruct 结构体指针，然后设置结构体持有的字符串指针 str 和长度 len，最后通过 runtime.memmove 将原 []byte 中的字节全部复制到新的内存空间中。

要将字符串转换成 []byte 类型，需要使用 runtime.stringtoslicebyte 函数，该函数的实现非常容易理解：

```
func stringtoslicebyte(buf *tmpBuf, s string) []byte {
    var b []byte
    if buf != nil && len(s) <= len(buf) {
        *buf = tmpBuf{}
        b = buf[:len(s)]
    } else {
        b = rawbyteslice(len(s))
    }
    copy(b, s)
    return b
}
```

上述函数会根据是否传入缓冲区做出不同的处理：

- 当传入缓冲区时，它会使用传入的缓冲区存储 []byte；
- 当没有传入缓冲区时，运行时会调用 runtime.rawbyteslice 创建新的字节切片并将字符串中的内容复制过去。

字符串和 []byte 中的内容虽然一样，但字符串的内容是只读的，我们不能通过下标或者其他形式改变其中的数据，而 []byte 中的内容是可读写的，如图 3-20 所示。不过无论从哪种类型转换到另一种都需要复制数据，而内存复制导致的性能损耗会随着字符串和 []byte 长度的增长而增长。

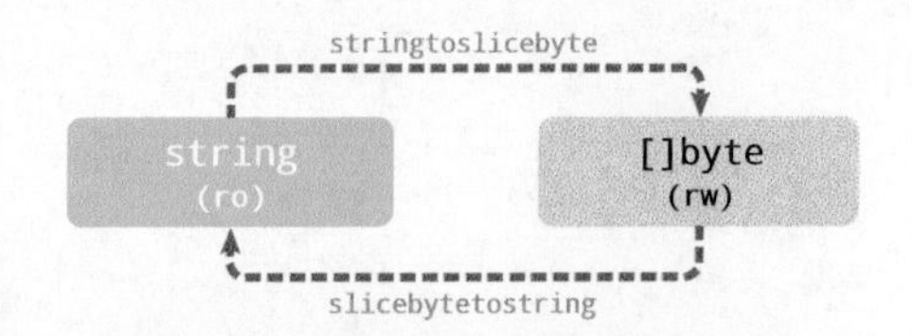

图 3-20 字符串和字节数组的转换

3.4.5 小结

字符串是 Go 语言中比较简单的一种数据结构，我们在这一节中详细分析了字符串与 []byte 类型的关系，从词法分析阶段理解字符串是如何被解析的。作为只读的数据类型，我们无法改变字符串本身的结构，但是在做拼接和类型转换等操作时一定要注意性能损耗，遇到需要极致性能的场景，一定要尽量减少类型转换的次数。

3.4.6 延伸阅读

- "Strings in Go"
- "Strings, bytes, runes and characters in Go"
- UTF-8（维基百科）
- "How encode []rune into []byte using utf8 in golang?"
- "Conversions to and from a string type"
- 《十分钟搞清字符集和字符编码》

第4章　语言特性

今天大多数编程语言往往有着相近的编程范式和方法论，但它们在具体实现上会有些许不同，如果我们能够抓住编程语言中那些“独特的”特性，就可以领会编程语言在设计上所做的一系列权衡。

本章将介绍 Go 语言中 3 个比较有特色的特性，分别是函数调用、接口和反射。在介绍过程中会涉及栈、堆和内存等知识，还会提及一些常见的使用场景，这能让我们更快地理解编程语言本身。

4.1　函数调用

函数是 Go 语言的一等公民，理解和掌握函数的调用过程是我们深入学习 Go 语言无法跳过的，本节将从函数的调用惯例和参数传递方法两个方面分别介绍函数的执行过程。

4.1.1　调用惯例

无论是系统级编程语言 C 和 Go，还是脚本语言 Ruby 和 Python，它们在调用函数时往往使用相同的语法：

```
somefunction(arg0, arg1)
```

虽然它们调用函数的语法很相似，但是它们的调用惯例可能大不相同。调用惯例是调用方和被调用方对于参数和返回值传递的约定，本节将为各位介绍 C 和 Go 语言的调用惯例。

1. C 语言

我们先来研究 C 语言的调用惯例，使用 gcc[①] 或者 clang[②] 将 C 语言编译成汇编代码是分析其调用惯例的最佳方法，从汇编语言中可以了解函数调用的具体过程。

gcc 和 clang 编译相同的 C 语言代码可能会生成不同的汇编指令，不过生成的代码在结构上不会有太大的区别，所以对只想理解调用惯例的人来说没有太多影响。本节选用 gcc 编译器来编译 C 语言：

```
$ gcc --version
gcc (Ubuntu 4.8.2-19ubuntu1) 4.8.2
Copyright (C) 2013 Free Software Foundation, Inc.
This is free software; see the source for copying conditions.  There is NO
warranty; not even for MERCHANTABILITY or FITNESS FOR A PARTICULAR PURPOSE.
```

① 参见“GCC, the GNU Compiler Collection”。

② 参见“Clang: a C language family frontend for LLVM”。

假设有以下C语言代码，其中只包含两个函数，其中一个是主函数 main，另一个是我们定义的函数 my_function：

```
// ch04/my_function.c
int my_function(int arg1, int arg2) {
    return arg1 + arg2;
}

int main() {
    int i = my_function(1, 2);
}
```

我们可以使用 cc -S my_function.c 命令将上述文件编译成如下所示的汇编代码：

```
main:
    pushq    %rbp
    movq    %rsp, %rbp
    subq    $16, %rsp
    movl    $2, %esi  // 设置第二个参数
    movl    $1, %edi  // 设置第一个参数
    call    my_function
    movl    %eax, -4(%rbp)
my_function:
    pushq    %rbp
    movq    %rsp, %rbp
    movl    %edi, -4(%rbp)    // 取出第一个参数，放到栈上
    movl    %esi, -8(%rbp)    // 取出第二个参数，放到栈上
    movl    -8(%rbp), %eax    // eax = esi = 1
    movl    -4(%rbp), %edx    // edx = edi = 2
    addl    %edx, %eax        // eax = eax + edx = 1 + 2 = 3
    popq    %rbp
```

我们按照调用前、调用时以及调用后的顺序分析上述调用过程：

- 在 my_function 调用前，调用方 main 函数将 my_function 的两个参数分别存储到寄存器 edi 和 esi 中；
- 在 my_function 调用时，它会将寄存器 edi 和 esi 中的数据存储到 eax 和 edx 两个寄存器中，随后通过汇编指令 addl 计算两个入参之和；
- 在 my_function 调用后，使用寄存器 eax 传递返回值，main 函数将 my_function 的返回值存储到栈上的 i 变量中。

```
int my_function(int arg1, int arg2, int ... arg8) {
    return arg1 + arg2 + ... + arg8;
}
```

如上述代码所示，当 my_function 函数的入参增加至 8 个时，重新编译当前程序会得到不同的汇编代码：

```
main:
    pushq    %rbp
    movq     %rsp, %rbp
    subq     $16, %rsp       // 为参数传递申请 16 字节的栈空间
    movl     $8, 8(%rsp)     // 传递第 8 个参数
    movl     $7, (%rsp)      // 传递第 7 个参数
    movl     $6, %r9d
    movl     $5, %r8d
    movl     $4, %ecx
    movl     $3, %edx
    movl     $2, %esi
    movl     $1, %edi
    call     my_function
```

main 函数调用 my_function 时，前 6 个参数会使用 edi、esi、edx、ecx、r8d 和 r9d 这 6 个寄存器传递。寄存器的使用顺序也是调用惯例的一部分，函数的第一个参数一定会使用 edi 寄存器，第二个参数使用 esi 寄存器，以此类推。

最后两个参数与前面的完全不同，调用方 main 函数通过栈传递这两个参数，图 4-1 展示了 main 函数在调用 my_function 前的栈信息。

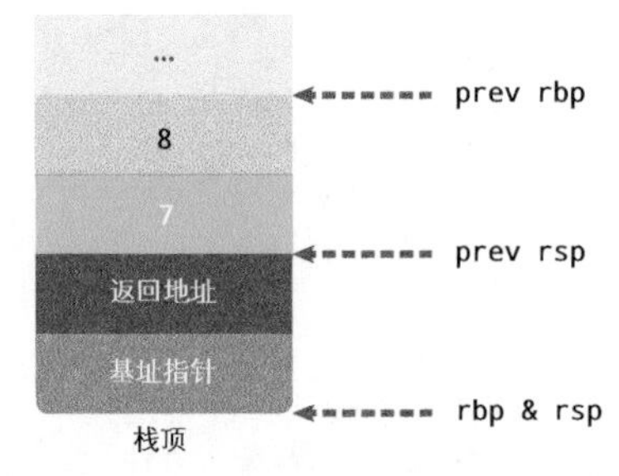

图 4-1　C 语言 main 函数的调用栈

图 4-1 中的 rbp 寄存器会存储函数调用栈的基址指针，即属于 main 函数的栈空间的起始位置，而另一个寄存器 rsp 存储的是 main 函数调用栈结束的位置，这两个寄存器共同表示函数的栈空间。

在调用 my_function 之前，main 函数通过 subq $16, %rsp 指令分配了 16 字节的栈地址，随后将第 6 个以上的参数（第 8 个和第 7 个）按照从右到左的顺序存入栈中，余下 6 个参数会通过寄存器传递，接下来运行的 call my_function 指令会调用 my_function 函数：

```
my_function:
    pushq    %rbp
    movq     %rsp, %rbp
    movl     %edi, -4(%rbp)     // rbp-4 = edi = 1
    movl     %esi, -8(%rbp)     // rbp-8 = esi = 2
    ...
    movl     -8(%rbp), %eax     // eax = 2
    movl     -4(%rbp), %edx     // edx = 1
    addl     %eax, %edx         // eax = eax + edx = 3
    ...
    movl     16(%rbp), %eax     // eax = 7
    addl     %eax, %edx         // edx = eax + edx = 28
    movl     24(%rbp), %eax     // eax = 8
    addl     %edx, %eax         // eax = edx + eax = 36
    popq     %rbp
```

my_function 会先将寄存器中的全部数据转移到栈上，然后利用 eax 寄存器计算所有入参的和

并返回结果。

可以将本节的发现和分析简单总结为，当我们在 x86_64 的机器上使用 C 语言中的调用函数时，参数都是通过寄存器和栈传递的，其中：

- 6 个及 6 个以下的参数会按照顺序分别使用 edi、esi、edx、ecx、r8d 和 r9d 这 6 个寄存器传递；
- 6 个以上的参数会使用栈传递，函数的参数会以从右到左的顺序存入栈中。

而函数的返回值是通过 eax 寄存器进行传递的，由于只使用一个寄存器存储返回值，所以 C 语言的函数不能同时返回多个值。

2. Go 语言

分析了 C 语言函数的调用惯例之后，我们再来剖析一下 Go 语言函数的调用惯例。我们以下面这个非常简单的代码片段为例简单分析一下：

```
package main
func myFunction(a, b int) (int, int) {
    return a + b, a - b
}

func main() {
    myFunction(66, 77)
}
```

上述 `myFunction` 函数接收两个整数并返回两个整数，`main` 函数在调用 `myFunction` 时将 66 和 77 两个参数传递到当前函数中，使用 `go tool compile -S -N -l main.go` 编译上述代码可以得到如下所示的汇编指令：

```
"".main STEXT size=68 args=0x0 locals=0x28
    0x0000 00000 (main.go:7)    MOVQ    (TLS), CX
    0x0009 00009 (main.go:7)    CMPQ    SP, 16(CX)
    0x000d 00013 (main.go:7)    JLS     61
    0x000f 00015 (main.go:7)    SUBQ    $40, SP         // 分配 40 字节栈空间
    0x0013 00019 (main.go:7)    MOVQ    BP, 32(SP)      // 将基址指针存储到栈上
    0x0018 00024 (main.go:7)    LEAQ    32(SP), BP
    0x001d 00029 (main.go:8)    MOVQ    $66, (SP)       // 第一个参数
    0x0025 00037 (main.go:8)    MOVQ    $77, 8(SP)      // 第二个参数
    0x002e 00046 (main.go:8)    CALL    "".myFunction(SB)
    0x0033 00051 (main.go:9)    MOVQ    32(SP), BP
    0x0038 00056 (main.go:9)    ADDQ    $40, SP
    0x003c 00060 (main.go:9)    RET
```

> 如果编译时不使用 `-N -l` 参数，编译器会对汇编代码进行优化，编译结果会有较大差别。

根据 `main` 函数生成的汇编指令，我们可以分析出 `main` 函数调用 `myFunction` 之前的栈，如图 4-2 所示。

main 函数通过 SUBQ $40, SP 指令一共在栈上分配了 40 字节的内存空间，如表 4-1 所示。

表 4-1 主函数调用栈

空间	大小	作用
SP+32～BP	8 字节	main 函数的栈基址指针
SP+16～SP+32	16 字节	函数 myFunction 的两个返回值
SP～SP+16	16 字节	函数 myFunction 的两个参数

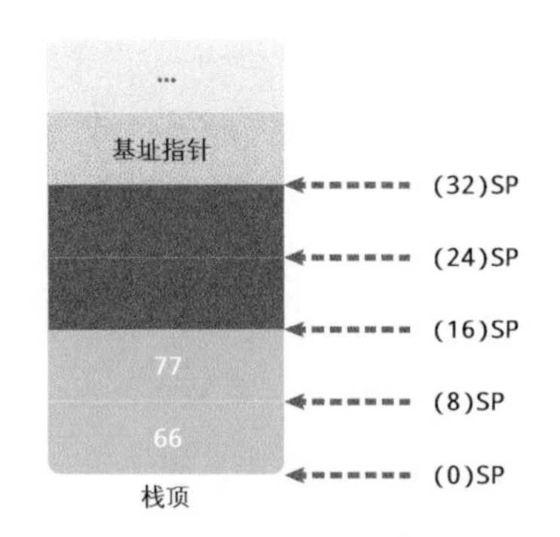

图 4-2 Go 语言 main 函数的调用栈

myFunction 入参的压栈顺序和 C 语言一样，都是从右到左，即第一个参数 66 存储在栈顶的 SP～SP+8 空间中，第二个参数存储在 SP+8～SP+16 空间中。

当我们准备好函数的入参之后，会调用汇编指令 CALL "".myFunction(SB)，该指令首先会将 main 的返回地址存入栈中，然后改变当前的栈指针 SP 并执行 myFunction 的汇编指令：

```
"".myFunction STEXT nosplit size=49 args=0x20 locals=0x0
    0x0000 00000 (main.go:3)    MOVQ    $0, "".~r2+24(SP) // 初始化第一个返回值
    0x0009 00009 (main.go:3)    MOVQ    $0, "".~r3+32(SP) // 初始化第二个返回值
    0x0012 00018 (main.go:4)    MOVQ    "".a+8(SP), AX    // AX = 66
    0x0017 00023 (main.go:4)    ADDQ    "".b+16(SP), AX   // AX = AX + 77 = 143
    0x001c 00028 (main.go:4)    MOVQ    AX, "".~r2+24(SP) // (24)SP = AX = 143
    0x0021 00033 (main.go:4)    MOVQ    "".a+8(SP), AX    // AX = 66
    0x0026 00038 (main.go:4)    SUBQ    "".b+16(SP), AX   // AX = AX - 77 = -11
    0x002b 00043 (main.go:4)    MOVQ    AX, "".~r3+32(SP) // (32)SP = AX = -11
    0x0030 00048 (main.go:4)    RET
```

从上述汇编代码中可以看出，当前函数在执行时首先会将 main 函数中预留的两个返回值地址设置成 int 类型的默认值 0，然后根据栈的相对位置获取参数、进行加减操作并将值存回栈中。在 myFunction 函数返回之前，栈中的数据如图 4-3 所示。

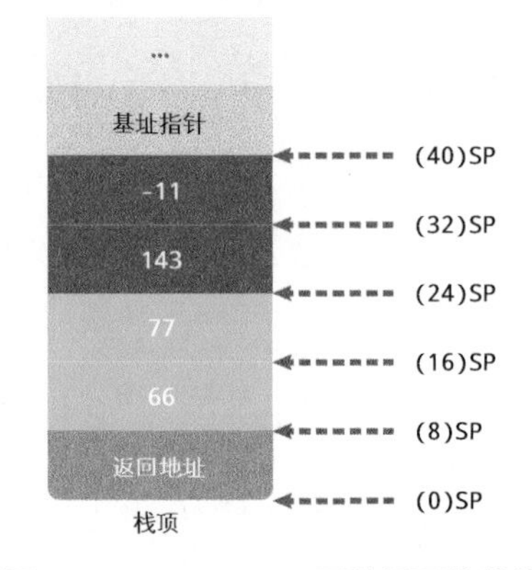

图 4-3 myFunction 函数返回前的栈

在 myFunction 返回后，main 函数会通过以下指令来恢复栈基址指针并销毁已经失去作用的 40 字节栈内存：

```
0x0033 00051 (main.go:9)    MOVQ    32(SP), BP
0x0038 00056 (main.go:9)    ADDQ    $40, SP
0x003c 00060 (main.go:9)    RET
```

通过分析 Go 语言编译后的汇编指令，我们发现 Go 语言使用栈传递参数和接收返回值，所以它只需要在栈上多分配一些内存就可以返回多个值。

3. 对比

C 语言和 Go 语言在设计函数的调用惯例时选择了不同的实现。C 语言同时使用寄存器和栈传递

参数，使用 eax 寄存器传递返回值；而 Go 语言使用栈传递参数和返回值。下面对比一下这两种设计的优缺点。

- C 语言的方式能够极大地减少函数调用的额外开销，但是也增加了实现的复杂度：
  - CPU 访问栈的开销比访问寄存器高几十倍；①
  - 需要单独处理函数参数过多的情况。
- Go 语言的方式能够降低实现的复杂度并支持多返回值，但是牺牲了函数调用的性能：
  - 不需要考虑超过寄存器数量的参数应该如何传递；
  - 不需要考虑不同架构上的寄存器差异；
  - 函数入参和出参的内存空间需要在栈上进行分配。

Go 语言使用栈传递参数和返回值是综合考虑后的设计，选择这种设计意味着编译器会更加简单、更容易维护。

4.1.2 参数传递

除函数的调用惯例外，Go 语言在传递参数时是传值还是传引用也是一个有趣的问题，不同的选择决定了我们在函数中修改入参时是否会影响调用方看到的数据。首先介绍传值和传引用的区别。

- 传值：函数调用时会复制参数，被调用方和调用方持有不相关的两份数据。
- 传引用：函数调用时会传递参数的指针，被调用方和调用方持有相同的数据，任意一方做出的修改都会影响另一方。

不同语言会选择不同的方式传递参数，Go 语言选择了传值的方式，**无论是传递基本类型、结构体还是指针，都会对传递的参数进行复制**。稍后会验证这个结论的正确性。

1. 整型和数组

我们先来分析 Go 语言是如何传递基本类型和数组的。如下所示的函数 `myFunction` 接收了两个参数，整型变量 `i` 和数组 `arr`，这个函数会将传入的两个参数的地址打印出来，最外层的主函数也会在 `myFunction` 函数调用前后分别打印两个参数的地址：

```
func myFunction(i int, arr [2]int) {
    fmt.Printf("in my_funciton - i=(%d, %p) arr=(%v, %p)\n", i, &i, arr, &arr)
}

func main() {
    i := 30
    arr := [2]int{66, 77}
    fmt.Printf("before calling - i=(%d, %p) arr=(%v, %p)\n", i, &i, arr, &arr)
    myFunction(i, arr)
    fmt.Printf("after  calling - i=(%d, %p) arr=(%v, %p)\n", i, &i, arr, &arr)
}

$ go run main.go
```

① 参见“Understanding CPU caching and performance”。

```
before calling - i=(30, 0xc00009a000) arr=([66 77], 0xc00009a010)
in my_funciton - i=(30, 0xc00009a008) arr=([66 77], 0xc00009a020)
after  calling - i=(30, 0xc00009a000) arr=([66 77], 0xc00009a010)
```

通过命令运行这段代码会发现，main 函数和被调用方 myFunction 中参数的地址完全不同。

不过从 main 函数的角度来看，在调用 myFunction 前后，整数 i 和数组 arr 两个参数的地址都没有变化。那么如果在 myFunction 函数内部修改参数，是否会影响 main 函数中的变量呢？下面更新 myFunction 函数并重新执行这段代码：

```
func myFunction(i int, arr [2]int) {
    i = 29
    arr[1] = 88
    fmt.Printf("in my_funciton - i=(%d, %p) arr=(%v, %p)\n", i, &i, arr, &arr)
}

$ go run main.go
before calling - i=(30, 0xc000072008) arr=([66 77], 0xc000072010)
in my_funciton - i=(29, 0xc000072028) arr=([66 88], 0xc000072040)
after  calling - i=(30, 0xc000072008) arr=([66 77], 0xc000072010)
```

可以看到，在 myFunction 中修改参数也仅仅影响了当前函数，并没有影响调用方 main 函数，所以能得出如下结论：**Go 语言的整型和数组类型都是值传递的**，也就是在调用函数时会复制内容。需要注意的是，如果当前数组的大小非常大，这种传值的方式会对性能造成比较大的影响。

2. 结构体和指针

接下来我们继续分析 Go 语言另外两种常见类型——结构体和指针。下面这段代码中定义了一个结构体 MyStruct 以及接收两个参数的 myFunction 方法：

```
type MyStruct struct {
    i int
}

func myFunction(a MyStruct, b *MyStruct) {
    a.i = 31
    b.i = 41
    fmt.Printf("in my_function - a=(%d, %p) b=(%v, %p)\n", a, &a, b, &b)
}

func main() {
    a := MyStruct{i: 30}
    b := &MyStruct{i: 40}
    fmt.Printf("before calling - a=(%d, %p) b=(%v, %p)\n", a, &a, b, &b)
    myFunction(a, b)
    fmt.Printf("after calling  - a=(%d, %p) b=(%v, %p)\n", a, &a, b, &b)
}

$ go run main.go
before calling - a=({30}, 0xc000018178) b=(&{40}, 0xc00000c028)
in my_function - a=({31}, 0xc000018198) b=(&{41}, 0xc00000c038)
after calling  - a=({30}, 0xc000018178) b=(&{41}, 0xc00000c028)
```

从上述运行结果可以得出如下结论。

- 传递结构体时：会复制结构体中的全部内容。
- 传递结构体指针时：会复制结构体指针。

修改结构体指针是改变了指针指向的结构体，可以把 b.i 理解成 (*b).i，也就是我们先获取指针 b 背后的结构体，再修改结构体的成员变量。我们简单修改上述代码，分析一下 Go 语言结构体在内存中的布局：

```
type MyStruct struct {
    i int
    j int
}

func myFunction(ms *MyStruct) {
    ptr := unsafe.Pointer(ms)
    for i := 0; i < 2; i++ {
        c := (*int)(unsafe.Pointer((uintptr(ptr) + uintptr(8*i))))
        *c += i + 1
        fmt.Printf("[%p] %d\n", c, *c)
    }
}

func main() {
    a := &MyStruct{i: 40, j: 50}
    myFunction(a)
    fmt.Printf("[%p] %v\n", a, a)
}

$ go run main.go
[0xc000018180] 41
[0xc000018188] 52
[0xc000018180] &{41 52}
```

在这段代码中，我们通过指针修改结构体中的成员变量，结构体在内存中是一块连续的空间，指向结构体的指针也是指向该结构体的首地址。将 MyStruct 指针修改成 int 类型的，那么访问新指针就会返回整型变量 i，将指针移动 8 字节之后就能获取下一个成员变量 j。

如果将上述代码简化成如下所示的代码片段并使用 go tool compile 进行编译，会得到如下结果：

```
type MyStruct struct {
    i int
    j int
}

func myFunction(ms *MyStruct) *MyStruct {
    return ms
}

$ go tool compile -S -N -l main.go
"".myFunction STEXT nosplit size=20 args=0x10 locals=0x0
    0x0000 00000 (main.go:8)    MOVQ    $0, "".~r1+16(SP) // 初始化返回值
```

```
0x0009 00009 (main.go:9)    MOVQ    "".ms+8(SP), AX   // 复制引用
0x000e 00014 (main.go:9)    MOVQ    AX, "".~r1+16(SP) // 返回引用
0x0013 00019 (main.go:9)    RET
```

在这段汇编语言中，我们发现当参数是指针时，也会使用 `MOVQ "".ms+8(SP), AX` 指令复制引用，然后将复制后的指针作为返回值传递回调用方，如图 4-4 所示。

所以将指针作为参数传入某个函数时，函数内部会复制指针，也就是会同时出现两个指针指向原有内存空间，因此 Go 语言中传指针也是传值。

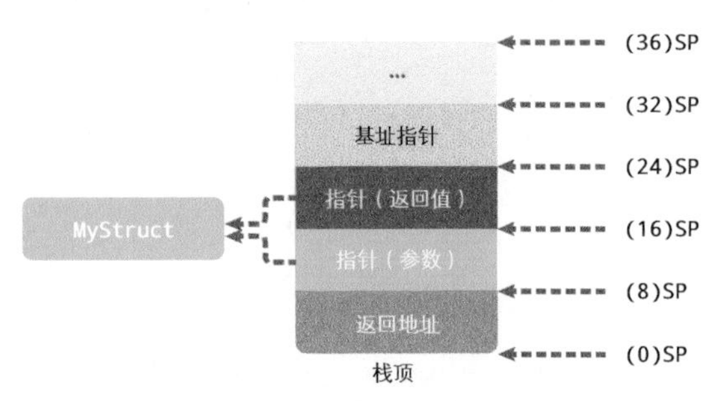

图 4-4 Go 语言指针参数

3. 传值

当我们验证了 Go 语言中大多数常见的数据结构之后，其实能够推测出 Go 语言在传递参数时使用了传值的方式，接收方收到参数时会复制它们。了解到这一点之后，在传递数组或者内存占用非常大的结构体时，应该尽量使用指针作为参数类型来避免发生数据复制进而影响性能。

4.1.3 小结

本节详细分析了 Go 语言的调用惯例，包括传递参数和返回值的过程和原理。Go 语言通过栈传递函数的参数和返回值，在调用函数之前会在栈上为返回值分配合适的内存空间，随后将入参从右到左按顺序压栈并复制参数，返回值会存储到调用方预留好的栈空间中。我们可以简单总结出以下几条规则：

- 通过栈传递参数，入栈的顺序是从右到左，而参数的计算是从左到右；
- 函数返回值通过栈传递并由调用方预先分配内存空间；
- 调用函数时都是传值，接收方会对入参进行复制再计算。

4.1.4 延伸阅读

- “The Function Stack”
- “Why do byte spills occur and what do they achieve?”
- “Friday Q&A 2011-12-16: Disassembling the Assembly, Part 1”
- x86 calling conventions（维基百科）
- call stack（维基百科）
- “Chapter I: A Primer on Go Assembly”

4.2 接口

Go 语言中的接口是一组方法的签名，它是 Go 语言的重要组成部分。使用接口能够让我们写出易于测试的代码，然而很多工程师对 Go 语言接口的了解非常有限，也不清楚其底层的实现原理，这成了开发高性能服务的阻碍。

本节会介绍使用接口时遇到的一些常见问题以及它的设计与实现，包括接口的类型转换、类型断言以及动态派发机制，帮助读者更好地理解接口类型。

4.2.1 概述

在计算机科学中，**接口**（interface）是计算机系统中多个组件共享的边界，不同组件能够在边界上交换信息，如图 4-5 所示。接口的本质是引入一个新的中间层，调用方可以通过接口与具体实现分离，解除上下游的耦合，上层的模块不再需要依赖下层的具体模块，只需要依赖一个约定好的接口。

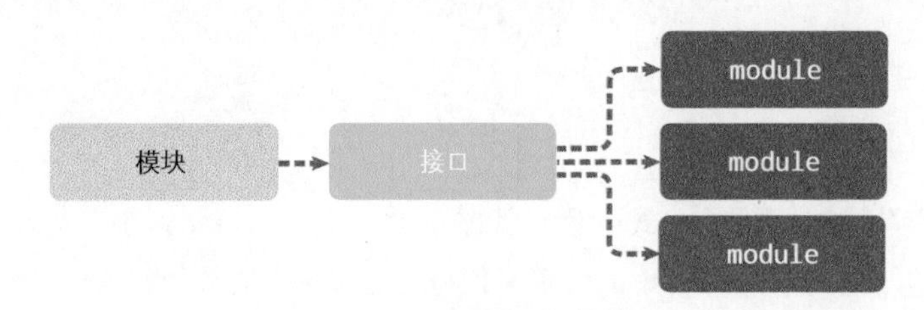

图 4-5　上下游通过接口解耦

这种面向接口的编程方式有着非常强大的生命力，无论是在框架还是操作系统中，我们都能够看到接口的身影。**可移植操作系统接口**（portable operating system interface，POSIX）就是一个典型的例子，它定义了应用程序接口和命令行等标准，为计算机软件带来了可移植性——只要操作系统实现了 POSIX，计算机软件就可以直接在不同操作系统上运行。

除了解耦有依赖关系的上下游，接口还能够帮助我们隐藏底层实现，减少关注点。《计算机程序的构造和解释》中有这么一句话：

> 代码必须能够被人阅读，只是机器恰好可以执行。

人能够同时处理的信息非常有限，定义良好的接口能够隔离底层的实现，让我们将重点放在当前代码片段中。SQL 就是接口的一个例子，当我们使用 SQL 语句查询数据时，其实不需要关心底层数据库的具体实现（如图 4-6 所示），我们只在乎 SQL 返回的结果是否符合预期。

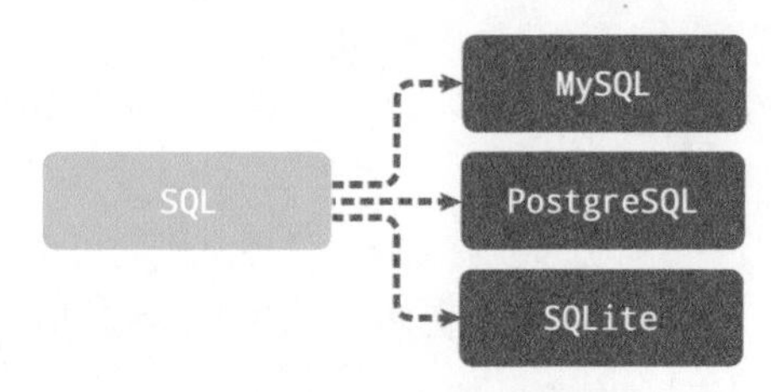

图 4-6　SQL 和不同数据库

计算机科学中的接口是比较抽象的概念，编程语言中接口的概念则更加具体。Go 语言中的接口是一种内置类型，它定义了一组方法的签名，本节会介绍 Go 语言接口的几个基本概念以及常见问题，为后面的实现原理做铺垫。

1. 隐式接口

很多面向对象语言有接口这个概念，例如 Java 和 C#。Java 的接口不仅可以定义方法签名，还可以定义变量，这些定义的变量可以直接在实现接口的类中使用。这里简单介绍 Java 中的接口：

```
public interface MyInterface {
    public String hello = "Hello";
    public void sayHello();
}
```

上述代码定义了一个必须实现的方法 `sayHello` 和一个会注入实现类中的变量 `hello`。在下面的代码中，`MyInterfaceImpl` 实现了 `MyInterface` 接口：

```
public class MyInterfaceImpl implements MyInterface {
    public void sayHello() {
        System.out.println(MyInterface.hello);
    }
}
```

Java 中的类必须通过上述方式显式声明实现的接口，但是在 Go 语言中，实现接口不需要使用类似的方式。首先简单了解在 Go 语言中如何定义接口。定义接口需要使用 `interface` 关键字，在接口中只能定义方法签名，不能包含成员变量，一个常见的 Go 语言接口如下所示：

```
type error interface {
    Error() string
}
```

如果一个类型需要实现 `error` 接口，那么它只需要实现 `Error() string` 方法，下面的 `RPCError` 结构体就是 `error` 接口的一个实现：

```
type RPCError struct {
    Code    int64
    Message string
}

func (e *RPCError) Error() string {
    return fmt.Sprintf("%s, code=%d", e.Message, e.Code)
}
```

细心的读者可能会发现上述代码根本就没有 `error` 接口的影子，这是为什么呢？Go 语言中**接口的实现都是隐式的**，我们只需要实现 `Error() string` 方法，就实现了 `error` 接口。Go 语言实现接口的方式与 Java 完全不同：

- 在 Java 中，实现接口需要显式声明接口并实现所有方法；
- 在 Go 语言中，实现接口的所有方法就隐式实现了接口。

我们使用上述 RPCError 结构体时并不关心它实现了哪些接口，Go 语言只会在传递参数、返回参数以及变量赋值时检查某个类型是否实现了接口。这里举几个例子演示发生接口类型检查的时机：

```
func main() {
    var rpcErr error = NewRPCError(400, "unknown err") // typecheck1
    err := AsErr(rpcErr) // typecheck2
    println(err)
}

func NewRPCError(code int64, msg string) error {
    return &RPCError{ // typecheck3
        Code:    code,
        Message: msg,
    }
}

func AsErr(err error) error {
    return err
}
```

Go 语言在编译期间对代码进行类型检查，上述代码总共触发了 3 次类型检查：

(1) 将 *RPCError 类型的变量赋值给 error 类型的变量 rpcErr；

(2) 将 *RPCError 类型的变量 rpcErr 传递给签名中参数类型为 error 的 AsErr 函数；

(3) 将 *RPCError 类型的变量从函数签名的返回值类型为 error 的 NewRPCError 函数中返回。

从类型检查的过程来看，编译器仅在需要时才检查类型，类型实现接口时只需要实现接口中的全部方法，不需要像 Java 等编程语言中一样显式声明。

2. 类型

接口也是 Go 语言中的一种类型，它能够出现在变量的定义、函数的入参和返回值中并对它们进行约束，不过 Go 语言中有两种略微不同的接口，一种是带有一组方法的接口，另一种是不带任何方法的 interface{}。

Go 语言使用 runtime.iface 表示第一种接口，使用 runtime.eface 表示第二种不包含任何方法的接口 interface{}，如图 4-7 所示。两种接口虽然都使用 interface 声明，但是由于后者在 Go 语言中很常见，所以在实现时使用了特殊类型。

图 4-7 Go 语言中的两种接口

需要注意的是，与 C 语言中的 void * 不同，interface{} 类型**不是任意类型**。如果我们将类型转换成了 interface{} 类型，变量在运行期间的类型也会发生变化，获取变量类型时会得到 interface{}：

```go
package main

func main() {
    type Test struct{}
    v := Test{}
    Print(v)
}

func Print(v interface{}) {
    println(v)
}
```

上述函数不接收任意类型的参数，只接收 interface{} 类型的值，在调用 Print 函数时会对参数 v 进行类型转换，将原来的 Test 类型转换成 interface{} 类型，稍后会介绍类型转换的实现原理。

3. 指针和接口

在 Go 语言中同时使用指针和接口时会发生一些让人困惑的问题，接口在定义一组方法时没有对实现的接收者做限制，所以我们会看到某个类型实现接口的两种方式，如图 4-8 所示。

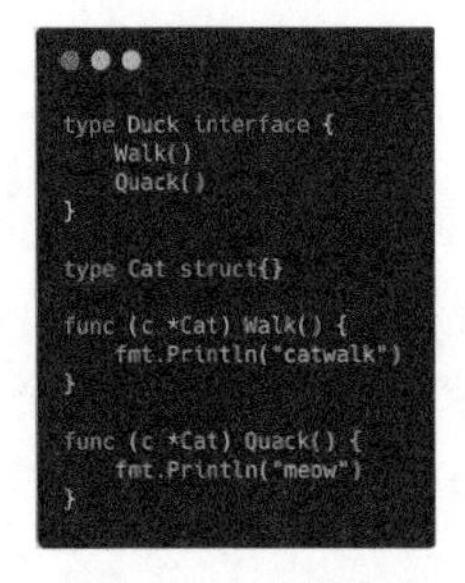

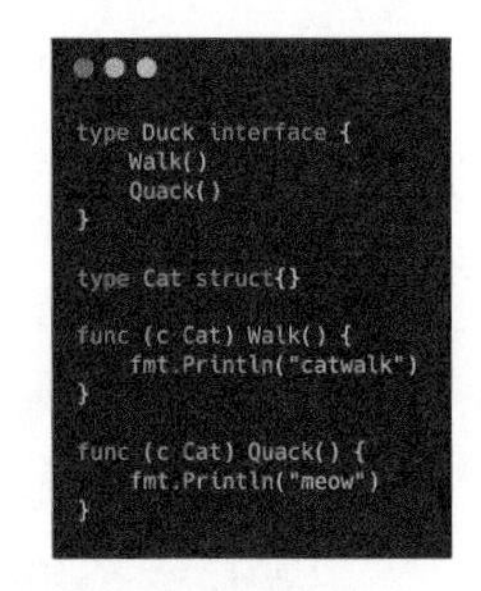

图 4-8　结构体和指针实现接口

这是因为结构体类型和指针类型是不同的，就像我们不能向接收指针的函数传递结构体一样，在实现接口时这两种类型也不能画等号。虽然两种类型不同，但是图 4-8 中的两种实现不可以同时存在，Go 语言的编译器会在结构体类型和指针类型同时实现一个方法时报错 "method redeclared"。

对 Cat 结构体来说，它在实现接口时可以选择接收者的类型，即结构体或者结构体指针，在初始化时也可以初始化成结构体或者结构体指针。下面的代码总结了如何使用结构体、结构体指针实现接口，以及如何使用结构体、结构体指针初始化变量：

```go
type Cat struct {}
type Duck interface { ... }

func (c  Cat) Quack {}  // 使用结构体实现接口
func (c *Cat) Quack {}  // 使用结构体指针实现接口

var d Duck = Cat{}      // 使用结构体初始化变量
var d Duck = &Cat{}     // 使用结构体指针初始化变量
```

实现接口的类型和初始化返回的类型两个维度共组成了 4 种情况，然而这 4 种情况不是都能通过编译器的检查，如表 4-2 所示。

表 4-2 代码能否通过编译

	结构体实现接口	结构体指针实现接口
结构体初始化变量	通过	通不过
结构体指针初始化变量	通过	通过

4 种情况中只有使用结构体指针实现接口、使用结构体初始化变量无法通过编译，其他 3 种情况都可以正常执行。当实现接口的类型和初始化变量时返回的类型相同时，代码通过编译是理所应当的：

- 方法接收者和初始化类型都是结构体；
- 方法接收者和初始化类型都是结构体指针。

而剩下的两种方式为什么一种能够通过编译，另一种无法通过编译呢？先来看一下能够通过编译的情况，即方法的接收者是结构体，而初始化的变量是结构体指针：

```
type Cat struct{}

func (c Cat) Quack() {
    fmt.Println("meow")
}

func main() {
    var c Duck = &Cat{}
    c.Quack()
}
```

作为指针的 `&Cat{}` 变量能够**隐式获取**指向的结构体，所以能在结构体上调用 `Walk` 和 `Quack` 方法。我们可以将这里的调用理解成 C 语言中的 `d->Walk()` 和 `d->Speak()`，它们都会先获取指向的结构体再执行对应的方法。

但是如果将上述代码中方法的接收者和初始化的类型进行交换，代码就无法通过编译了：

```
type Duck interface {
    Quack()
}

type Cat struct{}

func (c *Cat) Quack() {
    fmt.Println("meow")
}

func main() {
    var c Duck = Cat{}
    c.Quack()
}

$ go build interface.go
./interface.go:20:6: cannot use Cat literal (type Cat) as type Duck in assignment:
    Cat does not implement Duck (Quack method has pointer receiver)
```

编译器会提醒我们：Cat 类型没有实现 Duck 接口，Quack 方法的接收者是指针。这两个报错对于刚刚接触 Go 语言的开发者来说比较难以理解，要搞清楚这个问题，首先要知道 Go 语言在传递参数时都是传值的。

如图 4-9 所示，无论上述代码中初始化的变量 c 是 Cat{} 还是 &Cat{}，使用 c.Quack() 调用方法时都会发生值复制。

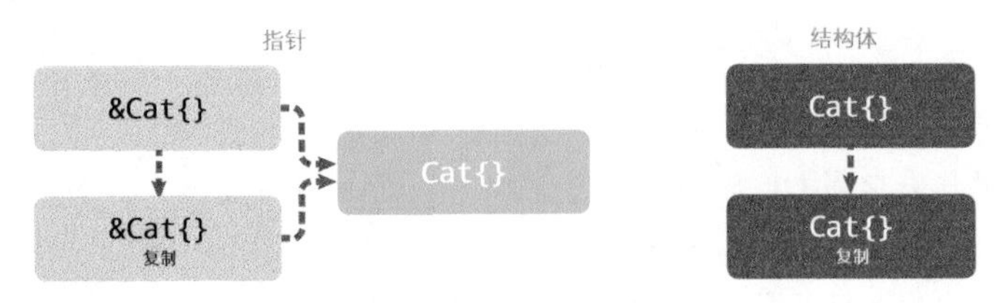

图 4-9 实现接口的接收者类型

- 如图 4-9 左侧所示，对于 &Cat{} 来说，这意味着复制一个新的 &Cat{} 指针，该指针与原来的指针指向相同且唯一的结构体，所以编译器可以隐式对变量**解引用**（dereference）获取指针指向的结构体。
- 如图 4-9 右侧所示，对于 Cat{} 来说，这意味着 Quack 方法会接收一个全新的 Cat{}。因为方法的参数是 *Cat，所以编译器不会无中生有创建一个新指针；即使编译器可以创建新指针，这个指针指向的也不是最初调用该方法的结构体。

上述分析解释了指针类型的现象，当我们使用指针实现接口时，只有指针类型的变量才会实现该接口；当我们使用结构体实现接口时，指针类型和结构体类型都会实现该接口。当然，这并不意味着我们应该一律使用结构体实现接口，这个问题在实际工程中也没那么重要，这里只想解释现象背后的原因。

4. nil 和 non-nil

我们可以通过一个例子理解 Go 语言的**接口类型不是任意类型**这句话。下面的代码在 main 函数中初始化了一个 *TestStruct 类型的变量，由于指针的零值是 nil，所以变量 s 在初始化之后也是 nil：

```
package main

type TestStruct struct{}

func NilOrNot(v interface{}) bool {
    return v == nil
}

func main() {
    var s *TestStruct
    fmt.Println(s == nil)      // #=> true
    fmt.Println(NilOrNot(s))   // #=> false
}
```

```
$ go run main.go
true
false
```

简单总结一下上述代码的执行结果：

- 将上述变量与 nil 比较会返回 true；
- 将上述变量传入 NilOrNot 方法并与 nil 比较会返回 false。

出现上述现象的原因是，调用 NilOrNot 函数时发生了**隐式类型转换**，除向方法传入参数外，变量的赋值也会触发隐式类型转换。在进行类型转换时，*TestStruct 类型会转换成 interface{} 类型。转换后的变量不仅包含转换前的变量，还包含变量的类型信息 TestStruct，所以转换后的变量与 nil 不相等。

4.2.2 数据结构

相信读者已经对 Go 语言的接口有了一些了解，接下来我们从源代码和汇编指令层面介绍接口的底层数据结构。

Go 语言根据接口是否包含一组方法将接口分成了两类：

- 使用 runtime.iface 结构体表示包含方法的接口；
- 使用 runtime.eface 结构体表示不包含任何方法的 interface{} 类型。

runtime.eface 结构体在 Go 语言中的定义如下所示：

```
type eface struct { // 16 字节
    _type *_type
    data  unsafe.Pointer
}
```

由于 interface{} 类型不包含任何方法，所以它的结构比较简单，只包含指向底层数据和类型的两个指针。从上述结构我们也能推断出，Go 语言的任意类型都可以转换成 interface{}。

另一个用于表示接口的结构体是 runtime.iface，该结构体中有指向原始数据的指针 data，不过更重要的是 runtime.itab 类型的 tab 字段。

```
type iface struct { // 16 字节
    tab  *itab
    data unsafe.Pointer
}
```

接下来详细分析 Go 语言接口中的这两个类型，即 runtime._type 和 runtime.itab。

1. 类型结构体

runtime._type 是 Go 语言类型的运行时表示。下面是运行时包中的结构体，其中包含了很多类型的元信息，例如类型的大小、哈希、对齐以及种类等。

```
type _type struct {
    size       uintptr
    ptrdata    uintptr
    hash       uint32
    tflag      tflag
    align      uint8
    fieldAlign uint8
    kind       uint8
    equal      func(unsafe.Pointer, unsafe.Pointer) bool
    gcdata     *byte
    str        nameOff
    ptrToThis  typeOff
}
```

- size 字段存储了类型占用的内存空间，为内存空间的分配提供信息。
- hash 字段能够帮助我们快速确定类型是否相等。
- equal 字段用于判断当前类型的多个对象是否相等，该字段是为了减小 Go 语言二进制包大小而从 typeAlg 结构体中迁移过来的[①]。

我们只需要对 runtime._type 结构体中的字段有一个大体的认识，不需要详细理解所有字段的作用和意义。

2. itab 结构体

runtime.itab 结构体是接口类型的核心组成部分，每一个 runtime.itab 都占 32 字节。我们可以将其看成接口类型和具体类型的组合，它们分别用 inter 和 _type 两个字段表示：

```
type itab struct { // 32 字节
    inter *interfacetype
    _type *_type
    hash  uint32
    _     [4]byte
    fun   [1]uintptr
}
```

除 inter 和 _type 这两个用于表示类型的字段外，上述结构体中的另外两个字段也有自己的作用。

- hash 是对 _type.hash 的复制，当我们想将 interface 类型转换成具体类型时，可以使用该字段快速判断目标类型和具体类型 runtime._type 是否一致。
- fun 是一个动态大小的数组，它是一个用于动态派发的虚函数表，存储了一组函数指针。虽然该变量被声明成大小固定的数组，但在使用时会通过原始指针获取其中的数据，所以 fun 数组中保存的元素数量是不确定的。

4.2.4 节会介绍 hash 字段的使用，4.2.5 节会介绍 fun 数组中存储的函数指针是如何被使用的。

---

① 参见 cmd/compile, runtime: generate hash functions only for types which are map keys（GitHub）。

4.2.3 类型转换

既然我们已经了解了接口在运行时的数据结构，接下来通过几个例子来深入理解接口类型是如何初始化和传递的。本节会介绍在实现接口时使用指针类型和结构体类型的区别，这两种接口实现方式会导致 Go 语言编译器生成不同的汇编代码，进而影响最终的处理过程。

1. 指针类型

首先回到 4.2.1 节提到的 Duck 接口的例子，我们使用 //go:noinline 指令[①]禁止 Quack 方法的内联编译：

```
package main

type Duck interface {
    Quack()
}

type Cat struct {
    Name string
}

//go:noinline
func (c *Cat) Quack() {
    println(c.Name + " meow")
}

func main() {
    var c Duck = &Cat{Name: "draven"}
    c.Quack()
}
```

我们使用编译器将上述代码编译成汇编语言、删掉一些对理解接口原理无用的指令并保留与赋值语句 var c Duck = &Cat{Name: "draven"} 相关的代码，这里将生成的汇编指令拆分成 3 部分进行分析：

(1) 结构体 Cat 的初始化；

(2) 赋值触发的类型转换过程；

(3) 调用接口的方法 Quack()。

先来分析结构体 Cat 的初始化过程：

```
LEAQ    type."".Cat(SB), AX                ;; AX = &type."".Cat
MOVQ    AX, (SP)                           ;; SP = &type."".Cat
CALL    runtime.newobject(SB)              ;; SP + 8 = &Cat{}
MOVQ    8(SP), DI                          ;; DI = &Cat{}
MOVQ    $6, 8(DI)                          ;; StringHeader(DI.Name).Len = 6
LEAQ    go.string."draven"(SB), AX         ;; AX = &"draven"
MOVQ    AX, (DI)                           ;; StringHeader(DI.Name).Data = &"draven"
```

① 参见“Go’s hidden #pragmas”。

代码的核心逻辑如下：

(1) 获取 Cat 结构体类型指针并将其作为参数放到栈上；

(2) 通过 CALL 指定调用 runtime.newobject 函数，该函数会以 Cat 结构体类型指针作为入参，分配一块新的内存空间并将指向这块内存空间的指针返回到 SP+8 上；

(3) SP+8 现在存储了一个指向 Cat 结构体的指针，我们将栈上的指针复制到寄存器 DI 上方便操作；

(4) 由于 Cat 中只包含一个字符串类型的 Name 变量，所以这里会分别将字符串地址 &"draven" 和字符串长度 6 设置到结构体上，最后 3 行汇编指令等价于 cat.Name = "draven"。

字符串在运行时的表示是指针加上字符串长度，3.4 节介绍过它的底层表示和实现原理，这里要看一下初始化之后的 Cat 结构体在内存中的表示是什么样的，如图 4-10 所示。

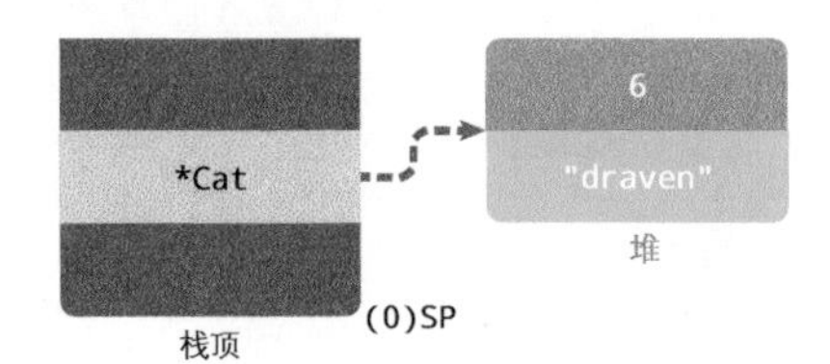

图 4-10 Cat 结构体指针

因为 Cat 结构体的定义中只包含一个字符串，而字符串在 Go 语言中总共占 16 字节，所以每一个 Cat 结构体的大小都是 16 字节。初始化 Cat 结构体之后就进入了将 *Cat 转换成 Duck 类型的过程：

```
LEAQ    go.itab.*"".Cat,"".Duck(SB), AX     ;; AX = *itab(go.itab.*"".Cat,"".Duck)
MOVQ    DI, (SP)                            ;; SP = AX
```

类型转换的过程比较简单（如图 4-11 所示），Duck 作为一个包含方法的接口，在底层使用 runtime.iface 结构体表示。runtime.iface 结构体包含两个字段，其中一个是指向数据的指针，另一个是表示接口和结构体关系的 tab 字段。我们已经通过上一段代码 SP+8 初始化了 Cat 结构体指针，这段代码只是将编译期间生成的 runtime.itab 结构体指针复制到 SP 上。

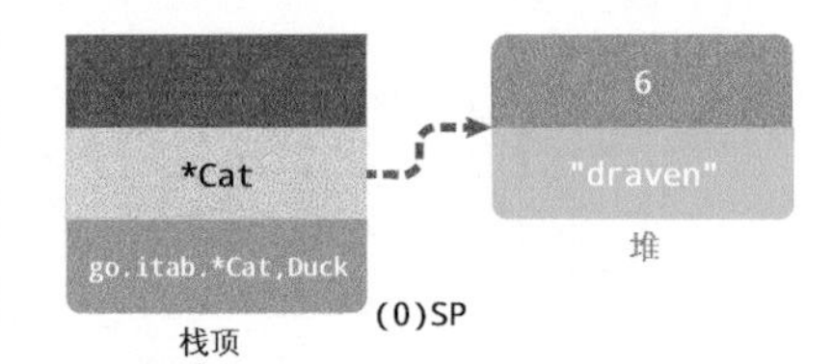

图 4-11 Cat 类型转换

至此，我们发现 SP～SP+16 共同组成了 runtime.iface 结构体，而栈上的这个 runtime.iface 也是 Quack 方法的第一个入参。

```
CALL    "".(*Cat).Quack(SB)                 ;; SP.Quack()
```

上述代码会直接通过 CALL 指令完成方法的调用，细心的读者可能会发现一个问题——为什么在代码中我们调用的是 Duck.Quack，但生成的汇编代码是 *Cat.Quack 呢？ Go 语言的编译器会在编译期间将一些需要动态派发的方法调用改写成对目标方法的直接调用，以减少额外的性能开销。如果这里禁用编译器优化，就会看到动态派发过程，后面会分析接口的动态派发以及性能上的额外开销。

2. 结构体类型

我们继续修改前面的代码，使用结构体类型实现 Duck 接口并初始化结构体类型的变量：

```
package main

type Duck interface {
    Quack()
}

type Cat struct {
    Name string
}

// go:noinline
func (c Cat) Quack() {
    println(c.Name + " meow")
}

func main() {
    var c Duck = Cat{Name: "draven"}
    c.Quack()
}
```

如果我们在初始化变量时使用指针类型 &Cat{Name: "draven"}，也能够通过编译，不过生成的汇编代码和前面的几乎完全相同，所以这里就不分析这种情况了。

编译上述代码会得到如下所示的汇编指令。需要注意的是，为了使代码更容易理解和分析，这里的汇编指令依然经过了删减，不过不影响具体的执行过程。和之前一样，我们将汇编代码的执行过程分成 3 部分：

(1) 初始化 Cat 结构体；

(2) 完成从 Cat 到 Duck 接口的类型转换；

(3) 调用接口的 Quack 方法。

先来看一下上述汇编代码中用于初始化 Cat 结构体的部分：

```
XORPS   X0, X0                          ;; X0 = 0
MOVUPS  X0, ""..autotmp_1+32(SP)        ;; StringHeader(SP+32).Data = 0
LEAQ    go.string."draven"(SB), AX      ;; AX = &"draven"
MOVQ    AX, ""..autotmp_1+32(SP)        ;; StringHeader(SP+32).Data = AX
MOVQ    $6, ""..autotmp_1+40(SP)        ;; StringHeader(SP+32).Len = 6
```

这段汇编指令会在栈上初始化 Cat 结构体，而前面的代码在堆中申请了 16 字节的内存空间，栈上只有一个指向 Cat 的指针。

初始化结构体后会进入类型转换阶段，编译器会将 go.itab."".Cat,"".Duck 的地址和指向 Cat 结构体的指针作为参数一并传入 runtime.convT2I 函数：

```
LEAQ    go.itab."".Cat,"".Duck(SB), AX      ;; AX = &(go.itab."".Cat,"".Duck)
MOVQ    AX, (SP)                            ;; SP = AX
LEAQ    ""..autotmp_1+32(SP), AX            ;; AX = &(SP+32) = &Cat{Name: "draven"}
MOVQ    AX, 8(SP)                           ;; SP + 8 = AX
CALL    runtime.convT2I(SB)                 ;; runtime.convT2I(SP, SP+8)
```

该函数会获取 runtime.itab 中存储的类型，根据类型的大小申请一块内存空间并将 elem 指针中的内容复制到目标内存中：

```
func convT2I(tab *itab, elem unsafe.Pointer) (i iface) {
    t := tab._type
    x := mallocgc(t.size, t, true)
    typedmemmove(t, x, elem)
    i.tab = tab
    i.data = x
    return
}
```

runtime.convT2I 会返回一个 runtime.iface，其中包含 runtime.itab 指针和 Cat 变量。当前函数返回之后，main 函数的栈上会包含如图 4-12 所示的数据。

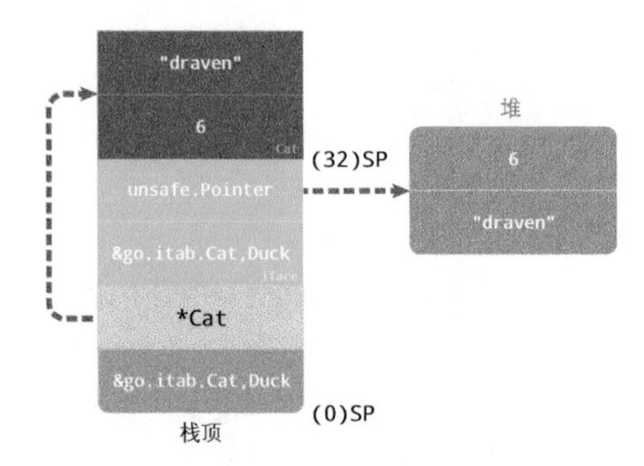

图 4-12 结构体到指针

SP 和 SP+8 中存储的 runtime.itab 和 Cat 指针是 runtime.convT2I 函数的入参，该函数的返回值位于 SP+16，是一个占 16 字节内存空间的 runtime.iface 结构体，SP+32 存储的是在栈上的 Cat 结构体，它会在 runtime.convT2I 执行过程中复制到堆中。

最后，我们通过以下指令调用 Cat 实现的接口方法 Quack()：

```
MOVQ    16(SP), AX ;; AX = &(go.itab."".Cat,"".Duck)
MOVQ    24(SP), CX ;; CX = &Cat{Name: "draven"}
MOVQ    24(AX), AX ;; AX = AX.fun[0] = Cat.Quack
MOVQ    CX, (SP)   ;; SP = CX
CALL    AX         ;; CX.Quack()
```

这几个汇编指令非常好理解，MOVQ 24(AX), AX 是最关键的指令，它从 runtime.itab 结构体中取出 Cat.Quack 方法指针作为 CALL 指令调用时的参数。接口变量的第 24 字节是 itab.fun 数组开始的位置。由于 Duck 接口只包含一个方法，所以 itab.fun[0] 中存储的就是指向 Quack 方法的指针。

4.2.4 类型断言

4.2.3 节介绍了如何把具体类型转换成接口类型，本节介绍如何将一个接口类型转换成具体类型，我们会根据接口中是否存在方法分两种情况介绍类型断言的执行过程。

1. 非空接口

首先分析接口中包含方法的情况，Duck 接口是一个非空接口，下面分析从 Duck 转换回 Cat 结构体的过程：

```go
func main() {
    var c Duck = &Cat{Name: "draven"}
    switch c.(type) {
    case *Cat:
        cat := c.(*Cat)
        cat.Quack()
    }
}
```

我们将编译得到的汇编指令分成两部分分析，第一部分是变量的初始化，第二部分是类型断言，第一部分的代码如下：

```
00000 TEXT    "".main(SB), ABIInternal, $32-0
...
00029 XORPS    X0, X0
00032 MOVUPS    X0, ""..autotmp_4+8(SP)
00037 LEAQ    go.string."draven"(SB), AX
00044 MOVQ    AX, ""..autotmp_4+8(SP)
00049 MOVQ    $6, ""..autotmp_4+16(SP)
```

00037～00049 这 3 个指令初始化了 Duck 变量，Cat 结构体初始化在 SP+8～SP+24 上。因为 Go 语言的编译器做了一些优化，所以代码中没有 runtime.iface 的构建过程，不过这对于本节要介绍的类型断言和转换没有太多影响。下面进入类型转换部分：

```
00058 CMPL  go.itab.*"".Cat,"".Duck+16(SB), $593696792
                                        ;; if (c.tab.hash != 593696792) {
00068 JEQ   80                          ;;
00070 MOVQ  24(SP), BP                  ;;      BP = SP+24
00075 ADDQ  $32, SP                     ;;      SP += 32
00079 RET                               ;;      return
                                        ;; } else {
00080 LEAQ  ""..autotmp_4+8(SP), AX     ;;      AX = &Cat{Name: "draven"}
00085 MOVQ  AX, (SP)                    ;;      SP = AX
00089 CALL  "".(*Cat).Quack(SB)         ;;      SP.Quack()
00094 JMP   70                          ;;      ...
                                        ;;      BP = SP+24
                                        ;;      SP += 32
                                        ;;      return
                                        ;; }
```

switch 语句生成的汇编指令会将目标类型的 hash 与接口变量中的 itab.hash 进行比较。

- 如果两者相等，意味着变量的具体类型是 Cat，我们会跳转到 00080 所在的分支完成类型转换：
  1) 获取 SP+8 存储的 Cat 结构体指针；
  2) 将结构体指针复制到栈顶；
  3) 调用 Quack 方法；
  4) 恢复函数的栈并返回。
- 如果接口中存在的具体类型不是 Cat，就会直接恢复栈指针并返回到调用方。

图 4-13 展示了调用 Quack 方法时的堆栈情况，其中 Cat 结构体存储在 SP+8～SP+24 上，Cat 指针存储在栈顶并指向上述结构体。

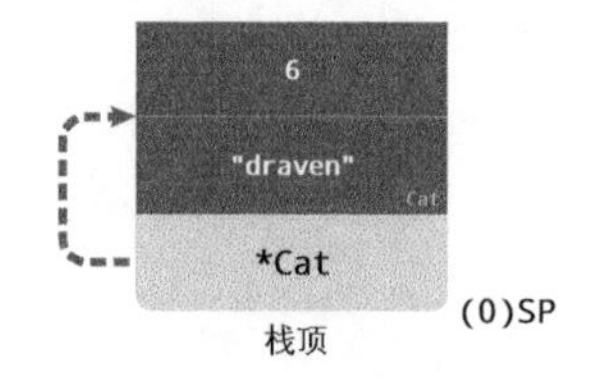

图 4-13 接口转换成结构体

2. 空接口

当我们使用空接口类型 interface{} 进行类型断言时，如果不关闭 Go 语言编译器的优化选项，生成的汇编指令是差不多的。编译器会省略将 Cat 结构体转换成 runtime.eface 的过程：

```
func main() {
    var c interface{} = &Cat{Name: "draven"}
    switch c.(type) {
    case *Cat:
        cat := c.(*Cat)
        cat.Quack()
    }
}
```

如果禁用编译器优化，上述代码在类型断言时就不是直接获取变量中具体类型的 runtime._type，而是从 eface._type 中获取，汇编指令仍然会使用目标类型的 hash 与变量的类型比较。

4.2.5 动态派发

动态派发（dynamic dispatch）是在运行期间选择具体多态操作（方法或者函数）执行的过程，它是面向对象语言中的常见特性。Go 语言虽然不是严格意义上的面向对象语言，但是接口的引入为它带来了动态派发特性。调用接口类型的方法时，如果编译期间不能确认接口类型，Go 语言会在运行期间决定具体调用该方法的哪个实现。

在如下所示的代码中，main 函数调用了两次 Quack 方法：

- 第一次以 Duck 接口类型的身份调用，调用时需要经过运行时的动态派发；
- 第二次以 *Cat 具体类型的身份调用，编译期就会确定调用的函数。

```
func main() {
    var c Duck = &Cat{Name: "draven"}
    c.Quack()
    c.(*Cat).Quack()
}
```

因为编译器优化影响了我们对原始汇编指令的理解，所以需要使用编译参数 -N 关闭编译器优化。如果不指定这个参数，编译器会重写代码，与最初生成的执行过程有一些偏差，例如：

- 因为接口类型中的 tab 参数并没有被使用，所以优化从 Cat 转换到 Duck 的过程；
- 因为变量的具体类型是确定的，所以删除从 Duck 接口类型转换到 *Cat 具体类型时，可能会发生崩溃的分支；
- ……

在具体分析调用Quack方法的两种方式之前，要先了解Cat结构体究竟是如何初始化的，以及初始化后的栈上有哪些数据：

```
LEAQ    type."".Cat(SB), AX
MOVQ    AX, (SP)
CALL    runtime.newobject(SB)              ;; SP + 8 = new(Cat)
MOVQ    8(SP), DI                          ;; DI = SP + 8
MOVQ    DI, ""..autotmp_2+32(SP)           ;; SP + 32 = DI
MOVQ    $6, 8(DI)                          ;; StringHeader(cat).Len = 6
LEAQ    go.string."draven"(SB), AX         ;; AX = &"draven"
MOVQ    AX, (DI)                           ;; StringHeader(cat).Data = AX
MOVQ    ""..autotmp_2+32(SP), AX           ;; AX = &Cat{...}
MOVQ    AX, ""..autotmp_1+40(SP)           ;; SP + 40 = &Cat{...}
LEAQ    go.itab.*"".Cat,"".Duck(SB), CX    ;; CX = &go.itab.*"".Cat,"".Duck
MOVQ    CX, "".c+48(SP)                    ;; iface(c).tab = SP + 48 = CX
MOVQ    AX, "".c+56(SP)                    ;; iface(c).data = SP + 56 = AX
```

这段代码的初始化过程其实和前述过程没有太多差别，它先初始化了Cat结构体指针，再将Cat和tab打包成了一个runtime.iface类型的结构体。我们直接来看初始化结束后栈的情况，如图4-14所示。

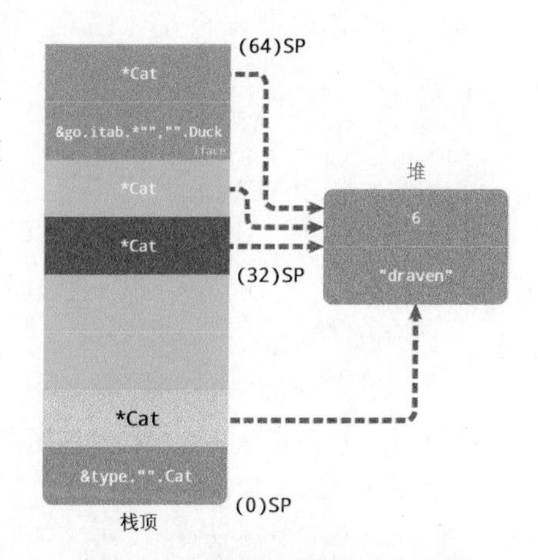

图4-14 接口类型初始化后的栈

- SP是Cat类型，它也是运行时runtime.newobject方法的参数。
- SP+8是runtime.newobject方法的返回值，即指向堆中的Cat结构体的指针。
- SP+32、SP+40是对SP+8的复制，这两个指针都会指向堆中的Cat结构体。
- SP+48～SP+64是接口变量runtime.iface结构体，其中包含了tab结构体指针和*Cat指针。

初始化过程结束后，就进入了动态派发过程，c.Quack()语句展开的汇编指令会在运行时确定函数指针。

```
MOVQ    "".c+48(SP), AX                    ;; AX = iface(c).tab
MOVQ    24(AX), AX                         ;; AX = iface(c).tab.fun[0] = Cat.Quack
MOVQ    "".c+56(SP), CX                    ;; CX = iface(c).data
MOVQ    CX, (SP)                           ;; SP = CX = &Cat{...}
CALL    AX                                 ;; SP.Quack()
```

这段代码的执行过程可以分成以下3个步骤：

(1) 从接口变量中获取保存Cat.Quack方法指针的tab.func[0]；

(2) 接口变量在runtime.iface中的数据会被复制到栈顶；

(3) 方法指针会被复制到寄存器中并通过汇编指令CALL触发。

另一个调用 Quack 方法的语句 c.(*Cat).Quack() 生成的汇编指令看起来会有一些复杂，但代码前半部分都是在做类型转换，将接口类型转换成 *Cat 类型，只有最后两行代码才是函数调用相关指令：

```
MOVQ    "".c+56(SP), AX                  ;; AX = iface(c).data = &Cat{...}
MOVQ    "".c+48(SP), CX                  ;; CX = iface(c).tab
LEAQ    go.itab.*"".Cat,"".Duck(SB), DX  ;; DX = &&go.itab.*"".Cat,"".Duck
CMPQ    CX, DX                           ;; CMP(CX, DX)
JEQ    163
JMP    201
MOVQ    AX, ""..autotmp_3+24(SP)         ;; SP+24 = &Cat{...}
MOVQ    AX, (SP)                         ;; SP = &Cat{...}
CALL    "".(*Cat).Quack(SB)              ;; SP.Quack()
```

下面几行代码只是将 Cat 指针复制到了栈顶并调用 Quack 方法。这一次调用的函数指针在编译期就已经确定了，所以运行时不需要动态查找方法的实现：

```
MOVQ    "".c+48(SP), AX                  ;; AX = iface(c).tab
MOVQ    24(AX), AX                       ;; AX = iface(c).tab.fun[0] = Cat.Quack
MOVQ    "".c+56(SP), CX                  ;; CX = iface(c).data
```

两次方法调用对应的汇编指令差异就是动态派发带来的额外开销，这些额外开销在有低延时、高吞吐量需求的服务中不容忽视。我们下面来详细分析一下产生的额外汇编指令对性能的影响。

基准测试

下面代码中的两个方法 BenchmarkDirectCall 和 BenchmarkDynamicDispatch 分别会调用结构体方法和接口方法，在接口上调用方法时会使用动态派发机制，我们以直接调用作为基准分析动态派发带来了多少额外开销：

```
func BenchmarkDirectCall(b *testing.B) {
    c := &Cat{Name: "draven"}
    for n := 0; n < b.N; n++ {
        // MOVQ    AX, "".c+24(SP)
        // MOVQ    AX, (SP)
        // CALL    "".(*Cat).Quack(SB)
        c.Quack()
    }
}

func BenchmarkDynamicDispatch(b *testing.B) {
    c := Duck(&Cat{Name: "draven"})
    for n := 0; n < b.N; n++ {
        // MOVQ    "".d+56(SP), AX
        // MOVQ    24(AX), AX
        // MOVQ    "".d+64(SP), CX
        // MOVQ    CX, (SP)
        // CALL    AX
        c.Quack()
    }
}
```

我们直接运行下面的命令，使用 1 个 CPU 运行上述代码，每一个基准测试都会执行 3 次：

```
$ go test -gcflags=-N -benchmem -test.count=3 -test.cpu=1 -test.benchtime=1s -bench=.
goos: darwin
goarch: amd64
pkg: github.com/golang/playground
BenchmarkDirectCall         500000000          3.11 ns/op          0 B/op          0 allocs/op
BenchmarkDirectCall         500000000          2.94 ns/op          0 B/op          0 allocs/op
BenchmarkDirectCall         500000000          3.04 ns/op          0 B/op          0 allocs/op
BenchmarkDynamicDispatch    500000000          3.40 ns/op          0 B/op          0 allocs/op
BenchmarkDynamicDispatch    500000000          3.79 ns/op          0 B/op          0 allocs/op
BenchmarkDynamicDispatch    500000000          3.55 ns/op          0 B/op          0 allocs/op
```

- 调用结构体方法时，每一次调用需要约 3.03ns；
- 使用动态派发时，每一次调用需要约 3.58ns。

在关闭编译器优化的情况下，从上面的数据来看，动态派发生成的指令会带来 18% 左右的额外性能开销。

在一个复杂的系统中，这些性能开销不会造成太大影响。一个项目不可能只使用动态派发，而且开启编译器优化，动态派发产生的额外开销会降至约 5%，这对应用性能的整体影响就更小了。所以与使用接口带来的好处相比，动态派发的额外开销往往可以忽略。

上面的性能测试建立在实现和调用方法的都是结构体指针的基础上，当我们将结构体指针换成结构体又会有比较大的差异：

```
func BenchmarkDirectCall(b *testing.B) {
    c := Cat{Name: "draven"}
    for n := 0; n < b.N; n++ {
        // MOVQ    AX, (SP)
        // MOVQ    $6, 8(SP)
        // CALL    "".Cat.Quack(SB)
        c.Quack()
    }
}

func BenchmarkDynamicDispatch(b *testing.B) {
    c := Duck(Cat{Name: "draven"})
    for n := 0; n < b.N; n++ {
        // MOVQ    16(SP), AX
        // MOVQ    24(SP), CX
        // MOVQ    AX, "".d+32(SP)
        // MOVQ    CX, "".d+40(SP)
        // MOVQ    "".d+32(SP), AX
        // MOVQ    24(AX), AX
        // MOVQ    "".d+40(SP), CX
        // MOVQ    CX, (SP)
        // CALL    AX
        c.Quack()
    }
}
```

重新执行相同的基准测试会得到如下所示的结果：

```
$ go test -gcflags=-N -benchmem -test.count=3 -test.cpu=1 -test.benchtime=1s .
goos: darwin
goarch: amd64
pkg: github.com/golang/playground
BenchmarkDirectCall          500000000        3.15 ns/op        0 B/op        0 allocs/op
BenchmarkDirectCall          500000000        3.02 ns/op        0 B/op        0 allocs/op
BenchmarkDirectCall          500000000        3.09 ns/op        0 B/op        0 allocs/op
BenchmarkDynamicDispatch     200000000        6.92 ns/op        0 B/op        0 allocs/op
BenchmarkDynamicDispatch     200000000        6.91 ns/op        0 B/op        0 allocs/op
BenchmarkDynamicDispatch     200000000        7.10 ns/op        0 B/op        0 allocs/op
```

直接调用方法需要消耗时间的平均值和使用指针实现接口时差不多，约为 3.09ns；而使用动态派发调用方法需要约 6.98ns（见表 4-3），相比直接调用额外消耗了约 125% 的时间，从生成的汇编指令也能看出后者的额外开销会高很多。

表 4-3 直接调用和动态派发的性能对比

	直接调用	动态派发
指针	~3.03ns	~3.58ns
结构体	~3.09ns	~6.98ns

从表 4-3 可以看到，使用结构体实现接口带来的开销会大于使用指针实现，而动态派发在结构体上的表现非常差，这也提醒我们应当尽量避免使用结构体类型实现接口。

使用结构体导致的巨大性能差异不只是接口带来的问题，性能问题主要因为 Go 语言在函数调用时是传值的，动态派发过程只是放大了参数复制造成的影响。

4.2.6 小结

回顾一下本节内容。本节开头简单介绍了使用 Go 语言接口的常见问题，例如使用不同类型实现接口带来的差异、函数调用时发生的隐式类型转换；然后分析了接口的类型转换、类型断言以及动态派发机制，相信本节内容能够帮助读者深入理解 Go 语言的接口。

4.2.7 延伸阅读

- “How Interfaces Work in Go”
- “Interfaces and other types”（Effective Go）
- “How to use interfaces in Go”
- “Go Data Structures: Interfaces”
- duck typing（维基百科）
- “What is POSIX?”
- “Chapter II: Interfaces”

4.3 反射

虽然在大多数应用和服务中并不常见，但是很多框架依赖 Go 语言的反射机制简化代码。因为 Go 语言的语法元素很少、设计简单，所以它的表达能力不是特别强，但是 Go 语言的 reflect 包能够弥补它在语法上的一些劣势。

reflect 实现了运行时的反射能力，能够让程序操作不同类型的对象[①]。反射包中有两对非常重要的函数和类型，两个函数分别是：

- reflect.TypeOf——能获取类型信息；
- reflect.ValueOf——能获取数据的运行时表示。

两个类型是 reflect.Type 和 reflect.Value，它们与函数是一一对应的关系，如图 4-15 所示。

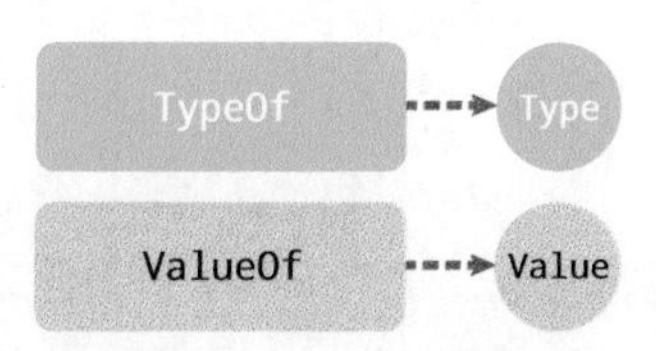

图 4-15 反射函数和类型

类型 reflect.Type 是反射包定义的一个接口，我们可以使用 reflect.TypeOf 函数获取任意变量的类型。reflect.Type 接口中定义了一些有趣的方法，MethodByName 可以获取当前类型对应方法的引用，Implements 可以判断当前类型是否实现了某个接口：

```
type Type interface {
        Align() int
        FieldAlign() int
        Method(int) Method
        MethodByName(string) (Method, bool)
        NumMethod() int
        ...
        Implements(u Type) bool
        ...
}
```

反射包中 reflect.Value 的类型与 reflect.Type 不同，它被声明成了结构体。这个结构体没有对外暴露的字段，但是提供了获取或者写入数据的方法：

```
type Value struct {
        // 包含过滤的或者未导出的字段
}

func (v Value) Addr() Value
func (v Value) Bool() bool
func (v Value) Bytes() []byte
...
```

反射包中的所有方法基本都是围绕 reflect.Type 和 reflect.Value 两个类型设计的。我们通过 reflect.TypeOf、reflect.ValueOf 可以将普通变量转换成反射包中提供的 reflect.Type 和

① 参见 Go 语言 Package reflect。

reflect.Value，随后就可以使用反射包中的方法对它们进行复杂的操作。

4.3.1 三大法则

运行时反射是程序在运行期间检查其自身结构的一种方式。反射带来的灵活性是一把双刃剑，反射作为一种元编程方式，可以减少重复代码①，但是过度使用反射会使程序逻辑变得难以理解并且运行缓慢。接下来我们会介绍 Go 语言反射的三大法则②，其中包括：

(1) interface{} 变量可以转换成反射对象；

(2) 从反射对象可以获取 interface{} 变量；

(3) 要修改反射对象，其值必须可设置。

1. 第一法则

反射的第一法则是，我们能将 Go 语言的 interface{} 变量转换成反射对象。很多读者可能会对这条法则产生困惑——为什么是从 interface{} 变量到反射对象？当我们执行 reflect.ValueOf(1) 时，虽然看起来是获取了基本类型 int 对应的反射类型，但是由于 reflect.TypeOf、reflect.ValueOf 两个方法的入参都是 interface{} 类型，所以在方法执行过程中发生了类型转换。

因为 Go 语言的函数调用都是值传递的，所以变量会在函数调用时进行类型转换。基本类型 int 会转换成 interface{} 类型，这也就是为什么第一条法则是从接口到反射对象。

上面提到的 reflect.TypeOf 和 reflect.ValueOf 函数就能完成这里的转换（如图 4-16 所示），如果我们认为 Go 语言的类型和反射类型处于两个不同的世界，那么这两个函数就是连接这两个世界的桥梁。

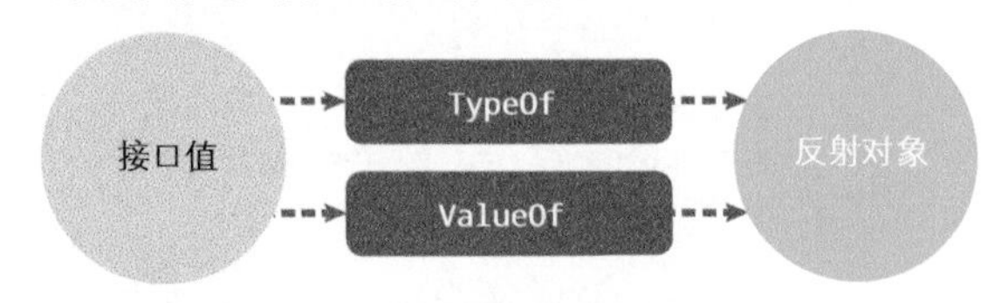

图 4-16 接口到反射对象

我们可以通过以下例子简单介绍它们的作用，reflect.TypeOf 获取了变量 author 的类型，reflect.ValueOf 获取了变量的值 draven。如果我们知道了一个变量的类型和值，就意味着知道了该变量的全部信息：

```go
package main

import (
    "fmt"
    "reflect"
)

func main() {
    author := "draven"
    fmt.Println("TypeOf author:", reflect.TypeOf(author))
    fmt.Println("ValueOf author:", reflect.ValueOf(author))
```

① 见本人博客（draveness）文章《谈元编程与表达能力》。

② 参见 Go 语言博客文章“The Laws of Reflection”。

```
}

$ go run main.go
TypeOf author: string
ValueOf author: draven
```

有了变量的类型之后，我们可以通过 Method 方法获得类型实现的方法，通过 Field 获取类型包含的全部字段。对于不同类型，我们可以调用不同的方法获取相关信息。

- 结构体：获取字段数量并通过下标和字段名获取字段 StructField。
- 哈希表：获取哈希表的 Key 类型。
- 函数或方法：获取入参和返回值的类型。
- ……

总而言之，使用 reflect.TypeOf 和 reflect.ValueOf 能够获取 Go 语言中变量对应的反射对象。一旦获取了反射对象，我们就能得到跟当前类型相关的数据和操作，并且可以使用这些运行时获取的结构执行方法。

2. 第二法则

反射的第二法则是，我们可以从反射对象获取 interface{} 变量。既然能够将接口类型的变量转换成反射对象，那么一定需要其他方法将反射对象还原成接口类型的变量，reflect 中的 reflect.Value.Interface 就能完成这项工作，如图 4-17 所示。

图 4-17 反射对象到接口

不过调用 reflect.Value.Interface 方法只能获得 interface{} 类型的变量，如果想将其还原成原始状态，还需要经过如下所示的显式类型转换：

```
v := reflect.ValueOf(1)
v.Interface().(int)
```

从反射对象到接口值的过程是从接口值到反射对象的镜面过程，两个过程都需要经历两次转换，如图 4-18 所示。

- 从接口值到反射对象：
  - 从基本类型到接口类型的类型转换；
  - 从接口类型到反射对象的转换。
- 从反射对象到接口值：
  - 反射对象转换成接口类型；
  - 通过显式类型转换变成原始类型。

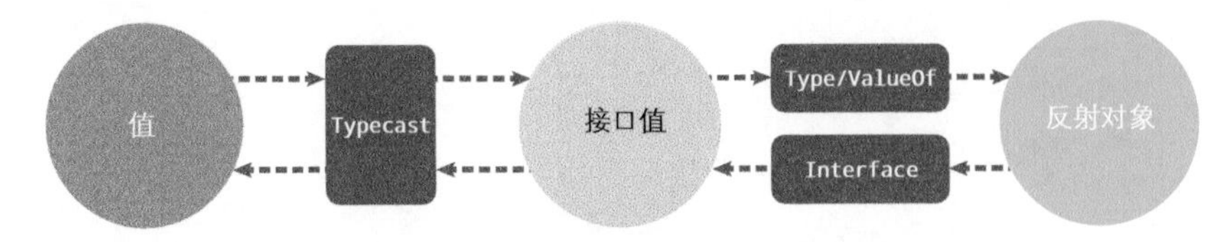

图 4-18 接口和反射对象的双向转换

当然，不是所有变量都需要类型转换。如果变量本身就是 interface{} 类型的，则不需要类型转换。因为类型转换过程一般是隐式的，所以不太需要关心它，只有在我们需要将反射对象转换回基本类型时才需要显式转换操作。

3. 第三法则

Go 语言反射的最后一条法则与值是否可更改有关。如果我们想更新一个 reflect.Value，那么它持有的值一定是可更新的，假设有以下代码：

```
func main() {
    i := 1
    v := reflect.ValueOf(i)
    v.SetInt(10)
    fmt.Println(i)
}

$ go run reflect.go
panic: reflect: reflect.flag.mustBeAssignable using unaddressable value

goroutine 1 [running]:
reflect.flag.mustBeAssignableSlow(0x82, 0x1014c0)
    /usr/local/go/src/reflect/value.go:247 +0x180
reflect.flag.mustBeAssignable(...)
    /usr/local/go/src/reflect/value.go:234
reflect.Value.SetInt(0x100dc0, 0x414020, 0x82, 0x1840, 0xa, 0x0)
    /usr/local/go/src/reflect/value.go:1606 +0x40
main.main()
    /tmp/sandbox590309925/prog.go:11 +0xe0
```

运行上述代码会导致程序崩溃并报错 "reflect: reflect.flag.mustBeAssignable usingunaddressable value"。仔细思考一下就能发现出错的原因：由于 Go 语言的函数调用都是传值的，所以我们得到的反射对象跟原变量没有任何关系，那么直接修改反射对象无法改变原变量，程序为了防止错误就会崩溃。

想修改原变量只能使用如下方法：

```
func main() {
    i := 1
    v := reflect.ValueOf(&i)
    v.Elem().SetInt(10)
    fmt.Println(i)
}
```

```
$ go run reflect.go
10
```

代码的核心逻辑如下：

(1) 调用 reflect.ValueOf 获取变量指针；

(2) 调用 reflect.Value.Elem 获取指针指向的变量；

(3) 调用 reflect.Value.SetInt 更新变量的值。

由于 Go 语言的函数调用都是值传递的，所以我们只能用迂回的方式改变原变量：先获取指针对应的 reflect.Value，再通过 reflect.Value.Elem 方法得到可以被设置的变量。我们可以通过下面的代码理解这个过程：

```
func main() {
    i := 1
    v := &i
    *v = 10
}
```

如果不能直接操作 i 变量修改其持有的值，我们就只能获取 i 变量所在地址并使用 *v 修改所在地址中存储的整数。

4.3.2 类型和值

interface{} 类型在 Go 语言内部是通过 reflect.emptyInterface 结构体表示的，其中的 rtype 字段用于表示变量的类型，另一个 word 字段指向内部封装的数据：

```
type emptyInterface struct {
    typ  *rtype
    word unsafe.Pointer
}
```

用于获取变量类型的 reflect.TypeOf 函数将传入的变量隐式转换成 reflect.emptyInterface 类型，并获取其中存储的类型信息 reflect.rtype：

```
func TypeOf(i interface{}) Type {
    eface := *(*emptyInterface)(unsafe.Pointer(&i))
    return toType(eface.typ)
}

func toType(t *rtype) Type {
    if t == nil {
        return nil
    }
    return t
}
```

reflect.rtype 是一个实现了 reflect.Type 接口的结构体，该结构体实现的 reflect.rtype.

String 方法可以帮助我们获取当前类型的名称：

```
func (t *rtype) String() string {
    s := t.nameOff(t.str).name()
    if t.tflag&tflagExtraStar != 0 {
        return s[1:]
    }
    return s
}
```

reflect.TypeOf 的实现原理其实并不复杂，它只是将一个 interface{} 变量转换成了内部的 reflect.emptyInterface 表示，然后从中获取相应的类型信息。

用于获取接口值 reflect.Value 的函数 reflect.ValueOf 的实现也非常简单。在该函数中我们首先调用了 reflect.escapes 保证当前值逃逸到堆中，然后通过 reflect.unpackEface 从接口中获取 reflect.Value 结构体：

```
func ValueOf(i interface{}) Value {
    if i == nil {
        return Value{}
    }

    escapes(i)

    return unpackEface(i)
}

func unpackEface(i interface{}) Value {
    e := (*emptyInterface)(unsafe.Pointer(&i))
    t := e.typ
    if t == nil {
        return Value{}
    }
    f := flag(t.Kind())
    if ifaceIndir(t) {
        f |= flagIndir
    }
    return Value{t, e.word, f}
}
```

reflect.unpackEface 会将传入的接口转换成 reflect.emptyInterface，然后将具体类型和指针封装成 reflect.Value 结构体后返回。

reflect.TypeOf 和 reflect.ValueOf 的实现都很简单。我们已经分析了这两个函数的实现，现在需要了解编译器在调用函数之前做了哪些工作：

```
package main

import (
    "reflect"
)
```

```
func main() {
    i := 20
    _ = reflect.TypeOf(i)
}

$ go build -gcflags="-S -N" main.go
...
MOVQ    $20, ""..autotmp_20+56(SP) // autotmp = 20
LEAQ    type.int(SB), AX           // AX = type.int(SB)
MOVQ    AX, ""..autotmp_19+280(SP) // autotmp_19+280(SP) = type.int(SB)
LEAQ    ""..autotmp_20+56(SP), CX  // CX = 20
MOVQ    CX, ""..autotmp_19+288(SP) // autotmp_19+288(SP) = 20
...
```

从上面这段截取的汇编语言我们可以发现，在函数调用之前已经发生了类型转换，上述指令将 `int` 类型的变量转换成了占用 16 字节 `autotmp_19+280(SP)`～`autotmp_19+288(SP)` 的接口，两个 `LEAQ` 指令分别获取了类型的指针 `type.int(SB)` 以及变量 `i` 所在地址。

当我们想将一个变量转换成反射对象时，Go 语言会在编译期间完成类型转换，将变量的类型和值转换成 `interface{}` 并等待运行期间使用 `reflect` 包获取接口中存储的信息。

4.3.3 更新变量

当我们想更新 `reflect.Value` 时，就需要调用 `reflect.Value.Set` 更新反射对象，该方法会调用 `reflect.flag.mustBeAssignable` 和 `reflect.flag.mustBeExported`，分别检查当前反射对象能否被设置以及字段是否对外公开：

```
func (v Value) Set(x Value) {
    v.mustBeAssignable()
    x.mustBeExported()
    var target unsafe.Pointer
    if v.kind() == Interface {
        target = v.ptr
    }
    x = x.assignTo("reflect.Set", v.typ, target)
    typedmemmove(v.typ, v.ptr, x.ptr)
}
```

`reflect.Value.Set` 会调用 `reflect.Value.assignTo` 并返回一个新的反射对象，这个返回的反射对象指针会直接覆盖原反射变量：

```
func (v Value) assignTo(context string, dst *rtype, target unsafe.Pointer) Value {
    ...
    switch {
    case directlyAssignable(dst, v.typ):
        ...
        return Value{dst, v.ptr, fl}
    case implements(dst, v.typ):
        if v.Kind() == Interface && v.IsNil() {
```

```
        return Value{dst, nil, flag(Interface)}
    }
    x := valueInterface(v, false)
    if dst.NumMethod() == 0 {
        *(*interface{})(target) = x
    } else {
        ifaceE2I(dst, x, target)
    }
    return Value{dst, target, flagIndir | flag(Interface)}
  }
  panic(context + ": value of type " + v.typ.String() + " is not assignable to type " + dst.String())
}
```

reflect.Value.assignTo 会根据当前和被设置的反射对象类型创建一个新的 reflect.Value 结构体：

- 如果两个反射对象的类型可以被直接替换，就会直接返回目标反射对象；
- 如果当前反射对象是接口并且目标对象实现了接口，就会把目标对象简单封装成接口值。

在变量更新过程中，reflect.Value.assignTo 返回的 reflect.Value 中的指针会覆盖当前反射对象中的指针实现变量更新。

4.3.4 实现协议

reflect 包还为我们提供了 reflect.rtype.Implements 方法，可用于判断某些类型是否遵循特定接口。在 Go 语言中获取结构体的反射类型 reflect.Type 比较容易，但是想获得接口类型需要通过以下方式：

```
reflect.TypeOf((*<interface>)(nil)).Elem()
```

下面通过一个例子说明如何判断一个类型是否实现了某个接口。假设我们需要判断如下代码中的 CustomError 是否实现了 Go 语言标准库中的 error 接口：

```
type CustomError struct{}

func (*CustomError) Error() string {
    return ""
}

func main() {
    typeOfError := reflect.TypeOf((*error)(nil)).Elem()
    customErrorPtr := reflect.TypeOf(&CustomError{})
    customError := reflect.TypeOf(CustomError{})

    fmt.Println(customErrorPtr.Implements(typeOfError)) // #=> true
    fmt.Println(customError.Implements(typeOfError)) // #=> false
}
```

上述代码的运行结果正如 4.2 节中介绍的：

- CustomError 类型并没有实现 error 接口；

- *CustomError 指针类型实现了 error 接口。

抛开上述执行结果不谈，我们来分析一下 reflect.rtype.Implements 方法的工作原理：

```
func (t *rtype) Implements(u Type) bool {
    if u == nil {
        panic("reflect: nil type passed to Type.Implements")
    }
    if u.Kind() != Interface {
        panic("reflect: non-interface type passed to Type.Implements")
    }
    return implements(u.(*rtype), t)
}
```

reflect.rtype.Implements 会检查传入的类型是不是接口，如果不是接口或者是空值，就会直接崩溃并中止当前程序。如果参数没有问题，上述方法会调用私有函数 reflect.implements 判断类型之间是否有实现关系：

```
func implements(T, V *rtype) bool {
    t := (*interfaceType)(unsafe.Pointer(T))
    if len(t.methods) == 0 {
        return true
    }
    ...
    v := V.uncommon()
    i := 0
    vmethods := v.methods()
    for j := 0; j < int(v.mcount); j++ {
        tm := &t.methods[i]
        tmName := t.nameOff(tm.name)
        vm := vmethods[j]
        vmName := V.nameOff(vm.name)
        if vmName.name() == tmName.name() && V.typeOff(vm.mtyp) == t.typeOff(tm.typ) {
            if i++; i >= len(t.methods) {
                return true
            }
        }
    }
    return false
}
```

如果接口中不包含任何方法，就意味着这是一个空接口，任意类型都自动实现该接口（如图 4-19 所示），这时会直接返回 true。

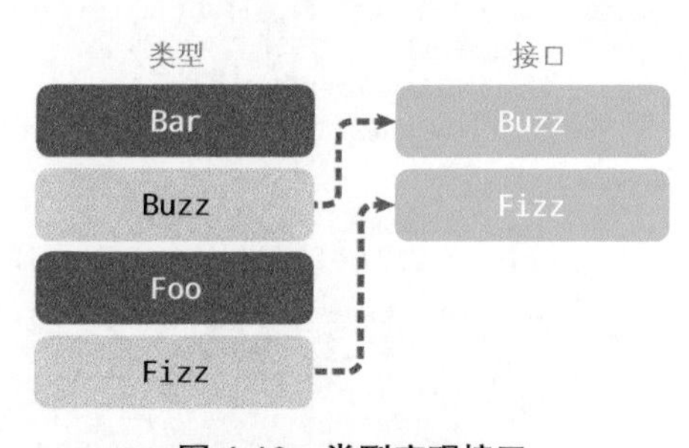

图 4-19 类型实现接口

在其他情况下，由于方法都是按照字母顺序存储的，因此 reflect.implements 会维护两个用于遍历接口和类型方法的索引 i 和 j 判断类型是否实现了接口。因为最多只会进行 *n* 次比较（类型的方法数量），所以整个过程的时间复杂度是 $O(n)$。

4.3.5 方法调用

作为一门静态语言，想通过 reflect 包利用反射在运行期间执行方法不是一件容易的事情，下面的十几行代码就使用反射来执行 Add(0, 1) 函数：

```
func Add(a, b int) int { return a + b }

func main() {
    v := reflect.ValueOf(Add)
    if v.Kind() != reflect.Func {
        return
    }
    t := v.Type()
    argv := make([]reflect.Value, t.NumIn())
    for i := range argv {
        if t.In(i).Kind() != reflect.Int {
            return
        }
        argv[i] = reflect.ValueOf(i)
    }
    result := v.Call(argv)
    if len(result) != 1 || result[0].Kind() != reflect.Int {
        return
    }
    fmt.Println(result[0].Int()) // #=> 1
}
```

代码的核心逻辑如下：

(1) 通过 reflect.ValueOf 获取函数 Add 对应的反射对象；

(2) 调用 reflect.rtype.NumIn 获取函数的入参个数；

(3) 多次调用 reflect.ValueOf 函数逐一设置 argv 数组中的各个参数；

(4) 调用反射对象 Add 的 reflect.Value.Call 方法并传入参数列表；

(5) 获取返回值数组、验证数组长度以及类型并打印其中的数据。

使用反射来调用方法非常复杂，原本只需要一行代码就能完成的工作，现在需要十几行代码才能完成，但这也是在静态语言中使用动态特性需要付出的成本。

```
func (v Value) Call(in []Value) []Value {
    v.mustBe(Func)
    v.mustBeExported()
    return v.call("Call", in)
}
```

reflect.Value.Call 是运行时调用方法的入口，它通过两个以 mustBe 开头的方法确定了当前反射对象的类型是函数以及可见性，随后调用 reflect.Value.Call 完成方法调用，这个私有方法的执行过程分成以下几个部分：

(1) 检查输入参数以及类型的合法性；

(2) 将传入的 reflect.Value 参数数组设置到栈上；

(3) 通过函数指针和输入参数调用函数；

(4) 从栈上获取函数的返回值。

我们将按照上面的顺序分析使用 reflect 进行函数调用的几个过程。

1. 参数检查

参数检查是通过反射调用方法的第一步。在参数检查期间我们会从反射对象中取出当前的函数指针 unsafe.Pointer，如果该函数指针是方法，那么我们会通过 reflect.methodReceiver 获取方法的接收者和函数指针：

```
func (v Value) call(op string, in []Value) []Value {
    t := (*funcType)(unsafe.Pointer(v.typ))
    ...
    if v.flag&flagMethod != 0 {
        rcvr = v
        rcvrtype, t, fn = methodReceiver(op, v, int(v.flag)>>flagMethodShift)
    } else {
        ...
    }
    n := t.NumIn()
    if len(in) < n {
        panic("reflect: Call with too few input arguments")
    }
    if len(in) > n {
        panic("reflect: Call with too many input arguments")
    }
    for i := 0; i < n; i++ {
        if xt, targ := in[i].Type(), t.In(i); !xt.AssignableTo(targ) {
            panic("reflect: " + op + " using " + xt.String() + " as type " + targ.String())
        }
    }
```

上述方法还会检查传入参数的个数以及参数的类型与函数签名中的类型是否匹配，任何参数不匹配都会导致整个程序崩溃。

2. 准备参数

我们对当前方法的参数完成验证后，就会进入函数调用的下一个阶段——为函数调用准备参数。前面介绍过 Go 语言的函数调用惯例，函数或者方法在调用时，所有参数都会被依次放到栈上。

```
    nout := t.NumOut()
    frametype, _, retOffset, _, framePool := funcLayout(t, rcvrtype)

    var args unsafe.Pointer
    if nout == 0 {
        args = framePool.Get().(unsafe.Pointer)
    } else {
        args = unsafe_New(frametype)
```

```
	}
	off := uintptr(0)
	if rcvrtype != nil {
		storeRcvr(rcvr, args)
		off = ptrSize
	}
	for i, v := range in {
		targ := t.In(i).(*rtype)
		a := uintptr(targ.align)
		off = (off + a - 1) &^ (a - 1)
		n := targ.size
		...
		addr := add(args, off, "n > 0")
		v = v.assignTo("reflect.Value.Call", targ, addr)
		*(*unsafe.Pointer)(addr) = v.ptr
		off += n
	}
```

代码的核心逻辑如下。

(1) 通过 `reflect.funcLayout` 计算当前函数需要的参数和返回值的栈布局，即每一个参数和返回值所占空间大小。

(2) 如果当前函数有返回值，需要为当前函数的参数和返回值分配一块内存空间 `args`。

(3) 如果当前函数是方法，需要将方法的接收者复制到 `args` 内存中。

(4) 将所有函数的参数依次复制到对应 `args` 内存中：

- 使用 `reflect.funcLayout` 返回的参数计算参数在内存中的位置；
- 将参数复制到内存空间中。

准备参数是计算各个参数和返回值占用的内存空间，并将所有参数都复制到内存空间对应位置的过程，该过程会考虑函数和方法、返回值数量以及参数类型带来的差异。

3. 调用函数

准备好调用函数需要的全部参数后，就会通过下面的代码执行函数指针。我们会向该函数传入栈类型、函数指针、参数和返回值的内存空间、栈的大小以及返回值的偏移量：

```
call(frametype, fn, args, uint32(frametype.size), uint32(retOffset))
```

上述函数实际上并不存在，它会在编译期间链接到 `reflect.reflectcall` 这个用汇编语言实现的函数上。我们在这里就不分析该函数的具体实现了，感兴趣的读者可以自行了解其实现原理。

4. 处理返回值

当函数调用结束之后，就会开始处理函数的返回值。

- 如果函数没有任何返回值，会直接清空 `args` 的全部内容来释放内存空间。
- 如果当前函数有返回值：

1) 将 `args` 中与输入参数有关的内存空间清空；

2) 创建一个 nout 长度的切片用于保存由反射对象构成的返回值数组；

3) 从函数对象中获取返回值的类型和内存大小，将 args 内存中的数据转换成 reflect.Value 类型并存储到切片中。

代码如下所示：

```
    var ret []Value
    if nout == 0 {
        typedmemclr(frametype, args)
        framePool.Put(args)
    } else {
        typedmemclrpartial(frametype, args, 0, retOffset)
        ret = make([]Value, nout)
        off = retOffset
        for i := 0; i < nout; i++ {
            tv := t.Out(i)
            a := uintptr(tv.Align())
            off = (off + a - 1) &^ (a - 1)
            if tv.Size() != 0 {
                fl := flagIndir | flag(tv.Kind())
                ret[i] = Value{tv.common(), add(args, off, "tv.Size() != 0"), fl}
            } else {
                ret[i] = Zero(tv)
            }
            off += tv.Size()
        }
    }

    return ret
}
```

由 reflect.Value 构成的 ret 数组会返回到调用方，至此，使用反射实现函数调用的过程就结束了。

4.3.6 小结

Go 语言的 reflect 包为我们提供了多种能力，包括如何使用反射来动态修改变量、判断类型是否实现了某些接口以及动态调用方法等功能。通过分析反射包中方法的原理能帮助我们理解之前看起来比较怪异、令人困惑的现象。

4.3.7 延伸阅读

- “The Laws of Reflection”
- runtime: new itab lookup table
- runtime: need a better itab table

第5章　常用关键字

编程语言都有自己的关键字，这些关键字具有非常特殊的含义，它们是编程语言对外提供的接口的一部分。Go 语言大概有 25 个关键字，其中很多关键字能在其他编程语言中找到等价对象，这里会选择比较有代表性的几个进行介绍。

本章将从编译原理和运行时介绍 Go 语言中的 5 组关键字，它们分别是用于循环和遍历的 `for` 和 `range`、用于管理数据收发的 `select`、用于延迟执行代码块的 `defer`、用于主动崩溃和恢复的 `panic` 和 `recover`，以及用于创建内置数据结构的 `make` 和 `new`。

5.1　for 和 range

循环是所有编程语言都有的控制结构。除使用经典的三段式循环外，Go 语言还引入了另一个关键字 `range` 帮助我们快速遍历数组、切片、哈希表以及 Channel 等集合类型。本节将深入分析 Go 语言的两种循环——`for` 循环和 `for-range` 循环，我们会分析这两种循环的运行时结构及其实现原理。

`for` 循环能够将代码中的数据和逻辑分离，让同一份代码能够多次复用相同的处理逻辑。我们先来看一下 Go 语言 `for` 循环对应的汇编代码，下面是一段经典的三段式循环的代码，我们将它编译成汇编指令：

```
package main

func main() {
    for i := 0; i < 10; i++ {
        println(i)
    }
}

"".main STEXT size=98 args=0x0 locals=0x18
    00000 (main.go:3)    TEXT    "".main(SB), $24-0
    ...
    00029 (main.go:3)    XORL    AX, AX                    ;; i := 0
    00031 (main.go:4)    JMP     75
    00033 (main.go:4)    MOVQ    AX, "".i+8(SP)
    00038 (main.go:5)    CALL    runtime.printlock(SB)
    00043 (main.go:5)    MOVQ    "".i+8(SP), AX
    00048 (main.go:5)    MOVQ    AX, (SP)
    00052 (main.go:5)    CALL    runtime.printint(SB)
    00057 (main.go:5)    CALL    runtime.printnl(SB)
    00062 (main.go:5)    CALL    runtime.printunlock(SB)
    00067 (main.go:4)    MOVQ    "".i+8(SP), AX
```

```
    00072 (main.go:4)    INCQ    AX                        ;; i++
    00075 (main.go:4)    CMPQ    AX, $10                   ;; 比较变量 i 和 10
    00079 (main.go:4)    JLT     33                        ;; 如果 i < 10，跳转到 33 行
    ...
```

下面将上述汇编指令的执行过程分成 3 个部分进行分析。

- 00029～00031 行负责循环的初始化：

  对寄存器 AX 中的变量 i 进行初始化并执行 JMP 75 指令跳转到 00075 行。
- 00075～00079 行负责检查循环的终止条件，将寄存器中存储的数据 i 与 10 做比较：

  1) JLT 33 命令会在变量值小于 10 时跳转到 00033 行执行循环主体；

  2) JLT 33 命令会在变量值大于 10 时跳出循环体执行下面的代码。
- 00033～00072 行是循环内部的语句：

  1) 通过多个汇编指令打印变量中的内容；

  2) INCQ AX 指令会将变量加一，再与 10 进行比较，回到第 2 步。

经过优化的 for-range 循环的汇编代码结构相同。无论是变量的初始化、循环体的执行还是最后的条件判断都完全一样，所以这里就不展开分析对应的汇编指令了。

```
package main

func main() {
    arr := []int{1, 2, 3}
    for i, _ := range arr {
        println(i)
    }
}
```

在汇编语言中，无论是经典的 for 循环还是 for-range 循环，都会使用 JMP 等命令跳回循环体的开始位置复用代码。从不同循环具有相同的汇编代码可以猜到，使用 for-range 的控制结构最终也会被 Go 语言编译器转换成普通的 for 循环，后面的分析也会印证这一点。

5.1.1 现象

在深入语言源代码了解两种循环的实现之前，先来看一下使用 for 和 range 会遇到的一些问题，我们可以带着问题去源代码中寻找答案，这样能更高效地理解它们的实现原理。

1. “循环永动机”

如果我们在遍历数组的同时修改数组的元素，能否得到一个永远都不会停止的循环呢？你可以尝试运行下面的代码：

```
func main() {
    arr := []int{1, 2, 3}
    for _, v := range arr {
        arr = append(arr, v)
```

```
    }
    fmt.Println(arr)
}

$ go run main.go
1 2 3 1 2 3
```

上述代码的输出意味着循环只遍历了原始切片中的 3 个元素，我们在遍历切片时追加的元素不会增加循环的执行次数，所以循环最终还是停了下来。

2. 神奇的指针

第二个例子是使用 Go 语言时经常会犯的错误[①]。当我们遍历一个数组时，如果获取 `range` 返回变量的地址并保存到另一个数组或者哈希表时，会遇到令人困惑的现象，如下面的代码会输出 `"3 3 3"`：

```
func main() {
    arr := []int{1, 2, 3}
    newArr := []*int{}
    for _, v := range arr {
        newArr = append(newArr, &v)
    }
    for _, v := range newArr {
        fmt.Println(*v)
    }
}

$ go run main.go
3 3 3
```

一些有经验的开发者不经意也会犯这种错误，正确的做法是使用 `&arr[i]` 替代 `&v`，下面分析这一现象背后的原因。

3. 遍历清空数组

当我们想在 Go 语言中清空一个切片或者哈希表时，一般会使用以下方法将切片中的元素置为零：

```
func main() {
    arr := []int{1, 2, 3}
    for i, _ := range arr {
        arr[i] = 0
    }
}
```

依次遍历切片和哈希表看起来非常耗费性能。因为数组、切片和哈希表占用的内存空间都是连续的，所以最快的方法是直接清空这块内存中的内容。编译上述代码会得到以下汇编指令：

① 参见 GitHub Go 语言 Wiki CommonMistakes。

```
"".main STEXT size=93 args=0x0 locals=0x30
    0x0000 00000 (main.go:3)    TEXT    "".main(SB), $48-0
    ...
    0x001d 00029 (main.go:4)    MOVQ    "".statictmp_0(SB), AX
    0x0024 00036 (main.go:4)    MOVQ    AX, ""..autotmp_3+16(SP)
    0x0029 00041 (main.go:4)    MOVUPS    "".statictmp_0+8(SB), X0
    0x0030 00048 (main.go:4)    MOVUPS    X0, ""..autotmp_3+24(SP)
    0x0035 00053 (main.go:5)    PCDATA    $2, $1
    0x0035 00053 (main.go:5)    LEAQ    ""..autotmp_3+16(SP), AX
    0x003a 00058 (main.go:5)    PCDATA    $2, $0
    0x003a 00058 (main.go:5)    MOVQ    AX, (SP)
    0x003e 00062 (main.go:5)    MOVQ    $24, 8(SP)
    0x0047 00071 (main.go:5)    CALL    runtime.memclrNoHeapPointers(SB)
    ...
```

从生成的汇编代码我们可以看出，编译器会直接使用 runtime.memclrNoHeapPointers 清空切片中的数据，稍后我们会介绍这些内容。

4. 随机遍历

当我们在 Go 语言中使用 range 遍历哈希表时，往往会使用如下代码结构，但是这段代码每次运行时都会打印出不同的结果：

```
func main() {
    hash := map[string]int{
        "1": 1,
        "2": 2,
        "3": 3,
    }
    for k, v := range hash {
        println(k, v)
    }
}
```

两次运行上述代码可能会得到不同的结果，第一次会打印 2 3 1，第二次会打印 1 2 3。如果运行的次数足够多，最后会得到几种不同的遍历顺序：

```
$ go run main.go
2 2
3 3
1 1

$ go run main.go
1 1
2 2
3 3
```

Go 语言在运行时为哈希表的遍历引入了不确定性，也是告诉所有 Go 语言使用者，程序不要依赖哈希表的稳定遍历，稍后我们会介绍遍历过程是如何引入不确定性的。

5.1.2 经典循环

Go 语言中的经典循环在编译器看来是一个 OFOR 类型的节点，该节点由以下 4 个部分组成：

- 初始化循环的 Ninit；
- 循环的继续条件 Left；
- 循环体结束时执行的 Right；
- 循环体 NBody。

代码如下所示：

```
for Ninit; Left; Right {
    NBody
}
```

在生成 SSA 中间代码的阶段，cmd/compile/internal/gc.state.stmt 方法在发现传入的节点类型是 OFOR 时会执行以下代码块，将循环中的代码分成不同的块：

```
func (s *state) stmt(n *Node) {
    switch n.Op {
    case OFOR, OFORUNTIL:
        bCond, bBody, bIncr, bEnd := ...

        b := s.endBlock()
        b.AddEdgeTo(bCond)
        s.startBlock(bCond)
        s.condBranch(n.Left, bBody, bEnd, 1)

        s.startBlock(bBody)
        s.stmtList(n.Nbody)

        b.AddEdgeTo(bIncr)
        s.startBlock(bIncr)
        s.stmt(n.Right)
        b.AddEdgeTo(bCond)
        s.startBlock(bEnd)
    }
}
```

一个常见的 for 循环代码会被 cmd/compile/internal/gc.state.stmt 转换成下面的控制结构，该结构中包含了 4 个不同的块，这些代码块之间的连接表示汇编语言中的跳转关系（如图 5-1 所示），与我们理解的 for 循环控制结构没有太多差别。

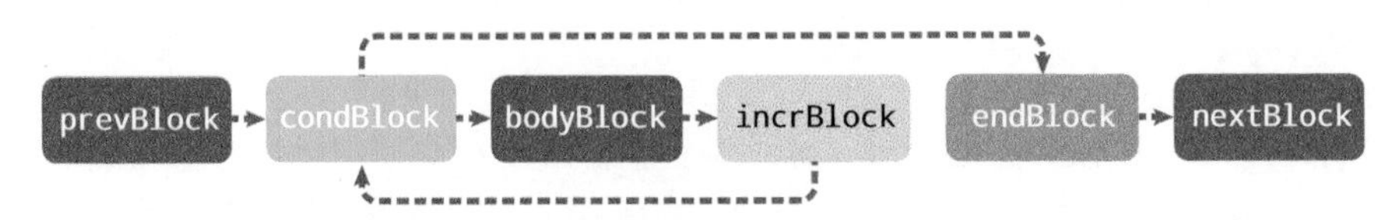

图 5-1 Go 语言循环生成的 SSA 代码

机器码生成阶段会将这些代码块转换成机器码，以及指定 CPU 架构上运行的机器语言，也就是我们在前面编译得到的汇编指令。

5.1.3 范围循环

与简单的经典循环相比，在 Go 语言中范围循环更常见、实现也更复杂。这种循环同时使用 `for` 和 `range` 两个关键字，编译器会在编译期间将所有 `for-range` 循环变成经典循环。从编译器的视角来看，就是将 `ORANGE` 类型的节点转换成 `OFOR` 节点，如图 5-2 所示。

图 5-2 范围循环、普通循环和 SSA

节点类型的转换过程发生在中间代码生成阶段，所有 `for-range` 循环都会被 `cmd/compile/internal/gc.walkrange` 转换成不包含复杂结构、只包含基本表达式的语句。接下来，我们按照循环遍历的元素类型依次介绍遍历数组和切片、哈希表、字符串以及 Channel 的过程。

1. 数组和切片

对于数组和切片来说，Go 语言有 3 种遍历方式，分别对应代码中的不同条件，它们会在 `cmd/compile/internal/gc.walkrange` 函数（代码如下所示）中转换成不同的控制逻辑。

```
func walkrange(n *Node) *Node {
    switch t.Etype {
    case TARRAY, TSLICE:
        if arrayClear(n, v1, v2, a) {
            return n
        }
```

我们分以下几种情况分析该函数的逻辑：

(1) 遍历数组和切片清空元素的情况；

(2) 使用 `for range a {}` 遍历数组和切片，不关心索引和数据的情况；

(3) 使用 `for i := range a {}` 遍历数组和切片，只关心索引的情况；

(4) 使用 `for i, elem := range a {}` 遍历数组和切片，同时关心索引和数据的情况。

`cmd/compile/internal/gc.arrayClear` 是一个非常有趣的优化，它会优化 Go 语言遍历数组或者切片并删除全部元素的逻辑：

```
// 原代码
for i := range a {
    a[i] = zero
}

// 优化后
```

```
if len(a) != 0 {
    hp = &a[0]
    hn = len(a)*sizeof(elem(a))
    memclrNoHeapPointers(hp, hn)
    i = len(a) - 1
}
```

相比于依次清除数组或者切片中的数据，Go 语言会直接使用 runtime.memclrNoHeapPointers 或者 runtime.memclrHasPointers 清除目标数组内存空间中的全部数据，并在执行完成后更新遍历数组的索引，这也解释了我们在遍历清空数组过程中观察到的现象。

处理了这种特殊的情况之后，我们回到 ORANGE 节点的处理过程。这里会设置 for 循环的 Left 和 Right 字段，也就是终止条件和循环体每次执行结束后运行的代码：

```
ha := a

hv1 := temp(types.Types[TINT])
hn := temp(types.Types[TINT])

init = append(init, nod(OAS, hv1, nil))
init = append(init, nod(OAS, hn, nod(OLEN, ha, nil)))

n.Left = nod(OLT, hv1, hn)
n.Right = nod(OAS, hv1, nod(OADD, hv1, nodintconst(1)))

if v1 == nil {
    break
}
```

如果循环是 for range a {}，那么就满足上述代码中的条件 v1 == nil，即循环不关心数组的索引和数据，这种循环会被编译器转换成如下形式：

```
ha := a
hv1 := 0
hn := len(ha)
v1 := hv1
for ; hv1 < hn; hv1++ {
    ...
}
```

这是 ORANGE 结构在编译期间被转换的最简单形式。由于原代码不需要获取数组的索引和元素，只需要使用数组或者切片的数量执行对应次数的循环，所以会生成一个最简单的 for 循环。

如果在遍历数组时需要使用索引 for i := range a {}，那么编译器会继续执行下面的代码：

```
if v2 == nil {
    body = []*Node{nod(OAS, v1, hv1)}
    break
}
```

v2 == nil 意味着调用方不关心数组的元素，只关心遍历数组使用的索引。它会将 for i :=

range a {} 转换成下面的逻辑。与第一种循环相比，这种循环在循环体中添加了 v1 := hv1 语句，传递遍历数组时的索引：

```
ha := a
hv1 := 0
hn := len(ha)
v1 := hv1
for ; hv1 < hn; hv1++ {
    v1 = hv1
    ...
}
```

上面两种情况虽然也是使用 range 时经常遇到的情况，但是同时遍历索引和元素也很常见。处理这种情况会使用下面这段代码：

```
        tmp := nod(OINDEX, ha, hv1)
        tmp.SetBounded(true)
        a := nod(OAS2, nil, nil)
        a.List.Set2(v1, v2)
        a.Rlist.Set2(hv1, tmp)
        body = []*Node{a}
    }
    n.Ninit.Append(init...)
    n.Nbody.Prepend(body...)

    return n
}
```

这段代码处理的是使用者同时关心索引和切片的情况。它不仅会在循环体中插入更新索引的语句，还会插入赋值操作让循环体内部的代码能够访问数组中的元素：

```
ha := a
hv1 := 0
hn := len(ha)
v1 := hv1
v2 := nil
for ; hv1 < hn; hv1++ {
    tmp := ha[hv1]
    v1, v2 = hv1, tmp
    ...
}
```

对于所有 range 循环，Go 语言都会在编译期将原切片或者数组赋值给一个新变量 ha，在赋值过程中就发生了复制，而我们又通过 len 关键字预先获取了切片的长度，所以在循环中追加新元素不会改变循环执行的次数，这也就解释了讲循环永动机时提到的现象。

而遇到这种同时遍历索引和元素的 range 循环时，Go 语言会额外创建一个新的 v2 变量存储切片中的元素，**循环中使用的这个变量 v2** 会在每一次迭代被重新赋值而覆盖，赋值时也会触发复制。

```
func main() {
    arr := []int{1, 2, 3}
    newArr := []*int{}
    for i, _ := range arr {
        newArr = append(newArr, &arr[i])
    }
    for _, v := range newArr {
        fmt.Println(*v)
    }
}
```

因为在循环中获取返回变量的地址都完全相同，所以会发生神奇的指针现象。因此，当我们想访问数组中元素所在的地址时，不应该直接获取 range 返回的变量地址 &v2，而应该使用 &a[index] 这种形式。

2. 哈希表

在遍历哈希表时，编译器会使用 runtime.mapiterinit 和 runtime.mapiternext 两个运行时函数重写原始的 for-range 循环：

```
ha := a
hit := hiter(n.Type)
th := hit.Type
mapiterinit(typename(t), ha, &hit)
for ; hit.key != nil; mapiternext(&hit) {
    key := *hit.key
    val := *hit.val
}
```

上述代码是展开 for key, val := range hash {} 后的结果，在 cmd/compile/internal/gc.walkrange 处理 TMAP 节点时，编译器会根据 range 返回值的数量在循环体中插入需要的赋值语句，如图 5-3 所示。

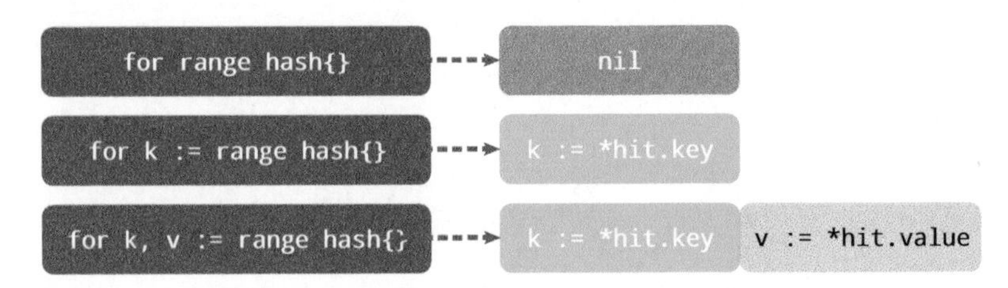

图 5-3 以不同方式遍历哈希表插入的语句

这 3 种情况分别向循环体插入了不同的赋值语句。遍历哈希表时会使用 runtime.mapiterinit 函数初始化遍历开始的元素：

```
func mapiterinit(t *maptype, h *hmap, it *hiter) {
    it.t = t
    it.h = h
```

```
    it.B = h.B
    it.buckets = h.buckets

    r := uintptr(fastrand())
    it.startBucket = r & bucketMask(h.B)
    it.offset = uint8(r >> h.B & (bucketCnt - 1))
    it.bucket = it.startBucket
    mapiternext(it)
}
```

该函数会初始化 runtime.hiter 结构体中的字段，并通过 runtime.fastrand 生成一个随机数帮助我们随机选择一个遍历桶的起始位置。Go 语言团队在设计哈希表的遍历时，不想让使用者依赖固定的遍历顺序，所以引入了随机数保证遍历的随机性。

遍历哈希表会使用 runtime.mapiternext，这里简化了很多逻辑，省略了一些边界条件以及哈希表扩容时的兼容操作，只需要关注处理遍历逻辑的核心代码。我们将该函数分成桶的选择和桶内元素的遍历两部分，首先是桶的选择过程：

```
func mapiternext(it *hiter) {
    h := it.h
    t := it.t
    bucket := it.bucket
    b := it.bptr
    i := it.i
    alg := t.key.alg

next:
    if b == nil {
        if bucket == it.startBucket && it.wrapped {
            it.key = nil
            it.value = nil
            return
        }
        b = (*bmap)(add(it.buckets, bucket*uintptr(t.bucketsize)))
        bucket++
        if bucket == bucketShift(it.B) {
            bucket = 0
            it.wrapped = true
        }
        i = 0
    }
```

这段代码主要有两个作用：

- 当待遍历的桶为空时，选择需要遍历的新桶；
- 当不存在待遍历的桶时，返回 (nil, nil) 键值对并中止遍历。

runtime.mapiternext 剩余代码的作用是从桶中找到下一个遍历的元素，在大多数情况下会直接操作内存获取目标键值的内存地址，不过如果哈希表处于扩容期间，就会调用 runtime.mapaccessK 获取键值对：

```
    for ; i < bucketCnt; i++ {
        offi := (i + it.offset) & (bucketCnt - 1)
        k := add(unsafe.Pointer(b), dataOffset+uintptr(offi)*uintptr(t.keysize))
        v := add(unsafe.Pointer(b), dataOffset+bucketCnt*uintptr(t.keysize)+uintptr(offi)*uint
ptr(t.valuesize))
        if (b.tophash[offi] != evacuatedX && b.tophash[offi] != evacuatedY) ||
            !(t.reflexivekey() || alg.equal(k, k)) {
            it.key = k
            it.value = v
        } else {
            rk, rv := mapaccessK(t, h, k)
            it.key = rk
            it.value = rv
        }
        it.bucket = bucket
        it.i = i + 1
        return
    }
    b = b.overflow(t)
    i = 0
    goto next
}
```

当上述函数遍历完正常桶后，会通过 `runtime.bmap.overflow` 遍历哈希表中的溢出桶，如图 5-4 所示。

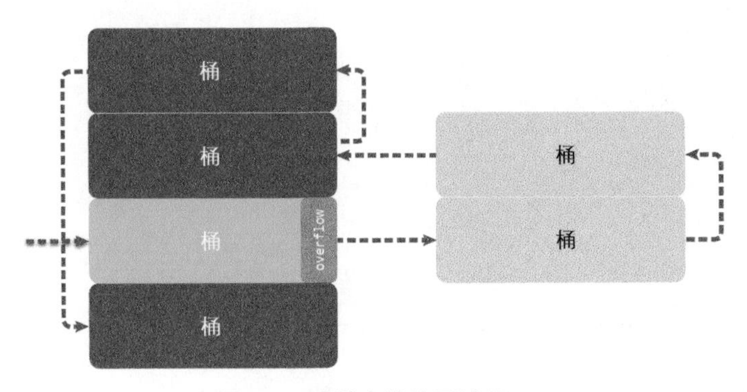

图 5-4 哈希表的遍历过程

简单总结一下哈希表遍历的顺序：首先选出一个绿色的正常桶开始遍历，随后遍历所有黄色的溢出桶，最后按照索引顺序遍历哈希表中其他的桶，直到遍历完所有桶。

3. 字符串

遍历字符串的过程与遍历数组、切片和哈希表非常相似，只是在遍历时会获取字符串中索引对应字节并将其转换成 `rune`。我们在遍历字符串时拿到的值都是 `rune` 类型的变量，`for i, r := range s {}` 的结构都会转换成如下所示的形式：

```
ha := s
for hv1 := 0; hv1 < len(ha); {
    hv1t := hv1
    hv2 := rune(ha[hv1])
    if hv2 < utf8.RuneSelf {
        hv1++
    } else {
        hv2, hv1 = decoderune(ha, hv1)
    }
    v1, v2 = hv1t, hv2
}
```

3.4 节介绍过字符串是只读的字节数组切片，所以范围循环在编译期间生成的框架与切片非常类似，只是细节有一些不同。

使用下标访问字符串中的元素时得到的就是字节，但是这段代码会将当前字节转换成 `rune` 类型。如果当前 `rune` 是 ASCII 的，那么只会占用 1 字节长度，每次循环体运行之后只需要将索引加一；但是如果当前 `rune` 占用了多个字节，就会使用 `runtime.decoderune` 函数解码，这里就不详细介绍具体过程了。

4. Channel

使用 `range` 遍历 Channel 也是比较常见的做法，一条形如 `for v := range ch {}` 的语句最终会被转换成如下格式：

```
ha := a
hv1, hb := <-ha
for ; hb != false; hv1, hb = <-ha {
    v1 := hv1
    hv1 = nil
    ...
}
```

这里的代码可能与编译器生成的稍有出入，但是结构和效果完全相同。该循环会使用 `<-ch` 从 Channel 中取出待处理的值，这个操作会调用 `runtime.chanrecv2` 并阻塞当前协程，当 `runtime.chanrecv2` 返回时会根据布尔值 `hb` 判断当前值是否存在：

- 如果当前值不存在，意味着当前 Channel 已经被关闭；
- 如果当前值存在，会为 `v1` 赋值并清除 `hv1` 变量中的数据，然后重新陷入阻塞等待新数据。

5.1.4 小结

本节介绍的两个关键字 `for` 和 `range` 都是我们在学习和使用 Go 语言过程中无法绕开的。通过分析和研究它们的底层原理，我们对实现细节有了更清楚的认识，包括 Go 语言遍历数组和切片时会复用变量、哈希表的随机遍历原理以及底层的一些优化，这能帮助我们更好地理解和使用 Go 语言。

5.2 select

select 是操作系统中的系统调用，我们经常使用 select、poll 和 epoll 等函数构建 I/O 多路复用模型提升程序性能。Go 语言的 select 与操作系统中的 select 比较相似，本节会介绍 Go 语言 select 关键字常见的现象、数据结构以及实现原理。

C 语言的 select 系统调用可以同时监听多个文件描述符的可读或可写状态，Go 语言中的 select 也能够让 Goroutine 同时等待多个 Channel 可读或者可写（如图 5-5 所示）。在多个文件或者 Channel 状态改变之前，select 会一直阻塞当前线程或者 Goroutine。

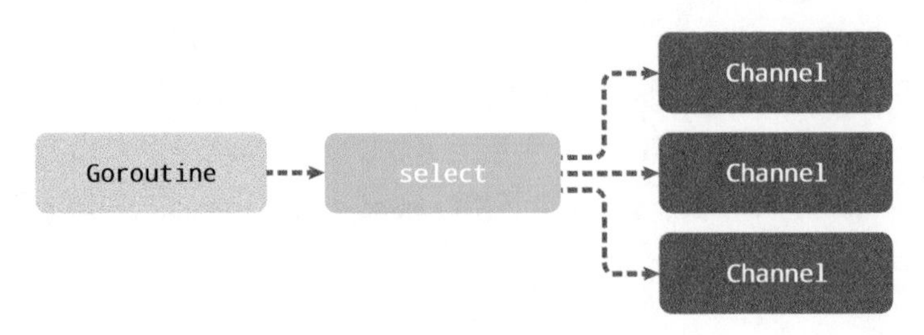

图 5-5 select 和 Channel

select 是与 switch 相似的控制结构，与 switch 不同的是，select 中虽然也有多个 case，但是这些 case 中的表达式必须都是 Channel 的收发操作。下面的代码就展示了一个包含 Channel 收发操作的 select 结构：

```
func fibonacci(c, quit chan int) {
    x, y := 0, 1
    for {
        select {
        case c <- x:
            x, y = y, x+y
        case <-quit:
            fmt.Println("quit")
            return
        }
    }
}
```

上述控制结构会等待 c <- x 或者 <-quit 两个表达式中任意一个返回。无论哪一个表达式返回，都会立刻执行 case 中的代码；当 select 中的两个 case 同时被触发时，会随机执行其中一个。

5.2.1 现象

在 Go 语言中使用 select 控制结构时，我们会遇到两个有趣的现象：

- select 能在 Channel 上进行非阻塞的收发操作；
- select 在遇到多个 Channel 同时响应时，会随机执行一种情况。

这两个现象很常见，我们来深入了解具体场景并分析一下它们背后的设计原理。

1. 非阻塞收发

通常情况下，select 语句会阻塞当前 Goroutine，并等待多个 Channel 中的一个达到可以收发的状态；但是如果 select 控制结构中包含 default 语句，那么该 select 语句在执行时会遇到以下两种情况：

- 当存在可以收发的 Channel 时，直接处理该 Channel 对应的 case；
- 当不存在可以收发的 Channel 时，执行 default 中的语句。

运行下面的代码就不会阻塞当前的 Goroutine，它会直接执行 default 中的代码：

```
func main() {
	ch := make(chan int)
	select {
	case i := <-ch:
		println(i)

	default:
		println("default")
	}
}

$ go run main.go
default
```

只要稍微想一下，就会发现 Go 语言设计的这个现象很合理。select 的作用是同时监听多个 case 是否可执行，如果多个 Channel 都不能执行，那么运行 default 也是理所当然的。

非阻塞的 Channel 发送和接收操作还是很有必要的，在很多场景下我们不希望 Channel 操作阻塞当前 Goroutine，只是想看看 Channel 的可读或者可写状态，如下所示：

```
errCh := make(chan error, len(tasks))
wg := sync.WaitGroup{}
wg.Add(len(tasks))
for i := range tasks {
	go func() {
		defer wg.Done()
		if err := tasks[i].Run(); err != nil {
			errCh <- err
		}
	}()
}
wg.Wait()

select {
case err := <-errCh:
	return err
default:
	return nil
}
```

在上面这段代码中，我们不关心到底多少个任务执行失败了，只关心是否存在返回错误的任务，最后的 `select` 语句能很好地完成这个任务。然而使用 `select` 实现非阻塞收发不是最初的设计，Go 语言最初版本使用 `x, ok := <-c` 实现非阻塞收发，以下是与非阻塞收发相关的提交：

- select default 提交支持了 `select` 语句中的 `default`①；
- gc: special case code for single-op blocking and non-blocking selects 提交引入了基于 `select` 的非阻塞收发②；
- gc: remove non-blocking send, receive syntax 提交将 `x, ok := <-c` 语法删除③；
- gc, runtime: replace `closed(c)` with `x, ok := <-c` 提交使用 `x, ok := <-c` 语法替代 `closed(c)` 语法判断 Channel 的关闭状态④。

从上面几个提交中可以看到非阻塞收发从最初版本到现在的演变。

2. 随机执行

使用 `select` 遇到的另一种情况是，同时有多个 `case` 就绪时 `select` 会选择哪个 `case` 执行，可以通过下面的代码简单了解一下：

```
func main() {
    ch := make(chan int)
    go func() {
        for range time.Tick(1 * time.Second) {
            ch <- 0
        }
    }()

    for {
        select {
        case <-ch:
            println("case1")
        case <-ch:
            println("case2")
        }
    }
}

$ go run main.go
case1
case2
case1
...
```

从上述代码输出的结果中可以看到，`select` 在遇到多个 `<-ch` 同时满足可读或可写条件时会随

---

① Ken Thompson 于 2008 年 11 月 6 日提交。

② Russ Cox 于 2011 年 1 月 31 日提交。

③ Russ Cox 于 2011 年 2 月 1 日提交。

④ Russ Cox 于 2011 年 3 月 12 日提交。

机选择一个 case 执行其中的代码。

这个设计是在十多年前被 select 提交[①]引入并一直保留到现在的，虽然中间经历过一些修改[②]，但是语义一直没有改变。在上面的代码中，两个 case 同时满足执行条件，如果我们按照顺序依次判断，那么后面的条件永远都得不到执行，引入随机性就是为了避免饥饿问题发生。

5.2.2 数据结构

select 在 Go 语言的源代码中不存在对应的结构体，但是我们使用 runtime.scase 结构体表示 select 控制结构中的 case：

```
type scase struct {
    c    *hchan         // chan
    elem unsafe.Pointer // data element
}
```

因为非默认的 case 中都与 Channel 的发送和接收有关，所以 runtime.scase 结构体中也包含一个 runtime.hchan 类型的字段存储 case 中使用的 Channel。

5.2.3 实现原理

select 语句在编译期间会被转换成 OSELECT 节点。每个 OSELECT 节点都会持有一组 OCASE 节点，如果 OCASE 的执行条件为空，就意味着这是一个 default 节点。

图 5-6 展示的是 select 语句在编译期间的结构，每一个 OCASE 既包含执行条件，也包含满足条件后执行的代码。

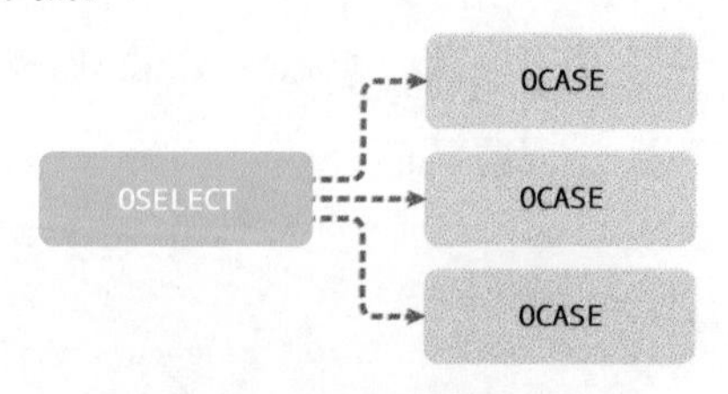

图 5-6 OSELECT 和多个 OCASE

编译器在中间代码生成期间会根据 select 中 case 的不同对控制语句进行优化，这一过程都发生在 cmd/compile/internal/gc.walkselectcases 函数中，这里分 4 种情况介绍处理过程和结果：

(1) select 不存在任何 case；

(2) select 只存在一个 case；

(3) select 存在两个 case，其中一个是 default；

(4) select 存在多个 case。

上述 4 种情况不仅会涉及编译器的重写和优化，还会涉及 Go 语言的运行时机制，我们会从编译期间和运行时两个角度分析上述情况。

1. 直接阻塞

首先介绍最简单的情况，即 select 结构中不包含任何 case。我们截取 cmd/compile/internal/

---

① Ken Thompson 于 2008 年 7 月 25 日提交。

② Gustavo Niemeyer 于 2011 年 8 月 15 日提交 runtime: fix pseudo-randomness on some selects。

gc.walkselectcases 函数的前几行代码：

```
func walkselectcases(cases *Nodes) []*Node {
    n := cases.Len()

    if n == 0 {
        return []*Node{mkcall("block", nil, nil)}
    }
    ...
}
```

这段代码很简单并且容易理解，它直接将类似 select {} 的语句转换成调用 runtime.block 函数：

```
func block() {
    gopark(nil, nil, waitReasonSelectNoCases, traceEvGoStop, 1)
}
```

runtime.block 的实现非常简单，它会调用 runtime.gopark 让出当前 Goroutine 对处理器的使用权，并传入等待原因 waitReasonSelectNoCases。

简单总结一下，空的 select 语句会直接阻塞当前 Goroutine，导致 Goroutine 进入无法被唤醒的永久休眠状态。

2. 单一 Channel

如果当前的 select 条件只包含一个 case，那么编译器会将 select 改写成 if 条件语句。下面对比改写前后的代码：

```
// 改写前
select {
case v, ok <-ch: // case ch <- v
    ...
}

// 改写后
if ch == nil {
    block()
}
v, ok := <-ch // case ch <- v
...
```

cmd/compile/internal/gc.walkselectcases 在处理单操作 select 语句时，会根据 Channel 的收发情况生成不同的语句。当 case 中的 Channel 是空指针时，会直接挂起当前 Goroutine并陷入永久休眠。

3. 非阻塞操作

当 select 中仅包含两个 case，并且其中一个是 default 时，Go 语言的编译器就会认为这是一次非阻塞收发操作。cmd/compile/internal/gc.walkselectcases 会单独处理这种情况。不过在正式优化之前，该函数会将 case 中的所有 Channel 都转换成指向 Channel 的地址。接下来我们分别看一下非阻塞发送和非阻塞接收时，编译器进行的不同优化。

❒ 发送

首先是 Channel 的发送过程，当 case 中表达式的类型是 OSEND 时，编译器会使用条件语句和 runtime.selectnbsend 函数改写代码：

```
select {
case ch <- i:
    ...
default:
    ...
}

if selectnbsend(ch, i) {
    ...
} else {
    ...
}
```

这段代码中最重要的就是 runtime.selectnbsend，它为我们提供了向 Channel 非阻塞地发送数据的能力。前面介绍了向 Channel 发送数据的 runtime.chansend 函数包含一个 block 参数，该参数会决定此次发送是不是阻塞的：

```
func selectnbsend(c *hchan, elem unsafe.Pointer) (selected bool) {
    return chansend(c, elem, false, getcallerpc())
}
```

由于我们向 runtime.chansend 函数传入了非阻塞，所以在不存在接收方或者缓冲区空间不足时，当前 Goroutine 都不会阻塞而会直接返回。

❒ 接收

由于从 Channel 中接收数据可能会返回一个或两个值，所以接收数据的情况会比发送稍显复杂，不过改写的套路差不多：

```
// 改写前
select {
case v <- ch: // case v, ok <- ch:
    ......
default:
    ......
}

// 改写后
if selectnbrecv(&v, ch) { // if selectnbrecv2(&v, &ok, ch) {
    ...
```

```
} else {
    ...
}
```

返回值数量不同会导致使用函数的不同，两个用于非阻塞接收消息的函数 runtime.selectnbrecv 和 runtime.selectnbrecv2 只是对 runtime.chanrecv 返回值的处理稍有不同：

```
func selectnbrecv(elem unsafe.Pointer, c *hchan) (selected bool) {
    selected, _ = chanrecv(c, elem, false)
    return
}

func selectnbrecv2(elem unsafe.Pointer, received *bool, c *hchan) (selected bool) {
    selected, *received = chanrecv(c, elem, false)
    return
}
```

因为接收方不需要，所以 runtime.selectnbrecv 会直接忽略返回的布尔值，而 runtime.selectnbrecv2 会将布尔值回传给调用方。与 runtime.chansend 一样，runtime.chanrecv 也提供了一个 block 参数用于控制这次接收是否阻塞。

4. 常见流程

在默认的情况下，编译器使用如下流程处理 select 语句：

(1) 将所有 case 转换成包含 Channel 以及类型等信息的 runtime.scase 结构体；

(2) 调用运行时函数 runtime.selectgo 从多个准备就绪的 Channel 中选择一个可执行的 runtime.scase 结构体；

(3) 通过 for 循环生成一组 if 语句，在语句中判断自己是不是被选中的 case。

一条包含 3 个 case 的正常 select 语句其实会被展开成如下所示的逻辑，我们可以看到其中处理的 3 个部分：

```
selv := [3]scase{}
order := [6]uint16
for i, cas := range cases {
    c := scase{}
    c.kind = ...
    c.elem = ...
    c.c = ...
}
chosen, revcOK := selectgo(selv, order, 3)
if chosen == 0 {
    ...
    break
}
if chosen == 1 {
    ...
    break
}
```

```
if chosen == 2 {
    ...
    break
}
```

展开后的代码片段中，最重要的就是用于选择待执行 case 的运行时函数 runtime.selectgo，这也是我们要关注的重点。因为这个函数的实现比较复杂，所以这里分两部分分析它的执行过程：

(1) 执行一些必要的初始化操作并确定 case 的处理顺序；

(2) 在循环中根据 case 的类型做出不同的处理。

❒ 初始化

runtime.selectgo 函数首先会执行必要的初始化操作，并决定处理 case 的顺序——轮询顺序 pollOrder 和加锁顺序 lockOrder：

```
func selectgo(cas0 *scase, order0 *uint16, ncases int) (int, bool) {
    cas1 := (*[1 << 16]scase)(unsafe.Pointer(cas0))
    order1 := (*[1 << 17]uint16)(unsafe.Pointer(order0))

    ncases := nsends + nrecvs
    scases := cas1[:ncases:ncases]
    pollorder := order1[:ncases:ncases]
    lockorder := order1[ncases:][:ncases:ncases]

    norder := 0
    for i := range scases {
        cas := &scases[i]
    }

    for i := 1; i < ncases; i++ {
        j := fastrandn(uint32(i + 1))
        pollorder[norder] = pollorder[j]
        pollorder[j] = uint16(i)
        norder++
    }
    pollorder = pollorder[:norder]
    lockorder = lockorder[:norder]

    // 根据 Channel 的地址排序确定加锁顺序
    ...
    sellock(scases, lockorder)
    ...
}
```

轮询顺序 pollOrder 和加锁顺序 lockOrder 是分别通过以下方式确认的。

- 轮询顺序：通过 runtime.fastrandn 函数引入随机性。
- 加锁顺序：按照 Channel 的地址排序后确定加锁顺序。

随机的轮询顺序可以避免 Channel 的饥饿问题，保证公平性；而根据 Channel 的地址顺序确定加锁顺序能够避免发生死锁。这段代码最后调用的 runtime.sellock 会按照之前生成的加锁顺序锁定

select 语句中包含的所有 Channel。

❐ 循环

当我们为 select 语句锁定了所有 Channel 之后，就会进入 runtime.selectgo 函数的主循环，它会分 3 个阶段查找或者等待某个 Channel 准备就绪：

(1) 查找是否已经存在准备就绪的 Channel，即可以执行收发操作；

(2) 将当前 Goroutine 加入 Channel 对应的收发队列并等待其他 Goroutine 被唤醒；

(3) 当前 Goroutine 被唤醒之后找到满足条件的 Channel 并进行处理。

runtime.selectgo 函数会根据不同情况，通过 goto 语句跳转到函数内部的不同标签执行相应的逻辑，其中包括：

- bufrecv，可以从缓冲区读取数据；
- bufsend，可以向缓冲区写入数据；
- recv，可以从休眠的发送方获取数据；
- send，可以向休眠的接收方发送数据；
- rclose，可以从关闭的 Channel 读取 EOF；
- sclose，向关闭的 Channel 发送数据；
- retc，结束调用并返回。

我们先来分析循环执行的第一个阶段，查找已经准备就绪的 Channel。循环会遍历所有 case 并找到需要被唤醒的 runtime.sudog 结构。在这个阶段，我们会根据 case 的 4 种类型分别处理，如图 5-7 所示。

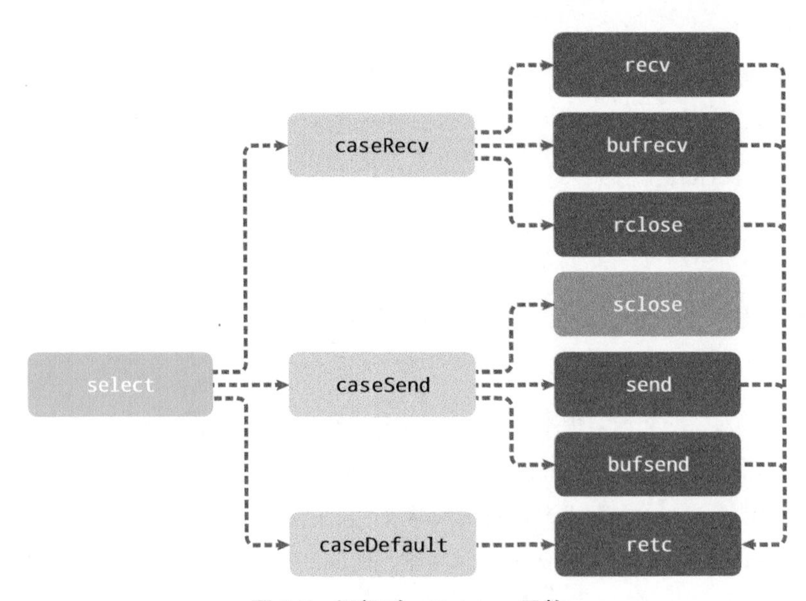

图 5-7　运行时 selectgo 函数

- 当 case 不包含 Channel 时：

  这种 case 会被跳过。

- 当 `case` 会从 Channel 中接收数据时：
  - 如果当前 Channel 的 `sendq` 上有等待的 Goroutine，就会跳到 `recv` 标签并从缓冲区读取数据后将等待的 Goroutine 中的数据放入缓冲区中相同的位置；
  - 如果当前 Channel 的缓冲区不为空，就会跳到 `bufrecv` 标签处从缓冲区获取数据；
  - 如果当前 Channel 已经被关闭，就会跳到 `rclose` 做一些清除的收尾工作。
- 当 `case` 会向 Channel 发送数据时：
  - 如果当前 Channel 已经被关闭，就会直接跳到 `sclose` 标签，触发 `panic` 尝试中止程序；
  - 如果当前 Channel 的 `recvq` 上有等待的 Goroutine，就会跳到 `send` 标签，向 Channel 发送数据；
  - 如果当前 Channel 的缓冲区存在空闲位置，就会将待发送的数据存入缓冲区。
- 当 `select` 语句中包含 `default` 时：

  表示前面的所有 `case` 都没有被执行，这里会解锁所有 Channel 并返回，意味着当前 `select` 结构中的收发都是非阻塞的。

第一阶段的主要职责是查找所有 `case` 中是否有可以立刻被处理的 Channel。无论是在等待的 Goroutine 上还是缓冲区中，只要存在数据满足条件就会立刻处理；如果不能立刻找到活跃的 Channel，就会进入循环的下一阶段，按照需要将当前 Goroutine 加入 Channel 的 `sendq` 或者 `recvq` 队列中：

```
func selectgo(cas0 *scase, order0 *uint16, ncases int) (int, bool) {
    ...
    gp = getg()
    nextp = &gp.waiting
    for _, casei := range lockorder {
        casi = int(casei)
        cas = &scases[casi]
        c = cas.c
        sg := acquireSudog()
        sg.g = gp
        sg.c = c

        if casi < nsends {
            c.sendq.enqueue(sg)
        } else {
            c.recvq.enqueue(sg)
        }
    }

    gopark(selparkcommit, nil, waitReasonSelect, traceEvGoBlockSelect, 1)
    ...
}
```

除将当前 Goroutine 对应的 `runtime.sudog` 结构体加入队列外，这些结构体都会被串成链表附着在 Goroutine 上，如图 5-8 所示。在入队之后会调用 runtime.gopark 挂起当前 Goroutine 等待调度器唤醒。

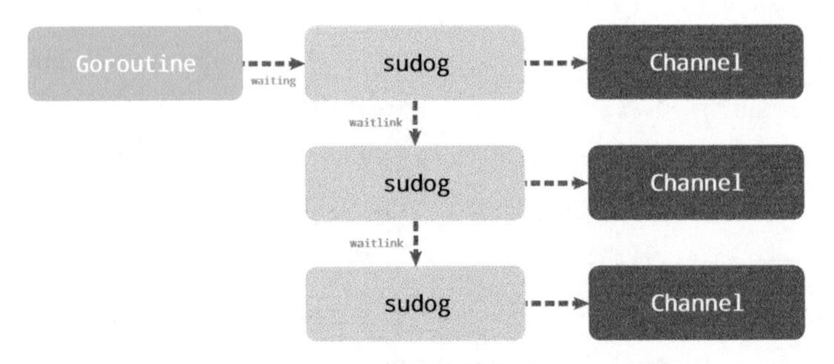

图 5-8　Goroutine 上等待收发的 sudog 链表

等到 select 中的一些 Channel 准备就绪之后，当前 Goroutine 就会被调度器唤醒。这时会继续执行 runtime.selectgo 函数的第三部分，从 runtime.sudog 中读取数据：

```
func selectgo(cas0 *scase, order0 *uint16, ncases int) (int, bool) {
    ...
    sg = (*sudog)(gp.param)
    gp.param = nil

    casi = -1
    cas = nil
    sglist = gp.waiting
    for _, casei := range lockorder {
        k = &scases[casei]
        if sg == sglist {
            casi = int(casei)
            cas = k
        } else {
            c = k.c
            if int(casei) < nsends {
                c.sendq.dequeueSudoG(sglist)
            } else {
                c.recvq.dequeueSudoG(sglist)
            }
        }
        sgnext = sglist.waitlink
        sglist.waitlink = nil
        releaseSudog(sglist)
        sglist = sgnext
    }

    c = cas.c
    goto retc
    ...
}
```

第三次遍历全部 case 时，我们会首先获取当前 Goroutine 接收到的参数 sudog 结构，然后依次对比所有 case 对应的 sudog 结构找到被唤醒的 case，获取该 case 对应的索引并返回。

由于当前的 select 结构找到了一个 case 执行，因此剩余 case 中没有被用到的 sudog 就会被忽略并释放。为了不影响 Channel 的正常使用，需要将这些废弃的 sudog 从 Channel 中出队。

当我们在循环中发现缓冲区中有元素或者缓冲区未满时，就会通过 goto 关键字跳转到 bufrecv 和 bufsend 两个代码段。这两段代码的执行过程都很简单，它们只是向 Channel 中发送数据或者从缓冲区中获取新数据：

```
bufrecv:
    recvOK = true
    qp = chanbuf(c, c.recvx)
    if cas.elem != nil {
        typedmemmove(c.elemtype, cas.elem, qp)
    }
    typedmemclr(c.elemtype, qp)
    c.recvx++
    if c.recvx == c.dataqsiz {
        c.recvx = 0
    }
    c.qcount--
    selunlock(scases, lockorder)
    goto retc

bufsend:
    typedmemmove(c.elemtype, chanbuf(c, c.sendx), cas.elem)
    c.sendx++
    if c.sendx == c.dataqsiz {
        c.sendx = 0
    }
    c.qcount++
    selunlock(scases, lockorder)
    goto retc
```

这里在缓冲区进行的操作与直接调用 runtime.chanrecv 和 runtime.chansend 差不多，上述两个过程在执行结束之后都会直接跳到 retc 字段。

两种直接收发 Channel 的情况会调用运行时函数 runtime.recv 和 runtime.send，这两个函数会与处于休眠状态的 Goroutine 打交道：

```
recv:
    recv(c, sg, cas.elem, func() { selunlock(scases, lockorder) }, 2)
    recvOK = true
    goto retc

send:
    send(c, sg, cas.elem, func() { selunlock(scases, lockorder) }, 2)
    goto retc
```

不过，如果向关闭的 Channel 发送数据或者从关闭的 Channel 中接收数据（代码如下所示），情况就稍微有点儿复杂了：

- 从关闭的 Channel 中接收数据会直接清除该 Channel 中的相关内容；
- 向关闭的 Channel 发送数据会直接触发 `panic` 造成程序崩溃。

```
rclose:
    selunlock(scases, lockorder)
    recvOK = false
    if cas.elem != nil {
        typedmemclr(c.elemtype, cas.elem)
    }
    goto retc

sclose:
    selunlock(scases, lockorder)
    panic(plainError("send on closed channel"))
```

总体来看，`select` 语句中的 Channel 收发操作和直接操作 Channel 没有太多出入，只是由于 `select` 多出了 `default` 关键字所以支持非阻塞收发。

5.2.4 小结

我们简单总结一下 `select` 结构的执行过程与实现原理。首先在编译期间，Go 语言会对 `select` 语句进行优化，它会根据 `select` 中 `case` 的不同选择不同的优化路径。

- 空的 `select` 语句会被转换成调用 `runtime.block` 直接挂起当前 Goroutine。
- 如果 `select` 语句中只包含一个 `case`，编译器会将其转换成 `if ch == nil { block }; n;` 表达式：
  - 首先判断操作的 Channel 是否为空；
  - 然后执行 `case` 结构中的内容。
- 如果 `select` 语句中只包含两个 `case` 并且其中一个是 `default`，那么会使用 `runtime.selectnbrecv` 和 `runtime.selectnbsend` 非阻塞地执行收发操作。
- 默认情况下会通过 `runtime.selectgo` 获取执行 `case` 的索引，并通过多条 `if` 语句执行对应 `case` 中的代码。

在编译器已经对 `select` 语句进行优化之后，Go 语言会在运行时执行编译期间展开的 `runtime.selectgo` 函数，该函数会按照以下流程执行。

(1) 随机生成一个遍历的轮询顺序 `pollOrder` 并根据 Channel 地址生成加锁顺序 `lockOrder`。

(2) 根据 `pollOrder` 遍历所有 `case`，查看是否有可以立刻处理的 Channel：
  - 如果存在，直接获取 `case` 对应的索引并返回；
  - 如果不存在，创建 `runtime.sudog` 结构体，将当前 Goroutine 加入所有相关 Channel 的收发队列，并调用 `runtime.gopark` 挂起当前 Goroutine 等待调度器唤醒。

(3) 当调度器唤醒当前 Goroutine 时，会再次按照 `lockOrder` 遍历所有 `case`，从中查找需要被处理的 `runtime.sudog` 对应的索引。

`select` 关键字是 Go 语言特有的控制结构，它的实现原理比较复杂，需要编译器和运行时函数的通力合作。

5.2.5 延伸阅读

"select(2) — Linux manual page"

5.3 defer

很多现代编程语言中有 defer 关键字，Go 语言的 defer 会在当前函数返回前执行传入的函数，它经常用于关闭文件描述符、关闭数据库连接以及解锁资源。本节会深入 Go 语言的源代码介绍 defer 关键字的实现原理。相信读完本节，大家会对 defer 的数据结构、实现以及调用过程有更清晰的理解。

作为编程语言中的一个关键字，defer 的实现一定是由编译器和运行时共同完成的。不过在深入源代码分析它的实现之前，我们还是需要了解 defer 关键字的常见使用场景以及使用时的注意事项。

使用 defer 最常见的场景是在函数调用结束后完成一些收尾工作，例如在 defer 中回滚数据库的事务：

```
func createPost(db *gorm.DB) error {
    tx := db.Begin()
    defer tx.Rollback()

    if err := tx.Create(&Post{Author: "Draveness"}).Error; err != nil {
        return err
    }

    return tx.Commit().Error
}
```

在使用数据库事务时，我们可以使用上面的代码在创建事务后，就立刻调用 Rollback 保证事务一定会回滚。哪怕事务真的执行成功了，调用 tx.Commit() 之后再执行 tx.Rollback() 也不会影响已经提交的事务。

5.3.1 现象

在 Go 语言中使用 defer 时会遇到两个常见问题，下面介绍具体的场景并分析这两个现象背后的设计原理：

- defer 关键字的调用时机以及多次调用 defer 时执行顺序是如何确定的；
- defer 关键字使用传值的方式传递参数时会进行预计算，这会导致结果不符合预期。

1. 作用域

向 defer 关键字传入的函数会在函数返回之前运行。假设我们在 for 循环中多次调用 defer 关键字：

```
func main() {
    for i := 0; i < 5; i++ {
        defer fmt.Println(i)
    }
}

$ go run main.go
4
3
2
1
0
```

运行上述代码会倒序执行传入 defer 关键字的所有表达式，因为最后一次调用 defer 时传入了 fmt.Println(4)，所以这段代码会优先打印 4。我们可以通过下面这个简单例子强化对 defer 执行时机的理解：

```
func main() {
    {
        defer fmt.Println("defer runs")
        fmt.Println("block ends")
    }

    fmt.Println("main ends")
}

$ go run main.go
block ends
main ends
defer runs
```

从上述代码的输出可以发现，defer 传入的函数不是在退出代码块的作用域时执行的，它只会在当前函数和方法返回之前被调用。

2. 预计算参数

Go 语言中所有的函数调用都是传值的，虽然 defer 是关键字，但也继承了这个特性。假设我们要计算 main 函数运行的时间，可能会写出以下代码：

```
func main() {
    startedAt := time.Now()
    defer fmt.Println(time.Since(startedAt))

    time.Sleep(time.Second)
}

$ go run main.go
0s
```

然而上述代码的运行结果并不符合我们的预期，这个现象背后的原因是什么呢？经过分析，我们发现调用 defer 关键字会立刻复制函数中引用的外部参数，所以 time.Since(startedAt) 的结果不是在 main 函数退出之前计算的，而是在 defer 关键字调用时计算的，最终导致上述代码输出 0s。

解决这个问题的方法非常简单，只需要向 defer 关键字传入匿名函数：

```
func main() {
    startedAt := time.Now()
    defer func() { fmt.Println(time.Since(startedAt)) }()

    time.Sleep(time.Second)
}

$ go run main.go
1s
```

虽然调用 defer 关键字时也使用值传递，但是因为复制的是函数指针，所以 time.Since(startedAt) 会在 main 函数返回前调用并打印出符合预期的结果。

5.3.2 数据结构

在介绍 defer 函数的执行过程与实现原理之前，我们首先来了解一下 defer 关键字在 Go 语言源代码中对应的数据结构：

```
type _defer struct {
    siz       int32
    started   bool
    openDefer bool
    sp        uintptr
    pc        uintptr
    fn        *funcval
    _panic    *_panic
    link      *_defer
}
```

runtime._defer 结构体是延迟调用链表上的一个元素，所有结构体都会通过 link 字段串联成链表，如图 5-9 所示。

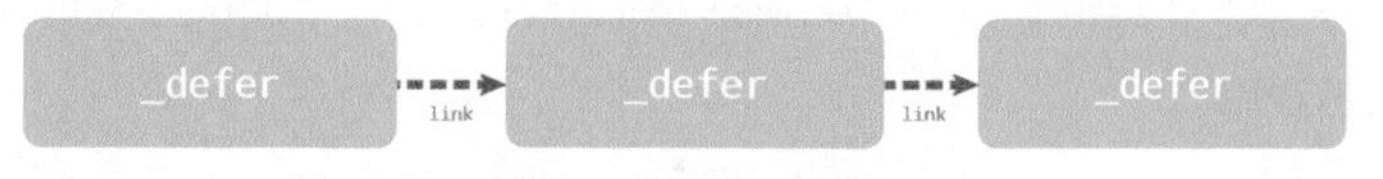

图 5-9 延迟调用链表

简单介绍一下 runtime._defer 结构体中的几个字段：

- siz 是参数和结果的内存大小；
- sp 和 pc 分别代表栈指针和调用方的程序计数器；

- fn 是 defer 关键字中传入的函数；
- _panic 是触发延迟调用的结构体，可能为空；
- openDefer 表示当前 defer 是否经过开放编码优化。

除上述这些字段外，runtime._defer 中还包含一些垃圾收集机制使用的字段，这里为了方便理解就都省去了。

5.3.3 执行机制

中间代码生成阶段的 cmd/compile/internal/gc.state.stmt 会负责处理程序中的 defer，该函数会根据条件的不同，使用 3 种机制处理该关键字：

```
func (s *state) stmt(n *Node) {
    ...
    switch n.Op {
    case ODEFER:
        if s.hasOpenDefers {
            s.openDeferRecord(n.Left) // 开放编码
        } else {
            d := callDefer // 堆中分配
            if n.Esc == EscNever {
                d = callDeferStack // 栈上分配
            }
            s.callResult(n.Left, d)
        }
    }
}
```

堆中分配、栈上分配和开放编码是处理 defer 关键字的 3 种方法。早期的 Go 语言会在堆中分配 runtime._defer 结构体，不过该实现的性能较差。Go 1.13 引入栈上分配的结构体，减少了 30% 的额外开销[①]；Go 1.14 引入了基于开放编码的 defer，使得该关键字的额外开销可以忽略不计[②]。下面分别介绍 defer 的 3 种设计与实现原理。

5.3.4 堆中分配

根据 cmd/compile/internal/gc.state.stmt 方法对 defer 的处理可以看出，堆中分配的 runtime._defer 结构体是默认的兜底方案，当该方案被启用时，编译器会调用 cmd/compile/internal/gc.state.callResult 和 cmd/compile/internal/gc.state.call，这表示 defer 在编译器看来也是函数调用。

cmd/compile/internal/gc.state.call 会负责为所有函数和方法调用生成中间代码，它的工作内容包括：

(1) 获取需要执行的函数名、闭包指针、代码指针和函数调用的接收方；

---

① 参见 171758: cmd/compile, runtime: allocate defer records on the stack。

② 参见 190098: cmd/compile, cmd/link, runtime: make defers low-cost through inline code and extra funcdata。

(2) 获取栈地址并将函数或方法的参数写入栈中；

(3) 使用 cmd/compile/internal/gc.state.newValue1A 以及相关函数生成函数调用的中间代码；

(4) 如果当前调用的函数是 defer，那么会单独生成相关结束代码块；

(5) 获取函数的返回值地址并结束当前调用。

代码如下所示：

```
func (s *state) call(n *Node, k callKind, returnResultAddr bool) *ssa.Value {
    ...
    var call *ssa.Value
    if k == callDeferStack {
        // 在栈上初始化 defer 结构体
        ...
    } else {
        ...
        switch {
        case k == callDefer:
            aux := ssa.StaticAuxCall(deferproc, ACArgs, ACResults)
            call = s.newValue1A(ssa.OpStaticCall, types.TypeMem, aux, s.mem())
        ...
        }
        call.AuxInt = stksize
    }
    s.vars[&memVar] = call
    ...
}
```

从上述代码中我们能看到，defer 关键字在运行期间会调用 runtime.deferproc，这个函数接收了参数大小和闭包所在地址两个参数。

编译器不仅将 defer 关键字都转换成 runtime.deferproc 函数，它还会通过以下 3 个步骤在所有调用 defer 的函数末尾插入 runtime.deferreturn 的函数调用。

(1) cmd/compile/internal/gc.walkstmt 在遇到 ODEFER 节点时会执行 Curfn.Func.SetHasDefer(true) 设置当前函数的 hasdefer 属性。

(2) cmd/compile/internal/gc.buildssa 会执行 s.hasdefer = fn.Func.HasDefer() 更新 state 的 hasdefer。

(3) cmd/compile/internal/gc.state.exit 会根据 state 的 hasdefer 在函数返回之前插入 runtime.deferreturn 的函数调用：

```
func (s *state) exit() *ssa.Block {
    if s.hasdefer {
        ...
        s.rtcall(Deferreturn, true, nil)
    }
    ...
}
```

当运行时将 runtime._defer 分配到堆中时，Go 语言的编译器不仅将 defer 转换成了 runtime.deferproc，还在所有调用 defer 的函数末尾插入了 runtime.deferreturn。上述两个运行时函数是 defer 关键字运行时机制的入口，它们分别承担不同的工作：

- runtime.deferproc 负责创建新的延迟调用；
- runtime.deferreturn 负责在函数调用结束时执行所有延迟调用。

我们以上述两个函数为入口介绍 defer 关键字在运行时的执行过程与工作原理。

1. 创建延迟调用

runtime.deferproc 会为 defer 创建一个新的 runtime._defer 结构体、设置它的函数指针 fn、程序计数器 pc 和栈指针 sp 并将相关参数复制到相邻的内存空间中：

```
func deferproc(siz int32, fn *funcval) {
    sp := getcallersp()
    argp := uintptr(unsafe.Pointer(&fn)) + unsafe.Sizeof(fn)
    callerpc := getcallerpc()

    d := newdefer(siz)
    if d._panic != nil {
        throw("deferproc: d.panic != nil after newdefer")
    }
    d.fn = fn
    d.pc = callerpc
    d.sp = sp
    switch siz {
    case 0:
    case sys.PtrSize:
        *(*uintptr)(deferArgs(d)) = *(*uintptr)(unsafe.Pointer(argp))
    default:
        memmove(deferArgs(d), unsafe.Pointer(argp), uintptr(siz))
    }

    return0()
}
```

最后调用的 runtime.return0 是唯一不会触发延迟调用的函数，它可以避免递归 runtime.deferreturn 的递归调用。

runtime.deferproc 中 runtime.newdefer 的作用是想尽办法获得 runtime._defer 结构体，这里包含 3 种路径：

(1) 从调度器的延迟调用缓存池 sched.deferpool 中取出结构体，并将其追加到当前 Goroutine 的缓存池中；

(2) 从 Goroutine 的延迟调用缓存池 pp.deferpool 中取出结构体；

(3) 通过 runtime.mallocgc 在堆中创建一个新的结构体。

代码如下所示：

```go
func newdefer(siz int32) *_defer {
    var d *_defer
    sc := deferclass(uintptr(siz))
    gp := getg()
    if sc < uintptr(len(p{}.deferpool)) {
        pp := gp.m.p.ptr()
        if len(pp.deferpool[sc]) == 0 && sched.deferpool[sc] != nil {
            for len(pp.deferpool[sc]) < cap(pp.deferpool[sc])/2 && sched.deferpool[sc] != nil {
                d := sched.deferpool[sc]
                sched.deferpool[sc] = d.link
                pp.deferpool[sc] = append(pp.deferpool[sc], d)
            }
        }
        if n := len(pp.deferpool[sc]); n > 0 {
            d = pp.deferpool[sc][n-1]
            pp.deferpool[sc][n-1] = nil
            pp.deferpool[sc] = pp.deferpool[sc][:n-1]
        }
    }
    if d == nil {
        total := roundupsize(totaldefersize(uintptr(siz)))
        d = (*_defer)(mallocgc(total, deferType, true))
    }
    d.siz = siz
    d.link = gp._defer
    gp._defer = d
    return d
}
```

无论使用哪种方式，只要获取到 `runtime._defer` 结构体，都会把它追加到所在 Goroutine `_defer` 链表的最前面，如图 5-10 所示。

`defer` 关键字的插入顺序是从后向前的，而 `defer` 关键字执行是从前向后的，这也是为什么后调用的 `defer` 会优先执行。

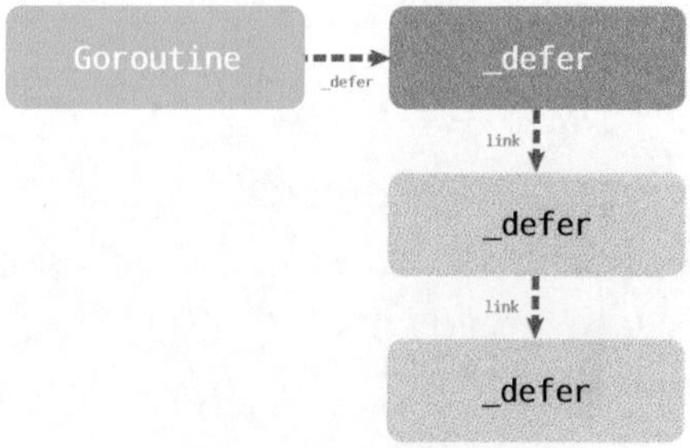

图 5-10　追加新的延迟调用

2. 执行延迟调用

`runtime.deferreturn` 会从 Goroutine 的 `_defer` 链表中取出最前面的 `runtime._defer`，并调用 `runtime.jmpdefer` 传入需要执行的函数和参数：

```go
func deferreturn(arg0 uintptr) {
    gp := getg()
    d := gp._defer
    if d == nil {
        return
    }
    sp := getcallersp()
    ...

    switch d.siz {
```

```
    case 0:
    case sys.PtrSize:
        *(*uintptr)(unsafe.Pointer(&arg0)) = *(*uintptr)(deferArgs(d))
    default:
        memmove(unsafe.Pointer(&arg0), deferArgs(d), uintptr(d.siz))
    }
    fn := d.fn
    gp._defer = d.link
    freedefer(d)
    jmpdefer(fn, uintptr(unsafe.Pointer(&arg0)))
}
```

runtime.jmpdefer 是一个用汇编语言实现的运行时函数，其主要工作是跳转到 defer 所在代码段并在执行结束之后跳转回 runtime.deferreturn：

```
TEXT runtime·jmpdefer(SB), NOSPLIT, $0-8
    MOVL    fv+0(FP), DX     // 函数
    MOVL    argp+4(FP), BX    // 调用方 sp
    LEAL    -4(BX), SP    // 调用后的调用方 sp
#ifdef GOBUILDMODE_shared
    SUBL    $16, (SP)     // 再次返回到 CALL
#else
    SUBL    $5, (SP)     // 再次返回到 CALL
#endif
    MOVL    0(DX), BX
    JMP    BX     // 先返回延迟的函数
```

runtime.deferreturn 会多次判断当前 Goroutine 的 _defer 链表中是否有未执行的结构体，该函数只有在所有延迟函数都执行后才会返回。

5.3.5 栈上分配

默认情况下，Go 语言中 runtime._defer 结构体都会在堆中分配，如果我们能将部分结构体分配到栈上就可以节约内存分配带来的额外开销。

Go 1.13 对 defer 关键字进行了优化，当该关键字在函数体中最多执行一次时，编译期间的 cmd/compile/internal/gc.state.call 会将结构体分配到栈上并调用 runtime.deferprocStack：

```
func (s *state) call(n *Node, k callKind) *ssa.Value {
    ...
    var call *ssa.Value
    if k == callDeferStack {
        // 在栈上创建 _defer 结构体
        t := deferstruct(stksize)
        ...

        ACArgs = append(ACArgs, ssa.Param{Type: types.Types[TUINTPTR], Offset: int32(Ctxt.
FixedFrameSize())})
        aux := ssa.StaticAuxCall(deferprocStack, ACArgs, ACResults) // 调用 deferprocStack
        arg0 := s.constOffPtrSP(types.Types[TUINTPTR], Ctxt.FixedFrameSize())
        s.store(types.Types[TUINTPTR], arg0, addr)
        call = s.newValue1A(ssa.OpStaticCall, types.TypeMem, aux, s.mem())
```

```
        call.AuxInt = stksize
    } else {
        ...
    }
    s.vars[&memVar] = call
    ...
}
```

因为在编译期间我们已经创建了 `runtime._defer` 结构体，所以在运行期间 `runtime.deferprocStack` 只需要设置一些未在编译期间初始化的字段，就可以将栈上的 `runtime._defer` 追加到函数的链表上：

```
func deferprocStack(d *_defer) {
    gp := getg()
    d.started = false
    d.heap = false // 栈上分配的 _defer
    d.openDefer = false
    d.sp = getcallersp()
    d.pc = getcallerpc()
    d.framepc = 0
    d.varp = 0
    *(*uintptr)(unsafe.Pointer(&d._panic)) = 0
    *(*uintptr)(unsafe.Pointer(&d.fd)) = 0
    *(*uintptr)(unsafe.Pointer(&d.link)) = uintptr(unsafe.Pointer(gp._defer))
    *(*uintptr)(unsafe.Pointer(&gp._defer)) = uintptr(unsafe.Pointer(d))

    return0()
}
```

除了分配位置不同，栈上分配和堆中分配的 `runtime._defer` 并没有本质上的不同，而该方法适用于绝大多数场景；与堆中分配的 `runtime._defer` 相比，该方法可以将 `defer` 关键字的额外开销降低约 30%。

5.3.6 开放编码

Go 1.14 通过**开放编码**（open coded）实现 `defer` 关键字，该设计使用代码内联优化 `defer` 关键字的额外开销并引入函数数据 `funcdata` 管理 `panic` 的调用[①]，该优化可以将 `defer` 的调用开销从 Go 1.13 的约 35ns 降至约 6ns：

```
With normal (stack-allocated) defers only:         35.4  ns/op
With open-coded defers:                              5.6  ns/op
Cost of function call alone (remove defer keyword): 4.4  ns/op
```

然而开放编码作为一种优化 `defer` 关键字的方法，并非在所有场景下都会开启，而只会在满足以下条件时启用：

① 参见 Proposal: Low-cost defers through inline code, and extra funcdata to manage the panic case（Dan Scales, Keith Randall, Austin Clements, 2019）。

- 函数的 defer 少于或等于 8 个；
- 函数的 defer 关键字不能在循环中执行；
- 函数的 return 语句与 defer 语句的乘积小于或等于 15。

初看上述几个条件可能会觉得不明所以，但是当我们深入理解基于开放编码的优化，就可以明白上述限制背后的原因。除上述几个条件外，也有其他条件会限制开放编码的使用，不过这些都是不太重要的细节，这里不会深究。

1. 启用优化

Go 语言会在编译期间就确定是否启用开放编码，在编译器生成中间代码之前，我们会使用 cmd/compile/internal/gc.walkstmt 修改已经生成的抽象语法树，设置函数体上的 OpenCodedDeferDisallowed 属性：

```
const maxOpenDefers = 8

func walkstmt(n *Node) *Node {
    switch n.Op {
    case ODEFER:
        Curfn.Func.SetHasDefer(true)
        Curfn.Func.numDefers++
        if Curfn.Func.numDefers > maxOpenDefers {
            Curfn.Func.SetOpenCodedDeferDisallowed(true)
        }
        if n.Esc != EscNever {
            Curfn.Func.SetOpenCodedDeferDisallowed(true)
        }
        fallthrough
    ...
    }
}
```

就像我们上面提到的，如果函数中 defer 关键字多于 8 个或者 defer 关键字处于 for 循环中，那么我们在这里会禁用开放编码优化，而使用前面提到的方法处理 defer。

在 SSA 中间代码生成阶段的 cmd/compile/internal/gc.buildssa 中，我们也能看到启用开放编码优化的其他条件，也就是返回语句的数量与 defer 数量的乘积需要小于 15：

```
func buildssa(fn *Node, worker int) *ssa.Func {
    ...
    s.hasOpenDefers = s.hasdefer && !s.curfn.Func.OpenCodedDeferDisallowed()
    ...
    if s.hasOpenDefers &&
        s.curfn.Func.numReturns*s.curfn.Func.numDefers > 15 {
        s.hasOpenDefers = false
    }
    ...
}
```

中间代码生成的这两个步骤会决定当前函数是否应该使用开放编码优化 defer 关键字，一旦确定使用开放编码，就会在编译期间初始化延迟比特和延迟记录。

2. 延迟记录

延迟比特和延迟记录是使用开放编码实现 defer 的两个最重要的结构，一旦决定使用开放编码，cmd/compile/internal/gc.buildssa 会在编译期间在栈上初始化大小为 8 比特的 deferBits 变量：

```
func buildssa(fn *Node, worker int) *ssa.Func {
    ...
    if s.hasOpenDefers {
        deferBitsTemp := tempAt(src.NoXPos, s.curfn, types.Types[TUINT8]) // 初始化延迟比特
        s.deferBitsTemp = deferBitsTemp
        startDeferBits := s.entryNewValue0(ssa.OpConst8, types.Types[TUINT8])
        s.vars[&deferBitsVar] = startDeferBits
        s.deferBitsAddr = s.addr(deferBitsTemp)
        s.store(types.Types[TUINT8], s.deferBitsAddr, startDeferBits)
        s.vars[&memVar] = s.newValue1Apos(ssa.OpVarLive, types.TypeMem, deferBitsTemp, s.
mem(), false)
    }
}
```

延迟比特中的每一个比特位都表示该位对应的 defer 关键字是否需要被执行，如图 5-11 所示，其中 8 比特的倒数第二个比特在函数返回前被设置成了 1，那么该比特位对应的函数会在函数返回前执行。

图 5-11　延迟比特

因为不是函数中所有 defer 语句都会在函数返回前执行，所以如下所示的代码只会在 if 语句的条件为真时，其中的 defer 语句才会在结尾被执行[①]：

```
deferBits := 0 // 初始化 deferBits

_f1, _a1 := f1, a1  // 保存函数以及参数
deferBits |= 1 << 0 // 将 deferBits 最后一位设置为 1

if condition {
    _f2, _a2 := f2, a2  // 保存函数以及参数
    deferBits |= 1 << 1 // 将 deferBits 倒数第二位设置为 1
}
exit:

if deferBits & 1 << 1 != 0 {
```

① 参见“Three mechanisms of Go language defer statements”。

```
    deferBits &^= 1 << 1
    _f2(a2)
}

if deferBits & 1 << 0 != 0 {
    deferBits &^= 1 << 0
    _f1(a1)
}
```

延迟比特的作用就是标记哪些 defer 关键字在函数中被执行，这样在函数返回时可以根据对应 deferBits 的内容确定执行的函数。而正是因为 deferBits 的大小仅为 8 比特，所以该优化的启用条件为函数中的 defer 关键字少于 8 个。

上述伪代码展示了开放编码的实现原理，但是仍然缺少一些细节，例如传入 defer 关键字的函数和参数都会存储在如下所示的 cmd/compile/internal/gc.openDeferInfo 结构体中：

```
type openDeferInfo struct {
    n           *Node
    closure     *ssa.Value
    closureNode *Node
    rcvr        *ssa.Value
    rcvrNode    *Node
    argVals     []*ssa.Value
    argNodes    []*Node
}
```

当编译器在调用 cmd/compile/internal/gc.buildssa 构建中间代码时，会通过 cmd/compile/internal/gc.state.openDeferRecord 方法在栈上构建结构体，该结构体的 closure 中存储着调用的函数，rcvr 中存储着方法的接收者，而最后的 argVals 中存储了函数的参数。

很多 defer 语句可以在编译期间判断是否被执行，如果函数中的 defer 语句都会在编译期间确定，中间代码生成阶段就会直接调用 cmd/compile/internal/gc.state.openDeferExit，在函数返回前生成判断 deferBits 的代码，也就是上述伪代码的后半部分。

不过当程序遇到运行时才能判断的条件语句时，仍然需要由运行时的 runtime.deferreturn 决定是否执行 defer 关键字：

```
func deferreturn(arg0 uintptr) {
    gp := getg()
    d := gp._defer
    sp := getcallersp()
    if d.openDefer {
        runOpenDeferFrame(gp, d)
        gp._defer = d.link
        freedefer(d)
        return
    }
    ...
}
```

该函数为开放编码做了特殊的优化，运行时会调用 runtime.runOpenDeferFrame 执行活跃的开放编码延迟函数，该函数会做以下工作：

(1) 从 runtime._defer 结构体中读取 deferBits、函数 defer 数量等信息；

(2) 在循环中依次读取函数的地址和参数信息并通过 deferBits 判断是否需要执行该函数；

(3) 调用 runtime.reflectcallSave 并传入要执行的 defer 函数。

代码如下所示：

```
func runOpenDeferFrame(gp *g, d *_defer) bool {
    fd := d.fd

    ...
    deferBitsOffset, fd := readvarintUnsafe(fd)
    nDefers, fd := readvarintUnsafe(fd)
    deferBits := *(*uint8)(unsafe.Pointer(d.varp - uintptr(deferBitsOffset)))

    for i := int(nDefers) - 1; i >= 0; i-- {
        var argWidth, closureOffset, nArgs uint32 // 读取函数的地址和参数信息
        argWidth, fd = readvarintUnsafe(fd)
        closureOffset, fd = readvarintUnsafe(fd)
        nArgs, fd = readvarintUnsafe(fd)
        if deferBits&(1<<i) == 0 {
            ...
            continue
        }
        closure := *(**funcval)(unsafe.Pointer(d.varp - uintptr(closureOffset)))
        d.fn = closure

        ...

        deferBits = deferBits &^ (1 << i)
        *(*uint8)(unsafe.Pointer(d.varp - uintptr(deferBitsOffset))) = deferBits
        p := d._panic
        reflectcallSave(p, unsafe.Pointer(closure), deferArgs, argWidth)
        if p != nil && p.aborted {
            break
        }
        d.fn = nil
        memclrNoHeapPointers(deferArgs, uintptr(argWidth))
        ...
    }
    return done
}
```

为了支持开放编码，Go 语言的编译器在中间代码生成阶段做了很多修改，这里虽然省略了很多细节，但也可以很好地展示 defer 关键字的实现原理。

5.3.7 小结

defer 关键字的实现主要依靠编译器和运行时的协作，我们总结一下本节提到的 3 种机制。

- 堆中分配——Go 1.1～Go 1.12：
  - 编译器将 defer 关键字转换为 runtime.deferproc，并在调用 defer 关键字的函数返回之前插入 runtime.deferreturn；
  - 运行时调用 runtime.deferproc 会将一个新的 runtime._defer 结构体追加到当前 Goroutine 的链表头；
  - 运行时调用 runtime.deferreturn 会从 Goroutine 的链表中取出 runtime._defer 结构并依次执行。
- 栈上分配——Go 1.13：
  当该关键字在函数体中最多执行一次时，编译期间的 cmd/compile/internal/gc.state.call 会将结构体分配到栈上，并调用 runtime.deferprocStack。
- 开放编码——Go 1.14 至今：
  - 编译期间判断 defer 关键字、return 语句的数目确定是否开启开放编码优化；
  - 通过 deferBits 和 cmd/compile/internal/gc.openDeferInfo 存储 defer 关键字相关信息；
  - 如果 defer 关键字的执行可以在编译期间确定，会在函数返回前直接插入相应代码，否则会由运行时的 runtime.deferreturn 处理。

前面提到的两个现象这里也可以解释清楚了。

- 后调用的 defer 函数会先执行：
  - 后调用的 defer 函数会被追加到 Goroutine _defer 链表的最前面；
  - 运行 runtime._defer 时是从前到后依次执行的。
- 会预先计算函数的参数：
  如果调用 runtime.deferproc 函数创建新的延迟调用，就会立刻复制函数的参数，函数的参数不会等到真正执行时计算。

5.3.8 延伸阅读

- “5 Gotchas of Defer in Go—Part I”
- “Golang defer clarification”
- “Dive into stack and defer/panic/recover in go”
- “Defer, Panic, and Recover”

5.4 panic 和 recover

本节将分析 Go 语言中经常成对出现的两个关键字——panic 和 recover。这两个关键字与上一节提到的 defer 有紧密的联系，它们都是 Go 语言的内置函数，并且功能互补。

- panic 能够改变程序的控制流，调用 panic 后会立刻停止执行当前函数的剩余代码，并在当前 Goroutine 中递归执行调用方的 defer，如图 5-12 所示。
- recover 可以中止 panic 造成的程序崩溃。该函数只能在 defer 中发挥作用，在其他作用域中调用不会发挥作用。

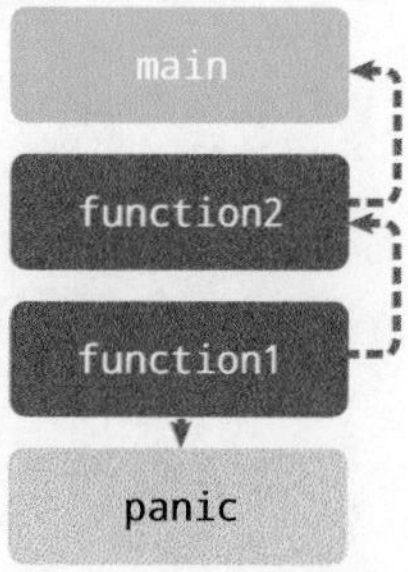

图 5-12 panic 触发的递归延迟调用

5.4.1 现象

我们先通过几个例子了解一下使用 panic 和 recover 关键字时遇到的现象，部分现象与上一节分析的 defer 关键字有关：

- panic 只会触发当前 Goroutine 的 defer；
- recover 只有在 defer 中调用才会生效；
- panic 允许在 defer 中嵌套多次调用。

1. 跨协程失效

首先要介绍的是：panic 只会触发当前 Goroutine 的延迟函数调用。我们可以通过如下所示的代码进一步了解这种现象：

```
func main() {
	defer println("in main")
	go func() {
		defer println("in goroutine")
		panic("")
	}()

	time.Sleep(1 * time.Second)
}

$ go run main.go
in goroutine
panic:
...
```

运行这段代码会发现 main 函数中的 defer 语句并没有执行，执行的只有当前 Goroutine 中的 defer。

前面我们曾经介绍过，defer 关键字对应的 runtime.deferproc 会将延迟调用函数与调用方所在 Goroutine 进行关联。所以当程序发生崩溃时，只会调用当前 Goroutine 的延迟调用函数是非常合理的。

如图 5-13 所示，多个 Goroutine 之间没有太多关联，一个 Goroutine 在触发 panic 时也不应该执行其他 Goroutine 的延迟函数。

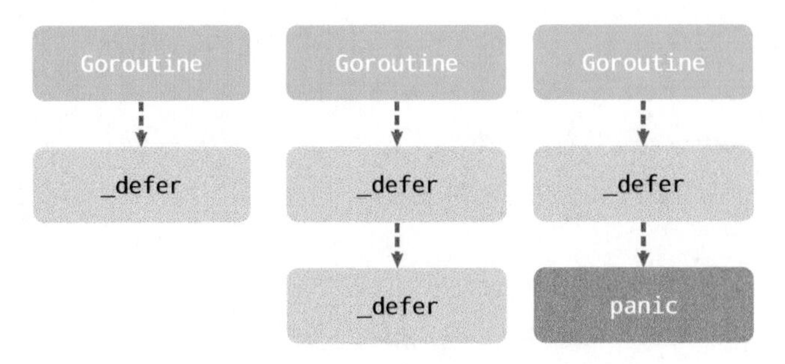

图 5-13 panic 触发当前 Goroutine 的延迟调用

2. 失效的崩溃恢复

初学 Go 语言的读者可能会写出下面的代码，在主程序中调用 recover 试图中止程序的崩溃，但是从运行结果可以看出，下面的程序没有正常退出：

```
func main() {
    defer fmt.Println("in main")
    if err := recover(); err != nil {
        fmt.Println(err)
    }

    panic("unknown err")
}

$ go run main.go
in main
panic: unknown err

goroutine 1 [running]:
main.main()
    ...
exit status 2
```

仔细分析一下这个过程就能理解这种现象背后的原因——recover 只有在发生 panic 之后调用才会生效。然而在上面的控制流中，recover 是在 panic 之前调用的，并不满足生效的条件，所以我们需要在 defer 中使用 recover 关键字。

3. 嵌套崩溃

Go 语言中的 panic 是可以多次嵌套调用的。一些熟悉 Go 语言的读者很可能也不知道这个知识点，下面的代码就展示了如何在 defer 函数中多次调用 panic：

```
func main() {
    defer fmt.Println("in main")
    defer func() {
        defer func() {
            panic("panic again and again")
        }()
```

```
        panic("panic again")
    }()

    panic("panic once")
}

$ go run main.go
in main
panic: panic once
    panic: panic again
    panic: panic again and again

goroutine 1 [running]:
...
exit status 2
```

从程序输出的结果可以确定，程序多次调用 panic 也不会影响 defer 函数的正常执行，所以使用 defer 进行收尾工作一般来说是安全的。

5.4.2 数据结构

在 Go 语言的源代码中，panic 关键字是由数据结构 runtime._panic 表示的。每次调用 panic 都会创建如下所示的数据结构存储相关信息：

```
type _panic struct {
    argp      unsafe.Pointer   ①
    arg       interface{}      ②
    link      *_panic          ③
    recovered bool             ④
    aborted   bool             ⑤
    pc        uintptr
    sp        unsafe.Pointer
    goexit    bool
}
```

① argp 是指向 defer 调用时参数的指针。

② arg 是调用 panic 时传入的参数。

③ link 指向了更早调用的 runtime._panic 结构。

④ recovered 表示当前 runtime._panic 是否被 recover 恢复。

⑤ aborted 表示当前 panic 是否被强行终止。

从数据结构中的 link 字段我们可以推测出以下结论：panic 函数可以被连续多次调用，它们之间通过 link 可以组成链表。

结构体中的 3 个字段 pc、sp 和 goexit 都是为了修复 runtime.Goexit 带来的问题而引入的[①]。runtime.Goexit 能够只结束调用该函数的 Goroutine 而不影响其他 Goroutine，但是该函数会被

① 参见 runtime: ensure that Goexit cannot be aborted by a recursive panic/recover（Dan Scales, 2019）。

defer 中的 panic 和 recover 取消[1]，引入这 3 个字段就是为了保证该函数一定会生效。

5.4.3 程序崩溃

这里先分析一下 panic 函数是终止程序的实现原理，代码如下所示：

```
func gopanic(e interface{}) {
    gp := getg()
    ...
    var p _panic
    p.arg = e
    p.link = gp._panic
    gp._panic = (*_panic)(noescape(unsafe.Pointer(&p)))

    for {
        d := gp._defer
        if d == nil {
            break
        }

        d._panic = (*_panic)(noescape(unsafe.Pointer(&p)))

        reflectcall(nil, unsafe.Pointer(d.fn), deferArgs(d), uint32(d.siz), uint32(d.siz))

        d._panic = nil
        d.fn = nil
        gp._defer = d.link

        freedefer(d)
        if p.recovered {
            ...
        }
    }

    fatalpanic(gp._panic)
    *(*int)(nil) = 0
}
```

编译器会将关键字 panic 转换成 runtime.gopanic，该函数的执行过程包含以下几个步骤：

(1) 创建新的 runtime._panic 并添加到所在 Goroutine 的 _panic 链表的最前面；

(2) 在循环中不断从当前 Goroutine 的 _defer 中链表获取 runtime._defer，并调用 runtime.reflectcall 运行延迟调用函数；

(3) 调用 runtime.fatalpanic 中止整个程序。

需要注意的是，上述函数中省略了 3 部分比较重要的代码。

(1) 恢复程序的 recover 分支中的代码。

(2) 通过内联优化 defer 调用性能的代码[2]：

① 参见 runtime: panic + recover can cancel a call to Goexit #29226。

② 参见 cmd/compile, cmd/link, runtime: make defers low-cost through inline code and extra funcdata（Dan Scales, 2019）。

runtime: make defers low-cost through inline code and extra funcdata。

(3) 修复 runtime.Goexit 异常情况的代码。

Go 1.14 通过 runtime: ensure that Goexit cannot be aborted by a recursive panic/recover 提交解决了递归 panic 和 recover 与 runtime.Goexit 的冲突。

runtime.fatalpanic 实现了无法被恢复的程序崩溃，它在中止程序之前会通过 runtime.printpanics 打印出全部 panic 消息以及调用时传入的参数：

```
func fatalpanic(msgs *_panic) {
    pc := getcallerpc()
    sp := getcallersp()
    gp := getg()

    if startpanic_m() && msgs != nil {
        atomic.Xadd(&runningPanicDefers, -1)
        printpanics(msgs)
    }
    if dopanic_m(gp, pc, sp) {
        crash()
    }

    exit(2)
}
```

打印崩溃消息后会调用 runtime.exit 退出当前程序并返回错误码 2，程序的正常退出也是通过 runtime.exit 实现的。

5.4.4 崩溃恢复

到这里，我们已经掌握了 panic 退出程序的过程，接下来将分析 defer 中的 recover 是如何中止程序崩溃的。编译器会将关键字 recover 转换成 runtime.gorecover：

```
func gorecover(argp uintptr) interface{} {
    gp := getg()
    p := gp._panic
    if p != nil && !p.recovered && argp == uintptr(p.argp) {
        p.recovered = true
        return p.arg
    }
    return nil
}
```

该函数的实现很简单，如果当前 Goroutine 没有调用 panic，那么该函数会直接返回 nil，这也是崩溃恢复在非 defer 中调用会失效的原因。正常情况下，它会修改 runtime._panic 的 recovered 字段，runtime.gorecover 函数中并不包含恢复程序的逻辑，程序的恢复是由 runtime.gopanic 函数负责的：

```go
func gopanic(e interface{}) {
    ...

    for {
        // 执行延迟调用函数，可能会设置p.recovered = true
        ...

        pc := d.pc
        sp := unsafe.Pointer(d.sp)

        ...
        if p.recovered {
            gp._panic = p.link
            for gp._panic != nil && gp._panic.aborted {
                gp._panic = gp._panic.link
            }
            if gp._panic == nil {
                gp.sig = 0
            }
            gp.sigcode0 = uintptr(sp)
            gp.sigcode1 = pc
            mcall(recovery)
            throw("recovery failed")
        }
    }
    ...
}
```

上述代码也省略了 defer 的内联优化，它从 runtime._defer 中取出了程序计数器 pc 和栈指针 sp，并调用 runtime.recovery 函数触发 Goroutine 的调度，调度之前会准备好 sp、pc 以及函数的返回值：

```go
func recovery(gp *g) {
    sp := gp.sigcode0
    pc := gp.sigcode1

    gp.sched.sp = sp
    gp.sched.pc = pc
    gp.sched.lr = 0
    gp.sched.ret = 1
    gogo(&gp.sched)
}
```

当我们调用 defer 关键字时，调用时的栈指针 sp 和程序计数器 pc 就已经存储到了 runtime._defer 结构体中，这里的 runtime.gogo 函数会跳回 defer 关键字调用的位置。

runtime.recovery 在调度过程中会将函数的返回值设置成 1。从 runtime.deferproc 的注释中可以发现，当 runtime.deferproc 函数的返回值是 1 时，编译器生成的代码会直接跳转到调用方函数返回之前并执行 runtime.deferreturn：

```go
func deferproc(siz int32, fn *funcval) {
    ...
```

```
    return0()
}
```

跳转到 runtime.deferreturn 函数之后，程序就已经从 panic 中恢复了并执行正常的逻辑，而 runtime.gorecover 函数也能从 runtime._panic 结构中取出调用 panic 时传入的 arg 参数并返回给调用方。

5.4.5 小结

分析程序的崩溃和恢复过程比较棘手，代码不是特别容易理解。本节简单总结一下程序崩溃和恢复的过程。

- 编译器会负责转换关键字：
  1) 将 panic 和 recover 分别转换成 runtime.gopanic 和 runtime.gorecover；
  2) 将 defer 转换成 runtime.deferproc 函数；
  3) 在调用 defer 的函数末尾调用 runtime.deferreturn 函数。
- 在运行过程中遇到 runtime.gopanic 方法时，会从 Goroutine 的链表依次取出 runtime._defer 结构体并执行。
- 如果调用延迟执行函数时遇到 runtime.gorecover，就会将 _panic.recovered 标记成 true 并返回 panic 的参数：
  1) 在这次调用结束之后，runtime.gopanic 会从 runtime._defer 结构体中取出程序计数器 pc 和栈指针 sp，并调用 runtime.recovery 函数执行恢复程序；
  2) runtime.recovery 会根据传入的 pc 和 sp 跳转回 runtime.deferproc；
  3) 编译器自动生成的代码会发现 runtime.deferproc 的返回值不为 0，这时会跳回 runtime.deferreturn 并恢复到正常的执行流程。
- 如果没有遇到 runtime.gorecover，就会依次遍历所有 runtime._defer，在最后调用 runtime.fatalpanic 中止程序、打印 panic 的参数并返回错误码 2。

分析过程涉及很多语言底层知识，源代码阅读起来也比较晦涩，其中充斥着反常规的控制流程，通过程序计数器来回跳转，不过对于我们理解程序的执行流程还是很有帮助的。

5.4.6 延伸阅读

- “Dive into stack and defer/panic/recover in go”
- “Defer, Panic, and Recover”

5.5 make 和 new

当我们想在 Go 语言中初始化一个结构时，可能会用到两个关键字——make 和 new。因为两者功能相似，所以初学者可能会对它们的作用感到困惑[1]，但是它们能够初始化的变量非常不同。

- make 的作用是初始化内置的数据结构，也就是前面提到的切片、哈希表和 Channel[2]。
- new 的作用是根据传入的类型分配一块内存空间，并返回指向这块内存空间的指针[3]。

我们在代码中往往会使用如下所示的语句初始化这 3 种基本类型，这 3 条语句分别返回了不同类型的数据结构：

```
slice := make([]int, 0, 100)
hash := make(map[int]bool, 10)
ch := make(chan int, 5)
```

- slice 是一个包含 data、cap 和 len 的结构体 reflect.SliceHeader。
- hash 是一个指向 runtime.hmap 结构体的指针。
- ch 是一个指向 runtime.hchan 结构体的指针。

相比于复杂的 make 关键字，new 的功能就简单多了，它只能接收类型作为参数然后返回一个指向该类型的指针，如图 5-14 所示。

```
i := new(int)

var v int
i := &v
```

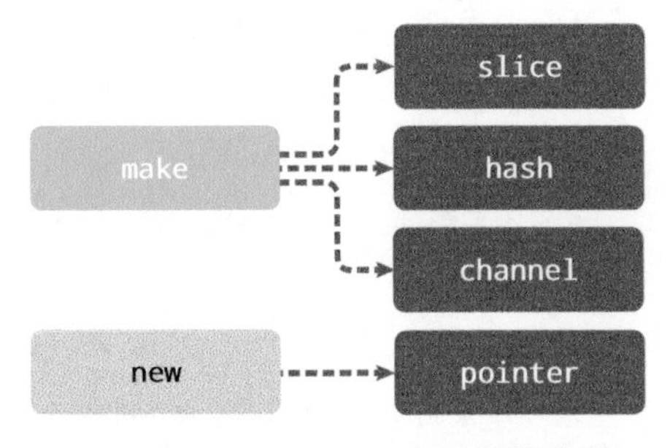

图 5-14　make 和 new 初始化的类型

上述代码片段中的两种初始化方法是等价的，它们都会创建一个指向 int 零值的指针。

接下来我们将分别介绍 make 和 new 初始化不同数据结构的过程，从编译期间和运行时两个阶段理解这两个关键字的原理，不过由于前面已经详细分析过 make 的原理，所以这里会将重点放在另一个关键字 new 上。

5.5.1　make

前面谈过 make 创建切片、哈希表和 Channel 的具体过程，所以这里只简单介绍 make 相关数据结构的初始化原理。

在编译期间的类型检查阶段，Go 语言会将代表 make 关键字的 OMAKE 节点根据参数类型的不同，转换成 OMAKESLICE、OMAKEMAP 和 OMAKECHAN 三种类型的节点（如图 5-15 所示），这些节点会调用不同的运行时函数来初始化相应的数据结构。

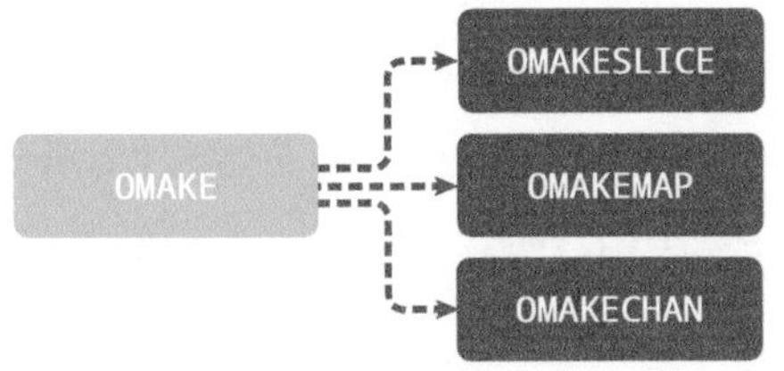

图 5-15　make 关键字的类型检查

① 参见“Make and new”（Google Groups）。
② 参见“Allocation with make”（Go 语言文档）。
③ 参见“Allocation with new”（Go 语言文档）。

5.5.2 new

编译器会在中间代码生成阶段通过以下两个函数处理该关键字。

- cmd/compile/internal/gc.callnew 会将关键字转换成 ONEWOBJ 类型的节点[①]。
- cmd/compile/internal/gc.state.expr 会根据申请空间的大小分两种情况处理：
  - 如果申请的空间为 0，就会返回一个表示空指针的 zerobase 变量；
  - 在遇到其他情况时会将关键字转换成 runtime.newobject 函数。

代码如下所示：

```
func callnew(t *types.Type) *Node {
    ...
    n := nod(ONEWOBJ, typename(t), nil)
    ...
    return n
}

func (s *state) expr(n *Node) *ssa.Value {
    switch n.Op {
    case ONEWOBJ:
        if n.Type.Elem().Size() == 0 {
            return s.newValue1A(ssa.OpAddr, n.Type, zerobaseSym, s.sb)
        }
        typ := s.expr(n.Left)
        vv := s.rtcall(newobject, true, []*types.Type{n.Type}, typ)
        return vv[0]
    }
}
```

需要注意的是，无论是直接使用 new，还是使用 var 初始化变量，在编译器看来，它们都是 ONEW 和 ODCL 节点。如果变量会逃逸到堆中，这些节点在这一阶段都会被 cmd/compile/internal/gc.walkstmt 转换成 runtime.newobject 函数并在堆中申请内存：

```
func walkstmt(n *Node) *Node {
    switch n.Op {
    case ODCL:
        v := n.Left
        if v.Class() == PAUTOHEAP {
            if prealloc[v] == nil {
                prealloc[v] = callnew(v.Type)
            }
            nn := nod(OAS, v.Name.Param.Heapaddr, prealloc[v])
            nn.SetColas(true)
            nn = typecheck(nn, ctxStmt)
            return walkstmt(nn)
        }
    case ONEW:
        if n.Esc == EscNone {
            r := temp(n.Type.Elem())
```

① 参见"Allocation with make"（Go 语言文档）。

```
            r = nod(OAS, r, nil)
            r = typecheck(r, ctxStmt)
            init.Append(r)
            r = nod(OADDR, r.Left, nil)
            r = typecheck(r, ctxExpr)
            n = r
        } else {
            n = callnew(n.Type.Elem())
        }
    }
}
```

不过这也不是绝对的，如果通过 var 或者 new 创建的变量不需要在当前作用域外生存，例如不用作为返回值返回给调用方，那么就不需要在堆中初始化。

runtime.newobject 函数会获取传入类型占用空间的大小，调用 runtime.mallocgc 在堆中申请一块内存空间并返回指向这块内存空间的指针：

```
func newobject(typ *_type) unsafe.Pointer {
    return mallocgc(typ.size, typ, true)
}
```

runtime.mallocgc 函数的实现有 200 多行代码，我们会在后面的章节中详细分析 Go 语言的内存管理机制。

5.5.3 小结

简单总结一下 Go 语言中 make 和 new 关键字的实现原理：make 关键字的作用是创建切片、哈希表和 Channel 等内置数据结构，而 new 的作用是为类型申请一块内存空间，并返回指向这块内存空间的指针。

第6章　并发编程

并发编程是Go语言最重要也最迷人的部分，Go语言为应用程序带来的高并发和高性能都源于此，这也是介绍Go语言设计与实现无法绕过的一部分。

互联网上介绍Go语言并发编程的文章非常多，想要为读者提供不一样的阅读体验是一项极有挑战的工作。本章将分7节介绍Go语言并发编程的方方面面，我们不仅会介绍各个模块的实现原理，还会从设计角度介绍它们为什么要这么设计和实现。通过阅读本章，大家不仅会学到用于传递信号和数据的上下文、解决线程竞争的同步原语、控制时间的定时器，还会掌握Go语言中的Channel、调度器、网络轮询器和系统监控器。

相信本章内容会给各位带来不一样的阅读体验，让大家看待并发编程的视角更加全面。

6.1　上下文

在Go语言中，上下文 `context.Context` 用来设置截止日期、同步信号、传递请求相关值的结构体。上下文与Goroutine的关系比较密切，是Go语言中独特的设计，在其他编程语言中很少见到类似的概念。

`context.Context` 是Go 1.7引入标准库的接口[①]，该接口定义了如下4个需要实现的方法。

- `Deadline`——返回 `context.Context` 被取消的时间，即完成工作的截止日期。
- `Done`——返回一个Channel，这个Channel会在当前工作完成或上下文被取消后关闭，多次调用 `Done` 方法会返回同一个Channel。
- `Err`——返回 `context.Context` 结束的原因，它只会在 `Done` 方法对应的Channel关闭时返回非空值：
    - 如果 `context.Context` 被取消，会返回 `Canceled` 错误；
    - 如果 `context.Context` 超时，会返回 `DeadlineExceeded` 错误。
- `Value`——从 `context.Context` 中获取键对应的值，对于同一个上下文来说，多次调用 `Value` 并传入相同的 `Key` 会返回相同的结果，该方法可以用来传递特定的数据。

代码如下所示：

```
type Context interface {
    Deadline() (deadline time.Time, ok bool)
    Done() <-chan struct{}
```

① 参见proposal: context: new package for standard library #14660。

```
  Err() error
  Value(key interface{}) interface{}
}
```

context 包中提供的 context.Background、context.TODO、context.WithDeadline 和 context.WithValue 函数会返回实现该接口的私有结构体，我们会在后面详细介绍它们的工作原理。

6.1.1 设计原理

context.Context 的最大作用是，在 Goroutine 构成的树形结构中同步信号以减少计算资源的浪费。Go 语言服务的每一个请求都是通过单独的 Goroutine 处理的[①]，HTTP/RPC 请求的处理器会启动新的 Goroutine 访问数据库和其他服务。

如图 6-1 所示，我们可能会创建多个 Goroutine 来处理一次请求，而 context.Context 的作用是在不同 Goroutine 之间同步请求特定数据、取消信号以及处理请求的截止日期。

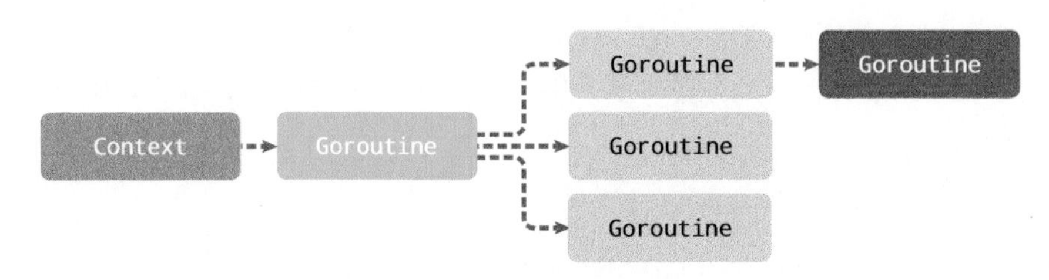

图 6-1 Context 与 Goroutine 树

每一个 context.Context 都会从最顶层的 Goroutine 逐层传递到最底层。context.Context 可以在上层 Goroutine 执行出现错误时将信号及时同步给下层。

如图 6-2 所示，当最上层的 Goroutine 因为某些原因执行失败时，下层的 Goroutine 由于没有接收到这个信号所以会继续工作；但是当我们正确使用 context.Context 时，就可以在下层及时停掉无用的工作以减少额外的资源消耗，如图 6-3 所示。

我们可以通过一个代码片段了解 context.Context 是如何同步信号的。在这段代码中，我们创建了一个过期时间为 1s 的上下文，并向上下文传入 handle 函数，该方法会使用 500ms 的时间处理传入的请求：

图 6-2 不使用 Context 同步信号　　图 6-3 使用 Context 同步信号

① 参见 Go Concurrency Patterns: Context（Sameer Ajmani, 2014）。

```go
func main() {
    ctx, cancel := context.WithTimeout(context.Background(), 1*time.Second)
    defer cancel()

    go handle(ctx, 500*time.Millisecond)
    select {
    case <-ctx.Done():
        fmt.Println("main", ctx.Err())
    }
}

func handle(ctx context.Context, duration time.Duration) {
    select {
    case <-ctx.Done():
        fmt.Println("handle", ctx.Err())
    case <-time.After(duration):
        fmt.Println("process request with", duration)
    }
}
```

因为过期时间大于处理时间，所以我们有足够的时间处理该请求，运行上述代码会打印出以下内容：

```
$ go run context.go
process request with 500ms
main context deadline exceeded
```

`handle` 函数没有进入超时的 `select` 分支，但是 `main` 函数的 `select` 会等待 `context.Context` 超时并打印出 `main context deadline exceeded`。

如果将处理请求的时间增加至 1500ms，整个程序都会因为上下文过期而中止：

```
$ go run context.go
main context deadline exceeded
handle context deadline exceeded
```

相信这两个例子能够帮助各位理解 `context.Context` 的使用方法和设计原理——多个 Goroutine 同时订阅 `ctx.Done()` Channel 中的消息，一旦接收到取消信号就立刻停止当前正在执行的工作。

6.1.2 默认上下文

`context` 包中最常用的方法是 `context.Background` 和 `context.TODO`，这两个方法都会返回预先初始化好的私有变量 `background` 和 `todo`，它们会在同一个 Go 语言程序中被复用：

```go
func Background() Context {
    return background
}

func TODO() Context {
    return todo
}
```

这两个私有变量都是通过 new(emptyCtx) 语句初始化的，它们是指向私有结构体 context.emptyCtx 的指针，这是最简单、最常用的上下文类型：

```
type emptyCtx int

func (*emptyCtx) Deadline() (deadline time.Time, ok bool) {
    return
}

func (*emptyCtx) Done() <-chan struct{} {
    return nil
}

func (*emptyCtx) Err() error {
    return nil
}

func (*emptyCtx) Value(key interface{}) interface{} {
    return nil
}
```

从上述代码中我们不难发现，context.emptyCtx 通过空方法实现了 context.Context 接口中的所有方法，它没有任何功能。

从源代码来看，context.Background（如图 6-4 所示）和 context.TODO 只是互为别名，没有太大差别，只是在使用和语义上稍有不同：

- context.Background 是上下文的默认值，其他所有上下文都应该从它衍生出来；
- context.TODO 应该仅在不确定应该使用哪种上下文时使用。

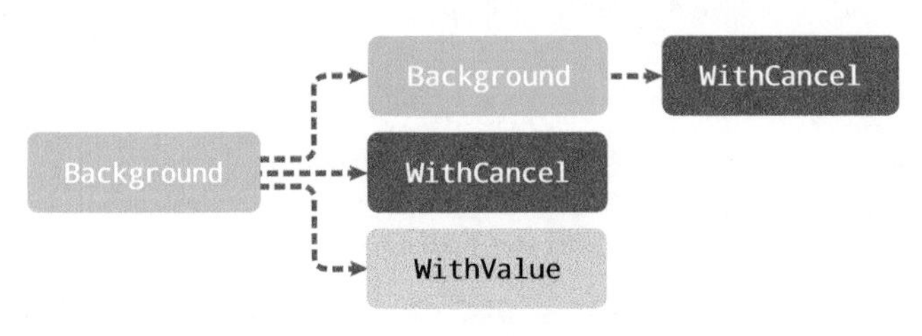

图 6-4　Context 层级关系

在多数情况下，如果当前函数没有上下文作为入参，我们会使用 context.Background 作为起始上下文向下传递。

6.1.3　取消信号

context.WithCancel 函数能够从 context.Context 中衍生出新的子上下文，并返回用于取消该上下文的函数。一旦我们执行返回的取消函数，当前上下文及其子上下文都会被取消，所有 Goroutine 都会同步收到这一取消信号，如图 6-5 所示。

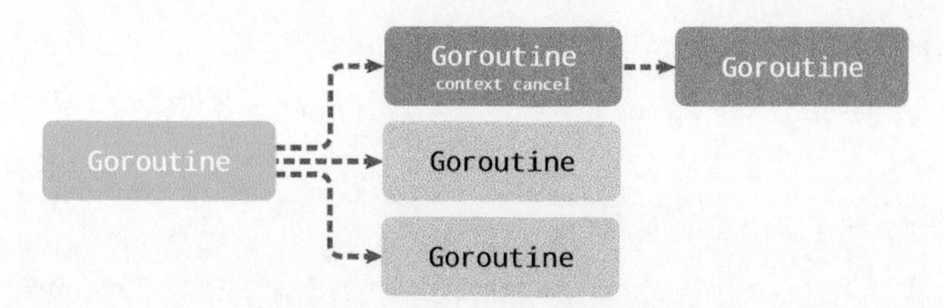

图 6-5 Context 子树的取消

我们直接从 context.WithCancel 函数的实现来看它到底做了什么：

```
func WithCancel(parent Context) (ctx Context, cancel CancelFunc) {
    c := newCancelCtx(parent)
    propagateCancel(parent, &c)
    return &c, func() { c.cancel(true, Canceled) }
}
```

- context.newCancelCtx 将传入的上下文封装成私有结构体 context.cancelCtx；
- context.propagateCancel 会构建父子上下文之间的关联，当父上下文被取消时，子上下文也会被取消。

父子上下文之间的关联代码如下所示：

```
func propagateCancel(parent Context, child canceler) {
    done := parent.Done()
    if done == nil {
        return // 父上下文不会触发取消信号
    }
    select {
    case <-done:
        child.cancel(false, parent.Err()) // 父上下文已经被取消
        return
    default:
    }

    if p, ok := parentCancelCtx(parent); ok {
        p.mu.Lock()
        if p.err != nil {
            child.cancel(false, p.err)
        } else {
            p.children[child] = struct{}{}
        }
        p.mu.Unlock()
    } else {
        go func() {
            select {
            case <-parent.Done():
                child.cancel(false, parent.Err())
            case <-child.Done():
            }
        }()
    }
}
```

上述函数与父上下文相关的3种情况如下。

- 当 `parent.Done() == nil`，即 parent 不会触发取消事件时，当前函数会直接返回。
- 当 child 的继承链包含可以取消的上下文时，会判断 parent 是否已经触发了取消信号：
  - 如果已经被取消，child 会立刻被取消；
  - 如果没有被取消，child 会加入 parent 的 children 列表中，等待 parent 释放取消信号。
- 当父上下文是开发者自定义的类型、实现了 context.Context 接口并在 Done() 方法中返回了非空 Channel 时：
  - 运行一个新的 Goroutine 同时监听 parent.Done() 和 child.Done() 两个 Channel；
  - 在 parent.Done() 关闭时调用 child.cancel 取消子上下文。

context.propagateCancel 的作用是在 parent 和 child 之间同步取消和结束的信号，保证在 parent 被取消时，child 也会收到对应的信号，不会出现状态不一致的情况。

context.cancelCtx 实现的几个接口方法没有太多值得分析的地方，该结构体最重要的方法是 context.cancelCtx.cancel，该方法会关闭上下文中的 Channel 并向所有子上下文同步取消信号：

```go
func (c *cancelCtx) cancel(removeFromParent bool, err error) {
	c.mu.Lock()
	if c.err != nil {
		c.mu.Unlock()
		return
	}
	c.err = err
	if c.done == nil {
		c.done = closedchan
	} else {
		close(c.done)
	}
	for child := range c.children {
		child.cancel(false, err)
	}
	c.children = nil
	c.mu.Unlock()

	if removeFromParent {
		removeChild(c.Context, c)
	}
}
```

除 context.WithCancel 外，context 包中的另外两个函数 context.WithTimeout 和 context.WithDeadline 也都能创建可以被取消的计时器上下文 context.timerCtx：

```go
func WithTimeout(parent Context, timeout time.Duration) (Context, CancelFunc) {
	return WithDeadline(parent, time.Now().Add(timeout))
}

func WithDeadline(parent Context, d time.Time) (Context, CancelFunc) {
	if cur, ok := parent.Deadline(); ok && cur.Before(d) {
```

```go
        return WithCancel(parent)
    }
    c := &timerCtx{
        cancelCtx: newCancelCtx(parent),
        deadline:  d,
    }
    propagateCancel(parent, c)
    dur := time.Until(d)
    if dur <= 0 {
        c.cancel(true, DeadlineExceeded) // 已经过了截止日期
        return c, func() { c.cancel(false, Canceled) }
    }
    c.mu.Lock()
    defer c.mu.Unlock()
    if c.err == nil {
        c.timer = time.AfterFunc(dur, func() {
            c.cancel(true, DeadlineExceeded)
        })
    }
    return c, func() { c.cancel(true, Canceled) }
}
```

context.WithDeadline 在创建 context.timerCtx 的过程中判断了父上下文的截止日期与当前日期，并通过 time.AfterFunc 创建定时器，当时间超过截止日期后会调用 context.timerCtx.cancel 同步取消信号。

context.timerCtx 内部不仅通过嵌入 context.cancelCtx 结构体继承了相关变量和方法，还通过持有的定时器 timer 和截止时间 deadline 实现了定时取消功能：

```go
type timerCtx struct {
    cancelCtx
    timer *time.Timer

    deadline time.Time
}

func (c *timerCtx) Deadline() (deadline time.Time, ok bool) {
    return c.deadline, true
}

func (c *timerCtx) cancel(removeFromParent bool, err error) {
    c.cancelCtx.cancel(false, err)
    if removeFromParent {
        removeChild(c.cancelCtx.Context, c)
    }
    c.mu.Lock()
    if c.timer != nil {
        c.timer.Stop()
        c.timer = nil
    }
    c.mu.Unlock()
}
```

context.timerCtx.cancel 方法不仅调用了 context.cancelCtx.cancel，还会停止持有的定时器减少不必要的资源浪费。

6.1.4 传值方法

最后需要了解如何使用上下文传值。context 包中的 context.WithValue 能从父上下文中创建子上下文，传值的子上下文使用 context.valueCtx 类型：

```
func WithValue(parent Context, key, val interface{}) Context {
    if key == nil {
        panic("nil key")
    }
    if !reflectlite.TypeOf(key).Comparable() {
        panic("key is not comparable")
    }
    return &valueCtx{parent, key, val}
}
```

context.valueCtx 结构体会将除 Value 外的 Err、Deadline 等方法代理到父上下文中，它只会响应 context.valueCtx.Value 方法，该方法的实现也很简单：

```
type valueCtx struct {
    Context
    key, val interface{}
}

func (c *valueCtx) Value(key interface{}) interface{} {
    if c.key == key {
        return c.val
    }
    return c.Context.Value(key)
}
```

如果 context.valueCtx 中存储的键值对与 context.valueCtx.Value 方法中传入的参数不匹配，就会从父上下文中查找该键对应的值，直到某个父上下文中返回 nil 或者查找到对应的值。

6.1.5 小结

Go 语言中的 context.Context 的主要作用是，在多个 Goroutine 组成的树中同步取消信号以减少对资源的消耗和占用，虽然它也有传值的功能，但是这个功能我们很少用到。

在真正使用传值功能时我们应该非常谨慎，使用 context.Context 传递请求的所有参数是一种非常差的设计，比较常见的使用场景是，传递请求对应用户的认证令牌以及用于进行分布式追踪的请求 ID。

6.1.6 延伸阅读

- “Package context”

- “Go Concurrency Patterns: Context”
- “Using context cancellation in Go”

6.2 同步原语与锁

Go 语言作为一门原生支持用户态进程（Goroutine）的语言，当提到并发编程、多线程编程时，往往离不开锁这一概念。锁是并发编程中的一种**同步原语**（synchronization primitive），它能保证多个 Goroutine 在访问同一块内存时不会出现**竞争条件**（race condition）等问题。

本节将介绍 Go 语言中常见的同步原语 `sync.Mutex`、`sync.RWMutex`、`sync.WaitGroup`、`sync.Once` 和 `sync.Cond` 以及扩展原语 `golang/sync/errgroup.Group`、`golang/sync/semaphore.Weighted` 和 `golang/sync/singleflight.Group` 的实现原理，同时也会涉及互斥锁、信号量等并发编程中常见的概念。

6.2.1 基本原语

Go 语言在 sync 包中提供了用于同步的一些基本原语，包括常见的 `sync.Mutex`、`sync.RWMutex`、`sync.WaitGroup`、`sync.Once` 和 `sync.Cond`，如图 6-6 所示（其中第一列为常见同步原语，第二列为容器，第三列为互斥锁）。

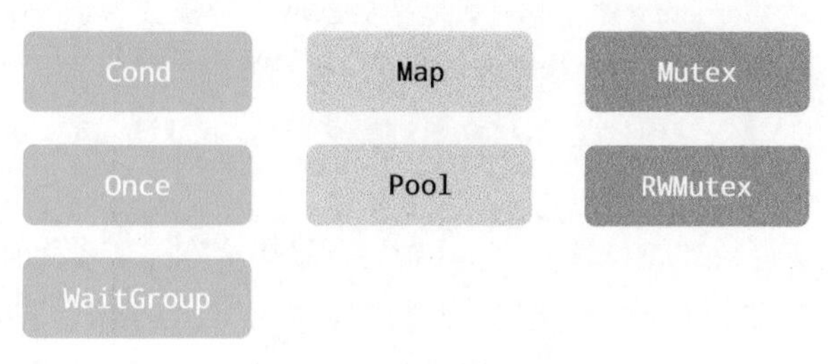

图 6-6 基本同步原语

尽管提供了较为基础的同步功能，但它们是一种相对原始的同步机制，多数情况下我们应该使用抽象层级更高的 Channel 实现同步。

1. Mutex

Go 语言的 `sync.Mutex` 由 `state` 和 `sema` 两个字段组成。其中 `state` 表示当前互斥锁的状态，而 `sema` 是用于控制锁状态的信号量：

```
type Mutex struct {
    state int32
    sema  uint32
}
```

上述两个加起来只占 8 字节空间的结构体表示了 Go 语言中的互斥锁。

❑ 状态

互斥锁的状态比较复杂，如图 6-7 所示，最低 3 位分别表示 `mutexLocked`、`mutexWoken` 和 `mutexStarving`，剩余位置用来表示当前有多少 Goroutine 在等待互斥锁的释放。

waitersCount | starving | woken | locked

图 6-7 互斥锁的状态

默认情况下，互斥锁的所有状态位都是 0，int32 中的不同位分别表示不同状态：

- mutexLocked 表示互斥锁的锁定状态；
- mutexWoken 表示被从正常模式唤醒；
- mutexStarving 表示当前互斥锁进入饥饿状态；
- waitersCount 表示当前互斥锁上等待的 Goroutine 个数。

正常模式和饥饿模式

sync.Mutex 有两种模式——正常模式和饥饿模式。我们需要先了解正常模式和饥饿模式都是什么以及它们之间的关系。

在正常模式下，锁的等待者会按照先进先出的顺序获取锁。但是刚被唤醒的 Goroutine 与新创建的 Goroutine 竞争时，大概率会获取不到锁。为了减少这种情况的出现，一旦 Goroutine 超过 1ms 没有获取到锁，它就会将当前互斥锁切换到饥饿模式，防止部分 Goroutine 被“饿死”。

饥饿模式是 Go 1.9 通过提交 sync: make Mutex more fair 引入的优化[①]，目的是保证互斥锁的公平性。

在饥饿模式下，互斥锁会直接交给等待队列最前面的 Goroutine。新的 Goroutine 在该状态下不能获取锁，也不会进入自旋状态，它们只会在队列末尾等待。如果一个 Goroutine 获得了互斥锁并且它在队列末尾或者它等待的时间少于 1ms，那么当前互斥锁就会切换回正常模式。

相比而言，正常模式下的互斥锁能够提供更好的性能，而饥饿模式能避免 Goroutine 由于陷入等待无法获取锁而造成的高尾延时。

加锁和解锁

下面分别介绍互斥锁的加锁和解锁过程，它们分别使用 sync.Mutex.Lock 和 sync.Mutex.Unlock 方法。

互斥锁的加锁是靠 sync.Mutex.Lock 完成的，最新的 Go 语言源代码中已经简化了 sync.Mutex.Lock 方法，方法的主干只保留最常见、最简单的情况——当锁的状态是 0 时，将 mutexLocked 设置成 1：

```go
func (m *Mutex) Lock() {
    if atomic.CompareAndSwapInt32(&m.state, 0, mutexLocked) {
        return
    }
    m.lockSlow()
}
```

---

① 参见 sync: make Mutex more fair（Dmitry Vyukov, 2016）。

如果互斥锁的状态不是 0，就会调用 sync.Mutex.lockSlow 尝试通过**自旋**（spinning）等方式等待锁的释放。该方法的主体是一个非常大的 for 循环，这里将它分成几个部分介绍获取锁的过程：

(1) 判断当前 Goroutine 能否进入自旋；

(2) 通过自旋等待互斥锁的释放；

(3) 计算互斥锁的最新状态；

(4) 更新互斥锁的状态并获取锁。

首先介绍互斥锁是如何判断当前 Goroutine 能否进入自旋等待互斥锁的释放的：

```
func (m *Mutex) lockSlow() {
    var waitStartTime int64
    starving := false
    awoke := false
    iter := 0
    old := m.state
    for {
        if old&(mutexLocked|mutexStarving) == mutexLocked && runtime_canSpin(iter) {
            if !awoke && old&mutexWoken == 0 && old>>mutexWaiterShift != 0 &&
                atomic.CompareAndSwapInt32(&m.state, old, old|mutexWoken) {
                awoke = true
            }
            runtime_doSpin()
            iter++
            old = m.state
            continue
        }
```

自旋是一种多线程同步机制，当前进程在进入自旋的过程中会一直保持 CPU 的占用，持续检查某个条件是否为真。在多核 CPU 上，自旋可以避免 Goroutine 的切换，使用恰当会对性能带来很大增益，但使用不当就会拖慢整个程序，所以 Goroutine 进入自旋的条件非常苛刻，如下所示。

- 互斥锁只有在普通模式下才能进入自旋。
- runtime.sync_runtime_canSpin 需要返回 true：
    - 在有多个 CPU 的机器上运行；
    - 当前 Goroutine 为了获取该锁进入自旋的次数少于 4；
    - 当前机器上至少存在一个正在运行的处理器 P 并且处理的运行队列为空。

一旦当前 Goroutine 能够进入自旋，就会调用 runtime.sync_runtime_doSpin 和 runtime.procyield 并执行 30 次 PAUSE 指令，该指令只会占用 CPU 并消耗 CPU 时间：

```
func sync_runtime_doSpin() {
    procyield(active_spin_cnt)
}

TEXT runtime·procyield(SB),NOSPLIT,$0-0
    MOVL    cycles+0(FP), AX
again:
    PAUSE
```

```
SUBL    $1, AX
JNZ    again
RET
```

处理了自旋相关的特殊逻辑之后，互斥锁会根据上下文计算当前互斥锁的最新状态。几个不同的条件会分别更新 state 字段中存储的不同信息——mutexLocked、mutexStarving、mutexWoken 和 mutexWaiterShift：

```
        new := old
        if old&mutexStarving == 0 {
            new |= mutexLocked
        }
        if old&(mutexLocked|mutexStarving) != 0 {
            new += 1 << mutexWaiterShift
        }
        if starving && old&mutexLocked != 0 {
            new |= mutexStarving
        }
        if awoke {
            new &^= mutexWoken
        }
```

计算了新的互斥锁状态之后，会使用 CAS 函数 sync/atomic.CompareAndSwapInt32 更新状态：

```
        if atomic.CompareAndSwapInt32(&m.state, old, new) {
            if old&(mutexLocked|mutexStarving) == 0 {
                break // 通过 CAS 函数获取了锁
            }
            ...
            runtime_SemacquireMutex(&m.sema, queueLifo, 1)
            starving = starving || runtime_nanotime()-waitStartTime > starvationThresholdNs
            old = m.state
            if old&mutexStarving != 0 {
                delta := int32(mutexLocked - 1<<mutexWaiterShift)
                if !starving || old>>mutexWaiterShift == 1 {
                    delta -= mutexStarving
                }
                atomic.AddInt32(&m.state, delta)
                break
            }
            awoke = true
            iter = 0
        } else {
            old = m.state
        }
    }
}
```

如果没有通过 CAS 获得锁，会调用 runtime.sync_runtime_SemacquireMutex 通过信号量保证资源不会被两个 Goroutine 获取。runtime.sync_runtime_SemacquireMutex 会在方法中不

断尝试获取锁并陷入休眠等待信号量释放，一旦当前 Goroutine 可以获取信号量，它就会立刻返回，sync.Mutex.Lock 的剩余代码也会继续执行。

- 在正常模式下，这段代码会设置唤醒和饥饿标记、重置迭代次数并重新执行获取锁的循环。
- 在饥饿模式下，当前 Goroutine 会获得互斥锁，如果等待队列中只存在当前 Goroutine，互斥锁还会从饥饿模式中退出。

与加锁过程相比，互斥锁的解锁过程 sync.Mutex.Unlock 就很简单，代码如下所示：

```
func (m *Mutex) Unlock() {
    new := atomic.AddInt32(&m.state, -mutexLocked)
    if new != 0 {
        m.unlockSlow(new)
    }
}
```

该过程会先使用 sync/atomic.AddInt32 函数快速解锁，这时会发生下面两种情况：

- 如果该函数返回的新状态等于 0，当前 Goroutine 就成功解锁了互斥锁；
- 如果该函数返回的新状态不等于 0，这段代码会调用 sync.Mutex.unlockSlow 开始慢速解锁。

sync.Mutex.unlockSlow 会先校验锁状态的合法性——如果当前互斥锁已经被解锁了，会直接抛出异常 "sync: unlock of unlocked mutex" 中止当前程序。

正常情况下，会根据当前互斥锁的状态分别处理正常模式和饥饿模式下的互斥锁：

```
func (m *Mutex) unlockSlow(new int32) {
    if (new+mutexLocked)&mutexLocked == 0 {
        throw("sync: unlock of unlocked mutex")
    }
    if new&mutexStarving == 0 { // 正常模式
        old := new
        for {
            if old>>mutexWaiterShift == 0 || old&(mutexLocked|mutexWoken|mutexStarving) != 0 {
                return
            }
            new = (old - 1<<mutexWaiterShift) | mutexWoken
            if atomic.CompareAndSwapInt32(&m.state, old, new) {
                runtime_Semrelease(&m.sema, false, 1)
                return
            }
            old = m.state
        }
    } else { // 饥饿模式
        runtime_Semrelease(&m.sema, true, 1)
    }
}
```

- 在正常模式下，上述代码会使用如下处理过程：
  - 如果互斥锁不存在等待者，或者互斥锁的 mutexLocked、mutexStarving、mutexWoken 状态不都为 0，那么当前方法可以直接返回，不需要唤醒其他等待者；

  ○ 如果互斥锁存在等待者，会通过 sync.runtime_Semrelease 唤醒等待者并移交锁的所有权。
- 在饥饿模式下，上述代码会直接调用 sync.runtime_Semrelease，将当前锁交给下一个正在尝试获取锁的等待者，等待者被唤醒后会得到锁，这时互斥锁还不会退出饥饿状态。

❒ 小结

我们从多个方面分析了互斥锁 sync.Mutex 的实现原理，这里从加锁和解锁两个方面总结注意事项。

互斥锁的加锁过程比较复杂，它涉及自旋、信号量以及调度等概念：

- 如果互斥锁处于初始化状态，会通过置位 mutexLocked 加锁；
- 如果互斥锁处于 mutexLocked 状态并且在普通模式下工作，会进入自旋，执行 30 次 PAUSE 指令消耗 CPU 时间等待锁的释放；
- 如果当前 Goroutine 等待锁的时间超过 1ms，互斥锁就会切换到饥饿模式；
- 在正常情况下，互斥锁会通过 runtime.sync_runtime_SemacquireMutex 将尝试获取锁的 Goroutine 切换至休眠状态，等待锁的持有者唤醒；
- 如果当前 Goroutine 是互斥锁上最后一个等待的协程或者等待时间少于 1ms，那么它会将互斥锁切换回正常模式。

互斥锁的解锁过程与之相比就比较简单，其代码行数不多、逻辑清晰，也比较容易理解：

- 当互斥锁已经被解锁时，调用 sync.Mutex.Unlock 会直接抛出异常；
- 当互斥锁处于饥饿模式时，将锁的所有权交给队列中的下一个等待者，等待者会负责设置 mutexLocked 标志位；
- 当互斥锁处于普通模式时，如果没有 Goroutine 等待锁的释放或者已经有被唤醒的 Goroutine 获得了锁，会直接返回；在其他情况下会通过 sync.runtime_Semrelease 唤醒对应的 Goroutine。

2. RWMutex

读写互斥锁 sync.RWMutex 是细粒度的互斥锁，它不限制资源的并发读，但是读写、写写操作无法并行执行，如表 6-1 所示。

表 6-1 RWMutex 的读写并发

	读	写
读	Y	N
写	N	N

常见服务的资源读写比例会非常高，因为大多数读请求之间不会相互影响，所以我们可以分离读写操作，以此提高服务的性能。

❒ 结构体

sync.RWMutex 中总共包含以下 5 个字段：

```
type RWMutex struct {
    w           Mutex  ①
    writerSem   uint32 ②
    readerSem   uint32 ②
    readerCount int32  ③
    readerWait  int32  ④
}
```

① w 复用互斥锁提供的能力；

② writerSem 和 readerSem 分别用于写等待读和读等待写：

③ readerCount 存储了当前正在执行的读操作数量；

④ readerWait 表示当写操作被阻塞时等待的读操作个数。

我们会依次分析获取写锁和读锁的实现原理，其中：

- 写操作使用 sync.RWMutex.Lock 和 sync.RWMutex.Unlock 方法；
- 读操作使用 sync.RWMutex.RLock 和 sync.RWMutex.RUnlock 方法。

❒ 写锁

当资源的使用者想获取写锁时，需要调用 sync.RWMutex.Lock 方法：

```
func (rw *RWMutex) Lock() {
    rw.w.Lock()
    r := atomic.AddInt32(&rw.readerCount, -rwmutexMaxReaders) + rwmutexMaxReaders
    if r != 0 && atomic.AddInt32(&rw.readerWait, r) != 0 {
        runtime_SemacquireMutex(&rw.writerSem, false, 0)
    }
}
```

代码的核心逻辑如下：

(1) 调用结构体持有的 sync.Mutex 结构体的 sync.Mutex.Lock 阻塞后续的写操作。因为互斥锁已经被获取，所以其他 Goroutine 在获取写锁时会进入自旋或者休眠。

(2) 调用 sync/atomic.AddInt32 函数阻塞后续的读操作。

(3) 如果仍有其他 Goroutine 持有互斥锁的读锁，该 Goroutine 会调用 runtime.sync_runtime_SemacquireMutex 进入休眠状态，等待所有读锁所有者执行结束后释放 writerSem 信号量唤醒当前协程。

写锁的释放会调用 sync.RWMutex.Unlock：

```
func (rw *RWMutex) Unlock() {
    r := atomic.AddInt32(&rw.readerCount, rwmutexMaxReaders)
    if r >= rwmutexMaxReaders {
        throw("sync: Unlock of unlocked RWMutex")
    }
```

```
    for i := 0; i < int(r); i++ {
        runtime_Semrelease(&rw.readerSem, false, 0)
    }
    rw.w.Unlock()
}
```

与加锁的过程正好相反，写锁的释放分以下几步执行：

(1) 调用 sync/atomic.AddInt32 函数将 readerCount 变回正数，释放读锁；

(2) 通过 for 循环释放所有因获取读锁而陷入等待的 Goroutine；

(3) 调用 sync.Mutex.Unlock 释放写锁。

获取写锁时会先阻塞写锁的获取，后阻塞读锁的获取，这种策略能够保证读操作不会因连续的写操作“饿死”。

❒ 读锁

读锁的加锁方法 sync.RWMutex.RLock 很简单，该方法会通过 sync/atomic.AddInt32 将 readerCount 加一：

```
func (rw *RWMutex) RLock() {
    if atomic.AddInt32(&rw.readerCount, 1) < 0 {
        runtime_SemacquireMutex(&rw.readerSem, false, 0)
    }
}
```

代码的核心逻辑如下：

- 如果该方法返回负数——其他 Goroutine 获得了写锁，当前 Goroutine 就会调用 runtime.sync_runtime_SemacquireMutex 陷入休眠等待锁的释放；
- 如果该方法的结果为非负数——没有 Goroutine 获得写锁，当前方法会成功返回。

当 Goroutine 想释放读锁时，会调用如下所示的 sync.RWMutex.RUnlock 方法：

```
func (rw *RWMutex) RUnlock() {
    if r := atomic.AddInt32(&rw.readerCount, -1); r < 0 {
        rw.rUnlockSlow(r)
    }
}
```

该方法会先减少正在读资源的 readerCount，根据 sync/atomic.AddInt32 的返回值分别进行处理：

- 如果返回值大于等于 0——读锁直接解锁成功；
- 如果返回值小于 0——有一个写操作正在执行，这时会调用 sync.RWMutex.rUnlockSlow 方法。

代码如下所示：

```
func (rw *RWMutex) rUnlockSlow(r int32) {
    if r+1 == 0 || r+1 == -rwmutexMaxReaders {
        throw("sync: RUnlock of unlocked RWMutex")
```

```
        }
        if atomic.AddInt32(&rw.readerWait, -1) == 0 {
            runtime_Semrelease(&rw.writerSem, false, 1)
        }
    }
```

sync.RWMutex.rUnlockSlow 会减少获取锁的写操作等待的读操作数 readerWait，并在所有读操作都被释放之后触发写操作的信号量 writerSem。该信号量被触发时，调度器就会唤醒尝试获取写锁的 Goroutine。

❐ 小结

虽然读写互斥锁 sync.RWMutex 提供的功能比较复杂，但是因为它建立在 sync.Mutex 上，所以实现会简单很多。总结一下读锁和写锁的关系。

- 调用 sync.RWMutex.Lock 尝试获取写锁时：
  - 每次 sync.RWMutex.RUnlock 都会将 readerCount 减一，当它归零时该 Goroutine 会获得写锁；
  - 将 readerCount 减少 rwmutexMaxReaders 个数以阻塞后续读操作。
- 调用 sync.RWMutex.Unlock 释放写锁时，会先通知所有读操作，然后才会释放持有的互斥锁。

读写互斥锁在互斥锁之上提供了额外的更细粒度的控制，能够在读操作远远多于写操作时提升性能。

3. WaitGroup

sync.WaitGroup 可以等待一组 Goroutine 返回，一个比较常见的使用场景是批量发出 RPC 或者 HTTP 请求：

```
requests := []*Request{...}
wg := &sync.WaitGroup{}
wg.Add(len(requests))

for _, request := range requests {
    go func(r *Request) {
        defer wg.Done()
        // res, err := service.call(r)
    }(request)
}
wg.Wait()
```

我们可以通过 sync.WaitGroup 将原本顺序执行的代码在多个 Goroutine 中并发执行（如图 6-8 所示），加快程序处理的速度。

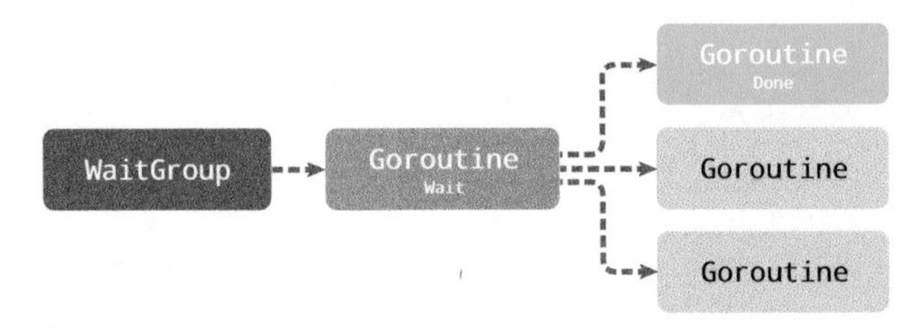

图 6-8 WaitGroup 等待多个 Goroutine

❐ 结构体

sync.WaitGroup 结构体中只包含两个成员变量：

```
type WaitGroup struct {
    noCopy noCopy       ①
    state1 [3]uint32    ②
}
```

① noCopy——保证 sync.WaitGroup 不会被开发者通过再赋值的方式复制；

② state1——存储着状态和信号量。

sync.noCopy 是一个特殊的私有结构体，tools/go/analysis/passes/copylock 包中的分析器会在编译期间检查被复制的变量中是否包含 sync.noCopy 或者实现了 Lock 和 Unlock 方法，如果包含该结构体或者实现了对应方法，就会报出以下错误：

```
func main() {
    wg := sync.WaitGroup{}
    yawg := wg
    fmt.Println(wg, yawg)
}

$ go vet proc.go
./prog.go:10:10: assignment copies lock value to yawg: sync.WaitGroup
./prog.go:11:14: call of fmt.Println copies lock value: sync.WaitGroup
./prog.go:11:18: call of fmt.Println copies lock value: sync.WaitGroup
```

这段代码会因为变量赋值或者调用函数时发生值复制导致分析器报错。

除 sync.noCopy 外，sync.WaitGroup 结构体中还包含一个总共占用 12 字节的数组，该数组会存储当前结构体的状态，在 64 位与 32 位机器上表现也非常不同，如图 6-9 所示。

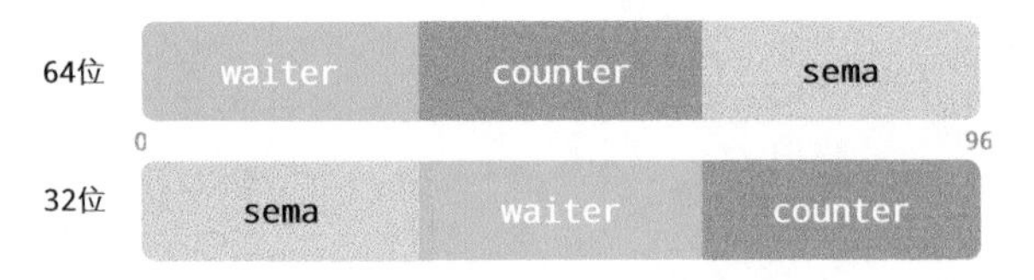

图 6-9 WaitGroup 在 64 位机器和 32 位机器上的不同状态

sync.WaitGroup 提供的私有方法 sync.WaitGroup.state 能够帮我们从 state1 字段中取出它的状态和信号量。

❐ 接口

sync.WaitGroup 对外暴露了 3 个方法——sync.WaitGroup.Add、sync.WaitGroup.Wait 和 sync.WaitGroup.Done。

因为其中的 sync.WaitGroup.Done 只是向 sync.WaitGroup.Add 方法传入了 -1，所以我们重点分析另外两个方法，即 sync.WaitGroup.Add 和 sync.WaitGroup.Wait：

```
func (wg *WaitGroup) Add(delta int) {
    statep, semap := wg.state()
    state := atomic.AddUint64(statep, uint64(delta)<<32)
    v := int32(state >> 32)
    w := uint32(state)
    if v < 0 {
        panic("sync: negative WaitGroup counter")
    }
    if v > 0 || w == 0 {
        return
    }
    *statep = 0
    for ; w != 0; w-- {
        runtime_Semrelease(semap, false, 0)
    }
}
```

sync.WaitGroup.Add 可以更新 sync.WaitGroup 中的计数器 counter。虽然 sync.WaitGroup.Add 方法传入的参数可以为负数，但是计数器只能是非负数，一旦出现负数程序就会崩溃。当调用计数器归零，即所有任务都执行完成时，才会通过 sync.runtime_Semrelease 唤醒处于等待状态的 Goroutine。

sync.WaitGroup 的另一个方法 sync.WaitGroup.Wait 会在计数器大于 0 并且不存在等待的 Goroutine 时，调用 runtime.sync_runtime_Semacquire 陷入睡眠状态：

```
func (wg *WaitGroup) Wait() {
    statep, semap := wg.state()
    for {
        state := atomic.LoadUint64(statep)
        v := int32(state >> 32)
        if v == 0 {
            return
        }
        if atomic.CompareAndSwapUint64(statep, state, state+1) {
            runtime_Semacquire(semap)
            if +statep != 0 {
                panic("sync: WaitGroup is reused before previous Wait has returned")
            }
            return
```

```
        }
    }
}
```

当 sync.WaitGroup 的计数器归零时，陷入睡眠状态的 Goroutine 会被唤醒，上述方法也会立刻返回。

❒ 小结

通过对 sync.WaitGroup 的分析和研究，我们能够得出以下结论：

- sync.WaitGroup 必须在 sync.WaitGroup.Wait 方法返回之后才能重新使用；
- sync.WaitGroup.Done 只是对 sync.WaitGroup.Add 方法的简单封装，我们可以向 sync.WaitGroup.Add 方法传入任意负数（需要保证计数器非负），快速将计数器归零以唤醒等待的 Goroutine；
- 可以同时有多个 Goroutine 等待当前 sync.WaitGroup 计数器归零，这些 Goroutine 会被同时唤醒。

4. Once

Go 语言标准库中的 sync.Once 可以保证 Go 语言程序运行期间某段代码只会执行一次。运行下面的代码，我们会看到如下所示的运行结果：

```
func main() {
    o := &sync.Once{}
    for i := 0; i < 10; i++ {
        o.Do(func() {
            fmt.Println("only once")
        })
    }
}

$ go run main.go
only once
```

❒ 结构体

每一个 sync.Once 结构体中都只包含一个用于标识代码块是否执行过的 done，以及一个互斥锁 sync.Mutex：

```
type Once struct {
    done uint32
    m    Mutex
}
```

❒ 接口

sync.Once.Do 是 sync.Once 结构体对外唯一暴露的方法（代码如下所示），该方法会接收一个入参为空的函数：

- 如果传入的函数已经执行过，会直接返回；

- 如果传入的函数没有执行过，会调用 sync.Once.doSlow 执行传入的函数。

```
func (o *Once) Do(f func()) {
    if atomic.LoadUint32(&o.done) == 0 {
        o.doSlow(f)
    }
}

func (o *Once) doSlow(f func()) {
    o.m.Lock()
    defer o.m.Unlock()
    if o.done == 0 {
        defer atomic.StoreUint32(&o.done, 1)
        f()
    }
}
```

sync.Once.doSlow 的核心逻辑如下：

(1) 为当前 Goroutine 获取互斥锁；

(2) 执行传入的无入参函数；

(3) 运行延迟函数调用，将成员变量 done 更新成 1。

sync.Once 会通过成员变量 done 确保函数不会执行第二次。

❐ 小结

作为用于保证函数执行次数的 sync.Once 结构体，它使用互斥锁和 sync/atomic 包提供的方法实现了某个函数在程序运行期间只能执行一次的语义。使用该结构体时需要注意以下问题：

- sync.Once.Do 方法中传入的函数只会被执行一次，哪怕函数中发生了 panic；
- 两次调用 sync.Once.Do 方法传入不同的函数只会执行第一次调用传入的函数。

5. Cond

Go 语言标准库中还包含条件变量 sync.Cond，它可以让一组 Goroutine 都在满足特定条件时被唤醒。每一个 sync.Cond 结构体在初始化时都需要传入一个互斥锁，我们可以通过下面的例子了解它的使用方法：

```
var status int64

func main() {
    c := sync.NewCond(&sync.Mutex{})
    for i := 0; i < 10; i++ {
        go listen(c)
    }
    time.Sleep(1 * time.Second)
    go broadcast(c)

    ch := make(chan os.Signal, 1)
    signal.Notify(ch, os.Interrupt)
    <-ch
```

```
}

func broadcast(c *sync.Cond) {
    c.L.Lock()
    atomic.StoreInt64(&status, 1)
    c.Broadcast()
    c.L.Unlock()
}

func listen(c *sync.Cond) {
    c.L.Lock()
    for atomic.LoadInt64(&status) != 1 {
        c.Wait()
    }
    fmt.Println("listen")
    c.L.Unlock()
}

$ go run main.go
listen
...
listen
```

上述代码同时运行了11个Goroutine，它们分别做了不同事情：

- 10个Goroutine通过sync.Cond.Wait等待特定条件满足；
- 1个Goroutine会调用sync.Cond.Broadcast唤醒所有陷入等待的Goroutine。

调用sync.Cond.Broadcast方法（如图6-10所示）后，上述代码会打印出10次"listen"并结束调用。

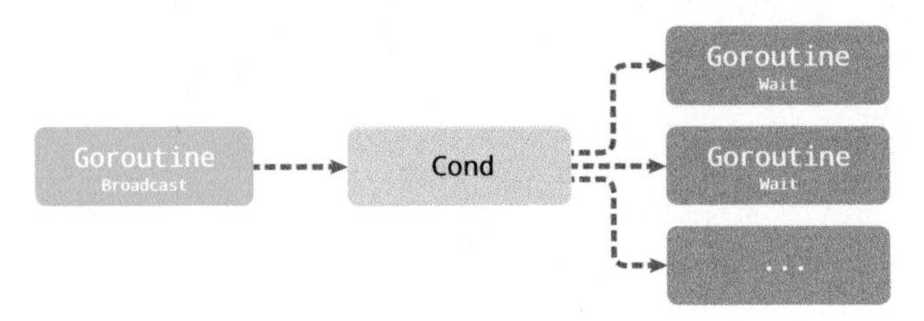

图6-10 Cond条件广播

❒ 结构体

sync.Cond的结构体中包含以下4个字段：

```
type Cond struct {
    noCopy  noCopy      ①
    L       Locker      ②
    notify  notifyList  ③
    checker copyChecker ④
}
```

① noCopy——用于保证结构体不会在编译期间复制；

② L——用于保护内部的 notify 字段，Locker 接口类型的变量；

③ notify——一个 Goroutine 的链表，它是实现同步机制的核心结构；

④ copyChecker——用于禁止运行期间发生的复制。

```
type notifyList struct {
    wait uint32
    notify uint32

    lock mutex
    head *sudog
    tail *sudog
}
```

在 sync.notifyList 结构体中，head 和 tail 分别指向链表的头和尾，wait 和 notify 分别表示当前正在等待的和已经通知到的 Goroutine 的索引。

❑ 接口

sync.Cond 对外暴露的 sync.Cond.Wait 方法会令当前 Goroutine 陷入休眠状态，它的执行过程分成以下两个步骤：

(1) 调用 runtime.notifyListAdd 将等待计数器加一并解锁；

(2) 调用 runtime.notifyListWait 等待其他 Goroutine 被唤醒并对其加锁。

代码如下所示：

```
func (c *Cond) Wait() {
    c.checker.check()
    t := runtime_notifyListAdd(&c.notify) // runtime.notifyListAdd 的链接名
    c.L.Unlock()
    runtime_notifyListWait(&c.notify, t) // runtime.notifyListWait 的链接名
    c.L.Lock()
}

func notifyListAdd(l *notifyList) uint32 {
    return atomic.Xadd(&l.wait, 1) - 1
}
```

runtime.notifyListWait 会获取当前 Goroutine 并将它追加到 Goroutine 通知链表的末端：

```
func notifyListWait(l *notifyList, t uint32) {
    s := acquireSudog()
    s.g = getg()
    s.ticket = t
    if l.tail == nil {
        l.head = s
    } else {
        l.tail.next = s
    }
    l.tail = s
```

```
    goparkunlock(&l.lock, waitReasonSyncCondWait, traceEvGoBlockCond, 3)
    releaseSudog(s)
}
```

除将当前 Goroutine 追加到链表末端（如图 6-11 所示）外，我们还会调用 `runtime.goparkunlock` 令当前 Goroutine 陷入休眠。该函数也是在 Go 语言切换 Goroutine 时常用的方法，它会直接让出当前处理器的使用权并等待调度器唤醒。

图 6-11 Cond 条件通知列表

`sync.Cond.Signal` 和 `sync.Cond.Broadcast` 方法就是用来唤醒陷入休眠的 Goroutine 的（代码如下所示），它们的实现有一些细微差别：

- `sync.Cond.Signal` 方法会唤醒队列最前面的 Goroutine；
- `sync.Cond.Broadcast` 方法会唤醒队列中全部 Goroutine。

```
func (c *Cond) Signal() {
    c.checker.check()
    runtime_notifyListNotifyOne(&c.notify)
}

func (c *Cond) Broadcast() {
    c.checker.check()
    runtime_notifyListNotifyAll(&c.notify)
}
```

`runtime.notifyListNotifyOne` 只会从 `sync.notifyList` 链表中找到满足 `sudog.ticket == l.notify` 条件的 Goroutine，并通过 `runtime.readyWithTime` 将其唤醒：

```
func notifyListNotifyOne(l *notifyList) {
    t := l.notify
    atomic.Store(&l.notify, t+1)

    for p, s := (*sudog)(nil), l.head; s != nil; p, s = s, s.next {
        if s.ticket == t {
            n := s.next
            if p != nil {
                p.next = n
            } else {
                l.head = n
            }
            if n == nil {
                l.tail = p
            }
            s.next = nil
            readyWithTime(s, 4)
            return
```

```
        }
    }
}
```

runtime.notifyListNotifyAll 会依次通过 runtime.readyWithTime 唤醒链表中的 Goroutine：

```
func notifyListNotifyAll(l *notifyList) {
    s := l.head
    l.head = nil
    l.tail = nil

    atomic.Store(&l.notify, atomic.Load(&l.wait))

    for s != nil {
        next := s.next
        s.next = nil
        readyWithTime(s, 4)
        s = next
    }
}
```

Goroutine 的唤醒顺序也是按照加入队列的先后顺序，先加入的会先被唤醒，而后加入的 Goroutine 可能需要等待调度器的调度。

一般情况下，我们会先调用 sync.Cond.Wait 陷入休眠等待满足期望条件，当满足唤醒条件时，就可以选用 sync.Cond.Signal 或者 sync.Cond.Broadcast 唤醒一个或者全部 Goroutine。

❒ 小结

sync.Cond 不是常用的同步机制，但是在条件长时间无法满足时，与使用 for {} 进行忙碌等待相比，sync.Cond 能够让出处理器的使用权，提高 CPU 的利用率。使用时需要注意以下问题：

- sync.Cond.Wait 在调用之前一定要先获取互斥锁，否则会触发程序崩溃；
- sync.Cond.Signal 唤醒的 Goroutine 都是队列最前面、等待最久的 Goroutine；
- sync.Cond.Broadcast 会按照一定顺序广播通知等待的全部 Goroutine。

6.2.2 扩展原语

除标准库中提供的同步原语外，Go 语言还在子仓库 sync 中提供了 4 种扩展原语：golang/sync/errgroup.Group、golang/sync/semaphore.Weighted、golang/sync/singleflight.Group 和 golang/sync/syncmap.Map（如图 6-12 所示），其中 golang/sync/syncmap.Map 在 Go 1.9 中移植到了标准库中[①]。

图 6-12 Go 语言扩展原语

① 参见 golang/sync/syncmap: recommend sync.Map #33867。

接下来介绍Go语言在扩展包中提供的3种同步原语——golang/sync/errgroup.Group、golang/sync/semaphore.Weighted和golang/sync/singleflight.Group。

1. ErrGroup

golang/sync/errgroup.Group为我们在一组Goroutine中提供了同步、错误传播以及上下文取消功能，我们可以使用如下所示的方式并行获取网页数据：

```
var g errgroup.Group
var urls = []string{
    "http://www.golang.org/",
    "http://www.google.com/",
}
for i := range urls {
    url := urls[i]
    g.Go(func() error {
        resp, err := http.Get(url)
        if err == nil {
            resp.Body.Close()
        }
        return err
    })
}
if err := g.Wait(); err == nil {
    fmt.Println("Successfully fetched all URLs.")
}
```

golang/sync/errgroup.Group.Go方法能够创建一个Goroutine并在其中执行传入的函数，而golang/sync/errgroup.Group.Wait会等待所有Goroutine返回，该方法的不同返回结果有不同的含义：

- 如果返回错误——这一组Goroutine最少返回一个错误；
- 如果返回空值——所有Goroutine都成功执行。

❒ 结构体

golang/sync/errgroup.Group结构体由3个比较重要的部分组成（代码如下所示）：

- cancel——创建context.Context时返回的取消函数，用于在多个Goroutine之间同步取消信号；
- wg——用于等待一组Goroutine完成子任务的同步原语；
- errOnce——用于保证只接收一个子任务返回的错误。

```
type Group struct {
    cancel func()

    wg sync.WaitGroup

    errOnce sync.Once
    err     error
}
```

这些字段共同组成了 golang/sync/errgroup.Group 结构体并为我们提供同步、错误传播以及上下文取消等功能。

❒ 接口

我们能通过 golang/sync/errgroup.WithContext 构造器创建新的 golang/sync/errgroup.Group 结构体：

```
func WithContext(ctx context.Context) (*Group, context.Context) {
    ctx, cancel := context.WithCancel(ctx)
    return &Group{cancel: cancel}, ctx
}
```

运行新的并行子任务需要使用 golang/sync/errgroup.Group.Go 方法，这个方法的执行过程如下：

(1) 调用 sync.WaitGroup.Add 增加待处理的任务；
(2) 创建新的 Goroutine 并运行子任务；
(3) 返回错误时及时调用 cancel 并对 err 赋值，只有最早返回的错误才会被上游感知到，后续错误都会被舍弃。

代码如下所示：

```
func (g *Group) Go(f func() error) {
    g.wg.Add(1)

    go func() {
        defer g.wg.Done()

        if err := f(); err != nil {
            g.errOnce.Do(func() {
                g.err = err
                if g.cancel != nil {
                    g.cancel()
                }
            })
        }
    }()
}

func (g *Group) Wait() error {
    g.wg.Wait()
    if g.cancel != nil {
        g.cancel()
    }
    return g.err
}
```

另一个用于等待的 golang/sync/errgroup.Group.Wait 方法只是调用了 sync.WaitGroup.Wait，在子任务全部完成时取消 context.Context 并返回可能出现的错误。

❒ 小结

golang/sync/errgroup.Group 的实现没有涉及底层和运行时包中的 API，它只是封装了基本同步语义以提供更加复杂的功能。我们在使用它时需要注意两个问题：

- golang/sync/errgroup.Group 在出现错误或者等待结束后，会调用 context.Context 的 cancel 方法同步取消信号；
- 只有第一个出现的错误才会被返回，剩余错误会被直接丢弃。

2. Semaphore

信号量是并发编程中常见的一种同步机制，在需要控制访问资源的进程数量时就会用到信号量，它会保证持有的计数器在 0 到初始化的权重之间波动。

- 每次获取资源时都会将信号量中的计数器减去对应的数值，在释放时重新加回来。
- 当遇到计数器大于信号量大小时，会进入休眠等待其他线程释放信号。

Go 语言的扩展包中提供了带权重的信号量 golang/sync/semaphore.Weighted，我们可以按照不同的权重管理资源的访问，这个结构体对外只暴露了 4 个方法：

- golang/sync/semaphore.NewWeighted——用于创建新的信号量；
- golang/sync/semaphore.Weighted.Acquire——阻塞地获取指定权重的资源，如果当前没有空闲资源，会陷入休眠等待；
- golang/sync/semaphore.Weighted.TryAcquire——非阻塞地获取指定权重的资源，如果当前没有空闲资源，会直接返回 false；
- golang/sync/semaphore.Weighted.Release——用于释放指定权重的资源。

❒ 结构体

golang/sync/semaphore.NewWeighted 方法能根据传入的最大权重创建一个指向 golang/sync/semaphore.Weighted 结构体的指针：

```go
func NewWeighted(n int64) *Weighted {
    w := &Weighted{size: n}
    return w
}

type Weighted struct {
    size    int64
    cur     int64
    mu      sync.Mutex
    waiters list.List
}
```

golang/sync/semaphore.Weighted 结构体中包含一个 waiters 列表，其中存储着等待获取资源的 Goroutine。除此之外，它还包含当前信号量的上限以及一个计数器 cur，这个计数器的范围就是 [0, size]，如图 6-13 所示。

信号量中的计数器会随着用户对资源的访问和释放而改变，引入的权重概念能够提供更细粒度的资源访问控制，尽可能满足常见用例。

图 6-13 权重信号量

❒ 获取

golang/sync/semaphore.Weighted.Acquire 方法能用于获取指定权重的资源，其中包含 3 种情况：

- 当信号量中剩余资源大于获取的资源并且没有等待的 Goroutine 时，会直接获取信号量；
- 当需要获取的信号量大于 golang/sync/semaphore.Weighted 的上限时，由于不可能满足条件，因此会直接返回错误；
- 遇到其他情况时，会将当前 Goroutine 加入等待列表，并通过 select 等待调度器唤醒当前 Goroutine，Goroutine 被唤醒后会获取信号量。

```
func (s *Weighted) Acquire(ctx context.Context, n int64) error {
    if s.size-s.cur >= n && s.waiters.Len() == 0 {
        s.cur += n
        return nil
    }

    ...
    ready := make(chan struct{})
    w := waiter{n: n, ready: ready}
    elem := s.waiters.PushBack(w)
    select {
    case <-ctx.Done():
        err := ctx.Err()
        select {
        case <-ready:
            err = nil
        default:
            s.waiters.Remove(elem)
        }
        return err
    case <-ready:
        return nil
    }
}
```

另一个用于获取信号量的方法 golang/sync/semaphore.Weighted.TryAcquire 只会非阻塞地判断当前信号量是否有充足的资源，如果有，会立刻返回 true，否则会返回 false：

```
func (s *Weighted) TryAcquire(n int64) bool {
    s.mu.Lock()
    success := s.size-s.cur >= n && s.waiters.Len() == 0
    if success {
        s.cur += n
    }
    s.mu.Unlock()
```

```
    return success
}
```

因为 golang/sync/semaphore.Weighted.TryAcquire 不会等待资源的释放，所以可能更适用于一些对延时敏感、用户需要立刻感知结果的场景。

❒ 释放

当我们要释放信号量时，golang/sync/semaphore.Weighted.Release 方法会从头到尾遍历 waiters 列表中全部的等待者，如果释放资源后的信号量有充足的剩余资源，就会通过 Channel 唤醒指定 Goroutine：

```
func (s *Weighted) Release(n int64) {
    s.mu.Lock()
    s.cur -= n
    for {
        next := s.waiters.Front()
        if next == nil {
            break
        }
        w := next.Value.(waiter)
        if s.size-s.cur < w.n {
            break
        }
        s.cur += w.n
        s.waiters.Remove(next)
        close(w.ready)
    }
    s.mu.Unlock()
}
```

当然，也可能会出现剩余资源无法唤醒 Goroutine 的情况，这时当前方法释放锁后会直接返回。

通过对 golang/sync/semaphore.Weighted.Release 的分析我们可以发现，如果一个信号量需要占用的资源非常多，它可能会长时间无法获取锁，这也是 golang/sync/semaphore.Weighted.Acquire 引入上下文参数的原因，即为信号量的获取设置超时时间。

❒ 小结

带权重的信号量确实有更多应用场景，这也是 Go 语言对外提供的唯一信号量实现，使用过程中需要注意以下几个问题：

- golang/sync/semaphore.Weighted.Acquire 和 golang/sync/semaphore.Weighted.TryAcquire 都可以用于获取资源，前者会阻塞地获取信号量，后者会非阻塞地获取信号量；
- golang/sync/semaphore.Weighted.Release 方法会按照先进先出的顺序唤醒可以被唤醒的 Goroutine；
- 如果一个 Goroutine 获取了较多资源，由于 golang/sync/semaphore.Weighted.Release 的释放策略可能会等待较长时间。

3. SingleFlight

golang/sync/singleflight.Group 是 Go 语言扩展包中提供的另一种同步原语，它能够在一个服务中抑制对下游的多次重复请求。一个比较常见的使用场景是，我们使用 Redis 对数据库中的数据进行缓存，发生缓存击穿（如图 6-14 所示）时，大量请求会打到数据库上进而影响服务的尾延时。

而 golang/sync/singleflight.Group 能有效地解决这个问题，它能够限制对同一个键值对的多次重复请求，减少对下游的瞬时流量，如图 6-15 所示。

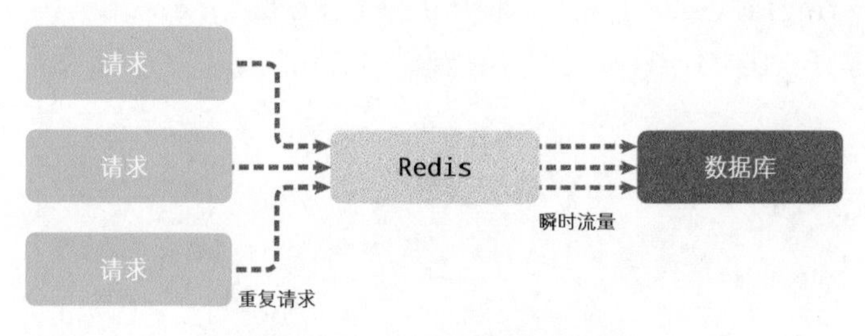

图 6-14　Redis 缓存击穿问题

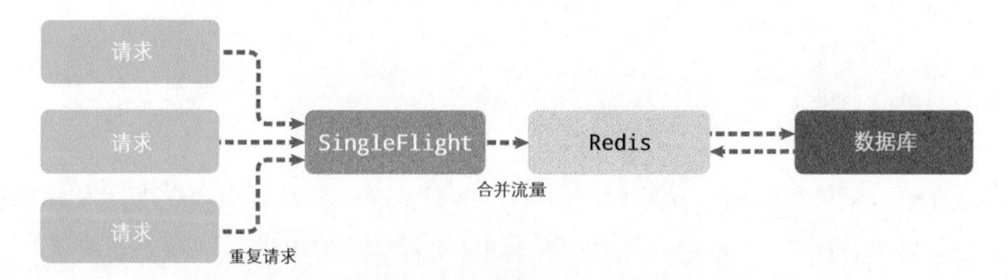

图 6-15　缓解缓存击穿问题

在资源的获取非常昂贵时（例如访问缓存、数据库），就很适合使用 golang/sync/singleflight.Group 优化服务。它的使用方法如下所示：

```
type service struct {
    requestGroup singleflight.Group
}

func (s *service) handleRequest(ctx context.Context, request Request) (Response, error) {
    v, err, _ := requestGroup.Do(request.Hash(), func() (interface{}, error) {
        rows, err :=
        if err != nil {
            return nil, err
        }
        return rows, nil
    })
    if err != nil {
        return nil, err
```

```
    }
    return Response{
        rows: rows,
    }, nil
}
```

因为请求的哈希在业务上一般表示相同的请求，所以上述代码使用它作为请求的键。当然，也可以选择其他字段作为 golang/sync/singleflight.Group.Do 方法的第一个参数来减少重复请求。

❒ 结构体

golang/sync/singleflight.Group 结构体由一个互斥锁 sync.Mutex 和一个映射表组成，每一个 golang/sync/singleflight.call 结构体都保存了当前调用对应的信息：

```
type Group struct {
    mu sync.Mutex
    m  map[string]*call
}

type call struct {
    wg sync.WaitGroup

    val interface{}
    err error

    dups  int
    chans []chan<- Result
}
```

golang/sync/singleflight.call 结构体中的 val 和 err 字段都只会在执行传入的函数时赋值一次，并在 sync.WaitGroup.Wait 返回时被读取；dups 和 chans 两个字段分别存储了抑制的请求数量以及用于同步结果的 Channel。

❒ 接口

golang/sync/singleflight.Group 提供了两个用于抑制相同请求的方法：

- golang/sync/singleflight.Group.Do——同步等待的方法；
- golang/sync/singleflight.Group.DoChan——返回 Channel 异步等待的方法。

这两个方法在功能上没有太多区别，只是在接口的表现上稍有不同。

每次调用 golang/sync/singleflight.Group.Do 方法时都会获取互斥锁，随后判断是否已经存在键对应的 golang/sync/singleflight.call。

- 当不存在对应的 golang/sync/singleflight.call 时：

  1) 初始化一个新的 golang/sync/singleflight.call 指针；

  2) 增加 sync.WaitGroup 持有的计数器；

  3) 将 golang/sync/singleflight.call 指针添加到映射表；

  4) 释放持有的互斥锁；

5) 阻塞地调用 golang/sync/singleflight.Group.doCall 方法等待结果返回。

- 当存在对应的 golang/sync/singleflight.call 时：

```
func (g *Group) Do(key string, fn func() (interface{}, error)) (v interface{}, err error,
shared bool) {
    g.mu.Lock()
    if g.m == nil {
        g.m = make(map[string]*call)
    }
    if c, ok := g.m[key]; ok {
        c.dups++      ①
        g.mu.Unlock() ②
        c.wg.Wait()   ③
        return c.val, c.err, true
    }
    c := new(call)
    c.wg.Add(1)
    g.m[key] = c
    g.mu.Unlock()

    g.doCall(c, key, fn)
    return c.val, c.err, c.dups > 0
}
```

① 增加 dups 计数器，它表示当前重复的调用次数；

② 释放持有的互斥锁；

③ 通过 sync.WaitGroup.Wait 等待请求返回。

因为 val 和 err 两个字段都只会在 golang/sync/singleflight.Group.doCall 方法中赋值，所以当 golang/sync/singleflight.Group.doCall 和 sync.WaitGroup.Wait 返回时，函数调用的结果和错误都会返回给 golang/sync/singleflight.Group.Do 的调用方。

```
func (g *Group) doCall(c *call, key string, fn func() (interface{}, error)) {
    c.val, c.err = fn()    ①
    c.wg.Done()            ②

    g.mu.Lock()            ③
    delete(g.m, key)
    for _, ch := range c.chans {
        ch <- Result{c.val, c.err, c.dups > 0}
    }
    g.mu.Unlock()
}
```

① 运行传入的函数 fn，该函数的返回值会赋值给 c.val 和 c.err；

② 调用 sync.WaitGroup.Done 方法通知所有等待结果的 Goroutine——当前函数已经执行完成，可以从 call 结构体中取出返回值并返回了；

③ 获取持有的互斥锁，并通过 Channel 将信息同步给使用 golang/sync/singleflight.Group.DoChan 方法的 Goroutine（代码如下所示）。

```go
func (g *Group) DoChan(key string, fn func() (interface{}, error)) <-chan Result {
    ch := make(chan Result, 1)
    g.mu.Lock()
    if g.m == nil {
        g.m = make(map[string]*call)
    }
    if c, ok := g.m[key]; ok {
        c.dups++
        c.chans = append(c.chans, ch)
        g.mu.Unlock()
        return ch
    }
    c := &call{chans: []chan<- Result{ch}}
    c.wg.Add(1)
    g.m[key] = c
    g.mu.Unlock()

    go g.doCall(c, key, fn)

    return ch
}
```

golang/sync/singleflight.Group.Do 和 golang/sync/singleflight.Group.DoChan 分别提供了同步和异步的调用方式，这让我们使用起来更加灵活。

小结

当需要减少对下游的相同请求时，可以使用 golang/sync/singleflight.Group 来增加吞吐量、提高服务质量，不过使用过程中需要注意以下几个问题：

- golang/sync/singleflight.Group.Do 和 golang/sync/singleflight.Group.DoChan，一个用于同步阻塞调用传入的函数，一个用于异步调用传入的参数并通过 Channel 接收函数的返回值；
- golang/sync/singleflight.Group.Forget 可以通知 golang/sync/singleflight.Group 在持有的映射表中删除某个键，接下来对该键的调用就不会等待前面的函数返回了；
- 一旦调用的函数返回了错误，所有等待的 Goroutine 都会接收到同样的错误。

6.2.3 小结

本节介绍了 Go 语言标准库中提供的基本原语以及扩展包中的扩展原语，这些并发编程的原语能够帮助我们更好地利用 Go 语言的特性构建高吞吐量、低延时的服务，解决并发带来的问题。

在设计同步原语时，我们不仅要考虑 API 的易用、解决并发编程中可能遇到的线程竞争问题，还需要优化尾延时保证公平性，理解同步原语也是我们理解并发编程无法略过的一个步骤。

6.2.4 延伸阅读

- sync: allow inlining the Mutex.Lock fast path
- sync: allow inlining the Mutex.Unlock fast path

- runtime: fall back to fair locks after repeated sleep-acquire failures
- “The Go Memory Model”
- “The X-Files: Exploring the Golang Standard Library Sub-Repositories”（Chris Roche）

6.3 计时器

准确的时间对于任何一个正在运行的应用程序都非常重要，但是在分布式系统中很难保证各个节点的绝对时间一致，哪怕通过 NTP 这种标准的对时协议，也只能把各个节点上时间的误差控制在毫秒级，所以准确的相对时间在分布式系统中显得更为重要，本节会分析用于获取相对时间的计时器的设计与实现原理。

6.3.1 设计原理

Go 语言从实现计时器到现在经历过很多个版本迭代，到最新版本为止，计时器的实现经历了以下几个过程：

(1) Go 1.10 之前所有计时器由全局唯一的四叉堆维护；

(2) Go 1.10～Go 1.13，全局使用 64 个四叉堆维护全部计时器，每个处理器（P）创建的计时器会由对应的四叉堆维护[①]；

(3) Go 1.14 之后，每个处理器单独管理计时器并通过网络轮询器触发[②]。

下面分别介绍计时器在不同版本的设计，梳理计时器实现的演进过程。

1. 全局四叉堆

Go 1.10 之前的计时器都使用最小四叉堆实现，所有计时器都会存储在如下所示的结构体 `runtime.timers:093adee` 中：

```
var timers struct {
    lock         mutex
    gp           *g
    created      bool
    sleeping     bool
    rescheduling bool
    sleepUntil   int64
    waitnote     note
    t            []*timer
}
```

这个结构体中的字段 `t` 就是最小四叉堆，运行时创建的所有计时器都会加入四叉堆中，如图 6-16 所示。

① 参见 runtime: improve timers scalability on multi-CPU systems（Aliaksandr Valialkin, Ian Lance Taylor, 2017）。

② 参见 runtime: make timers faster（Dmitry Vyukov, 2016）。

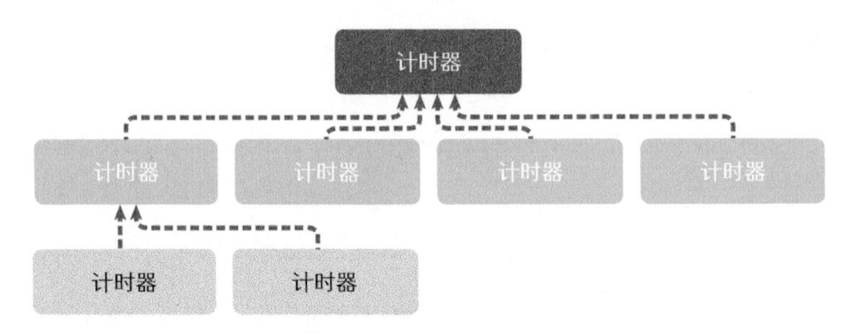

图 6-16 计时器四叉堆

runtime.timerproc:093adee Goroutine 会运行时间驱动的事件，运行时会在发生以下事件时唤醒计时器：

- 四叉堆中的计时器到期；
- 四叉堆中加入了触发时间更早的新计时器。

然而全局四叉堆共用的互斥锁对计时器的影响非常大，计时器的各种操作都需要获取全局唯一的互斥锁，这会严重影响计时器的性能①。

2. 分片四叉堆

Go 1.10 将全局的四叉堆分割成了 64 个小的四叉堆。在理想情况下，四叉堆的数量应该等于处理器的数量，但这需要实现动态的分配过程，所以经过权衡最终选择初始化 64 个四叉堆，以牺牲内存占用为代价换取性能提升。

```
const timersLen = 64

var timers [timersLen]struct {
    timersBucket
}

type timersBucket struct {
    lock         mutex
    gp           *g
    created      bool
    sleeping     bool
    rescheduling bool
    sleepUntil   int64
    waitnote     note
    t            []*timer
}
```

如果当前机器上的处理器 P 的个数超过 64，多个处理器上的计时器就可能存储在同一个桶中（如图 6-17 所示）。每一个计时器桶都由一个运行 runtime.timerproc:76f4fd8 函数的 Goroutine 处理。

① 参见 runtime: timer doesn't scale on multi-CPU systems with a lot of timers #15133（Dmitry Vyukov, 2016）。

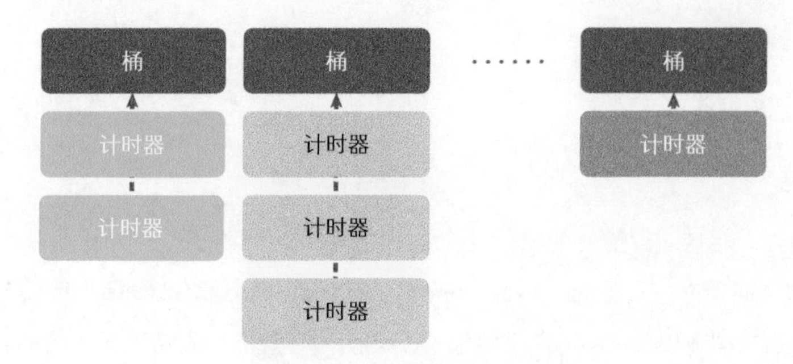

图 6-17 分片计时器桶

将全局计时器分片的方式，虽然能够降低锁的粒度，提高计时器的性能，但是 `runtime.timerproc:76f4fd8` 造成的处理器和线程之间频繁的上下文切换成了影响计时器性能的首要因素 [①]。

3. 网络轮询器

最新版本的实现中移除了计时器桶 [②]，所有计时器都以最小四叉堆的形式存储在处理器 `runtime.p` 中，如图 6-18 所示。

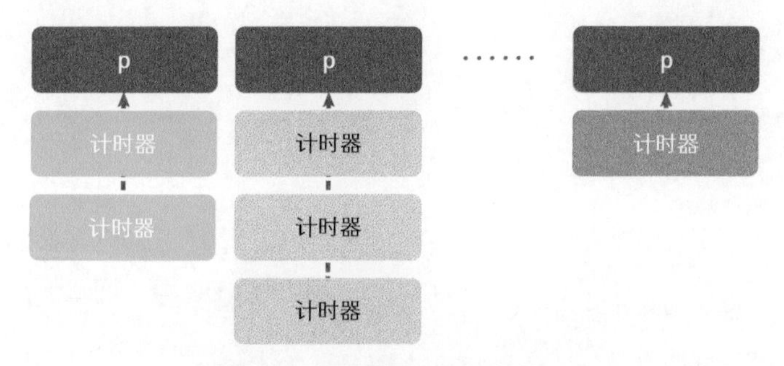

图 6-18 处理器中的最小四叉堆

处理器 `runtime.p` 中与计时器相关的字段包括：

- `timersLock`——用于保护计时器的互斥锁；
- `timers`——存储计时器的最小四叉堆；
- `numTimer`——处理器中的计时器数量；
- `adjustTimers`——处理器中处于 `timerModifiedEarlier` 状态的计时器数量；
- `deletedTimers`——处理器中处于 `timerDeleted` 状态的计时器数量。

处理器代码如下所示：

```
type p struct {
    ...
    timersLock mutex
```

① 参见 time: excessive CPU usage when using Ticker and Sleep。

② 参见 runtime, time: remove old timer code（Ian Lance Taylor, 2019）。

```
    timers []*timer

    numTimers     uint32
    adjustTimers  uint32
    deletedTimers uint32
    ...
}
```

原本用于管理计时器的 runtime.timerproc:76f4fd8 也已经被移除，目前计时器都交由处理器的网络轮询器和调度器触发，这种方式能够充分利用本地性、减少上下文的切换开销，也是目前性能最佳的实现方式。

6.3.2 数据结构

runtime.timer 是 Go 语言计时器的内部表示，每一个计时器都存储在对应处理器的最小四叉堆中，下面是运行时计时器对应的结构体：

```
type timer struct {
    pp puintptr

    when     int64      ①
    period   int64      ②
    f        func(interface{}, uintptr) ③
    arg      interface{}    ④
    seq      uintptr    ⑤
    nextwhen int64      ⑥
    status   uint32     ⑦
}
```

① when——当前计时器被唤醒的时间；

② period——两次被唤醒的间隔；

③ f——每当计时器被唤醒时都会调用的函数；

④ arg——计时器被唤醒时调用 f 传入的参数；

⑤ seq——计时器被唤醒时调用 f 传入的参数，与 netpoll 相关；

⑥ nextWhen——计时器处于 timerModifiedXX 状态时，用于设置 when 字段；

⑦ status——计时器的状态。

然而这里的 runtime.timer 只是计时器运行时的私有结构体，对外暴露的计时器使用 time.Timer 结构体：

```
type Timer struct {
    C <-chan Time
    r runtimeTimer
}
```

time.Timer 计时器必须通过 time.NewTimer、time.AfterFunc 或者 time.After 函数创建。当计时器失效时，订阅计时器 Channel 的 Goroutine 会收到计时器失效的时间。

6.3.3 状态机

运行时使用状态机的方式处理全部计时器，其中包括 10 种状态和几种操作。由于 Go 语言的计时器需要同时支持增加、删除、修改和重置等操作，所以它的状态非常复杂，目前包含 10 种可能，如表 6-2 所示。

表 6-2 计时器的状态

状态	解释
timerNoStatus	未设置状态
timerWaiting	等待触发
timerRunning	运行计时器函数
timerDeleted	被删除
timerRemoving	正在被删除
timerRemoved	已经被停止并从堆中删除
timerModifying	正在被修改
timerModifiedEarlier	被修改到了更早的时间
timerModifiedLater	被修改到了更晚的时间
timerMoving	已经被修改，正在被移动

表 6-2 展示了不同状态的含义，但是还需要展示一些重要信息，例如状态的存在时间、计时器是否在堆中等：

- `timerRunning`、`timerRemoving`、`timerModifying` 和 `timerMoving`——停留的时间都比较短；
- `timerWaiting`、`timerRunning`、`timerDeleted`、`timerRemoving`、`timerModifying`、`timerModifiedEarlier`、`timerModifiedLater` 和 `timerMoving`——计时器在处理器的堆中；
- `timerNoStatus` 和 `timerRemoved`——计时器不在堆中；
- `timerModifiedEarlier` 和 `timerModifiedLater`——计时器虽然在堆中，但是可能在错误的位置上，需要重新排序。

当我们操作计时器时，运行时会根据状态的不同做出反应，所以在分析计时器时会将状态作为切入点分析其实现原理。计时器的状态机中包含如下 6 种操作，它们分别承担了不同的职责：

- `runtime.addtimer`——向当前处理器增加新的计时器①；
- `runtime.deltimer`——将计时器标记成 `timerDeleted` 删除处理器中的计时器②；
- `runtime.modtimer`——网络轮询器会调用该函数修改计时器③；

① 参见 runtime: add new addtimer function（Ian Lance Taylor）。
② 参见 runtime: add new deltimer function（Ian Lance Taylor）。
③ 参见 runtime: add modtimer function（Ian Lance Taylor）。

- runtime.cleantimers——清除队列头中的计时器，能够提升程序创建和删除计时器的性能[①]；
- runtime.adjusttimers——调整处理器持有的计时器堆，包括移动稍后触发的计时器、删除标记为 timerDeleted 的计时器[②]；
- runtime.runtimer——检查队列头中的计时器，在其准备就绪时运行该计时器[③]。

下面依次分析计时器的上述 6 种操作。

1. 增加计时器

当我们调用 time.NewTimer 增加新的计时器时，会执行程序中的 runtime.addtimer 函数并根据以下规则处理计时器。

- timerNoStatus → timerWaiting。
- 其他状态→崩溃：不合法的状态。

函数代码如下所示：

```
func addtimer(t *timer) {
    if t.status != timerNoStatus {
        badTimer()
    }
    t.status = timerWaiting
    cleantimers(pp)       ①
    doaddtimer(pp, t)     ②
    wakeNetPoller(when)   ③
}
```

① 调用 runtime.cleantimers 清除处理器中的计时器。

② 调用 runtime.doaddtimer 将当前计时器加入处理器的 timers 四叉堆中：

调用 runtime.netpollGenericInit 函数惰性初始化网络轮询器。

③ 调用 runtime.wakeNetPoller 唤醒网络轮询器中休眠的线程：

调用 runtime.netpollBreak 函数中断正在阻塞的网络轮询[④]。

每次增加新的计时器都会中断正在阻塞的轮询，触发调度器检查是否有计时器到期，后面会详细介绍计时器的触发过程。

2. 删除计时器

runtime.deltimer 函数会标记需要删除的计时器，它会根据以下规则处理计时器：

- timerWaiting → timerModifying → timerDeleted；
- timerModifiedEarlier → timerModifying → timerDeleted；
- timerModifiedLater → timerModifying → timerDeleted；

---

① 参见 runtime: add cleantimers function（Ian Lance Taylor）

② 参见 runtime: add adjusttimers function（Ian Lance Taylor）

③ 参见 runtime: add new runtimer function（Ian Lance Taylor）

④ 参见 runtime: add netpollBreak（Ian Lance Taylor）

- 其他状态 → 等待状态改变或者直接返回。

在删除计时器的过程中，可能会遇到其他处理器的计时器，这时我们需要将计时器标记为删除状态，并由持有计时器的处理器完成清除工作。

3. 修改计时器

runtime.modtimer 会修改已经存在的计时器，它会根据以下规则处理计时器：

- timerWaiting → timerModifying → timerModifiedXX；
- timerModifiedXX → timerModifying → timerModifiedYY；
- timerNoStatus → timerModifying → timerWaiting；
- timerRemoved → timerModifying → timerWaiting；
- timerDeleted → timerModifying → timerWaiting；
- 其他状态 → 等待状态改变。

代码如下所示：

```
func modtimer(t *timer, when, period int64, f func(interface{}, uintptr), arg interface{}, seq
uintptr) bool {
    status := uint32(timerNoStatus)
    wasRemoved := false
loop:
    for {
        switch status = atomic.Load(&t.status); status {
            ...
        }
    }

    t.period = period
    t.f = f
    t.arg = arg
    t.seq = seq

    if wasRemoved {
        t.when = when
        doaddtimer(pp, t)
        wakeNetPoller(when)
    } else {
        t.nextwhen = when
        newStatus := uint32(timerModifiedLater)
        if when < t.when {
            newStatus = timerModifiedEarlier
        }
        ...
        if newStatus == timerModifiedEarlier {
            wakeNetPoller(when)
        }
    }
}
```

如果待修改的计时器已经被删除，那么该函数会调用 runtime.doaddtimer 创建新的计时器。正常情况下会根据修改后的时间进行不同的处理：

- 如果修改后的时间大于或等于修改前的时间，设置计时器的状态为 timerModifiedLater；
- 如果修改后的时间小于修改前的时间，设置计时器的状态为 timerModifiedEarlier 并调用 runtime.netpollBreak 触发调度器的重新调度。

因为修改后的时间会影响计时器的处理，所以用于修改计时器的 runtime.modtimer 是状态机中最复杂的函数。

4. 清除计时器

runtime.cleantimers 函数会根据状态清除处理器队列头中的计时器，该函数会遵循以下规则修改计时器的触发时间：

- timerDeleted → timerRemoving → timerRemoved；
- timerModifiedXX → timerMoving → timerWaiting。

函数代码如下所示：

```
func cleantimers(pp *p) bool {
    for {
        if len(pp.timers) == 0 {
            return true
        }
        t := pp.timers[0]
        switch s := atomic.Load(&t.status); s {
        case timerDeleted:
            atomic.Cas(&t.status, s, timerRemoving)
            dodeltimer0(pp)
            atomic.Cas(&t.status, timerRemoving, timerRemoved)
        case timerModifiedEarlier, timerModifiedLater:
            atomic.Cas(&t.status, s, timerMoving)

            t.when = t.nextwhen

            dodeltimer0(pp)
            doaddtimer(pp, t)
            atomic.Cas(&t.status, timerMoving, timerWaiting)
        default:
            return true
        }
    }
}
```

runtime.cleantimers 函数只会处理计时器状态为 timerDeleted、timerModifiedEarlier 或者 timerModifiedLater 的情况。

- 如果计时器的状态为 timerDeleted：

  1) 将计时器的状态修改成 timerRemoving；

2) 调用 runtime.dodeltimer0 删除四叉堆顶上的计时器；

3) 将计时器的状态修改成 timerRemoved。

- 如果计时器的状态为 timerModifiedEarlier 或者 timerModifiedLater：

1) 将计时器的状态修改成 timerMoving；

2) 使用计时器下次触发的时间 nextWhen 覆盖 when；

3) 调用 runtime.dodeltimer0 删除四叉堆顶上的计时器；

4) 调用 runtime.doaddtimer 将计时器加入四叉堆中；

5) 将计时器的状态修改成 timerWaiting。

runtime.cleantimers 会删除已经标记的计时器，修改状态为 timerModifiedXX 的计时器。

5. 调整计时器

runtime.adjusttimers 与 runtime.cleantimers 作用相似，都会删除堆中的计时器并修改状态为 timerModifiedEarlier 和 timerModifiedLater 的计时器的时间，它们也遵循相同的规则处理计时器状态：

- timerDeleted → timerRemoving → timerRemoved；
- timerModifiedXX → timerMoving → timerWaiting。

函数代码如下所示：

```
func adjusttimers(pp *p, now int64) {
    var moved []*timer
loop:
    for i := 0; i < len(pp.timers); i++ {
        t := pp.timers[i]
        switch s := atomic.Load(&t.status); s {
        case timerDeleted:
            // 删除堆中的计时器
        case timerModifiedEarlier, timerModifiedLater:
            // 修改计时器的时间
        case ...
        }
    }
    if len(moved) > 0 {
        addAdjustedTimers(pp, moved)
    }
}
```

与 runtime.cleantimers 不同的是，上述函数可能会遍历处理器堆中的全部计时器（包含退出条件），而不是只是修改四叉堆顶部。

6. 运行计时器

runtime.runtimer 函数会检查处理器四叉堆顶的计时器，该函数也会处理计时器的删除以及计时器时间的更新，它遵循以下处理规则。

- timerNoStatus → 崩溃：未初始化的计时器。
- timerWaiting：
    - → timerWaiting；
    - → timerRunnintimer → NoStatus；
    - → timerRunning → timerWaiting。
- timerModifying → 等待状态改变。
- timerModifiedXX → timerMoving → timerWaiting。
- timerDeleted → timerRemoving → timerRemoved。
- timerRunning → 崩溃：并发调用该函数。
- timerRemoved、timerRemoving、timerMoving → 崩溃：计时器堆不一致。

函数代码如下所示：

```
func runtimer(pp *p, now int64) int64 {
    for {
        t := pp.timers[0]
        switch s := atomic.Load(&t.status); s {
        case timerWaiting:
            if t.when > now {
                return t.when
            }
            atomic.Cas(&t.status, s, timerRunning)
            runOneTimer(pp, t, now)
            return 0
        case timerDeleted:
            // 删除计时器
        case timerModifiedEarlier, timerModifiedLater:
            // 修改计时器的时间
        case ...
        }
    }
}
```

如果处理器四叉堆顶部的计时器没有到触发时间会直接返回，否则调用 runtime.runOneTimer 运行堆顶的计时器：

```
func runOneTimer(pp *p, t *timer, now int64) {
    f := t.f
    arg := t.arg
    seq := t.seq

    if t.period > 0 {
        delta := t.when - now
        t.when += t.period * (1 + -delta/t.period)
        siftdownTimer(pp.timers, 0)
        atomic.Cas(&t.status, timerRunning, timerWaiting)
        updateTimer0When(pp)
    } else {
```

```
        dodeltimer0(pp)
        atomic.Cas(&t.status, timerRunning, timerNoStatus)
    }

    unlock(&pp.timersLock)
    f(arg, seq)
    lock(&pp.timersLock)
}
```

根据计时器的 period 字段，上述函数会做出不同的处理。

- 如果 period 字段大于 0：
  1) 修改计时器下一次触发的时间并更新其在堆中的位置；
  2) 将计时器的状态更新至 timerWaiting；
  3) 调用 runtime.updateTimer0When 函数设置处理器的 timer0When 字段。
- 如果 period 字段小于或等于 0：
  1) 调用 runtime.dodeltimer0 函数删除计时器；
  2) 将计时器的状态更新至 timerNoStatus。

更新计时器之后，上述函数会运行计时器中存储的函数并传入触发时间等参数。

6.3.4 触发计时器

前面分析了计时器状态机中的 10 种状态以及几种操作，下面分析其触发过程。Go 语言会在两个模块触发计时器，运行计时器中保存的函数：

- 调度器调度时会检查处理器中的计时器是否准备就绪；
- 系统监控会检查是否有未执行的到期计时器。

下面依次分析上述两个触发过程。

1. 调度器

runtime.checkTimers 是调度器用来运行处理器中计时器的函数，它会在发生以下情况时被调用：

- 调度器调用 runtime.schedule 执行调度时；
- 调度器调用 runtime.findrunnable 获取可执行的 Goroutine 时；
- 调度器调用 runtime.findrunnable 从其他处理器窃取计时器时。

这里不展开介绍 runtime.schedule 和 runtime.findrunnable 的实现了，而重点分析用于执行计时器的 runtime.checkTimers：

```
func checkTimers(pp *p, now int64) (rnow, pollUntil int64, ran bool) {
    if atomic.Load(&pp.adjustTimers) == 0 {
        next := int64(atomic.Load64(&pp.timer0When))
        if next == 0 {
```

```
            return now, 0, false
        }
        if now == 0 {
            now = nanotime()
        }
        if now < next {
            if pp != getg().m.p.ptr() || int(atomic.Load(&pp.deletedTimers)) <= int(atomic.
Load(&pp.numTimers)/4) {
                return now, next, false
            }
        }
    }

    lock(&pp.timersLock)
    adjusttimers(pp)
```

我们将该函数的实现分成3个部分：调整计时器、运行计时器和删除计时器。首先是调整堆中计时器的过程。

- 如果处理器中不存在需要调整的计时器：
  - 当没有需要执行的计时器时，直接返回；
  - 当下一个计时器没有到期并且需要删除的计时器较少时会直接返回。
- 如果处理器中存在需要调整的计时器，会调用 runtime.adjusttimers。

调整了堆中的计时器之后，runtime.runtimer 会依次查找堆中是否存在需要执行的计时器：

- 如果存在，直接运行计时器；
- 如果不存在，获取最新计时器的触发时间。

代码如下所示：

```
    rnow = now
    if len(pp.timers) > 0 {
        if rnow == 0 {
            rnow = nanotime()
        }
        for len(pp.timers) > 0 {
            if tw := runtimer(pp, rnow); tw != 0 {
                if tw > 0 {
                    pollUntil = tw
                }
                break
            }
            ran = true
        }
    }
```

在 runtime.checkTimers 的最后，如果当前 Goroutine 的处理器和传入的处理器相同，并且处理器中删除的计时器是堆中计时器的1/4以上，就会调用 runtime.clearDeletedTimers 删除处理器全部标记为 timerDeleted 的计时器，保证堆中靠后的计时器被删除：

```go
    if pp == getg().m.p.ptr() && int(atomic.Load(&pp.deletedTimers)) > len(pp.timers)/4 {
        clearDeletedTimers(pp)
    }

    unlock(&pp.timersLock)
    return rnow, pollUntil, ran
}
```

runtime.clearDeletedTimers 能够避免堆中出现大量长时间运行的计时器，该函数和 runtime.moveTimers 也是“唯二”会遍历计时器堆的函数。

2. 系统监控

系统监控函数 runtime.sysmon 也可能会触发函数的计时器，下面的代码片段中省略了大量与计时器无关的代码：

```go
func sysmon() {
    ...
    for {
        ...
        now := nanotime()
        next, _ := timeSleepUntil()  ①
        ...
        lastpoll := int64(atomic.Load64(&sched.lastpoll))
        if netpollinited() && lastpoll != 0 && lastpoll+10*1000*1000 < now {
            atomic.Cas64(&sched.lastpoll, uint64(lastpoll), uint64(now))
            list := netpoll(0)  ②
            if !list.empty() {
                incidlelocked(-1)
                injectglist(&list)
                incidlelocked(1)
            }  ③
        }
        if next < now {
            startm(nil, false)
        }
        ...
}
```

① 调用 runtime.timeSleepUntil 获取计时器的到期时间以及持有该计时器的堆；

② 如果超过 10ms 没有轮询，调用 runtime.netpoll 轮询网络；

③ 如果当前有应该运行的计时器没有执行，可能存在无法被抢占的处理器，这时我们应该启动新线程处理计时器。

在上述过程中，runtime.timeSleepUntil 会遍历运行时的全部处理器并查找下一个需要执行的计时器。

6.3.5 小结

Go 语言的计时器在并发编程中起到了非常重要的作用，它能够为我们提供比较准确的相对时间。基于它的功能，标准库中还提供了定时器、休眠等接口，让我们能在 Go 语言程序中更好地处理过期和超时等问题。

标准库中的计时器在大多数情况下能够正常工作并且高效完成任务，但是在遇到极端情况或者性能敏感场景时，它可能无法胜任；在 10ms 的这个粒度，笔者在社区中没有找到可用的计时器实现，一些使用时间轮算法的开源库也不能很好地完成这个任务。

6.3.6 延伸阅读

- runtime: switch to using new timer code
- jaypei/use*c*sleep.go（Gist）
- “How Do They Do It: Timers in Go”（Alexander Morozov 和 Vyacheslav Bakhmutov）
- “Proposal: Monotonic Elapsed Time Measurements in Go”（Russ Cox）

6.3.7 历史变更

2021-01-05 更新：

Go 1.15 修改并合并了计时器处理的多个函数、改变了状态的迁移过程，这里删除了重置计数器的内容①。

6.4 Channel

作为 Go 语言核心的数据结构和 Goroutine 之间的通信方式，Channel 是支撑 Go 语言高性能并发编程模型的重要结构。本节会介绍 Channel 的设计原理、数据结构和常见操作，例如 Channel 的创建、发送、接收和关闭。虽然 Channel 与关键字 `range` 和 `select` 关系紧密，但是因为前面已经分析了 Channel 在不同控制结构中组合使用时的现象，所以这里就不赘述了。

6.4.1 设计原理

Go 语言中最常见也经常被人提及的设计模式是：不要通过共享内存的方式进行通信，而应该通过通信的方式共享内存。在很多主流编程语言中，多个线程传递数据的方式一般是共享内存（如图 6-19 所示），为了解决线程竞争，我们需要限制同一时间能够读写这些变量的线程数量，然而这与 Go 语言倡导的设计并不相同。

虽然在 Go 语言中也能使用共享内存加互斥锁进行通信，但是 Go 语言提供了一种不同的并发模型——**通信顺序进程**（communicating sequential processes，CSP）②。Goroutine 和 Channel 分别对应 CSP 中的实体和传递信息的媒介，Goroutine 之间会通过 Channel 传递数据，如图 6-20 所示。

---

① 参见 runtime: don’t panic on racy use of timers（Ian Lance Taylor）。

② 参见 Communicating sequential processes. Commun（C. A. R. Hoare, 1978）。

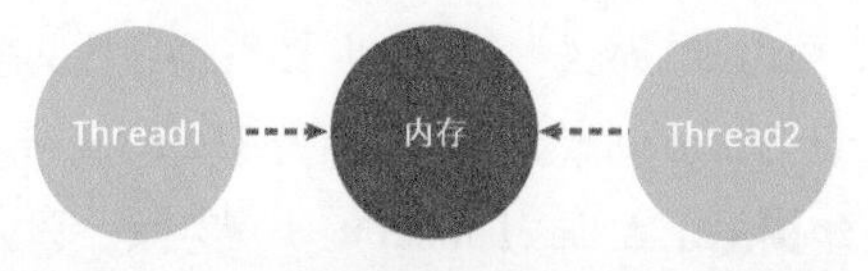

图 6-19 多线程使用共享内存传递数据

图 6-20 Goroutine 使用 Channel 传递数据

图 6-20 中的两个 Goroutine，一个会向 Channel 中发送数据，另一个会从 Channel 中接收数据，两者独立运行，并不存在直接关联，但是能通过 Channel 间接完成通信。

1. 先进先出

目前的 Channel 收发操作均遵循**先进先出**（FIFO）的设计，具体规则如下：

- 先从 Channel 读取数据的 Goroutine 会先接收到数据；
- 先向 Channel 发送数据的 Goroutine 有权先发送数据。

这种 FIFO 的设计相对好理解，但是早前的 Go 语言实现没有严格遵循该语义，我们能在 runtime: make sure blocked channels run operations in FIFO order 中找到关于带缓冲区的 Channel 在执行收发操作时没有遵循先进先出设计的讨论[①]。

- 发送方会向缓冲区中写入数据，然后唤醒接收方，多个接收方会尝试从缓冲区中读取数据，如果没有读取到会重新陷入休眠。
- 接收方会从缓冲区中读取数据，然后唤醒发送方，发送方会尝试向缓冲区写入数据，如果缓冲区已满会重新陷入休眠。

这种基于重试的机制会导致 Channel 的处理不遵循先进先出原则。经过 runtime: simplify buffered channels 和 runtime: simplify chan ops, take 2 两个提交的修改，带缓冲区和不带缓冲区的 Channel 都会遵循先进先出原则发送和接收数据[②][③]。

2. 无锁 Channel

锁是一种常见的并发控制技术，我们一般将锁分成“乐观锁”和“悲观锁”，即乐观并发控制和悲观并发控制。**无锁**（lock-free）队列更准确的描述是使用乐观并发控制的队列。很多人误以为乐观锁与悲观锁差不多，然而它并不是真正的锁，只是一种并发控制思想[④]。

乐观并发控制本质上是基于验证的协议，我们使用原子指令 CAS（compare-and-swap 或者 compare-and-set）在多线程间同步数据，无锁队列的实现也依赖这一原子指令。

Channel 在运行时的内部表示是 `runtime.hchan`，该结构体中包含了用于保护成员变量的互斥锁。从某种程度上说，Channel 是一个用于同步和通信的有锁队列，使用互斥锁解决程序中可能存在的线程竞争问题很常见，我们可以相对容易地实现有锁队列。

---

① 参见 runtime: make sure blocked channels run operations in FIFO order（Russ Cox, 2015）。
② 参见 runtime: simplify buffered channels（Keith Randall, 2015）。
③ 参见 runtime: simplify chan ops, take 2（Keith Randall, 2015）。
④ 参见浅谈数据库并发控制——锁和 MVCC（Draven, 2017）。

然而锁导致的休眠和唤醒会带来额外的上下文切换，如果临界区[①]过小，加锁解锁导致的额外开销就会成为性能瓶颈。1994 年发表的论文“Implementing lock-free queues”就研究了如何使用无锁的数据结构实现先进先出队列[②]，Go 语言社区也在 2014 年提出了无锁 Channel 的实现方案，该方案将 Channel 分成了以下 3 种类型[③]：

- 同步 Channel——不需要缓冲区，发送方会直接将数据交给接收方；
- 异步 Channel——基于环形缓存的传统生产者和消费者模型；
- `chan struct{}` 类型的异步 Channel——`struct{}` 类型不占用内存空间，不需要实现缓冲区和直接发送的语义。

这个提案的目的不是实现完全无锁的队列，只是在一些关键路径上通过无锁提升 Channel 的性能。Go 语言社区中已经有无锁 Channel 的实现[④]，但在实际的基准测试中，无锁队列在多核测试中的表现还需要进一步的改进[⑤]。

因为目前通过 CAS 实现[⑥]的无锁 Channel 没有提供先进先出的特性，所以该提案暂时搁浅了[⑦]。

6.4.2 数据结构

Go 语言的 Channel 在运行时使用 `runtime.hchan` 结构体表示。我们在 Go 语言中创建新的 Channel 时，实际上创建的都是如下所示的结构：

```
type hchan struct {
    qcount   uint
    dataqsiz uint
    buf      unsafe.Pointer
    elemsize uint16
    closed   uint32
    elemtype *_type
    sendx    uint
    recvx    uint
    recvq    waitq
    sendq    waitq

    lock mutex
}
```

`runtime.hchan` 结构体中的 5 个字段 `qcount`、`dataqsiz`、`buf`、`sendx`、`recv` 构建了底层的循环队列：

- `qcount` —— Channel 中的元素个数；

① 见维基百科词条 critical section。
② 参见 Implementing lock-free queues（Valois, J. D, 1994）。
③ 参见 Go channels on steroids（Dmitry Vyukov, 2014）。
④ 参见 A scalable lock-free channel（Ahmed W., 2016）
⑤ 参见 Fix poor scalability to many (true-SMP) cores（Jon Gjengset, 2016）。
⑥ 参见 runtime: chans on steroids（Dmitry Vyukov, 2014）。
⑦ 参见 algorithm does not apply per se（Dmitry Vyukov, 2016）。

- dataqsiz —— Channel 中循环队列的长度；
- buf —— Channel 的缓冲区数据指针；
- sendx —— Channel 的发送操作处理到的位置；
- recvx —— Channel 的接收操作处理到的位置。

除此之外，elemsize 和 elemtype 分别表示当前 Channel 能够收发的元素类型和大小，sendq 和 recvq 存储了当前 Channel 由于缓冲区空间不足而阻塞的 Goroutine 列表。这些等待队列使用双向链表 runtime.waitq 表示，链表中所有元素都是 runtime.sudog 结构：

```
type waitq struct {
    first *sudog
    last  *sudog
}
```

runtime.sudog 表示一个在等待列表中的 Goroutine，该结构中存储了两个分别指向前后 runtime.sudog 的指针以构成链表。

6.4.3 创建 Channel

Go 语言中所有 Channel 的创建都会使用 make 关键字。编译器会将 make(chan int, 10) 表达式转换成 OMAKE 类型的节点，并在类型检查阶段将 OMAKE 类型的节点转换成 OMAKECHAN 类型：

```
func typecheck1(n *Node, top int) (res *Node) {
    switch n.Op {
    case OMAKE:
        ...
        switch t.Etype {
        case TCHAN:
            l = nil
            if i < len(args) { // 带缓冲区的异步 Channel
                ...
                n.Left = l
            } else { // 不带缓冲区的同步 Channel
                n.Left = nodintconst(0)
            }
            n.Op = OMAKECHAN
        }
    }
}
```

这一阶段会对传入 make 关键字的缓冲区大小进行检查，如果我们不向 make 传递表示缓冲区大小的参数，那么就会设置一个默认值 0，即当前 Channel 不存在缓冲区。

OMAKECHAN 类型的节点最终都会在 SSA 中间代码生成阶段之前被转换成调用 runtime.makechan 或者 runtime.makechan64 的函数：

```
func walkexpr(n *Node, init *Nodes) *Node {
    switch n.Op {
```

```
    case OMAKECHAN:
        size := n.Left
        fnname := "makechan64"
        argtype := types.Types[TINT64]

        if size.Type.IsKind(TIDEAL) || maxintval[size.Type.Etype].Cmp(maxintval[TUINT]) <= 0 {
            fnname = "makechan"
            argtype = types.Types[TINT]
        }
        n = mkcall1(chanfn(fnname, 1, n.Type), n.Type, init, typename(n.Type), conv(size,
argtype))
    }
}
```

runtime.makechan 和 runtime.makechan64 会根据传入的参数类型和缓冲区大小创建一个新的 Channel 结构，其中后者用于处理缓冲区大小大于 232 的情况，因为这在 Channel 中并不常见，所以我们重点关注 runtime.makechan：

```
func makechan(t *chantype, size int) *hchan {
    elem := t.elem
    mem, _ := math.MulUintptr(elem.size, uintptr(size))

    var c *hchan
    switch {
    case mem == 0:
        c = (*hchan)(mallocgc(hchanSize, nil, true))
        c.buf = c.raceaddr()
    case elem.kind&kindNoPointers != 0:
        c = (*hchan)(mallocgc(hchanSize+mem, nil, true))
        c.buf = add(unsafe.Pointer(c), hchanSize)
    default:
        c = new(hchan)
        c.buf = mallocgc(mem, elem, true)
    }
    c.elemsize = uint16(elem.size)
    c.elemtype = elem
    c.dataqsiz = uint(size)
    return c
}
```

上述代码根据 Channel 中收发元素的类型和缓冲区大小初始化 runtime.hchan 和缓冲区：

- 如果当前 Channel 中不存在缓冲区，那么只会为 runtime.hchan 分配一块内存空间；
- 如果当前 Channel 中存储的类型不是指针类型，会为当前 Channel 和底层数组分配一块连续的内存空间；
- 默认情况下会单独为 runtime.hchan 和缓冲区分配内存。

函数的最后会统一更新 runtime.hchan 的 elemsize、elemtype 和 dataqsiz 几个字段。

6.4.4 发送数据

当我们想向 Channel 发送数据时，就需要使用 `ch <- i` 语句，编译器会将它解析成 `OSEND` 节点并在 `cmd/compile/internal/gc.walkexpr` 中转换成 `runtime.chansend1`：

```
func walkexpr(n *Node, init *Nodes) *Node {
	switch n.Op {
	case OSEND:
		n1 := n.Right
		n1 = assignconv(n1, n.Left.Type.Elem(), "chan send")
		n1 = walkexpr(n1, init)
		n1 = nod(OADDR, n1, nil)
		n = mkcall1(chanfn("chansend1", 2, n.Left.Type), nil, init, n.Left, n1)
	}
}
```

`runtime.chansend1` 只是调用了 `runtime.chansend` 并传入 Channel 和需要发送的数据。`runtime.chansend` 是向 Channel 中发送数据时一定会调用的函数，该函数包含了发送数据的全部逻辑，如果我们在调用时将 `block` 参数设置成 `true`，那么表示当前发送操作是阻塞的：

```
func chansend(c *hchan, ep unsafe.Pointer, block bool, callerpc uintptr) bool {
	lock(&c.lock)

	if c.closed != 0 {
		unlock(&c.lock)
		panic(plainError("send on closed channel"))
	}
```

在发送数据的逻辑执行之前会先为当前 Channel 加锁，防止多个线程并发修改数据。如果 Channel 已经关闭，那么向该 Channel 发送数据时会报错 `"send on closed channel"` 并中止程序。

因为 `runtime.chansend` 函数的实现比较复杂，所以这里将它的执行过程分成以下 3 个部分：

- 当存在等待的接收者时，通过 `runtime.send` 直接将数据发送给阻塞的接收者；
- 当缓冲区存在空余空间时，将发送的数据写入 Channel 的缓冲区；
- 当不存在缓冲区或者缓冲区已满时，等待其他 Goroutine 从 Channel 接收数据。

1. 直接发送

如果目标 Channel 没有被关闭并且已经有处于读等待的 Goroutine，那么 `runtime.chansend` 会从接收队列 `recvq` 中取出最先陷入等待的 Goroutine 并直接向它发送数据：

```
	if sg := c.recvq.dequeue(); sg != nil {
		send(c, sg, ep, func() { unlock(&c.lock) }, 3)
		return true
	}
```

图 6-21 展示了 Channel 中存在等待数据的 Goroutine 时，向 Channel 发送数据的过程。

发送数据时会调用 `runtime.send`，该函数的执行可以分成两个部分：

(1) 调用 `runtime.sendDirect` 将发送的数据直接复制到 `x = <-c` 表达式中变量 `x` 所在的内存地址上；

(2) 调用 `runtime.goready` 将等待接收数据的 Goroutine 标记成可运行状态 `Grunnable`，并把该 Goroutine 放到发送方所在处理器的 `runnext` 上等待执行，该处理器在下一次调度时会立刻唤醒数据的接收方。

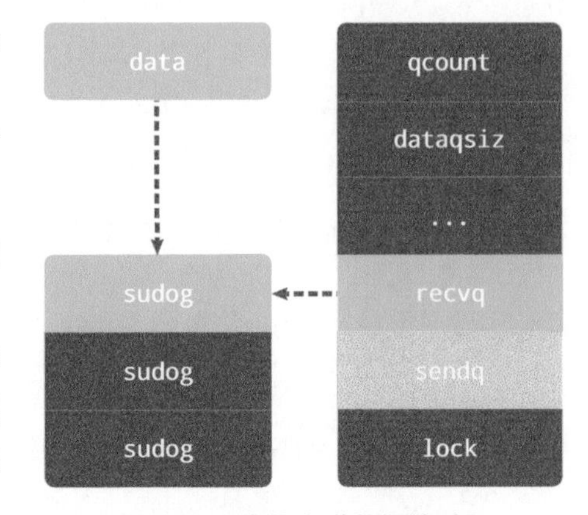

图 6-21 直接发送数据的过程

代码如下所示：

```
func send(c *hchan, sg *sudog, ep unsafe.Pointer, unlockf func(), skip int) {
    if sg.elem != nil {
        sendDirect(c.elemtype, sg, ep)
        sg.elem = nil
    }
    gp := sg.g
    unlockf()
    gp.param = unsafe.Pointer(sg)
    goready(gp, skip+1)
}
```

需要注意的是，发送数据的过程只是将接收方的 Goroutine 放到了处理器的 `runnext` 中，程序没有立刻执行该 Goroutine。

2. 缓冲区

如果创建的 Channel 包含缓冲区并且 Channel 中的数据没有装满，会执行下面这段代码：

```
func chansend(c *hchan, ep unsafe.Pointer, block bool, callerpc uintptr) bool {
    ...
    if c.qcount < c.dataqsiz {
        qp := chanbuf(c, c.sendx)
        typedmemmove(c.elemtype, qp, ep)
        c.sendx++
        if c.sendx == c.dataqsiz {
            c.sendx = 0
        }
        c.qcount++
        unlock(&c.lock)
        return true
    }
    ...
}
```

这里我们首先使用 `runtime.chanbuf` 计算出下一个可以存储数据的位置，然后通过 `runtime.typedmemmove` 将发送的数据复制到缓冲区中，并增加 `sendx` 索引和 `qcount` 计数器，如图 6-22 所示。

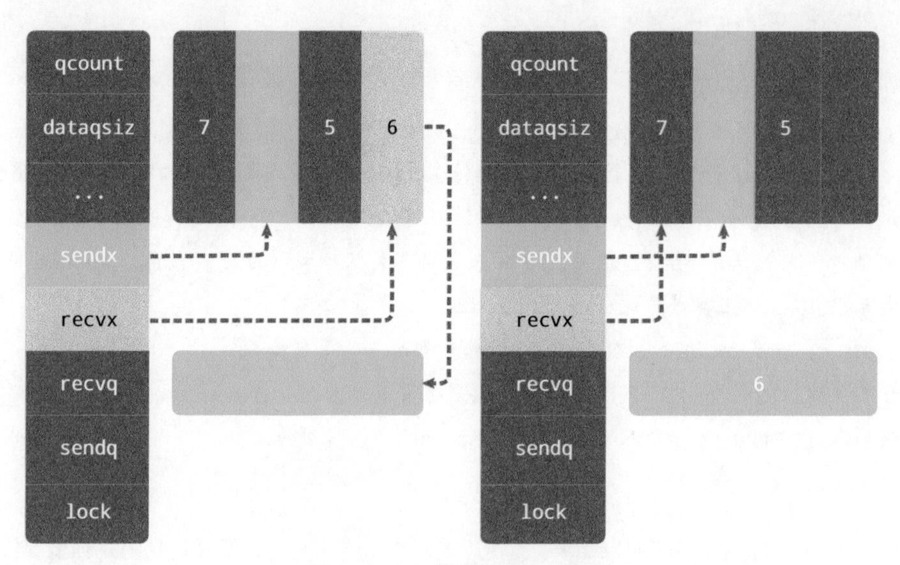

图 6-22 向缓冲区写入数据

如果当前 Channel 的缓冲区未满，向 Channel 发送的数据会存储在 Channel 的 `sendx` 索引所在位置并将 `sendx` 索引加一。因为这里的 `buf` 是一个循环数组，所以当 `sendx` 等于 `dataqsiz` 时会重新回到数组开始的位置。

3. 阻塞发送

当 Channel 没有接收者能够处理数据时，向 Channel 发送数据会被下游阻塞。当然，使用 `select` 关键字可以向 Channel 非阻塞地发送消息。向 Channel 阻塞地发送数据会执行下面的代码。我们简单梳理一下这段代码的逻辑：

```
func chansend(c *hchan, ep unsafe.Pointer, block bool, callerpc uintptr) bool {
    ...
    if !block {
        unlock(&c.lock)
        return false
    }

    gp := getg()  ①
    mysg := acquireSudog()  ②
    mysg.elem = ep
    mysg.g = gp
    mysg.c = c
    gp.waiting = mysg  ③
    c.sendq.enqueue(mysg)
```

```
    goparkunlock(&c.lock, waitReasonChanSend, traceEvGoBlockSend, 3)  ④

    gp.waiting = nil
    gp.param = nil
    mysg.c = nil
    releaseSudog(mysg)  ⑤
    return true  ⑥
}
```

① 调用 runtime.getg 获取发送数据使用的 Goroutine；

② 执行 runtime.acquireSudog 获取 runtime.sudog 结构，并设置此次阻塞发送的相关信息，例如发送的 Channel、是否在 select 中和待发送数据的内存地址等；

③ 将刚刚创建并初始化的 runtime.sudog 加入发送等待队列，并设置到当前 Goroutine 的 waiting 上，表示 Goroutine 正在等待该 sudog 准备就绪；

④ 调用 runtime.goparkunlock 令当前 Goroutine 陷入沉睡等待唤醒；

⑤ 被调度器唤醒后会执行一些收尾工作，将一些属性置为零并且释放 runtime.sudog 结构体。

⑥ 函数最后会返回 true 表示这次已经成功向 Channel 发送了数据。

4. 小结

这里简单梳理和总结一下使用 ch <- i 表达式向 Channel 发送数据时遇到的几种情况：

- 如果当前 Channel 的 recvq 上存在已经被阻塞的 Goroutine，那么会直接将数据发送给当前 Goroutine 并将其设置成下一个运行的 Goroutine；
- 如果 Channel 存在缓冲区并且其中还有空闲容量，我们会直接将数据存储到缓冲区 sendx 所在位置上；
- 如果不满足上面两种情况，会创建一个 runtime.sudog 结构，并将其加入 Channel 的 sendq 队列中，当前 Goroutine 也会陷入阻塞等待其他协程从 Channel 接收数据。

发送数据的过程中包含几个会触发 Goroutine 调度的时机：

- 发送数据时发现 Channel 上存在等待接收数据的 Goroutine，立刻设置处理器的 runnext 属性，但是并不会立刻触发调度；
- 发送数据时并没有找到接收方并且缓冲区已满，这时会将自己加入 Channel 的 sendq 队列，并调用 runtime.goparkunlock 触发 Goroutine 的调度让出处理器的使用权。

6.4.5 接收数据

接下来我们介绍 Channel 操作的另一方：接收数据。在 Go 语言中可以使用两种方法接收 Channel 中的数据：

```
i <- ch
i, ok <- ch
```

这两种方法经过编译器的处理都会变成 ORECV 类型的节点，后者会在类型检查阶段转换成 OAS2RECV 类型。数据的接收操作遵循图 6-23 所示的路线图。

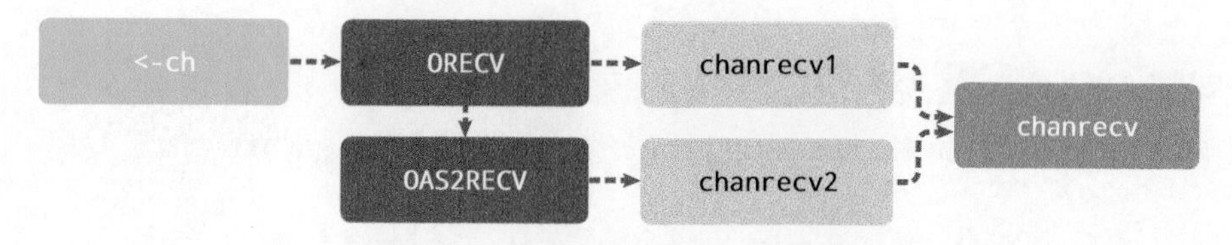

图 6-23 Channel 接收操作的路线图

虽然不同的接收方式会被转换成 runtime.chanrecv1 和 runtime.chanrecv2 两种函数调用，但是这两个函数最终还是会调用 runtime.chanrecv。

当我们从一个空 Channel 接收数据时，会直接调用 runtime.gopark 让出处理器的使用权：

```
func chanrecv(c *hchan, ep unsafe.Pointer, block bool) (selected, received bool) {
    if c == nil {
        if !block {
            return
        }
        gopark(nil, nil, waitReasonChanReceiveNilChan, traceEvGoStop, 2)
        throw("unreachable")
    }

    lock(&c.lock)

    if c.closed != 0 && c.qcount == 0 {
        unlock(&c.lock)
        if ep != nil {
            typedmemclr(c.elemtype, ep)
        }
        return true, false
    }
```

如果当前 Channel 已经被关闭并且缓冲区中不存在任何数据，那么会清除 ep 指针中的数据并立刻返回。

除了上述两种特殊情况，使用 runtime.chanrecv 从 Channel 接收数据时还包含以下 3 种情况：

- 当存在等待的发送者时，通过 runtime.recv 从阻塞的发送者或者缓冲区中获取数据；
- 当缓冲区存在数据时，从 Channel 的缓冲区中接收数据；
- 当缓冲区中不存在数据时，等待其他 Goroutine 向 Channel 发送数据。

1. 直接接收

当 Channel 的 sendq 队列中包含处于等待状态的 Goroutine 时，该函数会取出队列头等待的 Goroutine，处理的逻辑和发送时相差无几，只是发送数据时调用的是 runtime.send 函数，而接收数据时使用的是 runtime.recv：

```
    if sg := c.sendq.dequeue(); sg != nil {
        recv(c, sg, ep, func() { unlock(&c.lock) }, 3)
        return true, true
    }
```

runtime.recv 的实现比较复杂：

```
func recv(c *hchan, sg *sudog, ep unsafe.Pointer, unlockf func(), skip int) {
    if c.dataqsiz == 0 {
        if ep != nil {
            recvDirect(c.elemtype, sg, ep)
        }
    } else {
        qp := chanbuf(c, c.recvx)
        if ep != nil {
            typedmemmove(c.elemtype, ep, qp)
        }
        typedmemmove(c.elemtype, qp, sg.elem)
        c.recvx++
        c.sendx = c.recvx // c.sendx = (c.sendx+1) % c.dataqsiz
    }
    gp := sg.g
    gp.param = unsafe.Pointer(sg)
    goready(gp, skip+1)
}
```

该函数会根据缓冲区的大小分别处理不同的情况。

- 如果 Channel 不存在缓冲区：
  调用 runtime.recvDirect 将 Channel 发送队列中 Goroutine 存储的 elem 数据复制到目标内存地址中。
- 如果 Channel 存在缓冲区：
  - 将队列中的数据复制到接收方的内存地址中；
  - 将发送队列头的数据复制到缓冲区中，释放一个阻塞的发送方。

无论发生哪种情况，运行时都会调用 runtime.goready 将当前处理器的 runnext 设置成发送数据的 Goroutine，在调度器下一次调度时将阻塞的发送方唤醒。

图 6-24 展示了 Channel 在缓冲区已经没有空间并且发送队列中存在等待的 Goroutine 时，运行 <-ch 的执行过程。发送队列头的 runtime.sudog 中的元素会替换接收索引 recvx 所在位置的元素，原有元素会被复制到接收数据的变量对应的内存空间中。

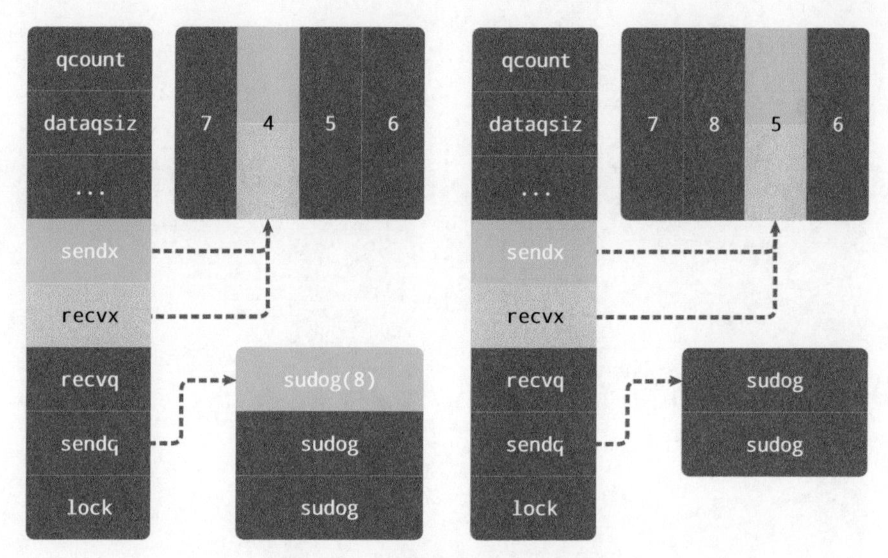

图 6-24 从发送队列中获取数据

2. 缓冲区

当 Channel 的缓冲区中已经包含数据时，从 Channel 中接收数据会直接从缓冲区中 recvx 的索引位置取出数据进行处理：

```
func chanrecv(c *hchan, ep unsafe.Pointer, block bool) (selected, received bool) {
    ...
    if c.qcount > 0 {
        qp := chanbuf(c, c.recvx)
        if ep != nil {
            typedmemmove(c.elemtype, ep, qp)
        }
        typedmemclr(c.elemtype, qp)
        c.recvx++
        if c.recvx == c.dataqsiz {
            c.recvx = 0
        }
        c.qcount--
        return true, true
    }
    ...
}
```

如果接收数据的内存地址不为空，那么会使用 runtime.typedmemmove 将缓冲区中的数据复制到内存中、清除队列中的数据并完成收尾工作，如图 6-25 所示。

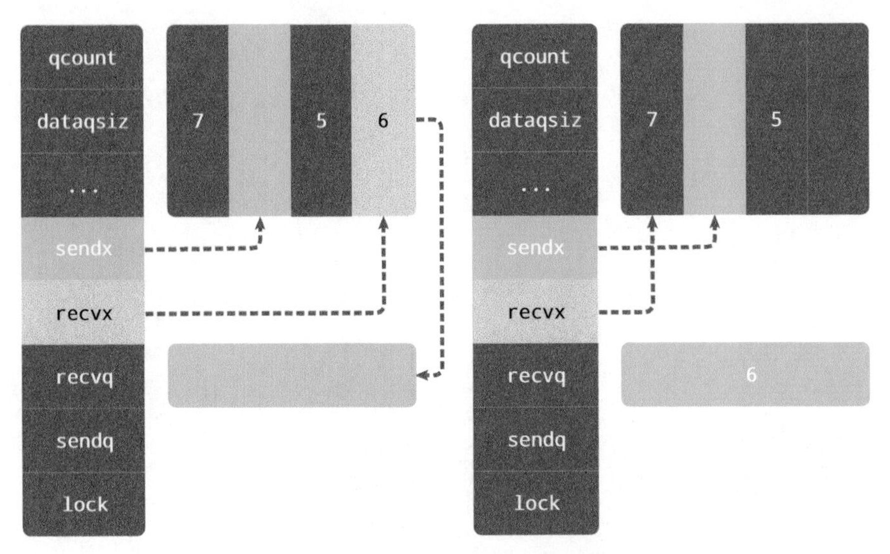

图 6-25 从缓冲区中接收数据

收尾工作包括递增 recvx，一旦发现索引超过 Channel 的容量时，会将它归零重置循环队列的索引。除此之外，该函数还会减少 qcount 计数器并释放持有 Channel 的锁。

3. 阻塞接收

当 Channel 的发送队列中不存在等待的 Goroutine 并且缓冲区中不存在任何数据时，从 Channel 中接收数据的操作会变成阻塞的，然而不是所有接收操作都是阻塞的，与 select 语句结合使用时就可能会用到非阻塞的接收操作：

```
func chanrecv(c *hchan, ep unsafe.Pointer, block bool) (selected, received bool) {
    ...
    if !block {
        unlock(&c.lock)
        return false, false
    }

    gp := getg()
    mysg := acquireSudog()
    mysg.elem = ep
    gp.waiting = mysg
    mysg.g = gp
    mysg.c = c
    c.recvq.enqueue(mysg)
    goparkunlock(&c.lock, waitReasonChanReceive, traceEvGoBlockRecv, 3)

    gp.waiting = nil
    closed := gp.param == nil
    gp.param = nil
    releaseSudog(mysg)
    return true, !closed
}
```

在正常的接收场景下，我们会使用 runtime.sudog 将当前 Goroutine 封装成处于等待状态并将其加入接收队列中。

完成入队之后，上述代码还会调用 runtime.goparkunlock 立刻触发 Goroutine 的调度，让出处理器的使用权并等待调度器的调度。

4. 小结

我们梳理一下从 Channel 中接收数据时可能发生的 5 种情况：

(1) 如果 Channel 为空，那么会直接调用 runtime.gopark 挂起当前 Goroutine；

(2) 如果 Channel 已经关闭并且缓冲区没有任何数据，runtime.chanrecv 会直接返回；

(3) 如果 Channel 的 sendq 队列中存在挂起的 Goroutine，会将 recvx 索引所在的数据复制到接收变量所在的内存空间中并将 sendq 队列中 Goroutine 的数据复制到缓冲区；

(4) 如果 Channel 的缓冲区中包含数据，那么直接读取 recvx 索引对应的数据；

(5) 默认情况下会挂起当前 Goroutine，将 runtime.sudog 结构加入 recvq 队列并陷入休眠等待调度器唤醒。

我们总结一下从 Channel 接收数据时，会触发 Goroutine 调度的两个时机：

(1) 当 Channel 为空时；

(2) 当缓冲区中不存在数据并且不存在数据的发送者时。

6.4.6 关闭 Channel

编译器会将用于关闭 Channel 的 close 关键字转换成 OCLOSE 节点以及 runtime.closechan 函数。

当 Channel 是一个空指针或者已经被关闭时，Go 语言运行时会直接崩溃并抛出异常：

```
func closechan(c *hchan) {
    if c == nil {
        panic(plainError("close of nil channel"))
    }

    lock(&c.lock)
    if c.closed != 0 {
        unlock(&c.lock)
        panic(plainError("close of closed channel"))
    }
```

处理完这些异常的情况之后就可以开始执行关闭 Channel 的逻辑了。下面这段代码的主要工作就是将 recvq 和 sendq 两个队列中的数据加入 Goroutine 列表 gList 中，与此同时，该函数会清除 runtime.sudog 上所有未被处理的元素：

```
    c.closed = 1

    var glist gList
```

```go
    for {
        sg := c.recvq.dequeue()
        if sg == nil {
            break
        }
        if sg.elem != nil {
            typedmemclr(c.elemtype, sg.elem)
            sg.elem = nil
        }
        gp := sg.g
        gp.param = nil
        glist.push(gp)
    }

    for {
        sg := c.sendq.dequeue()
        ...
    }
    for !glist.empty() {
        gp := glist.pop()
        gp.schedlink = 0
        goready(gp, 3)
    }
}
```

该函数最后会为所有被阻塞的 Goroutine 调用 `runtime.goready` 触发调度。

6.4.7 小结

Channel 是 Go 语言能够提供强大并发能力的原因之一。我们在这一节中分析了 Channel 的设计原理、数据结构以及发送数据、接收数据和关闭 Channel 等基本操作，相信能够帮助大家更好地理解 Channel 的工作原理。

6.4.8 延伸阅读

- runtime: lock-free channels #8899（Dmitry Vyukov，2014）
- “Simple, fast, and practical non-blocking and blocking concurrent queue algorithms”
- Channel types（The Go Programming Language Specification）
- “Concurrency in Golang”
- communicating sequential processes（维基百科）
- “Why build concurrency on the ideas of CSP? ”
- “Performance without the event loop”

6.5 调度器

Go 语言在并发编程方面具备超强的能力，这离不开语言层面对并发编程的支持。本节会介绍

Go 语言运行时调度器的实现原理，其中包含调度器的设计与实现原理、演变过程以及与运行时调度相关的数据结构。

谈到 Go 语言调度器，绕不开操作系统、进程与线程（如图 6-26 所示）这些概念。线程是操作系统调度的最小单元，而 Linux 调度器并不区分进程和线程的调度，它们在不同操作系统上的实现也不同，但是在大多数实现中线程属于进程。

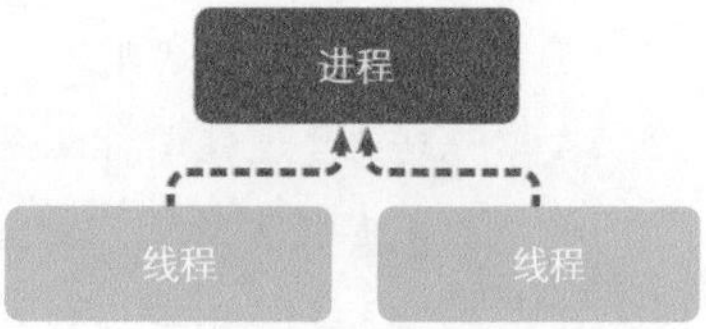

图 6-26 进程和线程

多个线程可以属于同一个进程并共享内存空间。因为多线程不需要创建新的虚拟内存空间，所以它们也不需要内存管理单元处理上下文的切换，线程之间的通信也正是基于共享内存进行的，与重量级进程相比，线程显得比较轻量。

虽然线程比较轻量，但是在调度时也有比较大的额外开销。每个线程会都占用 1MB 以上的内存空间，在切换线程时不止会消耗较多内存，恢复寄存器中的内容还需要向操作系统申请或者销毁资源。每一次线程上下文的切换都需要消耗约 1us 的时间[①]，而 Go 调度器对 Goroutine 的上下文切换约为 0.2us，减少了 80% 的额外开销[②]。

Go 语言的调度器使用与 CPU 数量相等的线程来减少线程频繁切换带来的内存开销，同时在每一个线程上执行额外开销更低的 Goroutine 来降低操作系统和硬件的负载。图 6-27 简单展示了线程和 Goroutine。

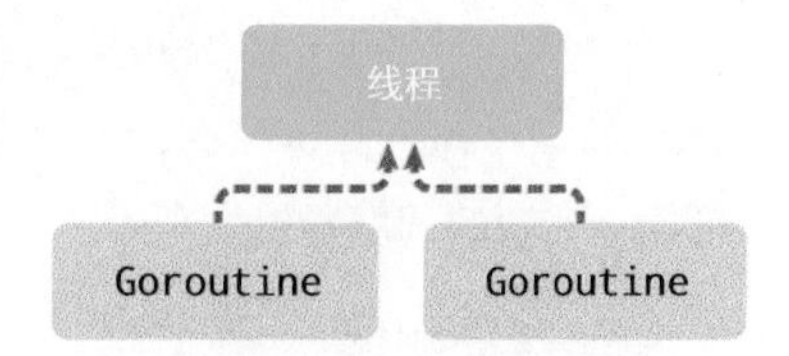

图 6-27 线程与 Goroutine

6.5.1 设计原理

今天的 Go 语言调度器性能优异，但是如果我们回头看 Go 0.x 版本的调度器，会发现最初的调度器不仅实现非常简陋，也无法支撑高并发的服务。调度器经过几个大版本的迭代才有了今天的优异性能，历史上几个版本的调度器引入了重大改进，但也存在各自的缺陷。

- 单线程调度器——Go 0.x
  - 改进：只包含 40 多行代码。
  - 缺陷：程序中只能存在一个活跃线程，由 G-M 模型组成。
- 多线程调度器——Go 1.0
  - 改进：允许运行多线程的程序。
  - 缺陷：全局锁导致竞争严重。
- 任务窃取调度器——Go 1.1
  - 改进 1：引入了处理器 P，构成了目前的 G-M-P 模型。
  - 改进 2：在处理器 P 的基础上实现了基于**工作窃取**的调度器。
  - 缺陷 1：在某些情况下，Goroutine 不会让出线程，进而造成饥饿问题。

① 参见 Measuring context switching and memory overheads for Linux threads（Eli Bendersky, 2018）。

② Goroutine 上下文切换时间待确认。

  - 缺陷2：时间过长的垃圾收集（stop-the-world，STW）会导致程序长时间无法工作。
- 抢占式调度器——Go 1.2 至今
  - 基于协作的抢占式调度器——Go 1.2～Go 1.13

    改进：通过编译器在函数调用时插入**抢占检查**指令，在函数调用时检查当前 Goroutine 是否发起了抢占请求，实现基于协作的抢占式调度。

    缺陷：Goroutine 可能会因为垃圾收集和循环长时间占用资源导致程序暂停。
  - 基于信号的抢占式调度器——Go 1.14 至今

    改进：实现了**基于信号的真抢占式调度**。

    缺陷1：垃圾收集在扫描栈时会触发抢占式调度。

    缺陷2：抢占的时间点不够多，不能覆盖所有边缘情况。
- 非均匀存储访问调度器——提案
  - 改进：对运行时的各种资源进行分区。
  - 缺陷：实现非常复杂，至今尚未提上日程。

除多线程、任务窃取和抢占式调度器外，Go 语言社区中目前还有一个**非均匀存储访问**（non-uniform memory access，NUMA）调度器的提案。下面依次介绍不同版本调度器的实现原理以及未来可能会实现的调度器提案。

1. 单线程调度器

Go 0.x 版本的调度器只包含两种结构——表示 Goroutine 的 G 和表示线程的 M，全局也只有一个线程。我们可以在 clean up scheduler 提交中找到单线程调度器的源代码，这时 Go 语言的调度器还是由 C 语言实现的，调度函数 `runtime.scheduler:9682400` 也只包含 40 多行代码：

```
static void scheduler(void) {
    G* gp;
    lock(&sched);

    if(gosave(&m->sched)){
        lock(&sched);
        gp = m->curg;
        switch(gp->status){
        case Grunnable:
        case Grunning:
            gp->status = Grunnable;
            gput(gp);
            break;
        ...
        }
        notewakeup(&gp->stopped);
    }

    gp = nextgandunlock();
    noteclear(&gp->stopped);
    gp->status = Grunning;
```

```
    m->curg = gp;
    g = gp;
    gogo(&gp->sched);
}
```

该函数会遵循如下过程调度 Goroutine：

(1) 获取调度器的全局锁；

(2) 调用 runtime.gosave:9682400 保存栈寄存器和程序计数器；

(3) 调用 runtime.nextgandunlock:9682400 获取下一个需要运行的 Goroutine 并解锁调度器；

(4) 修改全局线程 m 上要执行的 Goroutine；

(5) 调用 runtime.gogo:9682400 函数运行最新的 Goroutine。

虽然这个单线程调度器的唯一优点是**能运行**，但是这次提交已经包含了 G 和 M 两个重要的数据结构，也建立了 Go 语言调度器的框架。

2. 多线程调度器

Go 1.0 正式发布时就支持多线程的调度器，与上一个版本几乎不可用的调度器相比，Go 语言团队在这一阶段实现了从不可用到可用的跨越。我们可以在 pkg/runtime/proc.c 文件中找到 Go 1.0.1 版本的调度器。多线程版本的调度函数 runtime.schedule:go1.0.1 包含 70 多行代码，这里我们保留了该函数的核心逻辑：

```
static void schedule(G *gp) {
    schedlock();
    if(gp != nil) {
        gp->m = nil;
        uint32 v = runtime·xadd(&runtime·sched.atomic, -1<<mcpuShift);
        if(atomic_mcpu(v) > maxgomaxprocs)
            runtime·throw("negative mcpu in scheduler");

        switch(gp->status){
        case Grunning:
            gp->status = Grunnable;
            gput(gp);
            break;
        case ...:
        }
    } else {
        ...
    }
    gp = nextgandunlock();
    gp->status = Grunning;
    m->curg = gp;
    gp->m = m;
    runtime·gogo(&gp->sched, 0);
}
```

整体的逻辑与单线程调度器没有太多区别，因为程序中可能同时存在多个活跃线程，所以多线程调度器引入了 GOMAXPROCS 变量，帮助我们灵活控制程序中的最大处理器数，即活跃线程数。

多线程调度器的主要问题是调度时的锁竞争会严重浪费资源，Scalable Go Scheduler Design Doc 中对调度器做的性能测试发现，14% 的时间花费在 runtime.futex:go1.0.1 上[①]，该调度器有以下问题需要解决：

- 调度器和锁是全局资源，所有调度状态都是中心化存储的，锁竞争问题严重；
- 线程需要经常互相传递可运行的 Goroutine，引入了大量延迟；
- 每个线程都需要处理内存缓存，导致大量内存占用并影响数据局部性；
- 系统调用频繁阻塞和解除阻塞正在运行的线程，增加了额外开销。

这里的全局锁问题和 Linux 操作系统调度器早期遇到的问题比较相似，解决方案也大同小异。

3. 任务窃取调度器

2012 年谷歌工程师 Dmitry Vyukov 在“Scalable Go Scheduler Design Doc”中指出多线程调度器问题并提出了两个改进手段：

(1) 在当前的 G-M 模型中引入处理器 P，增加中间层；

(2) 在处理器 P 的基础上实现基于任务窃取的调度器。

基于任务窃取的 Go 语言调度器使用了 G-M-P 模型并沿用至今，我们能在 runtime: improved scheduler 提交中找到任务窃取调度器刚实现时的源代码，调度器的 runtime.schedule:779c45a 在这个版本的调度器中反而更简单了：

(1) 如果当前运行时在等待垃圾收集，调用 runtime.gcstopm:779c45a 函数；

(2) 调用 runtime.runqget:779c45a 和 runtime.findrunnable:779c45a，从本地运行队列或者全局运行队列中获取待执行的 Goroutine；

(3) 调用 runtime.execute:779c45a 在当前线程 M 上运行 Goroutine。

当前处理器本地的运行队列中不包含 Goroutine 时，调用 runtime.findrunnable:779c45a 会触发工作窃取，从其他处理器的队列中随机获取一些 Goroutine。

代码如下所示：

```
static void schedule(void) {
    G *gp;
 top:
    if(runtime·gcwaiting) {
        gcstopm();
        goto top;
    }

    gp = runqget(m->p);
    if(gp == nil)
        gp = findrunnable();
```

① 参见“Scalable Go Scheduler Design Doc”。

```
    ...

    execute(gp);
}
```

运行时 G-M-P 模型中引入的处理器 P 是线程和 Goroutine 的中间层，从它的结构体中就能看出处理器与 M 和 G 的关系：

```
struct P {
    Lock;

    uint32    status;
    P*    link;
    uint32    tick;
    M*    m;
    MCache*    mcache;

    G**    runq;
    int32    runqhead;
    int32    runqtail;
    int32    runqsize;

    G*    gfree;
    int32    gfreecnt;
};
```

处理器持有一个由可运行的 Goroutine 组成的环形运行队列 runq，还反向持有一个线程。调度器在调度时会从处理器的队列中选择队列头的 Goroutine 放到线程 M 上执行。图 6-28 展示了 Go 语言中的线程 M、处理器 P 和 Goroutine G 的关系。

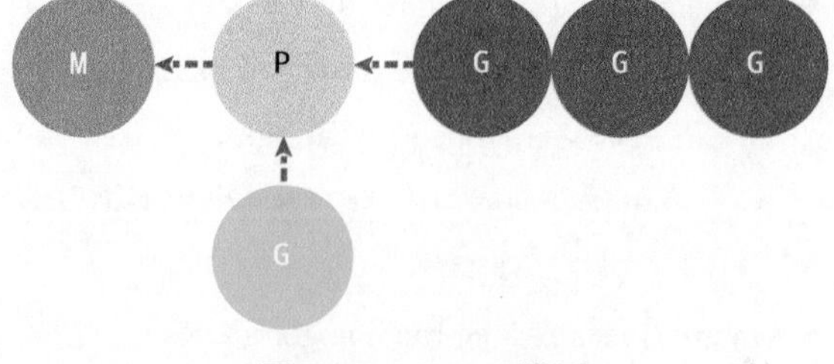

图 6-28　G-M-P 模型

基于工作窃取的多线程调度器将每一个线程绑定到了独立的 CPU 上，这些线程会由不同的处理器管理，不同的处理器通过工作窃取对任务进行再分配实现任务的平衡，也能提升调度器和 Go 语言程序的整体性能，今天所有 Go 语言服务都受益于这一改动。

4. 抢占式调度器

对 Go 语言并发模型的修改提升了调度器的性能，但是 Go 1.1 中的调度器仍然不支持抢占式调度，程序只能依靠 Goroutine 主动让出 CPU 资源才能触发调度。Go 1.2 版本的调度器[①]引入了基于协作的抢占式调度解决下面的问题[②]：

① 参见 Pre-emption in the scheduler。

② 参见“Go Preemptive Scheduler Design Doc”。

- 某些 Goroutine 可以长时间占用线程，造成其他 Goroutine 饥饿；
- 垃圾收集需要暂停整个程序（STW），最长可能需要几分钟的时间[①]，导致整个程序无法工作。

Go 1.2 版本的抢占式调度虽然能够缓解这个问题，但它是基于协作的，在之后很长一段时间里，Go 语言的调度器都有一些无法被抢占的边缘情况，例如 `for` 循环或者垃圾收集长时间占用线程，其中的部分问题直到 Go 1.14 才被基于信号的抢占式调度解决。

❒ 基于协作的抢占式调度

我们可以在 `pkg/runtime/proc.c` 文件中找到引入基于协作的抢占式调度后的调度器。Go 语言会在分段栈的机制之上实现抢占式调度，利用编译器在分段栈上插入的函数，所有 Goroutine 在函数调用时都有机会进入运行时检查是否需要执行抢占。Go 语言团队通过以下多个提交实现了该特性。

- runtime: add stackguard0 to G

  为 Goroutine 引入 `stackguard0` 字段，该字段被设置成 `StackPreempt`，意味着当前 Goroutine 发出了抢占请求。
- runtime: introduce preemption function (not used for now)
  - 引入抢占函数 `runtime.preemptone:1e112cd` 和 `runtime.preemptall:1e112cd`，这两个函数会改变 Goroutine 的 `stackguard0` 字段发出抢占请求；
  - 定义抢占请求 `StackPreempt`。
- runtime: preempt goroutines for GC
  - 在 `runtime.stoptheworld:1e112cd` 中调用 `runtime.preemptall:1e112cd`，将处理器上正在运行的 Goroutine 的 `stackguard0` 设置为 `StackPreempt`；
  - 在 `runtime.newstack:1e112cd` 中增加抢占的代码，当 `stackguard0` 等于 `StackPreempt` 时触发调度器抢占让出线程。
- runtime: preempt long-running goroutines

  在系统监控中，如果一个 Goroutine 的运行时间超过 10ms，就会调用 `runtime.retake:1e112cd` 和 `runtime.preemptone:1e112cd`。
- runtime: more reliable preemption

  修复 Goroutine 因为周期性执行非阻塞 CGO 或者系统调用不会被抢占的问题。

上面的多个提交实现了抢占式调度，但是还缺少最关键的一个环节——编译器如何在函数调用前插入函数？我们能在非常“古老”的提交 runtime: stack growth adjustments, cleanup 中找到编译器插入函数的雏形。最新版本的 Go 语言会通过 `cmd/internal/obj/x86.stacksplit` 插入 `runtime.morestack`，该函数可能会调用 `runtime.newstack` 触发抢占。从上面的多个提交中，我们能归纳出基于协作的抢占式调度的工作原理：

---

① 参见 runtime: goroutines do not get scheduled for a long time for no obvious reason。

- 编译器会在调用函数前插入 runtime.morestack；
- Go 语言运行时会在垃圾收集暂停程序、系统监控发现 Goroutine 运行超过 10ms 时发出抢占请求 StackPreempt；
- 当发生函数调用时，可能会执行编译器插入的 runtime.morestack，它调用的 runtime.newstack 会检查 Goroutine 的 stackguard0 字段是否为 StackPreempt；
- 如果 stackguard0 是 StackPreempt，就会触发抢占让出当前线程。

这种实现方式虽然增加了运行时的复杂度，但是实现相对简单，也没有带来过多的额外开销，总体来看还是比较成功的，也在 Go 语言中使用了十几个版本。因为这里的抢占是通过编译器插入函数实现的，还是需要函数调用作为入口才能触发抢占，所以这是一种**基于协作的抢占式调度**。

❒ 基于信号的抢占式调度

基于协作的抢占式调度虽然实现巧妙，但是并不完备，我们能在 runtime: non-cooperative goroutine preemption 中找到一些遗留问题：

- ○ runtime: tight loops should be preemptible #10958
- ○ An empty for{} will block large slice allocation in another goroutine, even with GOMAXPROCS > 1 ? #17174
- ○ runtime: tight loop hangs process completely after some time #15442
- ○ ……

Go 1.14 实现了非协作的抢占式调度，在实现过程中我们重构已有的逻辑并为 Goroutine 增加新的状态和字段来支持抢占。Go 语言团队通过下面的一系列提交实现了该功能，我们可以按时间顺序分析相关提交理解它的工作原理。

- runtime: add general suspendG/resumeG
  - ○ 挂起 Goroutine 的过程是在垃圾收集的栈扫描时完成的，我们通过 runtime.suspendG 和 runtime.resumeG 两个函数重构栈扫描这一过程；
  - ○ 调用 runtime.suspendG 时会将处于运行状态的 Goroutine 的 preemptStop 标记成 true；
  - ○ 调用 runtime.preemptPark 可以挂起当前 Goroutine、将其状态更新成 _Gpreempted 并触发调度器的重新调度，该函数能够交出线程控制权。
- runtime: asynchronous preemption function for x86

  在 x86 架构上增加异步抢占的函数 runtime.asyncPreempt 和 runtime.asyncPreempt2。
- runtime: use signals to preempt Gs for suspendG
  - ○ 支持通过向线程发送信号的方式暂停运行的 Goroutine；
  - ○ 在 runtime.sighandler 函数中注册 SIGURG 信号的处理函数 runtime.doSigPreempt；
  - ○ 实现 runtime.preemptM，它可以通过 SIGURG 信号向线程发送抢占请求。
- runtime: implement async scheduler preemption

修改 runtime.preemptone 函数的实现，加入异步抢占的逻辑。

目前的抢占式调度只会在垃圾收集扫描任务时触发，下面梳理一下上述代码实现的抢占式调度过程。

(1) 程序启动时，在 runtime.sighandler 中注册 SIGURG 信号的处理函数 runtime.doSigPreempt。

(2) 在触发垃圾收集的栈扫描时，会调用 runtime.suspendG 挂起 Goroutine，该函数会执行下面的逻辑：

- 将 _Grunning 状态的 Goroutine 标记成可以被抢占，即将 preemptStop 设置成 true；
- 调用 runtime.preemptM 触发抢占。

(3) runtime.preemptM 会调用 runtime.signalM 向线程发送信号 SIGURG。

(4) 操作系统会中断正在运行的线程，并执行预先注册的信号处理函数 runtime.doSigPreempt。

(5) runtime.doSigPreempt 函数会处理抢占信号，获取当前的 SP 和 PC 寄存器并调用 runtime.sigctxt.pushCall。

(6) runtime.sigctxt.pushCall 会修改寄存器，并在程序回到用户态时执行 runtime.asyncPreempt。

(7) 汇编指令 runtime.asyncPreempt 会调用运行时函数 runtime.asyncPreempt2。

(8) runtime.asyncPreempt2 会调用 runtime.preemptPark。

(9) runtime.preemptPark 会将当前 Goroutine 的状态修改到 _Gpreempted，并调用 runtime.schedule 让当前函数陷入休眠并让出线程，调度器会选择其他 Goroutine 继续执行。

上述 9 个步骤展示了基于信号的抢占式调度的执行过程。除分析抢占过程外，我们还需要讨论抢占信号的选择，提案根据以下 4 个原因选择 SIGURG 作为触发异步抢占的信号①：

(1) 该信号需要被调试器透传；

(2) 该信号不会被内部的 libc 库使用并拦截；

(3) 该信号可以随意出现并且不触发任何后果；

(4) 我们需要处理多个平台上的不同信号。

STW 和栈扫描是可以抢占的**安全点**（safe-point），所以 Go 语言会在这里先加入抢占功能②。基于信号的抢占式调度只解决了垃圾收集和栈扫描时存在的问题，但是这种真抢占式调度是调度器走向完备的开始，相信未来可以在更多地方触发抢占。

5. 非均匀内存访问调度器

非均匀内存访问（NUMA）调度器现在只是 Go 语言的提案③。该提案的原理是通过拆分全局资源让各个处理器能够就近获取，以减少锁竞争并增加数据的局部性。

在目前的运行时中，线程、处理器、网络轮询器、运行队列、全局内存分配器状态、内存分配

① 参见“Proposal: Non-cooperative goroutine preemption”。

② 参见“Proposal: Conservative inner-frame scanning for non-cooperative goroutine preemption”。

③ 参见“NUMA-aware scheduler for Go”。

缓存和垃圾收集器都是全局资源。运行时没有保证本地化，也不清楚系统的拓扑结构，部分结构可以提供一定的局部性，但是从全局来看没有这种保证。

如图 6-29 所示，堆栈、全局运行队列和线程池会按照 NUMA 节点进行分区，网络轮询器和计时器会由单独的处理器持有。这种方式虽然能够利用局部性提高调度器的性能，但是本身的实现过于复杂，所以 Go 语言团队还没有着手实现该提案。

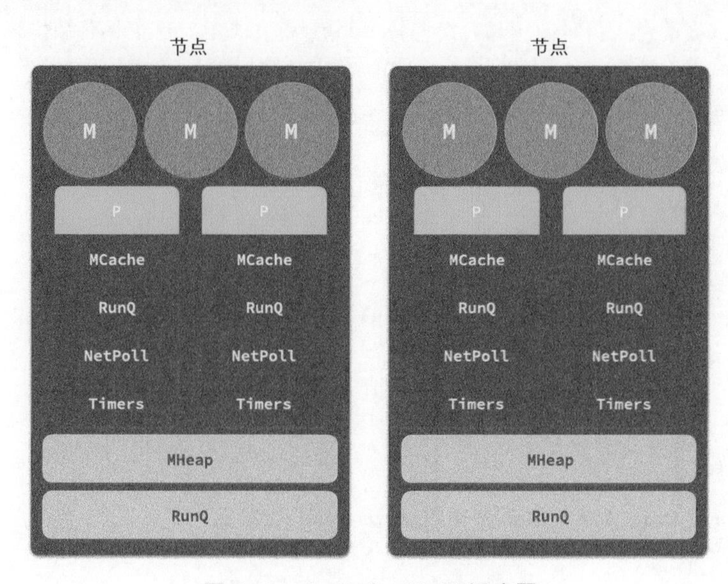

图 6-29 Go 语言 NUMA 调度器

6. 小结

Go 语言的调度器在最初的几个版本中迅速迭代，但是从 Go 1.2 之后调度器就没有太多变化，直到 Go 1.14 引入了真正的抢占式调度才解决了自 Go 1.2 以来一直存在的问题。在可预见的未来，Go 语言的调度器还会进一步演进，增加触发抢占式调度的时间点以减少边缘情况。

6.5.2 数据结构

相信各位已经对 Go 语言调度相关的数据结构非常熟悉了，我们一起来回顾一下运行时调度器的 3 个重要组成部分——线程 M、Goroutine G 和处理器 P，如图 6-30 所示。

- G 表示 Goroutine，它是待执行的任务。
- M 表示操作系统的线程，它由操作系统的调度器调度和管理。
- P 表示处理器，可以把它看作在线程上运行的本地调度器。

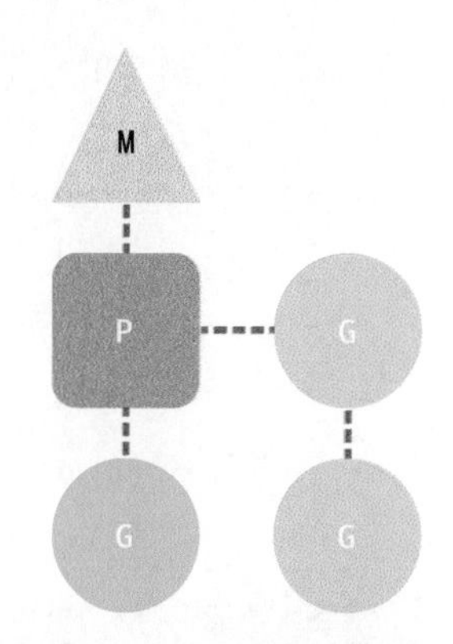

图 6-30 Go 语言调度器

下面分别介绍不同的结构体，详细介绍它们的作用、数据结构以及在运行期间可能处于的状态。

1. G

Goroutine 是 Go 语言调度器中待执行的任务，它在运行时调度器中的地位和线程在操作系统中的地位差不多，但是它占用的内存空间更小，也降低了上下文切换的开销。

Goroutine 只存在于 Go 语言的运行时，它是 Go 语言在用户态提供的线程。作为一种粒度更细的资源调度单元，如果使用得当，Goroutine 能够在高并发的场景下更高效地利用机器的 CPU。

Goroutine 在 Go 语言运行时使用私有结构体 `runtime.g` 表示。这个私有结构体非常复杂，总共包含 40 多个用于表示各种状态的成员变量，这里不会介绍所有字段，仅会挑选其中一部分，首先是与栈相关的两个字段：

```
type g struct {
    stack       stack
    stackguard0 uintptr
}
```

其中 `stack` 字段描述了当前 Goroutine 的栈内存范围 [stack.lo, stack.hi)，另一个字段 `stackguard0` 可以用于调度器抢占式调度。除 `stackguard0` 外，Goroutine 中还包含另外 3 个与抢占密切相关的字段：

```
type g struct {
    preempt       bool // 抢占信号
    preemptStop   bool // 抢占时将状态修改成 _Gpreempted
    preemptShrink bool // 在同步安全点收缩栈
}
```

Goroutine 与前面提到的 `defer` 和 `panic` 也有千丝万缕的联系，每一个 Goroutine 上都持有两个分别存储 `defer` 和 `panic` 对应结构体的链表：

```
type g struct {
    _panic       *_panic // 最内侧的 panic 结构体
    _defer       *_defer // 最内侧的延迟函数结构体
}
```

最后，介绍几个笔者认为比较有趣或者重要的字段：

```
type g struct {
    m              *m          ①
    sched          gobuf       ②
    atomicstatus   uint32      ③
    goid           int64       ④
}
```

① `m`——当前 Goroutine 占用的线程，可能为空；

② `sched`——存储 Goroutine 的调度相关数据；

③ `atomicstatus`——Goroutine 的状态；

④ goid——Goroutine 的 ID，该字段对开发者不可见，Go 语言团队认为引入 ID 会让部分 Goroutine 变得更特殊，从而限制 Go 语言的并发能力[①]。

上述 4 个字段中，我们需要展开介绍 sched 字段的 runtime.gobuf 结构体中包含哪些内容：

```
type gobuf struct {
    sp   uintptr       ①
    pc   uintptr       ②
    g    guintptr      ③
    ret  sys.Uintreg   ④
    ...
}
```

① sp——栈指针；

② pc——程序计数器；

③ g——持有 runtime.gobuf 的 Goroutine；

④ ret——系统调用的返回值。

这些内容会在调度器保存或者恢复上下文时用到，其中的栈指针和程序计数器用来存储或者恢复寄存器中的值，改变程序即将执行的代码。

结构体 runtime.g 的 atomicstatus 字段存储了当前 Goroutine 的状态。除几个已经不被使用的以及与 GC 相关的状态外，Goroutine 可能处于 9 种状态，如表 6-3 所示。

表 6-3 Goroutine 的状态

状态	描述
_Gidle	刚刚被分配并且尚未初始化
_Grunnable	没有执行代码，没有栈的所有权，存储在运行队列中
_Grunning	可以执行代码，拥有栈的所有权，被赋予了内核线程 M 和处理器 P
_Gsyscall	正在执行系统调用，拥有栈的所有权，没有执行用户代码，被赋予了内核线程 M 但是不在运行队列上
_Gwaiting	由于运行时而被阻塞，没有执行用户代码并且不在运行队列上，但是可能存在于 Channel 的等待队列上
_Gdead	没有被使用，没有执行代码，可能有分配的栈
_Gcopystack	栈正在被复制，没有执行代码，不在运行队列上
_Gpreempted	由于抢占而被阻塞，没有执行用户代码并且不在运行队列上，等待唤醒
_Gscan	GC 正在扫描栈空间，没有执行代码，可以与其他状态同时存在

上述状态中比较常见是 _Grunnable、_Grunning、_Gsyscall、_Gwaiting 和 _Gpreempted 这 5 种状态，这里会重点介绍它们。Goroutine 的状态迁移是个复杂的过程，触发 Goroutine 状态迁移的方法很多，这里不会介绍全部迁移路线，只会从中选择一些介绍。

① 参见“Why is there no goroutine ID?”。

虽然 Goroutine 在运行时中定义的状态非常多且复杂，但是可以将它们聚合成 3 种：等待中（waiting）、可运行（runnable）、运行中（running），如图 6-31 所示，运行期间会在这 3 种状态间来回切换。

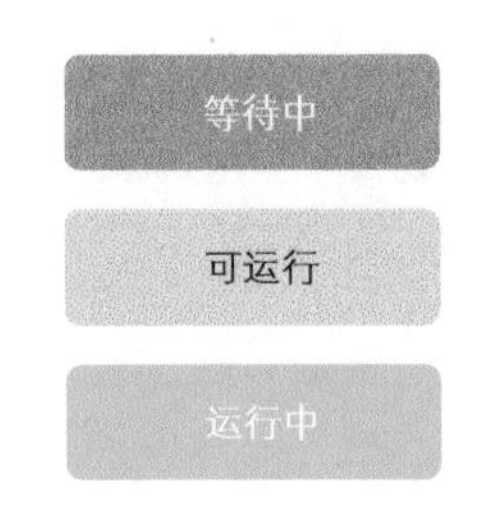

图 6-31 Goroutine 的状态

(1) 等待中：Goroutine 正在等待某些条件满足，例如系统调用结束等，包括 _Gwaiting、_Gsyscall 和 _Gpreempted 几种状态。

(2) 可运行：Goroutine 已经准备就绪，可以在线程上运行，如果当前程序中有非常多 Goroutine，每个 Goroutine 就可能会等待更长时间，即 _Grunnable。

(3) 运行中：Goroutine 正在某个线程上运行，即 _Grunning。

图 6-32 展示了 Goroutine 状态迁移的常见路径，其中包括创建 Goroutine 到 Goroutine 被执行、触发系统调用或者抢占式调度器的状态迁移过程。

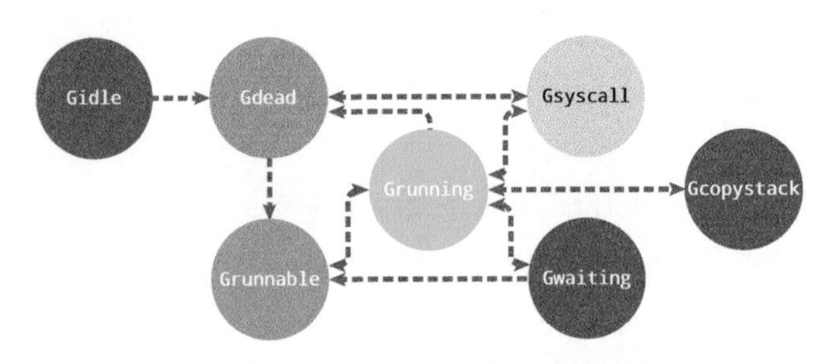

图 6-32 Goroutine 的常见状态迁移

2. M

Go 语言并发模型中的 M 是操作系统线程。调度器最多可以创建 10 000 个线程，但是其中大多数线程不会执行用户代码（可能陷入系统调用），最多只会有 GOMAXPROCS 个活跃线程能够正常运行。

默认情况下，运行时会将 GOMAXPROCS 设置成当前机器的核数，我们也可以在程序中使用 runtime.GOMAXPROCS 来改变最大的活跃线程数。

默认情况下，一个四核机器会创建四个活跃的操作系统线程（如图 6-33 所示），每一个线程都对应一个运行时中的 runtime.m 结构体。

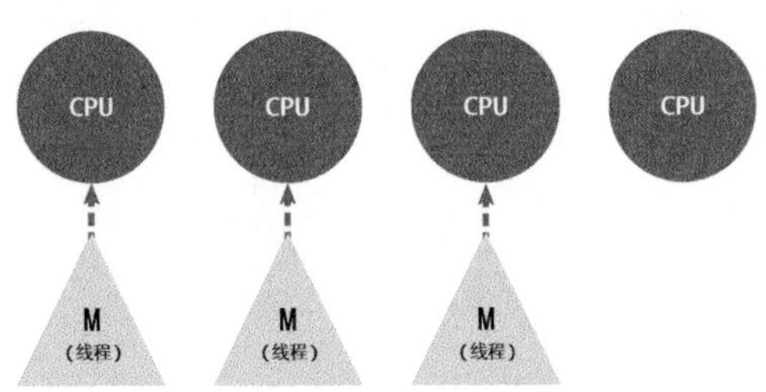

图 6-33 CPU 和活跃线程

在大多数情况下，我们会使用 Go 语言的默认设置，也就是线程数等于 CPU 数，默认设置不会频繁触发操作系统的线程调度和上下文切换，所有调度都发生在用户态，由 Go 语言调度器触发，能够减少很多额外开销。

Go 语言会使用私有结构体 runtime.m 表示操作系统线程，该结构体包含了几十个字段，先来了解几个与 Goroutine 相关的字段：

```
type m struct {
    g0   *g
    curg *g
    ...
}
```

其中 g0 是持有调度栈的 Goroutine，curg 是在当前线程上运行的用户 Goroutine（如图 6-34 所示），它们也是操作系统线程仅仅关心的两个 Goroutine。

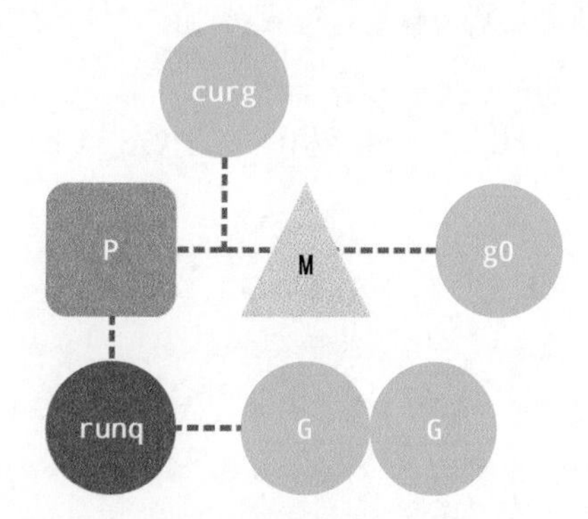

图 6-34　调度 Goroutine 和运行 Goroutine

g0 是运行时中比较特殊的一个 Goroutine，它会深度参与运行时的调度过程，包括 Goroutine 的创建、大内存分配和 cgo 函数的执行。在后文中我们会经常看到 g0 的身影。

runtime.m 结构体中还存在 3 个与处理器相关的字段，它们分别表示正在运行代码的处理器 p、暂存的处理器 nextp 和执行系统调用之前使用线程的处理器 oldp：

```
type m struct {
    p             puintptr
    nextp         puintptr
    oldp          puintptr
}
```

除上面介绍的字段外，runtime.m 还包含大量与线程状态、锁、调度、系统调用有关的字段，我们会在分析调度过程时详细介绍它们。

3. P

调度器中的处理器 P 是线程和 Goroutine 的中间层，它能提供线程需要的上下文，也会负责调度线程上的等待队列。通过处理器 P 的调度，每一个内核线程都能够执行多个 Goroutine，它能在 Goroutine 进行一些 I/O 操作时及时让出计算资源，提高线程的利用率。

因为调度器在启动时就会创建 GOMAXPROCS 个处理器，所以 Go 语言程序的处理器数量一定会等于 GOMAXPROCS，这些处理器会绑定到不同的内核线程上。

runtime.p 是处理器的运行时表示，作为调度器的内部实现，它包含的字段非常多，其中包括与性能追踪、垃圾收集和计时器相关的字段。这些字段非常重要，但是这里就不展示了，我们主要关注处理器中的线程和运行队列：

```
type p struct {
    m           muintptr
```

```
    runqhead uint32
    runqtail uint32
    runq     [256]guintptr
    runnext guintptr
    ...
}
```

反向存储的线程维护着线程与处理器之间的关系，而 runhead、runqtail 和 runq 三个字段表示处理器持有的运行队列，其中存储着待执行的 Goroutine 列表，runnext 中是线程下一个需要执行的 Goroutine。

runtime.p 结构体中的状态 status 字段会是表 6-4 中的一种。

表 6-4 处理器的状态

状态	描述
_Pidle	处理器没有运行用户代码或者调度器，被空闲队列或者改变其状态的结构持有，运行队列为空
_Prunning	被线程 M 持有，并且正在执行用户代码或者调度器
_Psyscall	没有执行用户代码，当前线程陷入系统调用
_Pgcstop	被线程 M 持有，当前处理器由于垃圾收集而被停止
_Pdead	当前处理器已停用

通过分析处理器 P 的状态，我们能够对处理器的工作过程有一些简单理解，例如处理器在执行用户代码时会处于 _Prunning 状态，在当前线程执行 I/O 操作时会陷入 _Psyscall 状态。

4. 小结

前面简单介绍了 Go 语言调度器中常见的数据结构，包括线程 M、处理器 P 和 Goroutine G，它们在 Go 语言运行时中分别使用不同的私有结构体表示，接下来我们深入分析一下 Go 语言调度器的实现原理。

6.5.3 调度器启动

调度器的启动过程我们平时比较难接触到，不过作为程序启动前的准备工作，理解调度器的启动过程对理解调度器的实现原理很有帮助。运行时通过 runtime.schedinit 初始化调度器：

```
func schedinit() {
    _g_ := getg()
    ...

    sched.maxmcount = 10000

    ...
    sched.lastpoll = uint64(nanotime())
    procs := ncpu
    if n, ok := atoi32(gogetenv("GOMAXPROCS")); ok && n > 0 {
```

```
        procs = n
    }
    if procresize(procs) != nil {
        throw("unknown runnable goroutine during bootstrap")
    }
}
```

在调度器初始函数执行的过程中会将 maxmcount 设置成 10000，这是 Go 语言程序能够创建的最大线程数。虽然最多可以创建 10 000 个线程，但是可以同时运行的线程还是由 GOMAXPROCS 变量控制的。

我们从环境变量 GOMAXPROCS 获取了程序能够同时运行的最大处理器数之后，就会调用 runtime.procresize 更新程序中处理器的数量，此时整个程序不会执行任何用户 Goroutine，调度器也会进入锁定状态，runtime.procresize 的执行过程如下：

(1) 如果全局变量 allp 切片中的处理器数量少于期望数量，会对切片进行扩容；

(2) 使用 new 创建新的处理器结构体，并调用 runtime.p.init 初始化刚刚扩容的处理器；

(3) 通过指针将线程 m0 和处理器 allp[0] 绑定到一起；

(4) 调用 runtime.p.destroy 释放不再使用的处理器结构；

(5) 通过截断改变全局变量 allp 的长度保证与期望处理器数量相等；

(6) 将除 allp[0] 外的处理器 P 全部设置成 _Pidle 并加入全局的空闲队列中。

调用 runtime.procresize 是调度器启动的最后一步，之后调度器会启动相应数量的处理器，等待用户创建、运行新的 Goroutine 并为 Goroutine 调度处理器资源。

6.5.4 创建 Goroutine

想启动一个新的 Goroutine 来执行任务时，需要使用 Go 语言的 go 关键字，编译器会通过 cmd/compile/internal/gc.state.stmt 和 cmd/compile/internal/gc.state.call 两个方法，将该关键字转换成 runtime.newproc 函数调用：

```
func (s *state) call(n *Node, k callKind) *ssa.Value {
    if k == callDeferStack {
        ...
    } else {
        switch {
        case k == callGo:
            call = s.newValue1A(ssa.OpStaticCall, types.TypeMem, newproc, s.mem())
        default:
        }
    }
    ...
}
```

runtime.newproc 的入参是参数大小和表示函数的指针 funcval，它会获取 Goroutine 以及调用方的程序计数器，然后调用 runtime.newproc1 函数获取新的 Goroutine 结构体、将其加入处理器的运行队列，并在满足条件时调用 runtime.wakep 唤醒新的处理器执行 Goroutine：

```
func newproc(siz int32, fn *funcval) {
    argp := add(unsafe.Pointer(&fn), sys.PtrSize)
    gp := getg()
    pc := getcallerpc()
    systemstack(func() {
        newg := newproc1(fn, argp, siz, gp, pc)
        _p_ := getg().m.p.ptr()
        runqput(_p_, newg, true)

        if mainStarted {
            wakep()
        }
    })
}
```

runtime.newproc1 会根据传入参数初始化一个 g 结构体，我们将该函数分成以下 3 个部分介绍其实现：

(1) 获取或者创建新的 Goroutine 结构体；

(2) 将传入的参数移到 Goroutine 的栈上；

(3) 更新 Goroutine 调度相关属性。

首先了解 Goroutine 结构体的创建过程：

```
func newproc1(fn *funcval, argp unsafe.Pointer, narg int32, callergp *g, callerpc uintptr) *g {
    _g_ := getg()
    siz := narg
    siz = (siz + 7) &^ 7

    _p_ := _g_.m.p.ptr()
    newg := gfget(_p_)
    if newg == nil {
        newg = malg(_StackMin)
        casgstatus(newg, _Gidle, _Gdead)
        allgadd(newg)
    }
    ...
```

上述代码会先从处理器的 gFree 列表中查找空闲 Goroutine，如果不存在空闲 Goroutine，就会通过 runtime.malg 创建一个栈大小足够的新结构体。

接下来，我们调用 runtime.memmove 将 fn 函数的所有参数复制到栈上，argp 和 narg 分别是参数的内存空间和大小，我们在该方法中会将参数对应的内存空间整块复制到栈上：

```
    ...
    totalSize := 4*sys.RegSize + uintptr(siz) + sys.MinFrameSize
    totalSize += -totalSize & (sys.SpAlign - 1)
    sp := newg.stack.hi - totalSize
    spArg := sp
    if narg > 0 {
```

```
        memmove(unsafe.Pointer(spArg), argp, uintptr(narg))
    }
    ...
```

复制了栈上的参数之后，runtime.newproc1 会设置新的 Goroutine 结构体的参数，包括栈指针、程序计数器，将其状态更新到 _Grunnable 并返回：

```
    ...
    memclrNoHeapPointers(unsafe.Pointer(&newg.sched), unsafe.Sizeof(newg.sched))
    newg.sched.sp = sp
    newg.stktopsp = sp
    newg.sched.pc = funcPC(goexit) + sys.PCQuantum
    newg.sched.g = guintptr(unsafe.Pointer(newg))
    gostartcallfn(&newg.sched, fn)
    newg.gopc = callerpc
    newg.startpc = fn.fn
    casgstatus(newg, _Gdead, _Grunnable)
    newg.goid = int64(_p_.goidcache)
    _p_.goidcache++
    return newg
}
```

我们在分析 runtime.newproc 的过程中，保留了主干，省略了用于获取结构体的 runtime.gfget、runtime.malg、将 Goroutine 加入运行队列的 runtime.runqput 以及设置调度信息的过程，下面依次分析这些函数。

1. 初始化结构体

runtime.gfget 通过两种方式获取新的 runtime.g（如图 6-35 所示）：

(1) 从 Goroutine 所在处理器的 gFree 列表或者调度器的 sched.gFree 列表中获取 runtime.g；

(2) 调用 runtime.malg 生成一个新的 runtime.g，并将结构体追加到全局的 Goroutine 列表 allgs 中。

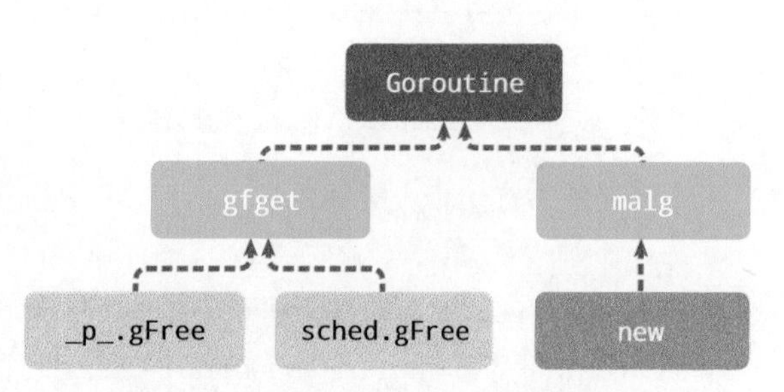

图 6-35 获取 Goroutine 结构体的方法

runtime.gfget 中包含两部分逻辑，它们会根据处理器中 gFree 列表中 Goroutine 的数量做出不同的决策：

- 当处理器的 Goroutine 列表为空时，会将调度器持有的空闲 Goroutine 转移到当前处理器上，直到 gFree 列表中的 Goroutine 数量达到 32；
- 当处理器的 Goroutine 数量充足时，会从列表头部返回一个新的 Goroutine。

代码如下所示：

```
func gfget(_p_ *p) *g {
retry:
```

```
    if _p_.gFree.empty() && (!sched.gFree.stack.empty() || !sched.gFree.noStack.empty()) {
        for _p_.gFree.n < 32 {
            gp := sched.gFree.stack.pop()
            if gp == nil {
                gp = sched.gFree.noStack.pop()
                if gp == nil {
                    break
                }
            }
            _p_.gFree.push(gp)
        }
        goto retry
    }
    gp := _p_.gFree.pop()
    if gp == nil {
        return nil
    }
    return gp
}
```

当调度器的 gFree 和处理器的 gFree 列表都不存在结构体时，运行时会调用 runtime.malg 初始化新的 runtime.g 结构，如果申请的堆栈大小大于 0，这里会通过 runtime.stackalloc 分配 2KB 大小的栈空间：

```
func malg(stacksize int32) *g {
    newg := new(g)
    if stacksize >= 0 {
        stacksize = round2(_StackSystem + stacksize)
        newg.stack = stackalloc(uint32(stacksize))
        newg.stackguard0 = newg.stack.lo + _StackGuard
        newg.stackguard1 = ^uintptr(0)
    }
    return newg
}
```

runtime.malg 返回的 Goroutine 会存储到全局变量 allgs 中。

简单总结一下，runtime.newproc1 会从处理器或者调度器的缓存中获取新的结构体，也可以调用 runtime.malg 函数创建。

2. 运行队列

runtime.runqput 会将 Goroutine 放到运行队列上，这既可能是全局的运行队列，也可能是处理器本地的运行队列：

```
func runqput(_p_ *p, gp *g, next bool) {
    if next {
    retryNext:
        oldnext := _p_.runnext
        if !_p_.runnext.cas(oldnext, guintptr(unsafe.Pointer(gp))) {
            goto retryNext
        }
```

```
        if oldnext == 0 {
            return
        }
        gp = oldnext.ptr()
    }
retry:
    h := atomic.LoadAcq(&_p_.runqhead)
    t := _p_.runqtail
    if t-h < uint32(len(_p_.runq)) {
        _p_.runq[t%uint32(len(_p_.runq))].set(gp)
        atomic.StoreRel(&_p_.runqtail, t+1)
        return
    }
    if runqputslow(_p_, gp, h, t) {
        return
    }
    goto retry
}
```

代码的核心逻辑如下：

(1) 当 `next` 为 `true` 时，将 Goroutine 设置到处理器的 `runnext` 作为处理器执行的下一个任务；

(2) 当 `next` 为 `false` 且本地运行队列还有剩余空间时，将 Goroutine 加入处理器持有的本地运行队列；

(3) 当处理器的本地运行队列已经没有剩余空间时，就会把本地队列中的一部分 Goroutine 和待加入的 Goroutine 通过 `runtime.runqputslow` 添加到调度器持有的全局运行队列上。

处理器本地的运行队列是数组构成的环形链表，它最多可以存储 256 个待执行任务。

简单总结一下，Go 语言有两个运行队列，其中一个是处理器的本地运行队列，另一个是调度器持有的全局运行队列（如图 6-36 所示），只有在本地运行队列没有剩余空间时才会使用全局运行队列。

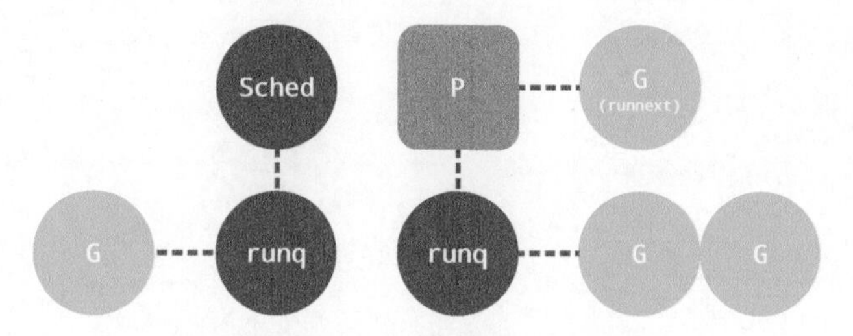

图 6-36　全局运行队列和本地运行队列

3. 调度信息

运行时创建 Goroutine 时会通过下面的代码设置调度相关信息，前两行代码会分别将程序计数器和 Goroutine 设置成 `runtime.goexit` 和新创建 Goroutine 运行的函数：

```
...
newg.sched.pc = funcPC(goexit) + sys.PCQuantum
newg.sched.g = guintptr(unsafe.Pointer(newg))
gostartcallfn(&newg.sched, fn)
...
```

上述调度信息 sched 不是初始化后的 Goroutine 的最终结果，它还需要经过 runtime.gostartcallfn 和 runtime.gostartcall 的处理：

```
func gostartcallfn(gobuf *gobuf, fv *funcval) {
    gostartcall(gobuf, unsafe.Pointer(fv.fn), unsafe.Pointer(fv))
}

func gostartcall(buf *gobuf, fn, ctxt unsafe.Pointer) {
    sp := buf.sp
    if sys.RegSize > sys.PtrSize {
        sp -= sys.PtrSize
        *(*uintptr)(unsafe.Pointer(sp)) = 0
    }
    sp -= sys.PtrSize
    *(*uintptr)(unsafe.Pointer(sp)) = buf.pc
    buf.sp = sp
    buf.pc = uintptr(fn)
    buf.ctxt = ctxt
}
```

调度信息的 sp 中存储了 runtime.goexit 函数的程序计数器，而 pc 中存储了传入函数的程序计数器。因为 pc 寄存器的作用是存储程序接下来运行的位置，所以 pc 的使用比较好理解，但是 sp 中存储的 runtime.goexit 会让人感到困惑，我们需要配合下面的调度循环来理解它的作用。

6.5.5 调度循环

调度器启动之后，Go 语言运行时会调用 runtime.mstart 和 runtime.mstart1，前者会初始化 g0 的 stackguard0 和 stackguard1 字段，后者会初始化线程并调用 runtime.schedule 进入调度循环：

```
func schedule() {
    _g_ := getg()

top:
    var gp *g
    var inheritTime bool

    if gp == nil {
        if _g_.m.p.ptr().schedtick%61 == 0 && sched.runqsize > 0 {
            lock(&sched.lock)
            gp = globrunqget(_g_.m.p.ptr(), 1)
            unlock(&sched.lock)
        }
    }
    if gp == nil {
        gp, inheritTime = runqget(_g_.m.p.ptr())
    }
    if gp == nil {
        gp, inheritTime = findrunnable()
    }
```

```
    execute(gp, inheritTime)
}
```

runtime.schedule 函数会从下面几处查找待执行的 Goroutine：

(1) 为了保证公平，当全局运行队列中有待执行的 Goroutine 时，通过 schedtick 保证有一定概率会从全局的运行队列中查找对应的 Goroutine；

(2) 从处理器本地的运行队列中查找待执行的 Goroutine；

(3) 如果前两种方法都没有找到 Goroutine，会通过 runtime.findrunnable 阻塞地查找 Goroutine。

runtime.findrunnable 的实现非常复杂，这个 300 多行的函数通过以下过程获取可运行的 Goroutine：

(1) 从本地运行队列、全局运行队列中查找；

(2) 从网络轮询器中查找是否有 Goroutine 等待运行；

(3) 通过 runtime.runqsteal 尝试从其他随机的处理器中窃取待运行的 Goroutine，该函数还可能窃取处理器的计时器。

因为函数的实现过于复杂，所以上述执行过程是经过简化的，总而言之，当前函数一定会返回一个可执行的 Goroutine，如果当前不存在就会阻塞地等待。

接下来由 runtime.execute 执行获取的 Goroutine，做好准备工作后，它会通过 runtime.gogo 将 Goroutine 调度到当前线程上：

```
func execute(gp *g, inheritTime bool) {
    _g_ := getg()

    _g_.m.curg = gp
    gp.m = _g_.m
    casgstatus(gp, _Grunnable, _Grunning)
    gp.waitsince = 0
    gp.preempt = false
    gp.stackguard0 = gp.stack.lo + _StackGuard
    if !inheritTime {
        _g_.m.p.ptr().schedtick++
    }

    gogo(&gp.sched)
}
```

runtime.gogo 在不同处理器架构上的实现大同小异，下面是该函数在 386 架构上的实现：

```
TEXT runtime·gogo(SB), NOSPLIT, $8-4
    MOVL buf+0(FP), BX      // 获取调度信息
    MOVL gobuf_g(BX), DX
    MOVL 0(DX), CX          // 保证 Goroutine 不为空
    get_tls(CX)
    MOVL DX, g(CX)
    MOVL gobuf_sp(BX), SP  // 将 runtime.goexit 函数的 PC 恢复到 SP 中
    MOVL gobuf_ret(BX), AX
```

```
    MOVL gobuf_ctxt(BX), DX
    MOVL $0, gobuf_sp(BX)
    MOVL $0, gobuf_ret(BX)
    MOVL $0, gobuf_ctxt(BX)
    MOVL gobuf_pc(BX), BX   // 获取待执行函数的程序计数器
    JMP  BX                 // 开始执行
```

它从 runtime.gobuf 中取出了 runtime.goexit 的程序计数器和待执行函数的程序计数器，其中：

- runtime.goexit 的程序计数器被放到了栈 SP 上；
- 待执行函数的程序计数器被放到了寄存器 BX 上。

4.1 节介绍过 Go 语言的调用惯例，正常的函数调用都会使用 CALL 指令，该指令会将调用方的返回地址加入栈寄存器 SP 中，然后跳转到目标函数；当目标函数返回后，会从栈中查找调用的地址并跳转回调用方继续执行剩余代码。

runtime.gogo 就利用了 Go 语言的调用惯例成功模拟该调用过程，通过以下几个关键指令模拟 CALL 的过程：

```
    MOVL gobuf_sp(BX), SP   // 将 runtime.goexit 函数的 PC 恢复到 SP 中
    MOVL gobuf_pc(BX), BX   // 获取待执行函数的程序计数器
    JMP  BX                 // 开始执行
```

图 6-37 展示了调用 JMP 指令后的栈中数据，当 Goroutine 中运行的函数返回时，就会跳转到 runtime.goexit 所在位置执行该函数：

图 6-37　runtime.gogo 栈内存

```
TEXT runtime·goexit(SB),NOSPLIT,$0-0
    CALL    runtime·goexit1(SB)

func goexit1() {
    mcall(goexit0)
}
```

经过一系列复杂的函数调用，我们最终在当前线程的 g0 的栈上调用 runtime.goexit0 函数，该函数会将 Goroutine 转换为 _Gdead 状态、清除其中的字段、移除 Goroutine 和线程的关联，并调用 runtime.gfput 重新加入处理器的 Goroutine 空闲列表 gFree：

```
func goexit0(gp *g) {
    _g_ := getg()

    casgstatus(gp, _Grunning, _Gdead)
    gp.m = nil
    ...
    gp.param = nil
    gp.labels = nil
    gp.timer = nil

    dropg()
    gfput(_g_.m.p.ptr(), gp)
    schedule()
}
```

最后 runtime.goexit0 会重新调用 runtime.schedule 触发新一轮的 Goroutine 调度，Go 语言中的运行时调度循环会从 runtime.schedule 开始，最终又回到 runtime.schedule（如图 6-38 所示），我们可以认为调度循环永远不会返回。

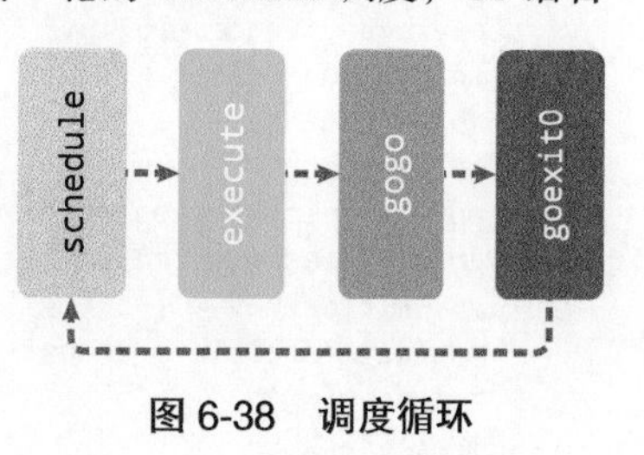

图 6-38 调度循环

这里介绍的是 Goroutine 正常执行并退出的逻辑，实际情况会复杂得多，多数情况下 Goroutine 在执行过程中会经历协作式调度或者抢占式调度，它会让出线程的使用权等待调度器唤醒。

6.5.6 触发调度

下面简单介绍所有触发调度的时间点。因为调度器的 runtime.schedule 会重新选择 Goroutine 在线程上执行，所以我们只要找到该函数的调用方，就能找到所有触发调度的时间点，经过分析和整理，可以得到如图 6-39 所示的树形结构。

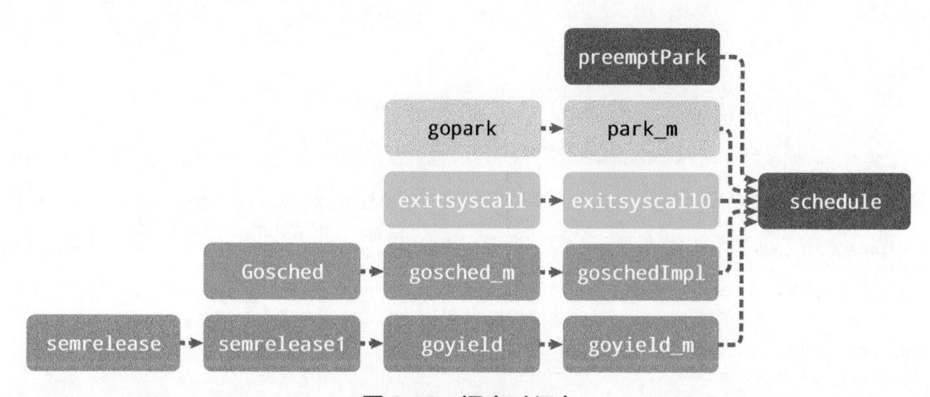

图 6-39 调度时间点

除了图 6-39 中可能触发调度的时间点，运行时还会在线程启动 runtime.mstart 和 Goroutine 执行结束后调用 runtime.goexit0 触发调度。这里重点介绍运行时触发调度的几条路径：

- 主动挂起——runtime.gopark → runtime.park_m
- 系统调用——runtime.exitsyscall → runtime.exitsyscall0
- 协作式调度——runtime.Gosched → runtime.gosched_m → runtime.goschedImpl
- 系统监控——runtime.sysmon → runtime.retake → runtime.preemptone

这里介绍的调度时间点不是将线程的运行权直接交给其他任务，而是通过调度器的 runtime.schedule 重新调度。

1. 主动挂起

runtime.gopark 是触发调度最常用的方法，该函数会将当前 Goroutine 暂停，暂停的任务不会放回运行队列。下面分析该函数的实现原理：

```go
func gopark(unlockf func(*g, unsafe.Pointer) bool, lock unsafe.Pointer, reason waitReason,
traceEv byte, traceskip int) {
    mp := acquirem()
    gp := mp.curg
    mp.waitlock = lock
    mp.waitunlockf = unlockf
    gp.waitreason = reason
    mp.waittraceev = traceEv
    mp.waittraceskip = traceskip
    releasem(mp)
    mcall(park_m)
}
```

上述函数会通过 `runtime.mcall` 切换到 g0 的栈上调用 `runtime.park_m`：

```go
func park_m(gp *g) {
    _g_ := getg()

    casgstatus(gp, _Grunning, _Gwaiting)
    dropg()

    schedule()
}
```

`runtime.park_m` 会将当前 Goroutine 的状态从 `_Grunning` 切换至 `_Gwaiting`，调用 `runtime.dropg` 移除线程和 Goroutine 之间的关联，此后就可以调用 `runtime.schedule` 触发新一轮调度了。

当 Goroutine 等待的特定条件满足后，运行时会调用 `runtime.goready` 将因调用 `runtime.gopark` 而陷入休眠的 Goroutine 唤醒：

```go
func goready(gp *g, traceskip int) {
    systemstack(func() {
        ready(gp, traceskip, true)
    })
}

func ready(gp *g, traceskip int, next bool) {
    _g_ := getg()

    casgstatus(gp, _Gwaiting, _Grunnable)
    runqput(_g_.m.p.ptr(), gp, next)
    if atomic.Load(&sched.npidle) != 0 && atomic.Load(&sched.nmspinning) == 0 {
        wakep()
    }
}
```

`runtime.ready` 会将准备就绪的 Goroutine 的状态切换至 `_Grunnable`，并将其加入处理器的运行队列中，等待调度器的调度。

2. 系统调用

系统调用也会触发运行时调度器的调度。为了处理特殊的系统调用，我们甚至在 Goroutine 中加

入了 _Gsyscall 状态，Go 语言通过 syscall.Syscall 和 syscall.RawSyscall 等使用汇编语言编写的方法封装操作系统提供的所有系统调用，其中 syscall.Syscall 的实现如下：

```
#define INVOKE_SYSCALL    INT    $0x80

TEXT ·Syscall(SB),NOSPLIT,$0-28
    CALL    runtime·entersyscall(SB)
    ...
    INVOKE_SYSCALL
    ...
    CALL    runtime·exitsyscall(SB)
    RET
ok:
    ...
    CALL    runtime·exitsyscall(SB)
    RET
```

在通过汇编指令 INVOKE_SYSCALL 执行系统调用前后，上述函数会调用运行时的 runtime.entersyscall 和 runtime.exitsyscall（如图 6-40 所示），正是这一层封装让我们能在陷入系统调用前触发运行时的准备和清理工作。

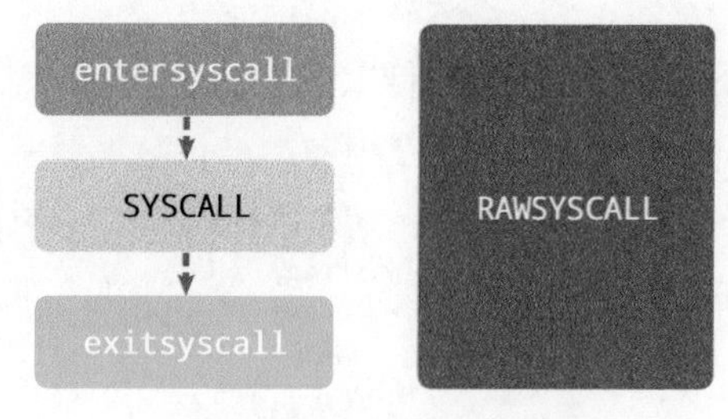

图 6-40　Go 语言系统调用

不过出于性能的考虑，如果这次系统调用不需要运行时参与，就会使用 syscall.RawSyscall 简化这一过程，不再调用运行时函数。表 6-5 包含 Go 语言对 Linux 386 架构上不同系统调用的分类，我们会按需决定是否需要运行时参与。

表 6-5　系统调用的类型

系统调用	类型
SYS_TIME	RawSyscall
SYS_GETTIMEOFDAY	RawSyscall
SYS_SETRLIMIT	RawSyscall
SYS_GETRLIMIT	RawSyscall
SYS_EPOLL_WAIT	Syscall
……	……

由于直接进行系统调用会阻塞当前线程，所以只有可以立刻返回的系统调用才可能被设置成 RawSyscall 类型，例如 SYS_EPOLL_CREATE、SYS_EPOLL_WAIT（超时时间为 0）、SYS_TIME 等。

正常的系统调用过程比较复杂，下面分别介绍进入系统调用前的准备工作和系统调用结束后的收尾工作。

❐ 准备工作

runtime.entersyscall 会在获取当前程序计数器和栈位置之后调用 runtime.reentersyscall，它会完成 Goroutine 进入系统调用前的准备工作：

```
func reentersyscall(pc, sp uintptr) {
    _g_ := getg()
    _g_.m.locks++
    _g_.stackguard0 = stackPreempt
    _g_.throwsplit = true

    save(pc, sp)
    _g_.syscallsp = sp
    _g_.syscallpc = pc
    casgstatus(_g_, _Grunning, _Gsyscall)

    _g_.m.syscalltick = _g_.m.p.ptr().syscalltick
    _g_.m.mcache = nil
    pp := _g_.m.p.ptr()
    pp.m = 0
    _g_.m.oldp.set(pp)
    _g_.m.p = 0
    atomic.Store(&pp.status, _Psyscall)
    if sched.gcwaiting != 0 {
        systemstack(entersyscall_gcwait)
        save(pc, sp)
    }
    _g_.m.locks--
}
```

准备工作包括：

(1) 禁止线程上发生的抢占，防止出现内存不一致问题；

(2) 保证当前函数不会触发栈分裂或者增长；

(3) 保存当前程序计数器 PC 和栈指针 SP 中的内容；

(4) 将 Goroutine 的状态更新至 _Gsyscall；

(5) 将 Goroutine 的处理器和线程暂时分离，并将处理器的状态更新到 _Psyscall；

(6) 释放当前线程上的锁。

需要注意的是，runtime.reentersyscall 会使处理器和线程分离，当前线程会陷入系统调用等待返回，当锁被释放后，会有其他 Goroutine 抢占处理器资源。

❐ 恢复工作

当系统调用结束后，调用退出系统调用的函数 runtime.exitsyscall 为当前 Goroutine 重新分配资源，该函数有两种执行路径：

(1) 调用 runtime.exitsyscallfast；

(2) 切换至调度器的 Goroutine 并调用 runtime.exitsyscall0。

代码如下所示：

```
func exitsyscall() {
    _g_ := getg()
    oldp := _g_.m.oldp.ptr()
    _g_.m.oldp = 0
    if exitsyscallfast(oldp) {
        _g_.m.p.ptr().syscalltick++
        casgstatus(_g_, _Gsyscall, _Grunning)
        ...

        return
    }

    mcall(exitsyscall0)
    _g_.m.p.ptr().syscalltick++
    _g_.throwsplit = false
}
```

这两种路径会分别通过不同的方法查找一个用于执行当前 Goroutine 的处理器 P，快速路径 `runtime.exitsyscallfast` 中包含两个不同的分支：

(1) 如果 Goroutine 的原处理器处于 `_Psyscall` 状态，会直接调用 `wirep` 将 Goroutine 与处理器进行关联；

(2) 如果调度器中存在空闲处理器，会调用 `runtime.acquirep` 使用空闲处理器处理当前 Goroutine。

另一条相对较慢的路径 `runtime.exitsyscall0` 会将当前 Goroutine 切换至 `_Grunnable` 状态，并移除线程 M 和当前 Goroutine 的关联：

(1) 当我们通过 `runtime.pidleget` 获取到空闲处理器时，就会在该处理器上执行 Goroutine；

(2) 在其他情况下，我们会将当前 Goroutine 放到全局运行队列中，等待调度器的调度。

无论哪种情况，我们在这个函数中都会调用 `runtime.schedule` 触发调度器的调度。因为前面介绍过调度器的调度过程，所以这里就不赘述了。

3. 协作式调度

6.5.1 节介绍过了 Go 语言基于协作和信号的两种抢占式调度，这里主要介绍其中的协作式调度。`runtime.Gosched` 函数会主动让出处理器，允许其他 Goroutine 运行。该函数无法挂起 Goroutine，调度器可能会将当前 Goroutine 调度到其他线程上：

```
func Gosched() {
    checkTimeouts()
    mcall(gosched_m)
}

func gosched_m(gp *g) {
    goschedImpl(gp)
}

func goschedImpl(gp *g) {
```

```
    casgstatus(gp, _Grunning, _Grunnable)
    dropg()
    lock(&sched.lock)
    globrunqput(gp)
    unlock(&sched.lock)

    schedule()
}
```

经过连续几次跳转，我们最终在 g0 的栈上调用 runtime.goschedImpl，运行时会更新 Goroutine 的状态到 _Grunnable，让出当前处理器并将 Goroutine 重新放回全局队列，最后该函数会调用 runtime.schedule 触发调度。

6.5.7 线程管理

Go 语言的运行时会通过调度器改变线程的所有权，它也提供了 runtime.LockOSThread 和 runtime.UnlockOSThread，让我们能绑定 Goroutine 和线程完成一些比较特殊的操作。Goroutine 应该在调用操作系统服务或者依赖线程状态的非 Go 语言库时调用 runtime.LockOSThread 函数[①]，例如 C 语言图形库等。

runtime.LockOSThread 会通过如下所示的代码绑定 Goroutine 和当前线程：

```
func LockOSThread() {
    if atomic.Load(&newmHandoff.haveTemplateThread) == 0 && GOOS != "plan9" {
        startTemplateThread()
    }
    _g_ := getg()
    _g_.m.lockedExt++
    dolockOSThread()
}

func dolockOSThread() {
    _g_ := getg()
    _g_.m.lockedg.set(_g_)
    _g_.lockedm.set(_g_.m)
}
```

runtime.dolockOSThread 会分别设置线程的 lockedg 字段和 Goroutine 的 lockedm 字段，这两行代码会绑定线程和 Goroutine。

当 Goroutine 完成特定操作之后，会调用函数 runtime.UnlockOSThread 分离 Goroutine 和线程：

```
func UnlockOSThread() {
    _g_ := getg()
    if _g_.m.lockedExt == 0 {
        return
    }
    _g_.m.lockedExt--
```

① 参见 Go 语言 Package runtime。

```
    dounlockOSThread()
}

func dounlockOSThread() {
    _g_ := getg()
    if _g_.m.lockedInt != 0 || _g_.m.lockedExt != 0 {
        return
    }
    _g_.m.lockedg = 0
    _g_.lockedm = 0
}
```

函数执行的过程与 runtime.LockOSThread 正好相反。在多数服务中，我们用不到这对函数，不过使用 cgo 或者经常与操作系统打交道的读者可能会见到它们的身影。

线程生命周期

Go 语言的运行时会通过 runtime.startm 启动线程来执行处理器 P，如果我们在该函数中没能从空闲列表中获取线程 M，就会调用 runtime.newm 创建新线程：

```
func newm(fn func(), _p_ *p, id int64) {
    mp := allocm(_p_, fn, id)
    mp.nextp.set(_p_)
    mp.sigmask = initSigmask
    ...
    newm1(mp)
}

func newm1(mp *m) {
    if iscgo {
        ...
    }
    newosproc(mp)
}
```

创建新线程需要使用如下所示的 runtime.newosproc，该函数在 Linux 平台上会通过系统调用 clone 创建新的操作系统线程，它也是创建线程链路上距离操作系统最近的 Go 语言函数：

```
func newosproc(mp *m) {
    stk := unsafe.Pointer(mp.g0.stack.hi)
    ...
    ret := clone(cloneFlags, stk, unsafe.Pointer(mp), unsafe.Pointer(mp.g0), unsafe.
Pointer(funcPC(mstart)))
    ...
}
```

使用系统调用 clone 创建的线程会在线程主动调用 exit 或者传入的函数 runtime.mstart 返回时主动退出，runtime.mstart 会执行调用 runtime.newm 时传入的匿名函数 fn，至此也就完成了从线程创建到销毁的整个闭环。

6.5.8 小结

Goroutine 和调度器是 Go 语言能够高效处理任务并且最大化利用资源的基础。本节介绍了 Go 语言用于处理并发任务的 G-M-P 模型，不仅介绍了它们各自的数据结构以及常见状态，还通过特定场景介绍了调度器的工作原理以及不同数据结构之间的协作关系，相信有助于读者理解调度器的实现。

6.5.9 延伸阅读

- “How Erlang does scheduling”
- “Analysis of the Go runtime scheduler”
- “Go’s work-stealing scheduler”
- cmd/compile: insert scheduling checks on loop backedges
- runtime: clean up async preemption loose ends #36365
- “Proposal: Non-cooperative goroutine preemption”
- “Proposal: Conservative inner-frame scanning for non-cooperative goroutine preemption”
- “NUMA-aware scheduler for Go”
- “The Go scheduler”
- “Why goroutines are not lightweight threads? ”
- “Scheduling In Go : Part I - OS Scheduler”
- “Scheduling In Go : Part II - Go Scheduler”
- “Scheduling In Go : Part III - Concurrency”
- “System Calls Make the World Go Round”
- “Linux Syscall Reference”
- “Go: Concurrency & Scheduler Affinity”
- “Go: g0, Special Goroutine”
- runtime: big performance penalty with runtime.LockOSThread #21827
- runtime: don’t clear lockedExt on locked M when G exits

6.6 网络轮询器

今天大部分服务是 I/O 密集型的，应用程序会花费大量时间等待 I/O 操作完成。网络轮询器是 Go 语言运行时用来处理 I/O 操作的关键组件，它使用操作系统提供的 I/O 多路复用机制增强程序的并发处理能力。本节会深入分析 Go 语言网络轮询器的设计与实现原理。

6.6.1 设计原理

网络轮询器不仅用于监控网络 I/O，还能用于监控文件的 I/O，它利用操作系统提供的 I/O 多路复用模型来提升I/O设备的利用率以及程序的性能。本节会分别介绍常见的几种I/O模型，以及Go语言运行时的网络轮询器如何使用多模块设计在不同操作系统上支持多路复用。

1. I/O 模型

操作系统中包含5种I/O模型：阻塞I/O、非阻塞I/O、信号驱动I/O、异步I/O以及I/O多路复用。本节会介绍其中3种：

- 阻塞I/O模型；
- 非阻塞I/O模型；
- I/O多路复用模型。

在Unix和类Unix操作系统中，**文件描述符**（file descriptor，FD）是用于访问文件或者其他I/O资源的抽象句柄，例如Channel或者网络套接字。而不同的I/O模型会使用不同的方式操作文件描述符。

❒ 阻塞 I/O

阻塞I/O是最常见的I/O模型，默认情况下，当我们通过 `read` 或者 `write` 等系统调用读写文件或者网络时，应用程序会被阻塞：

```
ssize_t read(int fd, void *buf, size_t count);
ssize_t write(int fd, const void *buf, size_t nbytes);
```

如图6-41所示，当我们执行 `read` 系统调用时，应用程序会从用户态陷入内核态，内核会检查文件描述符是否可读；当文件描述符中存在数据时，操作系统内核会将准备好的数据复制给应用程序并交回控制权。

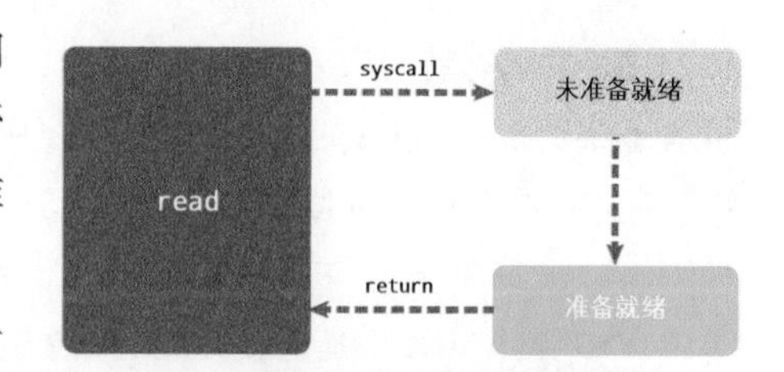

图6-41　阻塞I/O模型

操作系统中多数I/O操作是如上所示的阻塞请求，一旦执行I/O操作，应用程序会陷入阻塞，等待I/O操作的结束。

❒ 非阻塞 I/O

当进程把一个文件描述符设置成非阻塞时，执行 `read` 和 `write` 等I/O操作会立刻返回。在C语言中，我们可以使用如下所示的代码片段将一个文件描述符设置成非阻塞的：

```
int flags = fcntl(fd, F_GETFL, 0);
fcntl(fd, F_SETFL, flags | O_NONBLOCK);
```

在上述代码中，最关键的就是系统调用 `fcntl` 和参数 `O_NONBLOCK`，`fcntl` 为我们提供了操作文件描述符的能力，我们可以通过它修改文件描述符的特性。当我们将文件描述符修改成非阻塞后，读写文件会经历如图6-42所示流程。

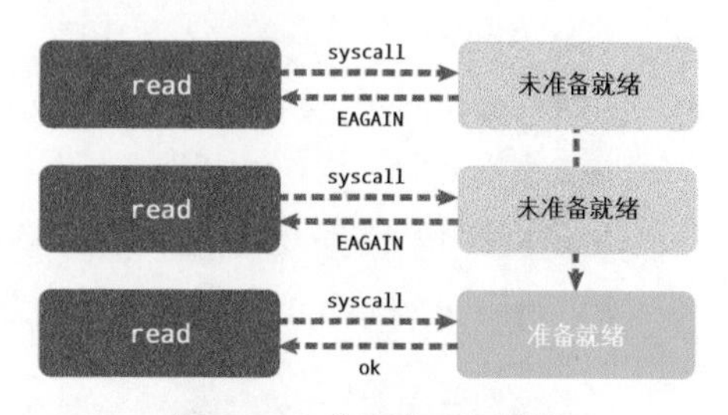

图6-42　非阻塞I/O模型

第一次从文件描述符中读取数据会触发系统调用并返回 EAGAIN 错误，EAGAIN 意味着该文件描述符还在等待缓冲区中的数据。随后应用程序会不断轮询调用 read，直到它的返回值大于 0，这时应用程序就可以读取操作系统缓冲区中的数据并进行操作了。进程使用非阻塞 I/O 操作时，可以在等待过程中执行其他任务，提高 CPU 的利用率。

- **I/O 多路复用**

I/O 多路复用用于处理同一个事件循环中的多个 I/O 事件。I/O 多路复用需要使用特定系统调用，最常见的系统调用是 select（如图 6-43 所示），该函数可以同时监听最多 1024 个文件描述符的可读或者可写状态：

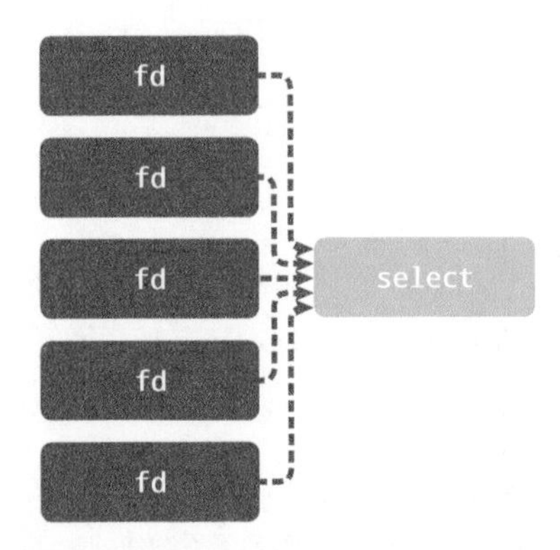

图 6-43 I/O 多路复用函数监听文件描述符

```
int select(int nfds, fd_set *restrict readfds, fd_set
*restrict writefds, fd_set *restrict errorfds,
struct timeval *restrict timeout);
```

除标准的 select 外，操作系统中还提供了一个比较相似的 poll 函数，它使用链表存储文件描述符，摆脱了 1024 的数量上限。

多路复用函数会阻塞地监听一组文件描述符，当文件描述符的状态转变为可读或者可写时，select 会返回可读事件或者可写事件的个数，应用程序可以在输入的文件描述符中查找哪些可读或者可写，然后执行相应操作，如图 6-44 所示。

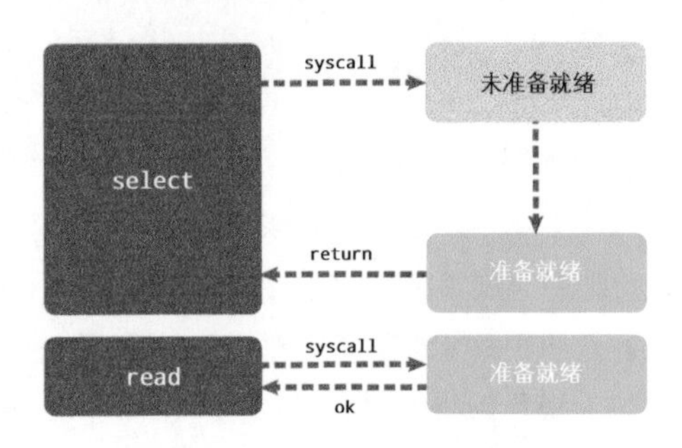

图 6-44 I/O 多路复用模型

I/O 多路复用模型是比较高效的 I/O 模型，它可以同时阻塞地监听了一组文件描述符的状态。很多高性能服务和应用程序使用该模型来处理 I/O 操作，例如 Redis 和 Nginx 等。

2. 多模块

Go 语言在网络轮询器中使用 I/O 多路复用模型处理 I/O 操作，但它没有选择最常见的系统调用 select[①]。虽然 select 也可以提供 I/O 多路复用的能力，但是使用它有比较多的限制：

- 监听能力有限——最多只能监听 1024 个文件描述符；
- 内存复制开销大——需要维护一个较大的数据结构存储文件描述符，该结构需要复制到内核中；
- 时间复杂度 $O(n)$——返回准备就绪的事件个数后，需要遍历所有文件描述符。

为了提高 I/O 多路复用的性能，不同的操作系统也都实现了自己的 I/O 多路复用函数，例如 epoll、kqueue 和 evport 等。Go 语言为了提高在不同操作系统上的 I/O 操作性能，使用平台特定

① 参见“select(2) — Linux Programmer's Manual”。

的函数实现了多个版本的网络轮询模块：

- src/runtime/netpoll_epoll.go
- src/runtime/netpoll_kqueue.go
- src/runtime/netpoll_solaris.go
- src/runtime/netpoll_windows.go
- src/runtime/netpoll_aix.go
- src/runtime/netpoll_fake.go

这些模块在不同平台上实现了相同的功能，构成了一个常见的树形结构（如图 6-45 所示）。编译器在编译 Go 语言程序时会根据目标平台选择树中特定的分支进行编译。

如果目标平台是 Linux，那么就会根据文件中的 `// +build linux` 编译指令选择 src/runtime/netpoll_epoll.go 并使用 epoll 函数处理用户的 I/O 操作。

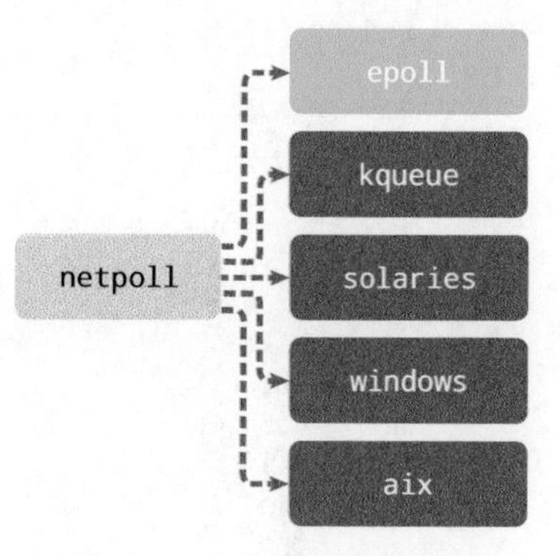

图 6-45 多模块网络轮询器

❒ 接口

epoll、kqueue、solaries 等多路复用模块都要实现以下 5 个函数，这 5 个函数构成一个虚拟接口：

```
func netpollinit()
func netpollopen(fd uintptr, pd *pollDesc) int32
func netpoll(delta int64) gList
func netpollBreak()
func netpollIsPollDescriptor(fd uintptr) bool
```

上述函数在网络轮询器中分别起着不同的作用。

- runtime.netpollinit——初始化网络轮询器，通过 sync.Once 和 netpollInited 变量保证函数只会调用一次。
- runtime.netpollopen——监听文件描述符上的边缘触发事件，创建事件并加入监听队列。
- runtime.netpoll——轮询网络并返回一组已经准备就绪的 Goroutine，传入的参数会决定它的行为[①]：
    - 如果参数小于 0，无限期等待文件描述符就绪；
    - 如果参数等于 0，非阻塞地轮询网络；
    - 如果参数大于 0，阻塞特定时间轮询网络。
- runtime.netpollBreak——唤醒网络轮询器，例如计时器向前修改时间时会通过该函数中断网络轮询器[②]。

① 参见 runtime: change netpoll to take an amount of time to block（Ian Lance Taylor, 2019）。
② 参见 runtime: add netpollBreak（Ian Lance Taylor, 2019）。

- runtime.netpollIsPollDescriptor——判断文件描述符是否被轮询器使用。

这里我们只需要了解多路复用模块中的几个函数，稍后会详细分析它们的实现原理。

6.6.2　数据结构

操作系统中 I/O 多路复用函数会监控文件描述符的可读或者可写状态，而 Go 语言网络轮询器会监听 runtime.pollDesc 结构体的状态，它会封装操作系统的文件描述符：

```
type pollDesc struct {
    link *pollDesc

    lock    mutex
    fd      uintptr
    ...
    rseq    uintptr
    rg      uintptr
    rt      timer
    rd      int64
    wseq    uintptr
    wg      uintptr
    wt      timer
    wd      int64
}
```

该结构体中包含用于监控可读和可写状态的变量，我们按照功能将它们分成以下 4 组：

- rseq 和 wseq——表示文件描述符被复用或者计时器被重置①；
- rg 和 wg——表示二进制的信号量，可能为 pdReady、pdWait、等待文件描述符可读或者可写的 Goroutine 以及 nil；
- rd 和 wd——等待文件描述符可读或者可写的截止日期；
- rt 和 wt——用于等待文件描述符的计时器。

除上述 8 个变量外，该结构体中还保存了用于保护数据的互斥锁、文件描述符。runtime.pollDesc 结构体会使用 link 字段串联成链表存储在 runtime.pollCache 中：

```
type pollCache struct {
    lock  mutex
    first *pollDesc
}
```

runtime.pollCache（如图 6-46 所示）是运行时包中的全局变量，该结构体中包含一个用于保护轮询数据的互斥锁和链表头。

① 参见 runtime: don't recreate netpoll timers if they don't change（Dmitry Vyukov, 2018）。

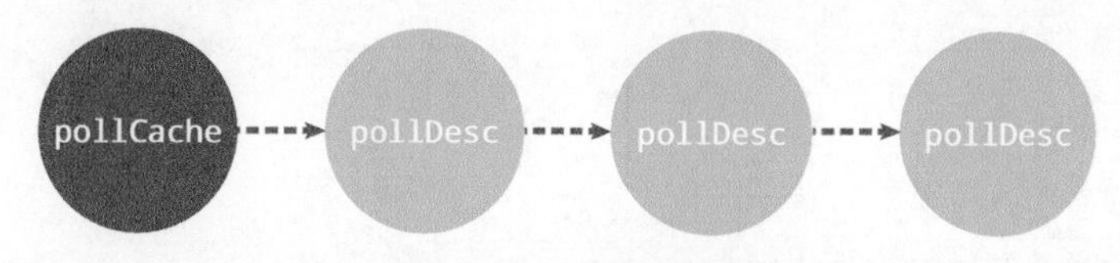

图 6-46 轮询缓存链表

运行时会在第一次调用 runtime.pollCache.alloc 方法时初始化总大小约为 4KB 的 runtime.pollDesc 结构体，runtime.persistentAlloc 会保证这些数据结构在不会触发垃圾收集的内存中初始化，让这些数据结构只能被内部的 epoll 和 kqueue 模块引用：

```
func (c *pollCache) alloc() *pollDesc {
    lock(&c.lock)
    if c.first == nil {
        const pdSize = unsafe.Sizeof(pollDesc{})
        n := pollBlockSize / pdSize
        if n == 0 {
            n = 1
        }
        mem := persistentalloc(n*pdSize, 0, &memstats.other_sys)
        for i := uintptr(0); i < n; i++ {
            pd := (*pollDesc)(add(mem, i*pdSize))
            pd.link = c.first
            c.first = pd
        }
    }
    pd := c.first
    c.first = pd.link
    unlock(&c.lock)
    return pd
}
```

每次调用该结构体都会返回链表头尚未使用的 runtime.pollDesc，这种批量初始化的做法能够增加网络轮询器的吞吐量。Go 语言运行时会调用 runtime.pollCache.free 方法释放已经用完的 runtime.pollDesc 结构，它会直接将结构体插入链表的最前面：

```
func (c *pollCache) free(pd *pollDesc) {
    lock(&c.lock)
    pd.link = c.first
    c.first = pd
    unlock(&c.lock)
}
```

上述方法没有重置 runtime.pollDesc 结构体中的字段，该结构体被重复利用时才会由 runtime.poll_runtime_pollOpen 函数重置。

6.6.3 多路复用

网络轮询器实际上是对 I/O 多路复用技术的封装，我们通过以下 3 个过程分析网络轮询器的实现原理：

(1) 网络轮询器的初始化；

(2) 如何向网络轮询器加入待监控的任务；

(3) 如何从网络轮询器获取触发的事件。

上述3个过程包含了网络轮询器相关的方方面面，能够让我们完整理解其实现。需要注意的是，我们在分析实现时会遵循以下两条规则：

(1) 因为不同I/O多路复用模块的实现大同小异，所以这里选择使用Linux操作系统上的epoll实现；

(2) 因为处理读事件和写事件的逻辑类似，所以这里会省略写事件相关代码。

1. 初始化

因为文件I/O、网络I/O以及计时器都依赖网络轮询器，所以Go语言会通过以下两条路径初始化网络轮询器：

- internal/poll.pollDesc.init——通过net.netFD.init和os.newFile初始化网络I/O和文件I/O的轮询信息时；
- runtime.doaddtimer——向处理器中增加新的计时器时。

网络轮询器的初始化会使用runtime.poll_runtime_pollServerInit和runtime.netpollGenericInit两个函数：

```
func poll_runtime_pollServerInit() {
    netpollGenericInit()
}

func netpollGenericInit() {
    if atomic.Load(&netpollInited) == 0 {
        lock(&netpollInitLock)
        if netpollInited == 0 {
            netpollinit()
            atomic.Store(&netpollInited, 1)
        }
        unlock(&netpollInitLock)
    }
}
```

runtime.netpollGenericInit会调用平台上特定的实现runtime.netpollinit，即Linux上的epoll，它主要做了以下几件事情：

(1) 调用epollcreate1创建一个新的epoll文件描述符，该文件描述符会在整个程序的生命周期中使用；

(2) 通过runtime.nonblockingPipe创建一个用于通信的Channel；

(3) 使用epollctl将用于读取数据的文件描述符打包成epollevent事件加入监听。

代码如下所示：

```
var (
	epfd int32 = -1
	netpollBreakRd, netpollBreakWr uintptr
)

func netpollinit() {
	epfd = epollcreate1(_EPOLL_CLOEXEC)
	r, w, _ := nonblockingPipe()
	ev := epollevent{
		events: _EPOLLIN,
	}
	*(**uintptr)(unsafe.Pointer(&ev.data)) = &netpollBreakRd
	epollctl(epfd, _EPOLL_CTL_ADD, r, &ev)
	netpollBreakRd = uintptr(r)
	netpollBreakWr = uintptr(w)
}
```

初始化的 Channel 为我们提供了中断多路复用等待文件描述符中事件的方法，runtime.netpollBreak 会向 Channel 中写入数据唤醒 epoll：

```
func netpollBreak() {
	for {
		var b byte
		n := write(netpollBreakWr, unsafe.Pointer(&b), 1)
		if n == 1 {
			break
		}
		if n == -_EINTR {
			continue
		}
		if n == -_EAGAIN {
			return
		}
	}
}
```

因为目前计时器由网络轮询器管理和触发，所以它能够让网络轮询器立刻返回并让运行时检查是否有需要触发的计时器。

2. 轮询事件

调用 internal/poll.pollDesc.init 初始化文件描述符时不止会初始化网络轮询器，还会通过 runtime.poll_runtime_pollOpen 重置轮询信息 runtime.pollDesc，并调用 runtime.netpollopen 初始化轮询事件：

```
func poll_runtime_pollOpen(fd uintptr) (*pollDesc, int) {
	pd := pollcache.alloc()
	lock(&pd.lock)
	if pd.wg != 0 && pd.wg != pdReady {
		throw("runtime: blocked write on free polldesc")
	}
```

```
    ...
    pd.fd = fd
    pd.closing = false
    pd.everr = false
    ...
    pd.wseq++
    pd.wg = 0
    pd.wd = 0
    unlock(&pd.lock)

    var errno int32
    errno = netpollopen(fd, pd)
    return pd, int(errno)
}
```

runtime.netpollopen 的实现非常简单，它会调用 epollctl 向全局的轮询文件描述符 epfd 中加入新的轮询事件，监听文件描述符的可读和可写状态：

```
func netpollopen(fd uintptr, pd *pollDesc) int32 {
    var ev epollevent
    ev.events = _EPOLLIN | _EPOLLOUT | _EPOLLRDHUP | _EPOLLET
    *(**pollDesc)(unsafe.Pointer(&ev.data)) = pd
    return -epollctl(epfd, _EPOLL_CTL_ADD, int32(fd), &ev)
}
```

从全局的 epfd 中删除待监听的文件描述符可以使用 runtime.netpollclose。因为该函数的实现与 runtime.netpollopen 比较相似，所以这里不展开分析了。

3. 事件循环

下面介绍网络轮询器的核心逻辑——事件循环，我们将从以下两个部分介绍事件循环的实现原理：

(1) Goroutine 让出线程并等待读写事件；

(2) 多路复用等待读写事件的发生并返回。

上述过程连接了操作系统中的 I/O 多路复用机制和 Go 语言的运行时，在两个体系之间构建了桥梁，下面分别介绍上述两个过程。

❒ 等待事件

当我们在文件描述符上执行读写操作时，如果文件描述符不可读或者不可写，当前 Goroutine 会执行 runtime.poll_runtime_pollWait 检查 runtime.pollDesc 的状态，并调用 runtime.netpollblock 等待文件描述符可读或者可写：

```
func poll_runtime_pollWait(pd *pollDesc, mode int) int {
    ...
    for !netpollblock(pd, int32(mode), false) {
        ...
    }
    return 0
}
```

```
func netpollblock(pd *pollDesc, mode int32, waitio bool) bool {
	gpp := &pd.rg
	if mode == 'w' {
		gpp = &pd.wg
	}
	...
	if waitio || netpollcheckerr(pd, mode) == 0 {
		gopark(netpollblockcommit, unsafe.Pointer(gpp), waitReasonIOWait, traceEvGoBlockNet, 5)
	}
	...
}
```

runtime.netpollblock 是 Goroutine 等待 I/O 事件的关键函数，它会使用运行时提供的 runtime.gopark 让出当前线程，将 Goroutine 转换到休眠状态并等待运行时唤醒。

❐ 轮询等待

Go 语言的运行时会在调度或者系统监控中调用 runtime.netpoll 轮询网络，该函数的执行过程可以分成以下 3 个部分：

(1) 根据传入的 delay 计算 epoll 系统调用需要等待的时间；

(2) 调用 epollwait 等待可读事件或者可写事件发生；

(3) 在循环中依次处理 epollevent 事件。

因为传入 delay 的单位是纳秒，所以下面这段代码会将纳秒转换成毫秒：

```
func netpoll(delay int64) gList {
	var waitms int32
	if delay < 0 {
		waitms = -1
	} else if delay == 0 {
		waitms = 0
	} else if delay < 1e6 {
		waitms = 1
	} else if delay < 1e15 {
		waitms = int32(delay / 1e6)
	} else {
		waitms = 1e9
	}
```

计算了需要等待的时间之后，runtime.netpoll 会执行 epollwait 等待文件描述符转换成可读或者可写，如果该函数返回了负值，可能会返回空的 Goroutine 列表或者重新调用 epollwait 陷入等待：

```
	var events [128]epollevent
retry:
	n := epollwait(epfd, &events[0], int32(len(events)), waitms)
	if n < 0 {
		if waitms > 0 {
			return gList{}
```

```
        }
        goto retry
    }
```

当 epollwait 系统调用返回的值大于 0 时，意味着被监控的文件描述符出现了待处理事件，我们在如下所示的循环中依次处理这些事件：

```
    var toRun gList
    for i := int32(0); i < n; i++ {
        ev := &events[i]
        if *(**uintptr)(unsafe.Pointer(&ev.data)) == &netpollBreakRd {
            ...
            continue
        }

        var mode int32
        if ev.events&(_EPOLLIN|_EPOLLRDHUP|_EPOLLHUP|_EPOLLERR) != 0 {
            mode += 'r'
        }
        ...
        if mode != 0 {
            pd := *(**pollDesc)(unsafe.Pointer(&ev.data))
            pd.everr = false
            netpollready(&toRun, pd, mode)
        }
    }
    return toRun
}
```

处理的事件总共包含两种，一种是调用 runtime.netpollBreak 触发的事件，该函数的作用是中断网络轮询器；另一种是其他文件描述符的正常读写事件，对于这些事件，我们会交给 runtime.netpollready 处理：

```
func netpollready(toRun *gList, pd *pollDesc, mode int32) {
    var rg, wg *g
    ...
    if mode == 'w' || mode == 'r'+'w' {
        wg = netpollunblock(pd, 'w', true)
    }
    ...
    if wg != nil {
        toRun.push(wg)
    }
}
```

runtime.netpollunblock 会在读写事件发生时，将 runtime.pollDesc 中的读信号量或者写信号量转换成 pdReady 并返回其中存储的 Goroutine。如果返回的 Goroutine 不为空，那么运行时会将该 Goroutine 加入 toRun 列表，并将列表中的全部 Goroutine 加入运行队列并等待调度器的调度。

runtime.netpoll 返回的 Goroutine 列表都会被 runtime.injectglist 注入到处理器或者全局的运行队列上。因为系统监控 Goroutine 直接在线程上运行，所以它获取的 Goroutine 列表会直接加入全局的运行队列，其他 Goroutine 获取的列表都会加入 Goroutine 所在处理器的运行队列上。

4. 截止日期

网络轮询器和计时器的关系非常紧密，这不仅仅是因为网络轮询器负责计时器的唤醒，还因为文件和网络 I/O 的截止日期也由网络轮询器负责处理。截止日期在 I/O 操作中，尤其是在网络调用中很关键，网络请求存在很多不确定因素，我们需要设置一个截止日期保证程序正常运行，这时需要用到网络轮询器中的 runtime.poll_runtime_pollSetDeadline：

```
func poll_runtime_pollSetDeadline(pd *pollDesc, d int64, mode int) {
    rd0, wd0 := pd.rd, pd.wd
    if d > 0 {
        d += nanotime()
    }
    pd.rd = d
    ...
    if pd.rt.f == nil {
        if pd.rd > 0 {
            pd.rt.f = netpollReadDeadline
            pd.rt.arg = pd
            pd.rt.seq = pd.rseq
            resettimer(&pd.rt, pd.rd)
        }
    } else if pd.rd != rd0 {
        pd.rseq++
        if pd.rd > 0 {
            modtimer(&pd.rt, pd.rd, 0, rtf, pd, pd.rseq)
        } else {
            deltimer(&pd.rt)
            pd.rt.f = nil
        }
    }
```

该函数会先使用截止日期计算出过期的时间点，然后根据 runtime.pollDesc 的状态做出不同的处理。

- 如果结构体中的计时器没有设置执行的函数，该函数会设置计时器到期后执行的函数、传入的参数并调用 runtime.resettimer 重置计时器。
- 如果结构体的读截止日期已经被改变，我们会根据新的截止日期做出不同的处理：
  - 如果新的截止日期大于 0，调用 runtime.modtimer 修改计时器；
  - 如果新的截止日期小于 0，调用 runtime.deltimer 删除计时器。

在 runtime.poll_runtime_pollSetDeadline 的最后，会重新检查轮询信息中存储的截止日期：

```
    var rg *g
    if pd.rd < 0 {
        if pd.rd < 0 {
            rg = netpollunblock(pd, 'r', false)
        }
        ...
```

```
    }
    if rg != nil {
        netpollgoready(rg, 3)
    }
    ...
}
```

如果截止日期小于0，上述代码会调用 `runtime.netpollgoready` 直接唤醒对应的Goroutine。

在 `runtime.poll_runtime_pollSetDeadline` 中直接调用 `runtime.netpollgoready` 是比较特殊的情况。在正常情况下，运行时都会在计时器到期时调用3个函数：`runtime.netpollDeadline`、`runtime.netpollReadDeadline` 和 `runtime.netpollWriteDeadline`，如图6-47所示。

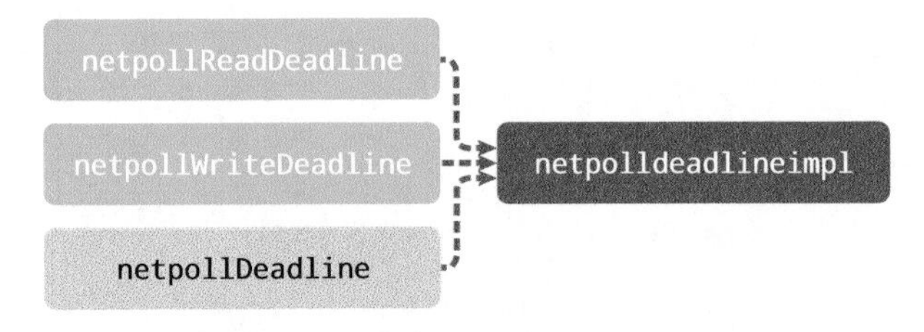

图 6-47 截止日期唤醒 Goroutine

上述3个函数都会通过 `runtime.netpolldeadlineimpl` 调用 `runtime.netpollgoready` 直接唤醒相应的Goroutine：

```
func netpolldeadlineimpl(pd *pollDesc, seq uintptr, read, write bool) {
    currentSeq := pd.rseq
    if !read {
        currentSeq = pd.wseq
    }
    if seq != currentSeq {
        return
    }
    var rg *g
    if read {
        pd.rd = -1
        atomic.StorepNoWB(unsafe.Pointer(&pd.rt.f), nil)
        rg = netpollunblock(pd, 'r', false)
    }
    ...
    if rg != nil {
        netpollgoready(rg, 0)
    }
    ...
}
```

Goroutine被唤醒之后会意识到当前的I/O操作已经超时，可以根据需要选择重试请求或者中止调用。

6.6.4 小结

网络轮询器并不是由运行时中的某一个线程独立运行的，运行时的调度器和系统调用都会通过 `runtime.netpoll` 与网络轮询器交换消息，获取待执行的Goroutine列表，并将待执行的Goroutine

加入运行队列等待处理。

所有文件 I/O、网络 I/O 和计时器都是由网络轮询器管理的，它是 Go 语言运行时的重要组成部分。本节详细介绍了网络轮询器的设计与实现原理，相信读者对这个重要组件有了比较深入的理解。

6.6.5 延伸阅读

- net: add mechanism to wait for readability on a TCPConn（Brad Fitzpatrick，2016）
- os: use poller for file I/O（Ian Lance Taylor，2017）
- runtime: change netpoll to take an amount of time to block（Ian Lance Taylor，2019）
- “The Go netpoller”（Morsing 的博客文章）

6.7 系统监控

很多系统中有守护进程，它们能够在后台监控系统的运行状态，在出现意外情况时及时响应。系统监控是 Go 语言运行时的重要组成部分，它会每隔一段时间检查 Go 语言运行时，确保程序没有进入异常状态。本节会介绍 Go 语言系统监控的设计与实现原理，包括它的启动、执行过程以及主要职责。

6.7.1 设计原理

在支持多任务的操作系统中，守护进程是在后台运行的计算机程序，它不会由用户直接操作，一般会在操作系统启动时自动运行。Kubernetes 的 DaemonSet 和 Go 语言的系统监控（如图 6-48 所示）都使用类似设计提供一些通用功能。

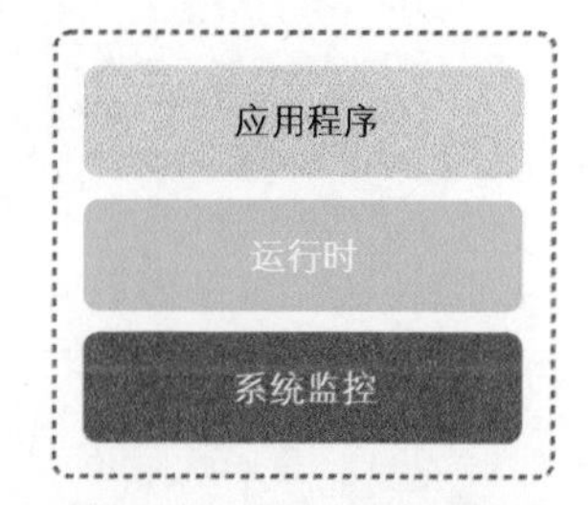

图 6-48 Go 语言系统监控

守护进程是很有效的设计，它在系统的整个生命周期中都会存在，会随着系统的启动而启动，随着系统的结束而结束。在操作系统和 Kubernetes 中，我们经常将数据库服务、日志服务以及监控服务等进程作为守护进程运行。

Go 语言的系统监控也起着很重要的作用，它在内部启动了一个不会中止的循环，在循环的内部会轮询网络、抢占长期运行或者处于系统调用的 Goroutine 以及触发垃圾收集，通过这些行为，它能够让系统的运行状态变得更健康。

6.7.2 监控循环

当 Go 语言程序启动时，运行时会在第一个 Goroutine 中调用 `runtime.main` 启动主程序，该函数会在系统栈中创建新线程：

```
func main() {
    ...
    if GOARCH != "wasm" {
```

```
        systemstack(func() {
            newm(sysmon, nil)
        })
    }
    ...
}
```

runtime.newm 会创建一个存储待执行函数和处理器的新结构体 runtime.m。运行时执行系统监控不需要处理器，系统监控的 Goroutine 会直接在创建的线程上运行：

```
func newm(fn func(), _p_ *p) {
    mp := allocm(_p_, fn)
    mp.nextp.set(_p_)
    mp.sigmask = initSigmask
    ...
    newm1(mp)
}
```

runtime.newm1 会调用特定平台的 runtime.newsproc，通过系统调用 clone 创建一个新线程并在其中执行 runtime.mstart：

```
func newosproc(mp *m) {
    stk := unsafe.Pointer(mp.g0.stack.hi)
    var oset sigset
    sigprocmask(_SIG_SETMASK, &sigset_all, &oset)
    ret := clone(cloneFlags, stk, unsafe.Pointer(mp), unsafe.Pointer(mp.g0), unsafe.
Pointer(funcPC(mstart)))
    sigprocmask(_SIG_SETMASK, &oset, nil)
    ...
}
```

在新创建的线程中，我们会执行存储在 runtime.m 中的 runtime.sysmon 启动系统监控：

```
func sysmon() {
    sched.nmsys++
    checkdead()

    lasttrace := int64(0)
    idle := 0
    delay := uint32(0)
    for {
        if idle == 0 {
            delay = 20
        } else if idle > 50 {
            delay *= 2
        }
        if delay > 10*1000 {
            delay = 10 * 1000
        }
        usleep(delay)
        ...
    }
}
```

当运行时刚刚调用上述函数时，会先通过 `runtime.checkdead` 检查是否存在死锁，然后进入核心的监控循环。系统监控在每次循环开始时都会通过 `usleep` 挂起当前线程，该函数的参数是微秒，运行时会遵循以下规则决定休眠时间：

(1) 初始的休眠时间是 20μs；

(2) 最长的休眠时间是 10ms；

(3) 当系统监控在 50 个循环中都没有唤醒 Goroutine 时，休眠时间在每个循环都会倍增。

当程序趋于稳定之后，系统监控的触发时间就会稳定在 10ms。它除了会检查死锁，还会在循环中完成以下工作：

(1) 运行计时器——获取下一个需要被触发的计时器；

(2) 轮询网络——获取需要处理的到期文件描述符；

(3) 抢占处理器——抢占运行时间较长的或者处于系统调用中的 Goroutine；

(4) 垃圾收集——在满足条件时触发垃圾收集器回收内存。

接下来我们依次介绍系统监控是如何完成上述工作的。

1. 检查死锁

系统监控通过 `runtime.checkdead` 检查运行时是否发生了死锁，我们可以将检查死锁的过程分成以下 3 个步骤：

(1) 检查是否存在正在运行的线程；

(2) 检查是否存在正在运行的 Goroutine；

(3) 检查处理器上是否存在计时器。

该函数首先会检查 Go 语言运行时中正在运行的线程数量，我们通过调度器中的多个字段计算该值：

- `runtime.mcount` 根据下一个待创建的线程 id 和释放的线程数得到系统中存在的线程数；
- `nmidle` 是处于空闲状态的线程数量；
- `nmidlelocked` 是处于锁定状态的线程数量；
- `nmsys` 是处于系统调用中的线程数量。

代码如下所示：

```
func checkdead() {
    var run0 int32
    run := mcount() - sched.nmidle - sched.nmidlelocked - sched.nmsys
    if run > run0 {
        return
    }
    if run < 0 {
        print("runtime: checkdead: nmidle=", sched.nmidle, " nmidlelocked=", sched.
nmidlelocked, " mcount=", mcount(), " nmsys=", sched.nmsys, "\n")
        throw("checkdead: inconsistent counts")
    }
```

```
    ...
}
```

利用上述几个线程相关数据，我们可以得到正在运行的线程数量：

```
func checkdead() {
    ...
    grunning := 0
    for i := 0; i < len(allgs); i++ {
        gp := allgs[i]
        if isSystemGoroutine(gp, false) {
            continue
        }
        s := readgstatus(gp)
        switch s &^ _Gscan {
        case _Gwaiting, _Gpreempted:
            grunning++
        case _Grunnable, _Grunning, _Gsyscall:
            print("runtime: checkdead: find g ", gp.goid, " in status ", s, "\n")
            throw("checkdead: runnable g")
        }
    }
    unlock(&allglock)
    if grunning == 0 {
        throw("no goroutines (main called runtime.Goexit) - deadlock!")
    }
    ...
}
```

如果线程数量大于 0，说明当前程序不存在死锁；如果线程数量小于 0，说明当前程序的状态不一致；如果线程数量等于 0，我们需要进一步检查程序的运行状态：

- 当有 Goroutine 处于 `_Grunnable`、`_Grunning` 和 `_Gsyscall` 状态时，意味着程序发生了死锁；
- 当所有 Goroutine 都处于 `_Gidle`、`_Gdead` 和 `_Gcopystack` 状态时，意味着主程序调用了 `runtime.goexit`。

当运行时存在等待的 Goroutine 并且不存在正在运行的 Goroutine 时，我们会检查处理器中存在的计时器[①]：

```
func checkdead() {
    ...
    for _, _p_ := range allp {
        if len(_p_.timers) > 0 {
            return
        }
    }

    throw("all goroutines are asleep - deadlock!")
}
```

① 参见 runtime: initial scheduler changes for timers on P's（Ian Lance Taylor, 2019）。

如果处理器中存在等待的计时器，那么所有 Goroutine 陷入休眠状态是合理的，不过如果不存在等待的计时器，运行时会直接报错并退出程序。

2. 运行计时器

在系统监控的循环中，我们通过 `runtime.nanotime` 和 `runtime.timeSleepUntil` 获取当前时间和计时器下一次需要唤醒的时间。在当前调度器需要执行垃圾收集或者所有处理器都处于空闲状态时，如果没有需要触发的计时器，那么系统监控可以暂时陷入休眠：

```
func sysmon() {
    ...
    for {
        ...
        now := nanotime()
        next, _ := timeSleepUntil()
        if debug.schedtrace <= 0 && (sched.gcwaiting != 0 || atomic.Load(&sched.npidle) ==
uint32(gomaxprocs)) {
            lock(&sched.lock)
            if atomic.Load(&sched.gcwaiting) != 0 || atomic.Load(&sched.npidle) ==
uint32(gomaxprocs) {
                if next > now {
                    atomic.Store(&sched.sysmonwait, 1)
                    unlock(&sched.lock)
                    sleep := forcegcperiod / 2
                    if next-now < sleep {
                        sleep = next - now
                    }
                    ...
                    notetsleep(&sched.sysmonnote, sleep)
                    ...
                    now = nanotime()
                    next, _ = timeSleepUntil()
                    lock(&sched.lock)
                    atomic.Store(&sched.sysmonwait, 0)
                    noteclear(&sched.sysmonnote)
                }
                idle = 0
                delay = 20
            }
            unlock(&sched.lock)
        }
        ...
        if next < now {
            startm(nil, false)
        }
    }
}
```

休眠的时间会依据强制 GC 的周期 `forcegcperiod` 和计时器下次触发的时间确定，`runtime.notesleep` 会使用信号量同步系统监控即将进入休眠状态。当系统监控被唤醒之后，我们会重新计算当前时间和下一个计时器需要触发的时间、调用 `runtime.noteclear` 唤醒系统监控并重置休眠的间隔。

如果在这之后，我们发现下一个计时器需要触发的时间小于当前时间，这说明所有线程可能正忙于运行 Goroutine，系统监控会启动新线程来触发计时器，避免计时器的到期时间有较大的偏差。

3. 轮询网络

如果上一次轮询网络已经过去了 10ms，那么系统监控还会在循环中轮询网络，检查是否有待执行的文件描述符：

```
func sysmon() {
    ...
    for {
        ...
        lastpoll := int64(atomic.Load64(&sched.lastpoll))
        if netpollinited() && lastpoll != 0 && lastpoll+10*1000*1000 < now {
            atomic.Cas64(&sched.lastpoll, uint64(lastpoll), uint64(now))
            list := netpoll(0)
            if !list.empty() {
                incidlelocked(-1)
                injectglist(&list)
                incidlelocked(1)
            }
        }
        ...
    }
}
```

上述函数会非阻塞地调用 `runtime.netpoll` 检查待执行的文件描述符，并通过 `runtime.injectglist` 将所有处于就绪状态的 Goroutine 加入全局运行队列中：

```
func injectglist(glist *gList) {
    if glist.empty() {
        return
    }
    lock(&sched.lock)
    var n int
    for n = 0; !glist.empty(); n++ {
        gp := glist.pop()
        casgstatus(gp, _Gwaiting, _Grunnable)
        globrunqput(gp)
    }
    unlock(&sched.lock)
    for ; n != 0 && sched.npidle != 0; n-- {
        startm(nil, false)
    }
    *glist = gList{}
}
```

该函数会将所有 Goroutine 的状态从 `_Gwaiting` 切换至 `_Grunnable` 并加入全局运行队列等待运行，如果当前程序中存在空闲处理器，会通过 `runtime.startm` 启动线程来执行这些任务。

4. 抢占处理器

系统监控会在循环中调用 runtime.retake 抢占处于运行中或者系统调用中的处理器，该函数会遍历运行时的全局处理器，每个处理器都存储了一个 runtime.sysmontick：

```
type sysmontick struct {
    schedtick   uint32
    schedwhen   int64
    syscalltick uint32
    syscallwhen int64
}
```

该结构体中的 4 个字段分别存储了处理器的调度次数、处理器上次调度时间、系统调用次数以及系统调用时间。runtime.retake 的循环包含了两种抢占逻辑：

- 当处理器处于 _Prunning 或者 _Psyscall 状态时，如果上一次触发调度的时间已经过去了 10ms，我们会通过 runtime.preemptone 抢占当前处理器。
- 当处理器处于 _Psyscall 状态时，在满足以下两种情况时会调用 runtime.handoffp 让出处理器的使用权：
    - 当处理器的运行队列不为空或者不存在空闲处理器时[①]；
    - 当系统调用时间超过 10ms 时[②]。

系统监控通过在循环中抢占处理器来避免同一个 Goroutine 占用线程太长时间造成饥饿问题。

代码如下所示：

```
func retake(now int64) uint32 {
    n := 0
    for i := 0; i < len(allp); i++ {
        _p_ := allp[i]
        pd := &_p_.sysmontick
        s := _p_.status
        if s == _Prunning || s == _Psyscall {
            t := int64(_p_.schedtick)
            if pd.schedwhen+forcePreemptNS <= now {
                preemptone(_p_)
            }
        }

        if s == _Psyscall {
            if runqempty(_p_) && atomic.Load(&sched.nmspinning)+atomic.Load(&sched.npidle) > 0
&& pd.syscallwhen+10*1000*1000 > now {
                continue
            }
            if atomic.Cas(&_p_.status, s, _Pidle) {
                n++
                _p_.syscalltick++
                handoffp(_p_)
```

① 参见 runtime: improved scheduler（Dmitry Vyukov, 2013）。

② 参见 runtime: tune P retake logic（Dmitry Vyukov, 2014）。

```
            }
        }
    }
    return uint32(n)
}
```

5. 垃圾收集

最后，系统监控还会决定是否需要触发强制垃圾收集，runtime.sysmon会构建runtime.gcTrigger，并调用runtime.gcTrigger.test方法判断是否需要触发垃圾收集：

```
func sysmon() {
    ...
    for {
        ...
        if t := (gcTrigger{kind: gcTriggerTime, now: now}); t.test() && atomic.Load(&forcegc.
idle) != 0 {
            lock(&forcegc.lock)
            forcegc.idle = 0
            var list gList
            list.push(forcegc.g)
            injectglist(&list)
            unlock(&forcegc.lock)
        }
        ...
    }
}
```

如果需要触发垃圾收集，我们会将用于垃圾收集的Goroutine加入全局队列，让调度器选择合适的处理器去执行。

6.7.3 小结

运行时通过系统监控来触发线程抢占、网络轮询和垃圾收集，保证Go语言运行时的可用性。系统监控能够很好地解决尾延迟问题，减少调度器调度Goroutine的饥饿问题并保证计时器在尽可能准确的时间触发。

第7章 内存管理

CPU 和内存是应用程序使用的两种基本资源。第 6 章介绍的是 Go 语言应用程序对 CPU 的利用过程，通过特别设计的 GMP 模型压榨机器的 CPU 资源；本章即将介绍的内存管理是运行时的另一部分，我们将侧重于 Go 语言应用程序如何申请、分配和回收内存，尤其是栈上和堆中的内存都是如何被管理和分配的。

本章将介绍内存管理中两个最重要的组件：内存分配器和垃圾收集器。在这个过程中，大家不仅会学习内存分配和垃圾收集相关的理论知识，还会深入 Go 语言的实现理解其设计原理。除此之外，我们还会介绍 Go 语言栈空间管理，其中涉及栈的扩容和缩容。相信各位读完这一章会对内存管理有比较全面的认识。

7.1 内存分配器

程序中的数据和变量都会被分配到程序所在的虚拟内存中，内存空间包含两个重要区域：**栈区**（stack）和**堆区**（heap）。函数调用的参数、返回值以及局部变量大都会被分配到栈上，这部分内存会由编译器进行管理。不同的编程语言使用不同的方法管理堆区的内存，C++ 等编程语言会由工程师主动申请和释放内存，Go 以及 Java 等编程语言会由工程师和编译器共同管理，堆中的对象由内存分配器分配并由垃圾收集器回收。

不同的编程语言选择不同的方式管理内存，本节会介绍 Go 语言内存分配器，详细分析内存分配过程及其背后的设计与实现原理。

7.1.1 设计原理

内存管理一般包含 3 个组件：**用户程序**（mutator[①]）、**内存分配器**（allocator，简称分配器）和**垃圾收集器**（collector，简称收集器）[②]，如图 7-1 所示。当用户程序申请内存时，它会通过内存分配器申请新内存，而分配器会负责从堆中初始化相应

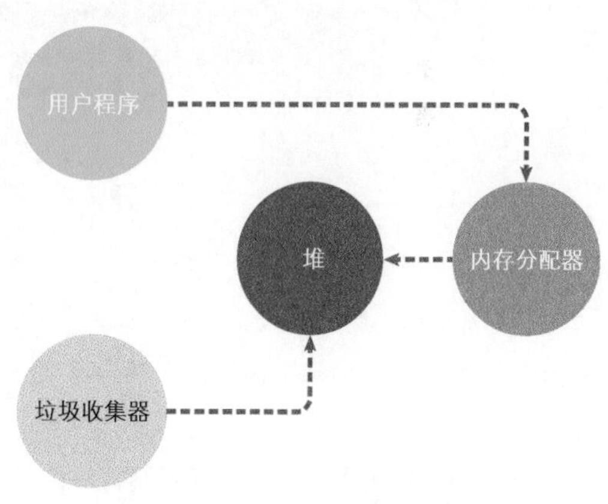

图 7-1 内存管理的组件

① mutator 还没有特别合适的中文翻译，暂且翻译为“用户程序”。

② 参见 Writing a Memory Allocator（Dmitry Soshnikov, 2019）。

的内存区域。

Go 语言内存分配器的实现非常复杂，在分析它之前，我们需要了解内存分配的设计原理，掌握内存分配过程。下面详细介绍内存分配器的分配方法以及 Go 语言内存分配器的分级分配、虚拟内存布局和地址空间。

1. 分配方法

编程语言的内存分配器一般包含两种分配方法，一种是**线性分配器**（sequential allocator 或 bump allocator），另一种是**空闲链表分配器**（free-list allocator）。这两种分配方法的实现机制和特性不同，下面依次介绍它们的分配过程。

❒ 线性分配器

线性分配器是一种高效的内存分配方法，但是有较大的局限性。当我们使用线性分配器时，只需要在内存中维护一个指向内存特定位置的指针，如果用户程序向分配器申请内存，分配器只需要检查剩余空闲内存、返回分配的内存区域并修改指针在内存中的位置，即移动图 7-2 中的指针。

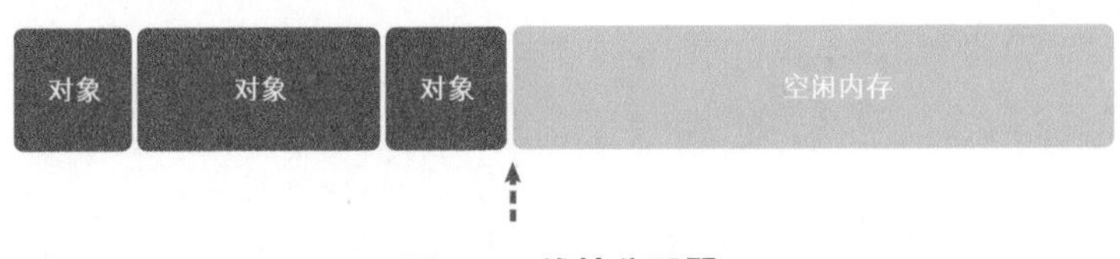

图 7-2 线性分配器

虽然线性分配器具有较快的执行速度以及较低的实现复杂度，但是它无法在内存被释放时复用内存。如图 7-3 所示，如果已经分配的内存被回收，线性分配器无法重新利用红色的内存。

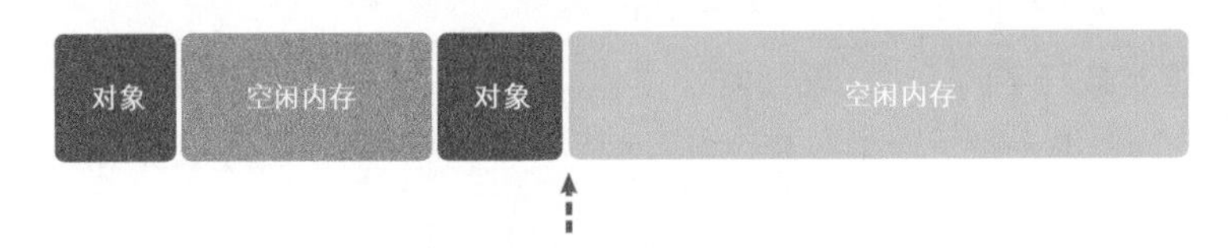

图 7-3 线性分配器回收内存

因为线性分配器具有上述特性，所以需要与合适的垃圾收集算法配合使用，例如**标记压缩**（mark-compact）、**复制回收**（copying GC）和**分代回收**（generational GC）等算法，它们可以通过复制的方式整理存活对象的碎片，定期合并空闲内存，这样就能利用线性分配器的效率提升内存分配器的性能了。

因为线性分配器需要与具有复制特性的垃圾收集算法配合，所以 C 和 C++ 等需要直接对外暴露指针的语言无法使用该策略，稍后会详细介绍常见垃圾收集算法的设计原理。

❒ 空闲链表分配器

空闲链表分配器（free-list allocator）可以复用已经被释放的内存，它在内部会维护一个类似于链表的数据结构，如图 7-4 所示。当用户程序申请内存时，空闲链表分配器会依次遍历空闲内存块，找到足够大的内存，然后申请新资源并修改链表。

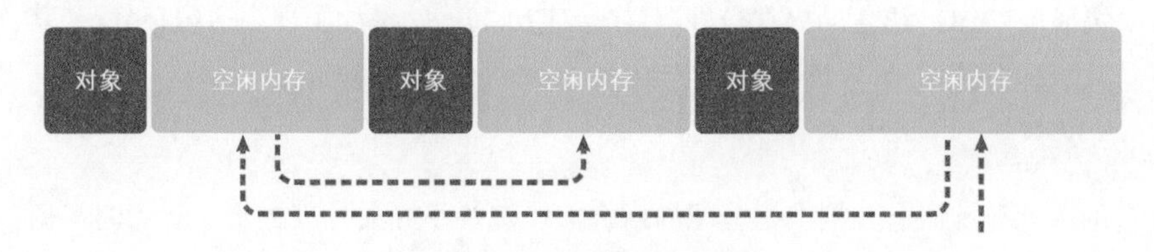

图 7-4 空闲链表分配器

因为不同的内存块通过指针构成了链表，所以使用这种方式的分配器可以重新利用回收的资源，但是因为分配内存时需要遍历链表，所以它的时间复杂度是 $O(n)$。空闲链表分配器可以选择不同的策略在链表的内存块中进行选择，最常见的是以下 4 种：

- **首次适应**（first-fit）——从链表头开始遍历，选择第一个大小大于申请内存的内存块；
- **循环首次适应**（next-fit）——从上次遍历的结束位置开始遍历，选择第一个大小大于申请内存的内存块；
- **最优适应**（best-fit）——从链表头遍历整个链表，选择最合适的内存块；
- **隔离适应**（segregated-fit）——将内存分割成多个链表，每个链表中的内存块大小相同，申请内存时先找到满足条件的链表，再从链表中选择合适的内存块。

上述 4 种策略的前 3 种就不多介绍了，Go 语言使用的内存分配策略与第 4 种策略有些相似，图 7-5 展示了该策略的原理。

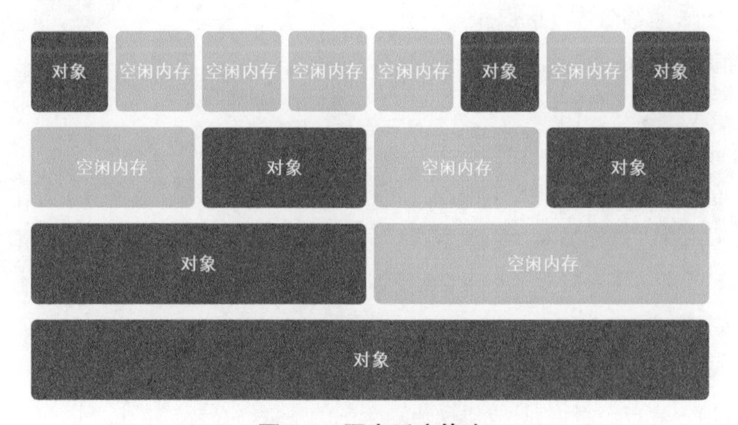

图 7-5 隔离适应策略

如图 7-5 所示，该策略会将内存分割成由 4、8、16、32 字节的内存块组成的链表，当我们向内存分配器申请 8 字节的内存时，它会在图 7-5 中找到满足条件的空闲内存块并返回。隔离适应的分配策略减少了需要遍历的内存块数量，提高了内存分配效率。

2. 分级分配

线程缓存分配（thread-caching malloc，TCMalloc）是用于分配内存的机制，它比 glibc 中的 `malloc` 还要快很多[①]。Go 语言的内存分配器借鉴 TCMalloc 的设计实现高速内存分配，其核心理念是使用多级缓存将对象根据大小分类，并按照类别实施不同的分配策略。

❒ 对象大小

Go 语言的内存分配器会根据申请分配的内存大小选择不同的处理逻辑，运行时根据对象的大小将对象分成 3 种：微对象、小对象和大对象，如表 7-1 所示。

表 7-1 对象的类别和大小

类别	大小
微对象	(0, 16B)
小对象	[16B, 32KB]
大对象	(32KB, +∞)

因为程序中的绝大多数对象小于 32KB，而申请的内存大小影响 Go 语言运行时分配内存的过程和开销，所以分别处理大对象和小对象有利于提高内存分配器的性能。

❒ 多级缓存

内存分配器不仅会区别对待大小不同的对象，还会将内存分成不同级别分别管理，TCMalloc 和 Go 语言运行时分配器都会引入**线程缓存**（thread cache）、**中心缓存**（central cache）和**页堆**（page heap）3 个组件分级管理内存，如图 7-6 所示。

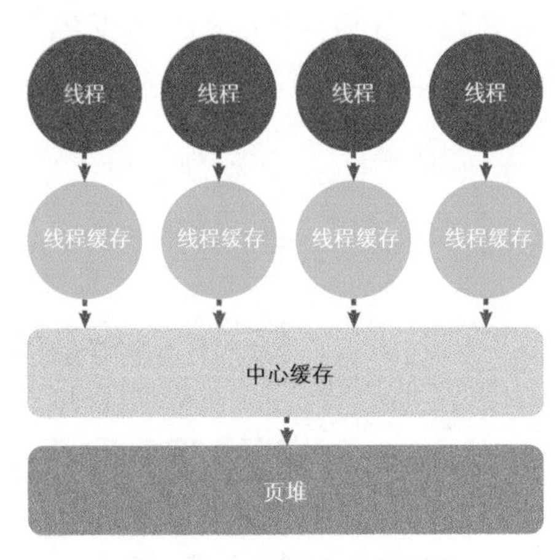

图 7-6 多级缓存内存分配

线程缓存属于每一个独立的线程，它能够满足线程上绝大多数内存分配需求。因为不涉及多线程，所以不需要使用互斥锁来保护内存，这能够减少锁竞争造成的性能损耗。当线程缓存不能满足需求时，运行时会使用中心缓存作为补充解决小对象的内存分配。在遇到 32KB 以上的对象时，内存分配器会选择页堆直接分配大内存。

这种多层级的内存分配设计与计算机操作系统中的多级缓存有些类似，因为多数对象是小对象，所以我们可以通过线程缓存和中心缓存提供足够的内存空间，发现资源不足时从上一级组件中获取更多内存资源。

① 参见 Paul Menage. TCMalloc: Thread-Caching Malloc（Sanjay Ghemawat）。

3. 虚拟内存布局

下面介绍 Go 语言堆区内存地址空间的设计以及演进过程。Go 1.10 以前的版本中，堆区的内存空间都是连续的；但是 Go 1.11 使用稀疏的堆内存空间替代了连续内存，解决了连续内存带来的限制以及在特殊场景下可能出现的问题。

❒ 线性内存

Go 1.10 启动时会初始化整片虚拟内存区域，如图 7-7 所示的 3 个区域 spans、bitmap 和 arena 分别预留了 512MB、16GB 以及 512GB 的内存空间，这些内存并不是真正存在的物理内存，而是虚拟内存。

图 7-7 堆区的线性内存

下面分别介绍一下每个区域。

- spans 区域存储了指向内存管理单元 runtime.mspan 的指针，每个内存单元会管理几页的内存空间，每页大小为 8KB。
- bitmap 用于标识 arena 区域中的哪些地址保存了对象，位图中的每个字节都会表示堆区中的 32 字节是否存在空闲。
- arena 区域是真正的堆区，运行时会将 8KB 看作一页，这些内存页中存储了所有在堆中初始化的对象。

对于任意一个地址，我们都可以根据 arena 的基址计算该地址所在页数，并通过 spans 数组获得管理这块内存的管理单元 runtime.mspan，spans 数组中多个连续的位置可能对应同一个 runtime.mspan 结构。

Go 语言在垃圾收集时会根据指针的地址判断对象是否在堆中，并通过前述过程找到管理该对象的 runtime.mspan。这些都建立在**堆区的内存是连续的**这一假设上。这种设计虽然简单、方便，但是在 C 语言和 Go 语言混合使用时会导致程序崩溃：

- 分配的内存地址会发生冲突，导致堆的初始化和扩容失败①；
- 没有被预留的大块内存可能会被分配给 C 语言的二进制，导致扩容后的堆不连续②。

线性的堆内存需要预留大块内存空间，但是申请大块内存空间而不使用是不切实际的，不预留内存空间则会在特殊场景下造成程序崩溃。虽然连续内存的实现比较简单，但是这些问题也无法忽略。

---

① 参见 runtime: address space conflict at startup using buildmode=c-shared #16936。

② 参见 runtime: use c-shared library in go crashes the program #18976。

❒ 稀疏内存

稀疏内存是 Go 1.11 提出的方案，使用稀疏的内存布局不仅能移除堆大小的上限①，还能解决 C 语言和 Go 语言混合使用时的地址空间冲突问题②。不过因为基于稀疏内存的内存管理失去了内存连续性这一假设，使得内存管理变得更加复杂。

如图 7-8 所示，运行时使用二维 runtime.heapArena 数组管理所有内存，每个单元都会管理 64MB 的内存空间：

```
type heapArena struct {
    bitmap       [heapArenaBitmapBytes]byte
    spans        [pagesPerArena]*mspan
    pageInUse    [pagesPerArena / 8]uint8
    pageMarks    [pagesPerArena / 8]uint8
    pageSpecials [pagesPerArena / 8]uint8
    checkmarks   *checkmarksMap
    zeroedBase   uintptr
}
```

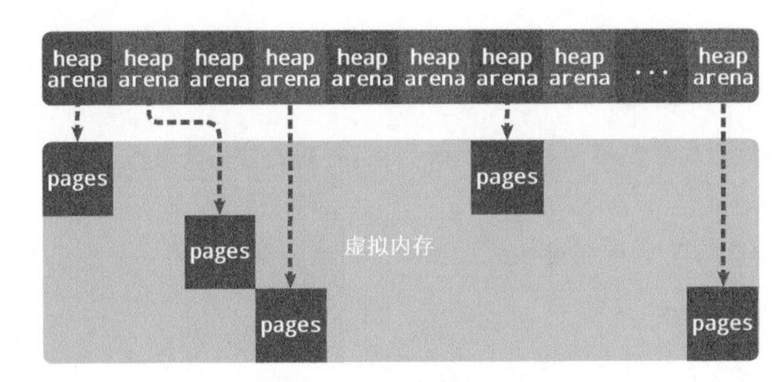

图 7-8 二维稀疏内存

该结构体中的 bitmap 和 spans 与线性内存中的 bitmap 和 spans 区域一一对应，zeroedBase 字段指向了该结构体管理的内存的基址。上述设计将原有连续大内存切分成稀疏小内存，用于管理这些内存的元信息也被切成了小块。

不同平台和架构的二维数组大小可能完全不同，如果我们的 Go 语言服务在 Linux 的 x86_64 架构上运行，二维数组的一维大小会是 1，而二维大小是 4 194 304，因为每一个指针占用 8 字节的内存空间，所以元信息的总大小为 32MB。由于每个 runtime.heapArena 都会管理 64MB 的内存，所以整个堆区最多可以管理 256TB 的内存，这比之前的 512GB 多好几个数量级。

Go 1.11 通过以下几个提交将线性内存变成稀疏内存，移除了 512GB 的内存上限以及堆区内存连续性的假设。

- runtime: use sparse mappings for the heap

① 参见 runtime: 512GB memory limitation。

② 参见 Runtime（Go 1.11 Release Notes）。

- runtime: fix various contiguous bitmap assumptions
- runtime: make the heap bitmap sparse
- runtime: abstract remaining mheap.spans access
- runtime: make span map sparse
- runtime: eliminate most uses of mheap._arena_*
- runtime: remove non-reserved heap logic
- runtime: move comment about address space sizes to malloc.go

由于内存的管理变得更加复杂，因此上述改动对垃圾收集稍有影响，大约会增加 1% 的垃圾收集开销，不过这是为了解决已有问题必须付出的成本[①]。

4. 地址空间

因为所有内存最终都要从操作系统中申请，所以 Go 语言的运行时构建了操作系统的内存管理抽象层，该抽象层将运行时管理的地址空间分成 4 种状态[②]，见表 7-2。

表 7-2　地址空间的状态

状态	解释
None	内存没有被保留或者映射，是地址空间的默认状态
Reserved	运行时持有该地址空间，但是访问该内存会导致错误
Prepared	内存被保留，一般没有对应的物理内存； 访问该内存的行为是未定义的； 可以快速转换到 Ready 状态
Ready	可以被安全访问

不同的操作系统都会包含一组用于管理内存的特定方法，这些方法可以让内存地址空间在不同状态之间转换，如图 7-9 所示。

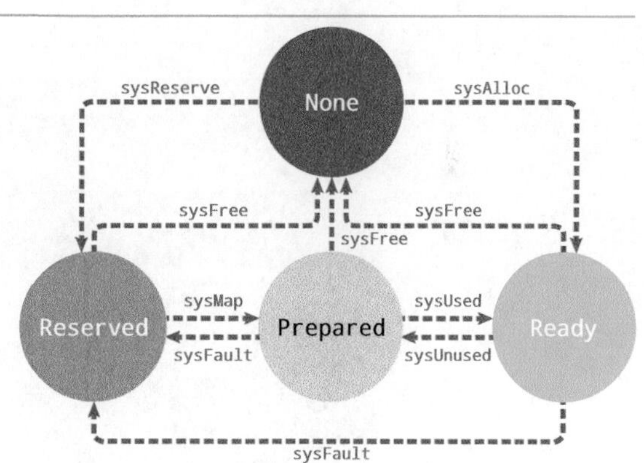

图 7-9　地址空间的状态转换

运行时中包含多个操作系统实现的状态转换方法，所有实现都包含在以 mem_ 开头的文件中。下面介绍 Linux 操作系统对图 7-9 中方法的实现：

- `runtime.sysAlloc` 会从操作系统中获取一大块可用的内存空间，可能为几百千字节或者几兆字节；
- `runtime.sysFree` 会在程序**内存不足**（out of memory，OOM）时调用并无条件地返回内存；

① 参见 runtime: use sparse mappings for the heap。
② 参见 OS memory management abstraction layer。

- runtime.sysReserve 会保留操作系统中的一块内存区域，访问这块内存会触发异常；
- runtime.sysMap 保证内存区域可以快速转换至就绪状态；
- runtime.sysUsed 通知操作系统应用程序需要使用该内存区域，保证内存区域可以被安全访问；
- runtime.sysUnused 通知操作系统虚拟内存对应的物理内存已经不再需要，可以复用物理内存；
- runtime.sysFault 将内存区域转换成保留状态，主要用于运行时的调试。

运行时使用 Linux 提供的 mmap、munmap 和 madvise 等系统调用实现了操作系统的内存管理抽象层，抹平了不同操作系统的差异，为运行时提供了更加方便的接口。除 Linux 外，运行时还实现了 BSD、Darwin、Plan 9 以及 Windows 等平台上的抽象层。

7.1.2 内存管理组件

Go 语言的内存分配器包含几个重要组件：内存管理单元、线程缓存、中心缓存和页堆，本节将介绍这几个重要组件对应的数据结构 runtime.mspan、runtime.mcache、runtime.mcentral 和 runtime.mheap，我们会详细介绍它们在内存分配器中的作用以及实现。

所有 Go 语言程序都会在启动时初始化如图 7-10 所示的内存布局，每一个处理器都会分配一个线程缓存 runtime.mcache 用于处理微对象和小对象的分配，它们会持有内存管理单元 runtime.mspan。

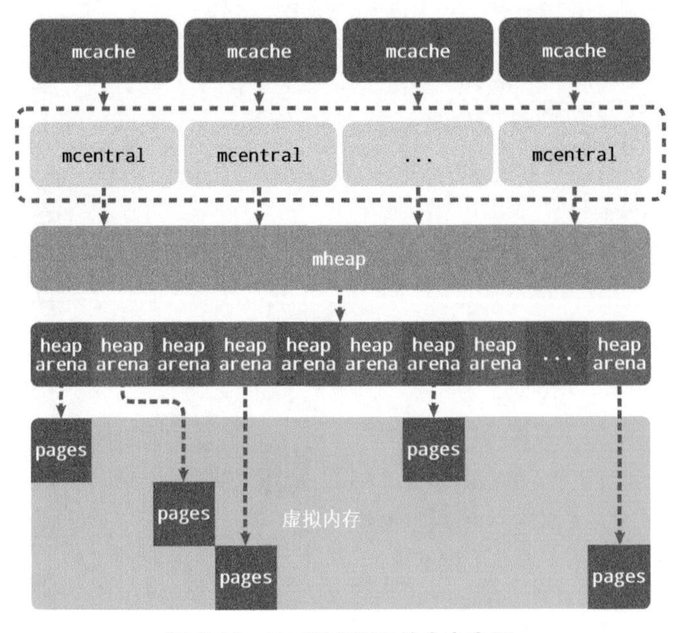

图 7-10 Go 语言程序的内存布局

每个类型的内存管理单元都会管理特定大小的对象，当内存管理单元中不存在空闲对象时，它们会从 runtime.mheap 持有的 134 个中心缓存 runtime.mcentral 中获取新的内存单元。中心缓存属于全局的堆结构体 runtime.mheap，它会从操作系统中申请内存。

在 AMD64 架构的 Linux 操作系统上，runtime.mheap 会持有 4 194 304 个 runtime.heapArena，每个 runtime.heapArena 都会管理 64MB 内存，单个 Go 语言程序的内存上限也就是 256TB。

1. 内存管理单元

runtime.mspan 是 Go 语言内存管理的基本单元，该结构体中包含 next 和 prev 两个字段，它们分别指向了前一个和后一个 runtime.mspan：

```
type mspan struct {
    next *mspan
    prev *mspan
    ...
}
```

串联后的上述结构体会构成如图 7-11 所示双向链表，运行时会使用 runtime.mSpanList 存储双向链表的头节点和尾节点并在线程缓存以及中心缓存中使用。

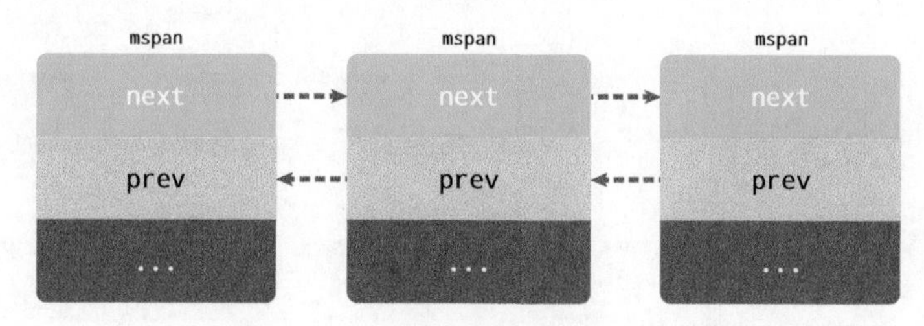

图 7-11　内存管理单元与双向链表

因为相邻的管理单元会互相引用，所以我们可以从任意一个结构体访问双向链表中的其他节点。

❒ 页和内存

每个 runtime.mspan 都管理 npages 个大小为 8KB 的页，这里的页不是操作系统中的内存页，而是其整数倍，该结构体会使用下面这些字段来管理内存页的分配和回收：

- startAddr 和 npages——确定该结构体管理的多个页所在内存，每个页的大小都是 8KB；
- freeindex——扫描页中空闲对象的初始索引；
- allocBits 和 gcmarkBits——分别用于标记内存的占用和回收情况；
- allocCache——allocBits 的补码，可用于快速查找内存中未被使用的内存。

代码如下所示：

```
type mspan struct {
    startAddr uintptr // 起始地址
    npages    uintptr // 页数
    freeindex uintptr

    allocBits  *gcBits
```

```
    gcmarkBits *gcBits
    allocCache uint64
    ...
}
```

runtime.mspan 会以两种视角看待管理的内存。当结构体管理的内存不足时，运行时会以页为单位向堆申请内存，如图 7-12 所示。

当用户程序或者线程向 runtime.mspan 申请内存时，它会使用 allocCache 字段以对象为单位在管理的内存中快速查找待分配的空间，如图 7-13 所示。

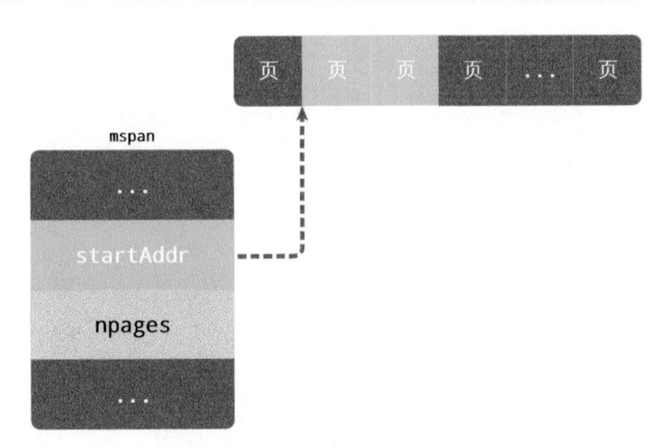

图 7-12　内存管理单元与页

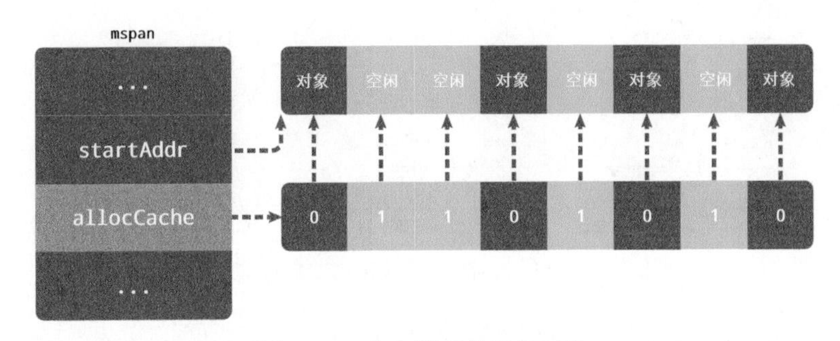

图 7-13　内存管理单元与对象

如果能在内存中找到空闲内存单元会直接返回，当内存中不包含空闲内存时，上一级组件 runtime.mcache 会调用 runtime.mcache.refill 更新内存管理单元，以便为更多对象分配内存。

❒ 状态

运行时会使用 runtime.mSpanStateBox 存储内存管理单元的状态 runtime.mSpanState：

```
type mspan struct {
    ...
    state       mSpanStateBox
    ...
}
```

状态共有 4 种：mSpanDead、mSpanInUse、mSpanManual 和 mSpanFree。当 runtime.mspan 在空闲堆中，它会处于 mSpanFree 状态；当 runtime.mspan 已经被分配时，它会处于 mSpanInUse、mSpanManual 状态。运行时会遵循下面的规则转换该状态：

- 在垃圾收集的任意阶段，可能从 mSpanFree 转换到 mSpanInUse 和 mSpanManual；
- 在垃圾收集的清除阶段，可能从 mSpanInUse 和 mSpanManual 转换到 mSpanFree；
- 在垃圾收集的标记阶段，不能从 mSpanInUse 和 mSpanManual 转换到 mSpanFree。

设置 runtime.mspan 状态的操作必须是原子性的，以避免垃圾收集造成的线程竞争问题。

跨度类

runtime.spanClass 是 runtime.mspan 的跨度类，它决定了内存管理单元中存储的对象大小和个数：

```
type mspan struct {
    ...
    spanclass   spanClass
    ...
}
```

Go 语言的内存管理模块中一共包含 67 种跨度类，每一种跨度类都会存储特定大小的对象，并且包含特定数量的页数以及对象，所有数据都会被预先计算好并存储在 runtime.class_to_size 和 runtime.class_to_allocnpages 等变量中，见表 7-3。

表 7-3　跨度类的数据

class	bytes/obj	bytes/span	objects	tail waste	max waste
1	8	8192	1024	0	87.50%
2	16	8192	512	0	43.75%
3	24	8192	341	0	29.24%
4	32	8192	256	0	46.88%
5	48	8192	170	32	31.52%
6	64	8192	128	0	23.44%
7	80	8192	102	32	19.07%
……	……	……	……	……	……
67	32 768	32 768	1	0	12.50%

表 7-3 展示了对象大小从 8B 到 32KB、总共 67 种跨度类的大小、存储的对象数以及浪费的内存空间，最后一项如图 7-14 所示。以其中第 4 个跨度类为例，跨度类为 5 的 runtime.mspan 中对象大小上限为 48 字节、管理 1 个页、最多可以存储 170 个对象。因为内存需要按照页进行管理，所以在尾部会浪费 32 字节内存，当页中存储的对象都是 33 字节时，最多会浪费 31.52% 的资源。

$$\frac{(48-33)\times 170+32}{8192}\approx 0.3152$$

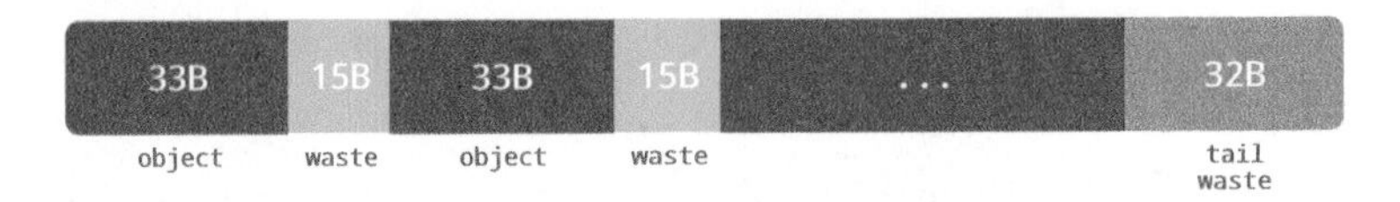

图 7-14　跨度类浪费的内存

除上述 67 种跨度类外，运行时中还包含 ID 为 0 的特殊跨度类，它能够管理大于 32KB 的特殊对象，后文会详细介绍大对象的分配过程，这里就不展开说明了。

跨度类中除存储类别的 ID 外，它还会存储一个 `noscan` 标记位，该标记位表示对象是否包含指针，垃圾收集器会对包含指针的 `runtime.mspan` 结构体进行扫描。我们可以通过下面几个函数和方法了解 ID 和标记位的底层存储方式：

```
func makeSpanClass(sizeclass uint8, noscan bool) spanClass {
    return spanClass(sizeclass<<1) | spanClass(bool2int(noscan))
}

func (sc spanClass) sizeclass() int8 {
    return int8(sc >> 1)
}

func (sc spanClass) noscan() bool {
    return sc&1 != 0
}
```

`runtime.spanClass` 是一个 Uint8 类型的整数，它的前 7 位存储着跨度类的 ID，最后一位表示是否包含指针，该类型提供的两个方法能够帮我们快速获取对应字段。

2. 线程缓存

`runtime.mcache` 是 Go 语言中的线程缓存，它会与线程上的处理器一一绑定，主要用来缓存用户程序申请的微小对象。每一个线程缓存都持有 68*2 个 `runtime.mspan`，这些内存管理单元都存储在结构体的 `alloc` 字段中，如图 7-15 所示。

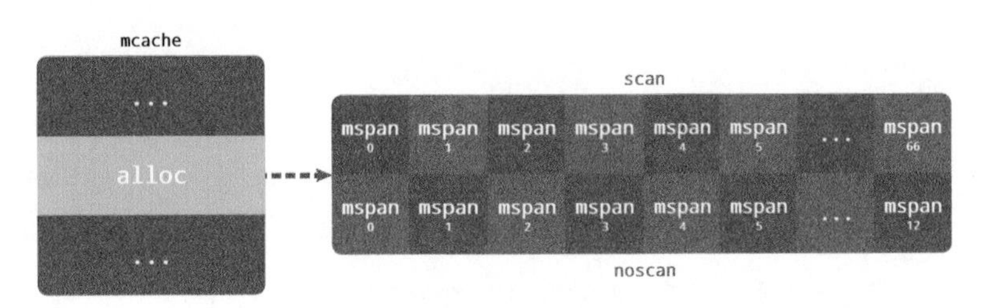

图 7-15　线程缓存与内存管理单元

线程缓存在刚刚被初始化时不包含 `runtime.mspan`，只有当用户程序申请内存时，才会从上一级组件获取新的 `runtime.mspan` 满足内存分配的需求。

❐ 初始化

运行时在初始化处理器时会调用 runtime.allocmcache 初始化线程缓存，该函数会在系统栈中使用 runtime.mheap 中的线程缓存分配器初始化新的 runtime.mcache 结构体：

```
func allocmcache() *mcache {
    var c *mcache
    systemstack(func() {
        lock(&mheap_.lock)
        c = (*mcache)(mheap_.cachealloc.alloc())
        c.flushGen = mheap_.sweepgen
        unlock(&mheap_.lock)
    })
    for i := range c.alloc {
        c.alloc[i] = &emptymspan
    }
    c.nextSample = nextSample()
    return c
}
```

如前所述，初始化后的 runtime.mcache 中的所有 runtime.mspan 都是空的占位符 emptymspan。

❐ 替换

runtime.mcache.refill 会为线程缓存获取一个指定跨度类的内存管理单元，被替换的单元不能包含空闲内存空间，而获取的单元中需要至少包含一个空闲对象用于分配内存：

```
func (c *mcache) refill(spc spanClass) {
    s := c.alloc[spc]
    s = mheap_.central[spc].mcentral.cacheSpan()
    c.alloc[spc] = s
}
```

如上述代码所示，该方法会从中心缓存中申请新的 runtime.mspan 存储到线程缓存中，这也是向线程缓存插入内存管理单元的唯一方法。

❐ 微分配器

线程缓存中还包含几个用于分配微对象的字段，下面这 3 个字段组成了微对象分配器，专门管理 16 字节以下的对象：

```
type mcache struct {
    tiny             uintptr
    tinyoffset       uintptr
    local_tinyallocs uintptr
}
```

微分配器只会用于分配非指针类型的内存。上述 3 个字段中 tiny 会指向堆中的一块内存，tinyOffset 是下一块空闲内存所在的偏移量，最后的 local_tinyallocs 会记录内存分配器中分配的对象个数。

3. 中心缓存

runtime.mcentral 是内存分配器的中心缓存，与线程缓存不同，访问中心缓存中的内存管理单元需要使用互斥锁：

```
type mcentral struct {
    spanclass spanClass
    partial   [2]spanSet
    full      [2]spanSet
}
```

每个中心缓存都会管理某个跨度类的内存管理单元，它会同时持有两个 runtime.spanSet，分别存储包含空闲对象和不包含空闲对象的内存管理单元。

❐ 内存管理单元

线程缓存会通过中心缓存的 runtime.mcentral.cacheSpan 方法获取新的内存管理单元，该方法的实现比较复杂，可以分成以下几个部分：

(1) 调用 runtime.mcentral.partialSwept 从清理过的、包含空闲空间的 runtime.spanSet 结构中查找可用的内存管理单元；
(2) 调用 runtime.mcentral.partialUnswept 从未被清理过的、包含空闲对象的 runtime.spanSet 结构中查找可用的内存管理单元；
(3) 调用 runtime.mcentral.fullUnswept 从未被清理过的、不包含空闲空间的 runtime.spanSet 结构中获取内存管理单元，并通过 runtime.mspan.sweep 清理它的内存空间；
(4) 调用 runtime.mcentral.grow 从堆中申请新的内存管理单元；
(5) 更新内存管理单元的 allocCache 等字段帮助快速分配内存。

首先，我们会在中心缓存的空闲集合中查找可用的 runtime.mspan，运行时总是先获取清理过的内存管理单元，后检查未清理过的内存管理单元：

```
func (c *mcentral) cacheSpan() *mspan {
    sg := mheap_.sweepgen
    spanBudget := 100

    var s *mspan
    if s = c.partialSwept(sg).pop(); s != nil {
        goto havespan
    }

    for ; spanBudget >= 0; spanBudget-- {
        s = c.partialUnswept(sg).pop()
        if s == nil {
            break
        }
        if atomic.Load(&s.sweepgen) == sg-2 && atomic.Cas(&s.sweepgen, sg-2, sg-1) {
            s.sweep(true)
            goto havespan
```

```
        }
    }
    ...
}
```

当找到需要回收的内存单元时，运行时会触发 runtime.mspan.sweep 进行清理，如果在包含空闲空间的集合中没有找到管理单元，那么运行时尝试会从未清理过的集合中获取：

```
func (c *mcentral) cacheSpan() *mspan {
    ...
    for ; spanBudget >= 0; spanBudget-- {
        s = c.fullUnswept(sg).pop()
        if s == nil {
            break
        }
        if atomic.Load(&s.sweepgen) == sg-2 && atomic.Cas(&s.sweepgen, sg-2, sg-1) {
            s.sweep(true)
            freeIndex := s.nextFreeIndex()
            if freeIndex != s.nelems {
                s.freeindex = freeIndex
                goto havespan
            }
            c.fullSwept(sg).push(s)
        }
    }
    ...
}
```

如果 runtime.mcentral 通过上述两个阶段都没有找到可用单元，它会调用 runtime.mcentral.grow 触发扩容从堆中申请新内存：

```
func (c *mcentral) cacheSpan() *mspan {
    ...
    s = c.grow()
    if s == nil {
        return nil
    }

havespan:
    freeByteBase := s.freeindex &^ (64 - 1)
    whichByte := freeByteBase / 8
    s.refillAllocCache(whichByte)

    s.allocCache >>= s.freeindex % 64

    return s
}
```

无论通过哪种方法获取到了内存单元，该方法最后都会更新内存单元的 allocBits 和 allocCache 等字段，让运行时在分配内存时能够快速找到空闲对象。

❒ 扩容

中心缓存的扩容方法 runtime.mcentral.grow 会根据预先计算的 class_to_allocnpages 和 class_to_size 获取待分配的页数以及跨度类，并调用 runtime.mheap.alloc 获取新的 runtime.mspan 结构：

```
func (c *mcentral) grow() *mspan {
    npages := uintptr(class_to_allocnpages[c.spanclass.sizeclass()])
    size := uintptr(class_to_size[c.spanclass.sizeclass()])

    s := mheap_.alloc(npages, c.spanclass, true)
    if s == nil {
        return nil
    }

    n := (npages << _PageShift) >> s.divShift * uintptr(s.divMul) >> s.divShift2
    s.limit = s.base() + size*n
    heapBitsForAddr(s.base()).initSpan(s)
    return s
}
```

获取了 runtime.mspan 后，我们会在上述方法中初始化 limit 字段并清除该结构在堆中对应的位图。

4. 页堆

runtime.mheap 是内存分配的核心结构体，Go 语言程序会将其作为全局变量存储，而堆中初始化的所有对象都由该结构体统一管理。该结构体中包含两组非常重要的字段，其中一个是全局的中心缓存列表 central，另一个是管理堆区内存区域的 arenas 以及相关字段。

页堆中包含一个长度为 136 的 runtime.mcentral 数组，其中 68 个为跨度类需要 scan 的中心缓存，另外 68 个是 noscan 的中心缓存，如图 7-16 所示。

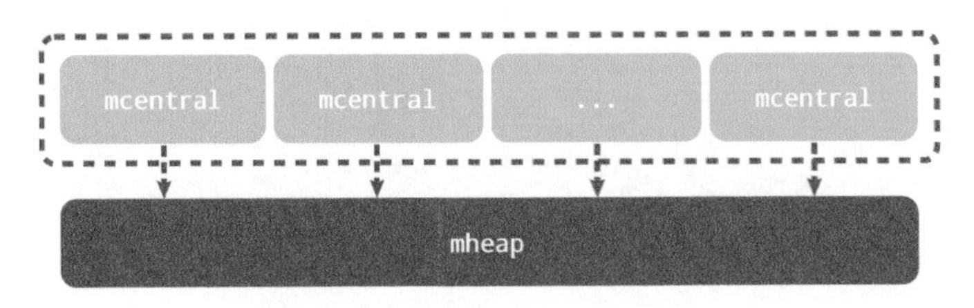

图 7-16　页堆与中心缓存列表

7.1.1 节介绍过，Go 语言所有的内存空间都由如图 7-17 所示的二维矩阵 runtime.heapArena 管理，这个二维矩阵管理的内存可以是不连续的。

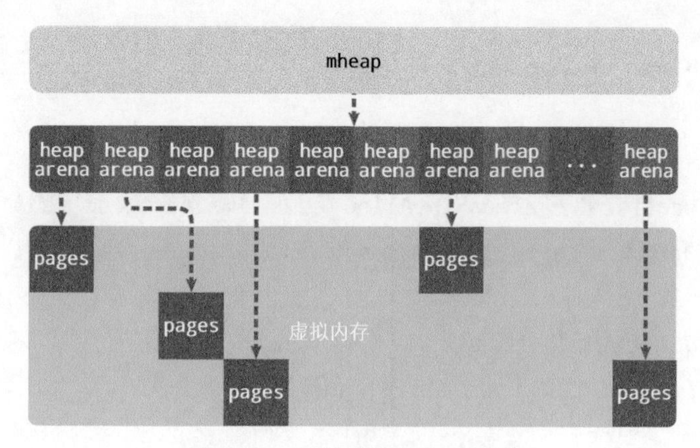

图 7-17 页堆管理的内存区域

在除 Windows 外的 64 位操作系统中，每一个 `runtime.heapArena` 都会管理 64MB 的内存空间。表 7-4 展示了不同平台上 Go 语言程序管理的堆区大小，以及 `runtime.heapArena` 占用的内存空间。

表 7-4 平台与页堆大小的关系

平台	地址位数	Arena 大小	一维大小	二维大小
*/64 位	48	64MB	1	4m（32MB）
Windows/64 位	48	4MB	64	1m（8MB）
*/32 位	32	4MB	1	1024（4KB）
*/MIPS(le)	31	4MB	1	512（2KB）

注：二维大小中 m 代表百万。

下面介绍页堆的初始化、内存分配以及内存管理单元分配的过程，这些过程能够帮助我们理解全局变量页堆和其他组件的关系以及它管理内存的方式。

❒ 初始化

堆区的初始化会使用 `runtime.mheap.init` 方法：

```
func (h *mheap) init() {
	h.spanalloc.init(unsafe.Sizeof(mspan{}), recordspan, unsafe.Pointer(h), &memstats.mspan_sys)
	h.cachealloc.init(unsafe.Sizeof(mcache{}), nil, nil, &memstats.mcache_sys)
	h.specialfinalizeralloc.init(unsafe.Sizeof(specialfinalizer{}), nil, nil, &memstats.other_sys)
	h.specialprofilealloc.init(unsafe.Sizeof(specialprofile{}), nil, nil, &memstats.other_sys)
	h.arenaHintAlloc.init(unsafe.Sizeof(arenaHint{}), nil, nil, &memstats.other_sys)

	h.spanalloc.zero = false

	for i := range h.central {
		h.central[i].mcentral.init(spanClass(i))
	}
```

```
    h.pages.init(&h.lock, &memstats.gc_sys)
}
```

我们能看到该方法初始化了非常多结构体和字段，其中初始化的两类变量比较重要：

- spanalloc、cachealloc 以及 arenaHintAlloc 等 runtime.fixalloc 类型的空闲链表分配器；
- central 切片中 runtime.mcentral 类型的中心缓存。

堆中初始化的多个空闲链表分配器与 7.1.1 节提到的分配器没有太多区别。当我们调用 runtime.fixalloc.init 初始化分配器时，需要传入待初始化的结构体大小等信息，这会帮助分配器分割待分配的内存，它提供了以下两个用于分配和释放内存的方法：

- runtime.fixalloc.alloc——获取下一块空闲内存空间；
- runtime.fixalloc.free——释放指针指向的内存空间。

除这些空闲链表分配器外，我们还会在该方法中初始化所有中心缓存，这些中心缓存会维护全局的内存管理单元，各个线程会通过中心缓存获取新的内存单元。

❒ 内存管理单元

runtime.mheap 是内存分配器中的核心组件，运行时会通过它的 runtime.mheap.alloc 方法在系统栈中获取新的 runtime.mspan 单元：

```
func (h *mheap) alloc(npages uintptr, spanclass spanClass, needzero bool) *mspan {
    var s *mspan
    systemstack(func() {
        if h.sweepdone == 0 {
            h.reclaim(npages)
        }
        s = h.allocSpan(npages, false, spanclass, &memstats.heap_inuse)
    })
    ...
    return s
}
```

为了阻止内存大量占用和堆增长，我们在分配对应页数的内存前，需要先调用 runtime.mheap.reclaim 方法回收一部分内存，随后运行时通过 runtime.mheap.allocSpan 分配新的内存管理单元，我们将该方法的执行过程拆分成两个部分：

(1) 从堆中分配新的内存页和内存管理单元 runtime.mspan；

(2) 初始化内存管理单元并将其加入 runtime.mheap 持有的内存单元列表。

首先，我们需要在堆中申请 npages 数量的内存页并初始化 runtime.mspan：

```
func (h *mheap) allocSpan(npages uintptr, typ spanAllocType, spanclass spanClass) (s *mspan) {
    gp := getg()
    base, scav := uintptr(0), uintptr(0)
    pp := gp.m.p.ptr()
    if pp != nil && npages < pageCachePages/4 {
        c := &pp.pcache
```

```
        base, scav = c.alloc(npages)
        if base != 0 {
            s = h.tryAllocMSpan()
            if s != nil && gcBlackenEnabled == 0 && (manual || spanclass.sizeclass() != 0) {
                goto HaveSpan
            }
        }
    }

    if base == 0 {
        base, scav = h.pages.alloc(npages)
        if base == 0 {
            h.grow(npages)
            base, scav = h.pages.alloc(npages)
            if base == 0 {
                throw("grew heap, but no adequate free space found")
            }
        }
    }
    if s == nil {
        s = h.allocMSpanLocked()
    }
    ...
}
```

上述方法会通过处理器的页缓存 runtime.pageCache 或者全局的页分配器 runtime.pageAlloc 两种途径从堆中申请内存。

- 如果申请的内存比较小，获取申请内存的处理器并尝试调用 runtime.pageCache.alloc 获取内存区域的基址和大小。
- 如果申请的内存比较大或者线程的页缓存中内存不足，会通过 runtime.pageAlloc.alloc 在页堆中申请内存。

如果发现页堆中的内存不足，会尝试通过 runtime.mheap.grow 扩容并重新调用 runtime.pageAlloc.alloc 申请内存：

- 如果申请到内存，意味着扩容成功；
- 如果没有申请到内存，意味着扩容失败，宿主机可能不存在空闲内存，运行时会直接中止当前程序。

无论通过哪种方式获得内存页，我们都会在该函数中分配新的 runtime.mspan 结构体；该方法的剩余部分会通过页数、内存空间以及跨度类等参数初始化它的多个字段：

```
func (h *mheap) alloc(npages uintptr, spanclass spanClass, needzero bool) *mspan {
    ...
HaveSpan:
    s.init(base, npages)

    ...

    s.freeindex = 0
    s.allocCache = ^uint64(0)
    s.gcmarkBits = newMarkBits(s.nelems)
```

```
    s.allocBits = newAllocBits(s.nelems)
    h.setSpans(s.base(), npages, s)
    return s
}
```

在上述代码中，我们通过调用 runtime.mspan.init 设置参数初始化刚刚分配的 runtime.mspan，并通过 runtime.mheaps.setSpans 建立页堆与内存单元的联系。

❐ 扩容

runtime.mheap.grow 会向操作系统申请更多内存空间，传入的页数经过对齐可以得到期望的内存大小。该方法的执行过程可以分成以下几个部分：

(1) 通过传入的页数获取期望分配的内存空间大小以及内存的基址；

(2) 如果 arena 区域空间不足，调用 runtime.mheap.sysAlloc 从操作系统中申请更多内存；

(3) 对 runtime.mheap 持有的 arena 区域扩容并更新页分配器的元信息；

(4) 在某些场景下，调用 runtime.pageAlloc.scavenge 回收不再使用的空闲内存页。

在页堆扩容过程中，runtime.mheap.sysAlloc 是页堆用来申请虚拟内存的方法，我们会分几部分介绍该方法的实现。首先，该方法会尝试在预留的区域申请内存：

```
func (h *mheap) sysAlloc(n uintptr) (v unsafe.Pointer, size uintptr) {
    n = alignUp(n, heapArenaBytes)

    v = h.arena.alloc(n, heapArenaBytes, &memstats.heap_sys)
    if v != nil {
        size = n
        goto mapped
    }
    ...
}
```

上述代码会调用线性分配器的 runtime.linearAlloc.alloc 在预留的内存中申请一块可用空间。如果没有可用空间，我们会根据页堆的 arenaHints 在目标地址上尝试扩容：

```
func (h *mheap) sysAlloc(n uintptr) (v unsafe.Pointer, size uintptr) {
    ...
    for h.arenaHints != nil {
        hint := h.arenaHints
        p := hint.addr
        v = sysReserve(unsafe.Pointer(p), n)
        if p == uintptr(v) {
            hint.addr = p
            size = n
            break
        }
        h.arenaHints = hint.next
        h.arenaHintAlloc.free(unsafe.Pointer(hint))
    }
    ...
```

```
    sysMap(v, size, &memstats.heap_sys)
    ...
}
```

runtime.sysReserve 和 runtime.sysMap 是上述代码的核心部分，它们会从操作系统中申请内存并将内存转换至 Prepared 状态。

```
func (h *mheap) sysAlloc(n uintptr) (v unsafe.Pointer, size uintptr) {
    ...
mapped:
    for ri := arenaIndex(uintptr(v)); ri <= arenaIndex(uintptr(v)+size-1); ri++ {
        l2 := h.arenas[ri.l1()]
        r := (*heapArena)(h.heapArenaAlloc.alloc(unsafe.Sizeof(*r), sys.PtrSize, &memstats.gc_sys))
        ...
        h.allArenas = h.allArenas[:len(h.allArenas)+1]
        h.allArenas[len(h.allArenas)-1] = ri
        atomic.StorepNoWB(unsafe.Pointer(&l2[ri.l2()]), unsafe.Pointer(r))
    }
    return
}
```

runtime.mheap.sysAlloc 方法最后会初始化一个新的 runtime.heapArena，来管理刚刚申请的内存空间，该结构会被加入页堆的二维矩阵中。

7.1.3　内存分配

堆中所有对象都会通过调用 runtime.newobject 函数分配内存，该函数会调用 runtime.mallocgc 分配指定大小的内存空间，这也是用户程序向堆中申请内存空间的必经函数：

```
func mallocgc(size uintptr, typ *_type, needzero bool) unsafe.Pointer {
    mp := acquirem()
    mp.mallocing = 1

    c := gomcache()
    var x unsafe.Pointer
    noscan := typ == nil || typ.ptrdata == 0
    if size <= maxSmallSize {
        if noscan && size < maxTinySize {
            // 微对象分配
        } else {
            // 小对象分配
        }
    } else {
        // 大对象分配
    }

    publicationBarrier()
    mp.mallocing = 0
    releasem(mp)

    return x
}
```

上述代码使用 runtime.gomcache 获取线程缓存并判断申请内存的类型是否为指针。从这个代码片段可以看出，runtime.mallocgc 会根据对象大小执行不同的分配逻辑，前面的章节介绍过运行时根据对象大小将它们分成微对象、小对象和大对象（如图 7-18 所示），这里会根据大小选择不同的分配逻辑：

图 7-18 3 种对象

- 微对象 (0, 16B) ——先使用微型分配器，再依次尝试线程缓存、中心缓存和堆中分配内存；
- 小对象 [16B, 32KB] ——依次尝试使用线程缓存、中心缓存和堆中分配内存；
- 大对象 (32KB, +∞) ——直接在堆中分配内存。

下面依次介绍运行时分配微对象、小对象和大对象的过程，梳理内存分配的核心执行流程。

1. 微对象

Go 语言运行时将小于 16 字节的对象划分为微对象，它会使用线程缓存上的微分配器提高微对象分配的性能，我们主要使用它来分配较小的字符串以及逃逸的临时变量。微分配器可以将多个较小的内存分配请求合入同一个内存块中，只有当内存块中的所有对象都需要被回收时，整块内存才可能被回收。

微分配器管理的对象不可以是指针类型，管理多个对象的内存块大小 maxTinySize 是可调整的。默认情况下，内存块大小为 16 字节。maxTinySize 的值越大，组合多个对象的可能性就越大，内存浪费也就越严重；maxTinySize 越小，内存浪费就会越少。不过无论如何调整，8 的倍数都是一个很好的选择。

如图 7-19 所示，微分配器已经在 16 字节的内存块中分配了 12 字节的对象，如果下一个待分配的对象小于 4 字节，它会直接使用上述内存块的剩余部分，以减少内存碎片，不过该内存块只有在所有对象都被标记为垃圾时才会回收。

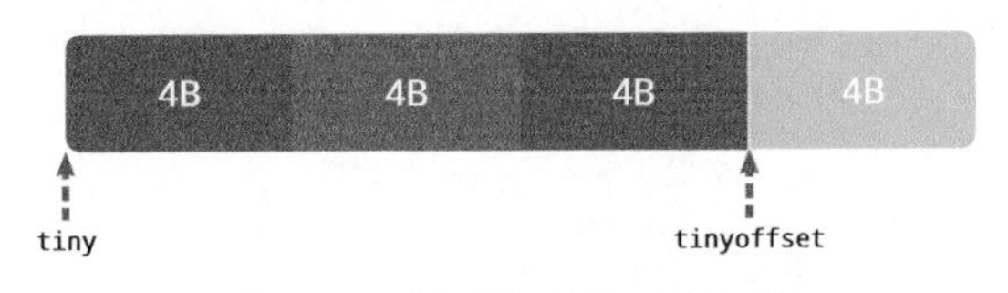

图 7-19 微分配器的工作原理

线程缓存 runtime.mcache 中的 tiny 字段指向了 maxTinySize 大小的块，如果当前块中还包含大小合适的空闲内存，运行时会通过基址和偏移量获取并返回这块内存：

```
func mallocgc(size uintptr, typ *_type, needzero bool) unsafe.Pointer {
    ...
    if size <= maxSmallSize {
        if noscan && size < maxTinySize {
            off := c.tinyoffset
            if off+size <= maxTinySize && c.tiny != 0 {
                x = unsafe.Pointer(c.tiny + off)
                c.tinyoffset = off + size
                c.local_tinyallocs++
                releasem(mp)
                return x
```

```
            }
            ...
        }
        ...
    }
    ...
}
```

当内存块中不包含空闲内存时，下面这段代码会先从线程缓存中找到跨度类对应的内存管理单元 runtime.mspan，调用 runtime.nextFreeFast 获取空闲内存。当不存在空闲内存时，我们会调用 runtime.mcache.nextFree 从中心缓存或者页堆中获取可分配的内存块：

```
func mallocgc(size uintptr, typ *_type, needzero bool) unsafe.Pointer {
    ...
    if size <= maxSmallSize {
        if noscan && size < maxTinySize {
            ...
            span := c.alloc[tinySpanClass]
            v := nextFreeFast(span)
            if v == 0 {
                v, _, _ = c.nextFree(tinySpanClass)
            }
            x = unsafe.Pointer(v)
            (*[2]uint64)(x)[0] = 0
            (*[2]uint64)(x)[1] = 0
            if size < c.tinyoffset || c.tiny == 0 {
                c.tiny = uintptr(x)
                c.tinyoffset = size
            }
            size = maxTinySize
        }
        ...
    }
    ...
    return x
}
```

获取新的空闲内存块之后，上述代码会清空其中的数据、更新构成微对象分配器的字段 tiny 和 tinyoffset 并返回新的空闲内存。

2. 小对象

小对象是指大小为 16 字节到 32 768 字节的对象，以及所有小于 16 字节的指针类型的对象，小对象的分配可以分成以下 3 个步骤：

(1) 确定分配对象的大小以及跨度类 runtime.spanClass；

(2) 从线程缓存、中心缓存或者堆中获取内存管理单元，并从内存管理单元找到空闲的内存空间；

(3) 调用 runtime.memclrNoHeapPointers 清空空闲内存中的所有数据。

确定待分配的对象大小以及跨度类需要使用预先计算好的 size_to_class8、size_to_class128 以及 class_to_size 字典，这些字典能够帮助我们快速获取对应的值并构建 runtime.spanClass：

```
func mallocgc(size uintptr, typ *_type, needzero bool) unsafe.Pointer {
    ...
    if size <= maxSmallSize {
        ...
        } else {
            var sizeclass uint8
            if size <= smallSizeMax-8 {
                sizeclass = size_to_class8[(size+smallSizeDiv-1)/smallSizeDiv]
            } else {
                sizeclass = size_to_class128[(size-smallSizeMax+largeSizeDiv-1)/largeSizeDiv]
            }
            size = uintptr(class_to_size[sizeclass])
            spc := makeSpanClass(sizeclass, noscan)
            span := c.alloc[spc]
            v := nextFreeFast(span)
            if v == 0 {
                v, span, _ = c.nextFree(spc)
            }
            x = unsafe.Pointer(v)
            if needzero && span.needzero != 0 {
                memclrNoHeapPointers(unsafe.Pointer(v), size)
            }
        }
    } else {
        ...
    }
    ...
    return x
}
```

在上述代码片段中，我们重点分析两个方法的实现原理，分别是 runtime.nextFreeFast 和 runtime.mcache.nextFree，这两个方法会帮助我们获取空闲内存空间。runtime.nextFreeFast 会利用内存管理单元中的 allocCache 字段，快速找到该字段为 1 的位数，前面介绍过 1 表示该位对应的内存空间是空闲的：

```
func nextFreeFast(s *mspan) gclinkptr {
    theBit := sys.Ctz64(s.allocCache)
    if theBit < 64 {
        result := s.freeindex + uintptr(theBit)
        if result < s.nelems {
            freeidx := result + 1
            if freeidx%64 == 0 && freeidx != s.nelems {
                return 0
            }
            s.allocCache >>= uint(theBit + 1)
            s.freeindex = freeidx
            s.allocCount++
            return gclinkptr(result*s.elemsize + s.base())
        }
    }
    return 0
}
```

找到空闲对象后，我们就可以更新内存管理单元的 allocCache、freeindex 等字段并返回该内存；如果没有找到空闲内存，运行时会通过 runtime.mcache.nextFree 找到新的内存管理单元：

```
func (c *mcache) nextFree(spc spanClass) (v gclinkptr, s *mspan, shouldhelpgc bool) {
    s = c.alloc[spc]
    freeIndex := s.nextFreeIndex()
    if freeIndex == s.nelems {
        c.refill(spc)
        s = c.alloc[spc]
        freeIndex = s.nextFreeI
    }

    v = gclinkptr(freeIndex*s.e
    s.allocCount++
    return
}
```

在上述方法中，如果我们在 管理单元，会通过前面介绍的 runtime.mcache.refill 使用中 存在可用对象的结构体，该方法会调用新结构体的 runtime.ms 并返回。

3. 大对象

运行时会单独处理大于 32K 者中心缓存中获取内存管理单元，而是直接调用 runtime.mca

```
func mallocgc(size uintptr, ty                                  ter {
    ...
    if size <= maxSmallSize {
        ...
    } else {
        var s *mspan
        span = c.allocLarge(si
        span.freeindex = 1
        span.allocCount = 1
        x = unsafe.Pointer(spa
        size = span.elemsize
    }

    publicationBarrier()
    mp.mallocing = 0
    releasem(mp)

    return x
}
```

runtime.mcache.allocL 它按照 8KB 的倍数在堆中申请内存：

```
func (c *mcache) allocLarge(size uintptr, needzero bool, noscan bool) *mspan {
    npages := size >> _PageShift
```

```
    if size&_PageMask != 0 {
        npages++
    }
    ...
    s := mheap_.alloc(npages, spc, needzero)
    mheap_.central[spc].mcentral.fullSwept(mheap_.sweepgen).push(s)
    s.limit = s.base() + size
    heapBitsForAddr(s.base()).initSpan(s)
    return s
}
```

申请内存时会创建一个跨度类为0的 runtime.spanClass，并调用 runtime.mheap.alloc 分配一个管理对应内存的管理单元。

7.1.4 小结

内存分配是Go语言运行时内存管理的核心逻辑，运行时的内存分配器使用类似TCMalloc的分配策略将对象根据大小分类，并设计多层级的组件提高内存分配器的性能。本节不仅介绍了Go语言内存分配器的设计与实现原理，也介绍了内存分配器的常见设计，帮助读者理解不同编程语言在设计内存分配器时做出的不同选择。

内存分配器虽然非常重要，但是它只解决了如何分配内存的问题。本节中省略了很多与垃圾收集相关的代码，没有分析运行时垃圾收集的实现原理，下一节将详细分析Go语言垃圾收集的设计与实现原理。

7.1.5 延伸阅读

- “The Go Memory Model”
- “A visual guide to Go Memory Allocator from scratch (Golang)”
- “TCMalloc : Thread-Caching Malloc”
- “Getting to Go: The Journey of Go’s Garbage Collecton”
- “Go: Memory Management and Allocation”

7.1.6 历史变更

2020-01-24 更新：

- Go 1.15——实现新的 runtime.mcentral 用于解决锁竞争和内存管理单元的所有权问题，提高内存分配性能[①]；
- Go 1.16——增加了24字节的跨度类，用于存储64位操作系统上的3个指针，跨度类总数从66增加到67[②]。

① 参见 runtime: add new mcentral implementation。

② 参见 runtime: add 24 byte allocation size class。

7.2 垃圾收集器

7.1 节详细介绍了 Go 语言内存分配器的设计与实现原理，分析了运行时内存管理组件之间的关系以及不同类型对象的分配。然而编程语言的内存管理系统除负责堆内存的分配外，还负责回收不再使用的对象和内存空间，这部分工作是由本节将介绍的垃圾收集器完成的。

在几乎所有现代编程语言中，垃圾收集器都是一个复杂的系统，为了在不影响用户程序的情况下回收废弃的内存，需要付出非常多的努力，Java 的垃圾收集机制是一个很好的例子。Java 8 中包含 4 个垃圾收集器：线性收集器、并发收集器、并行标记清除收集器和 G1 收集器①，要理解它们的工作原理和实现细节需要花费很多精力。

本节会详细介绍 Go 语言运行时系统中垃圾收集器的设计与实现原理，我们不仅会讨论常见的垃圾收集机制、从 Go 1.0 版本开始分析其演进过程，还会深入源代码分析垃圾收集器的工作原理。

7.2.1 设计原理

今天的编程语言通常会使用手动和自动两种方式管理内存，C、C++ 以及 Rust 等编程语言使用手动方式管理内存②，工程师需要主动申请或者释放内存；而 Python、Ruby、Java 和 Go 等语言使用自动内存管理系统，一般是垃圾收集机制，不过 Objective-C 选择了自动引用计数③。虽然引用计数也是自动内存管理机制，但是我们在这里不会详细介绍它，本节的重点还是垃圾收集。

相信很多人对垃圾收集器的印象是暂停程序（STW），随着用户程序申请越来越多的内存，系统中的垃圾也逐渐增多。当程序的内存占用达到一定阈值时，整个应用程序就会暂停，垃圾收集器会扫描已经分配的所有对象并回收不再使用的内存空间，当这个过程结束后，用户程序才可以继续执行。Go 语言在早期也使用这种策略实现垃圾收集，但是今天的实现已经复杂了很多。

用户程序会通过内存分配器在堆中申请内存，而垃圾收集器负责回收堆中的内存空间，内存分配器和垃圾收集器共同管理程序中的堆内存空间。本节将详细介绍 Go 语言垃圾收集涉及的关键理论，帮助大家更好地理解后续内容。

1. 标记清除

标记清除（mark-sweep）算法是最常见的垃圾收集算法，标记清除收集器是跟踪式垃圾收集器，其执行过程可以分成**标记**（mark）和**清除**（sweep）两个阶段：

(1) 标记阶段——从根对象出发查找并标记堆中所有存活的对象；

(2) 清除阶段——遍历堆中的全部对象，回收未被标记的垃圾对象并将回收的内存加入空闲链表。

如图 7-20 所示，内存空间中包含多个对象，我们从根对象出发依次遍历对象的子对象并将从根节点可达的对象都标记成存活状态，即 A、C 和 D 三个对象，剩余的 B、E 和 F 三个对象因为从根

① 参见“Garbage Collectors—Serial vs. Parallel vs. CMS vs. G1 (and what’s new in Java 8)”。

② 参见“An Overview of Memory Management in Rust”。

③ 参见“Objective-C Automatic Reference Counting (ARC)”。

节点不可达，所以会被当作垃圾。

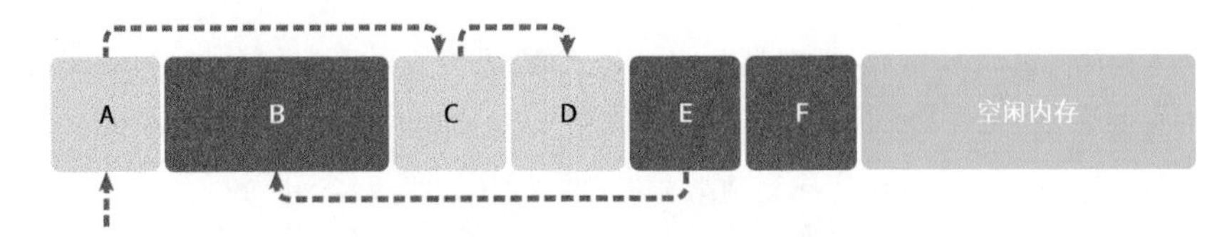

图 7-20　标记清除的标记阶段

标记阶段结束后会进入清除阶段（如图 7-21 所示）。在该阶段收集器会依次遍历堆中的所有对象，释放其中没被标记的 B、E 和 F 三个对象，并将新的空闲内存空间以链表的结构串联起来，方便内存分配器使用。

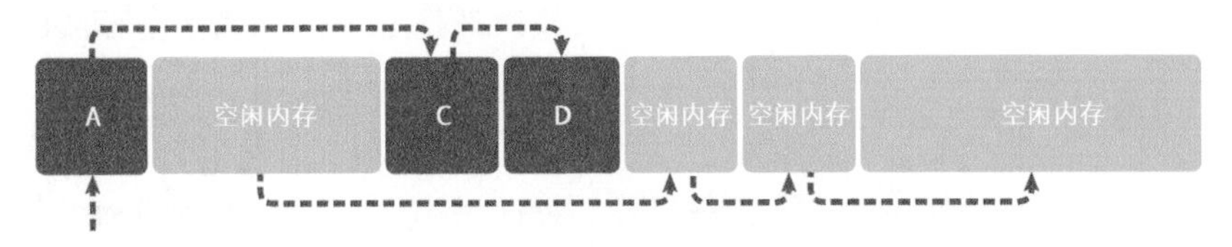

图 7-21　标记清除的清除阶段

这里介绍的是最传统的标记清除算法。垃圾收集器从垃圾收集的根对象出发，递归遍历这些对象指向的子对象并将所有可达的对象标记成存活；标记阶段结束后，垃圾收集器会依次遍历堆中的对象并清除其中的垃圾。整个过程需要标记对象的存活状态，用户程序在垃圾收集过程中也不能执行，我们需要用到更复杂的机制来解决 STW 问题。

2. 三色抽象

为了解决原始标记清除算法带来的长时间 STW，多数现代追踪式垃圾收集器会实现**三色标记**（tri-color marking）算法的变种以缩短 STW 的时间。三色标记算法将程序中的对象分成白色、黑色和灰色 3 类，如图 7-22 所示。

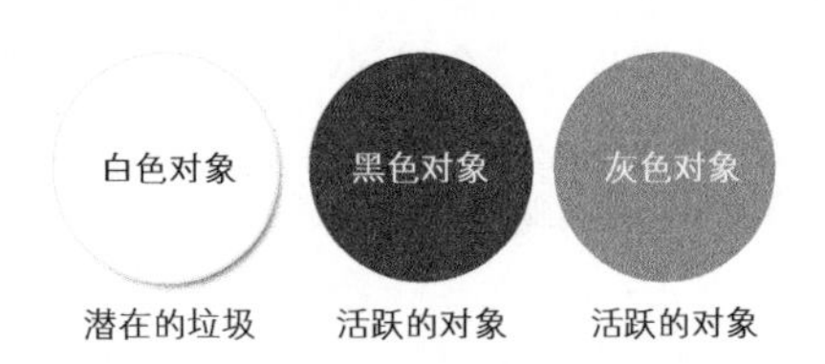

图 7-22　三色对象

(1) 白色对象——潜在的垃圾，其内存可能会被垃圾收集器回收。

(2) 黑色对象——活跃的对象，包括不存在任何引用外部指针的对象以及从根对象可达的对象。

(3) 灰色对象——活跃的对象，因为存在指向白色对象的外部指针，所以垃圾收集器会扫描这些对象的子对象。

在垃圾收集器开始工作时，程序中不存在任何黑色对象，垃圾收集的根对象会被标记成灰色，垃圾收集器只会从灰色对象集合中取出对象开始扫描，当灰色集合中不存在任何对象时，标记阶段就会结束，如图 7-23 所示。

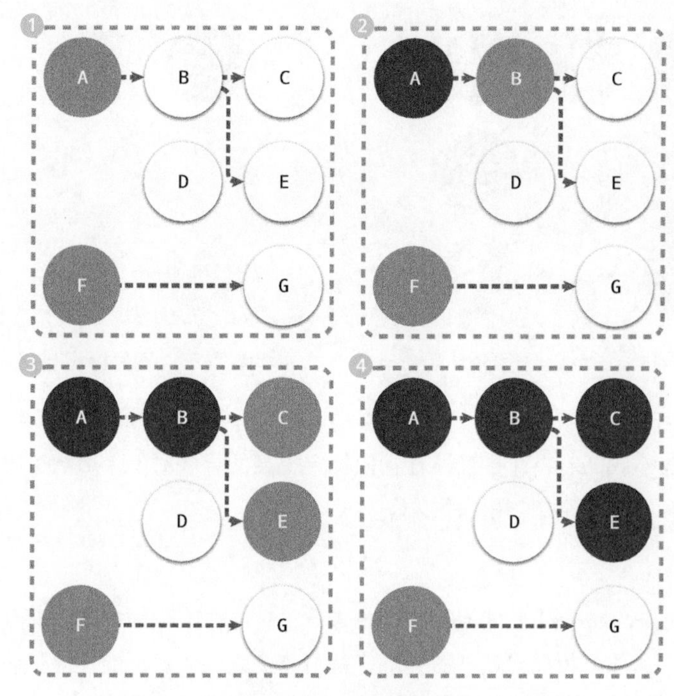

图 7-23 三色标记垃圾收集器的执行过程

三色标记垃圾收集器的工作原理很简单，我们可以将其归纳成以下几个步骤：

(1) 从灰色对象的集合中选择一个灰色对象并将其标记成黑色；

(2) 将黑色对象指向的所有对象都标记成灰色，保证该对象和被该对象引用的对象都不会被回收；

(3) 重复上述两个步骤直到对象图中不存在灰色对象。

当三色标记清除的标记阶段结束之后，应用程序的堆中就不存在任何灰色对象了，我们只能看到黑色的存活对象以及白色的垃圾对象，垃圾收集器可以回收这些白色的垃圾。图 7-24 展示是使用三色标记垃圾收集器执行标记后的堆内存，堆中只有对象 D 为待回收的垃圾。

因为用户程序可能在标记执行过程中修改对象的指针，所以三色标记清除算法本身是不可以并发或者增量执行的，它仍然需要 STW。在如图 7-25 所示的三色标记过程中，用户程序建立了从 A 对象到 D 对象的引用，但是因为程序中已经不存在灰色对象了，所以 D 对象会被垃圾收集器错误地回收。

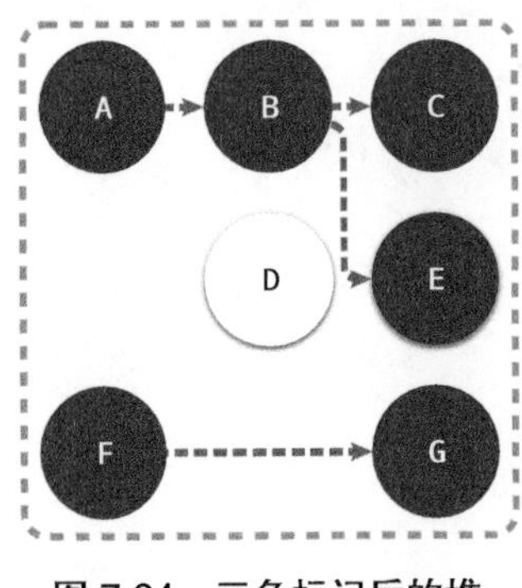

图 7-24 三色标记后的堆

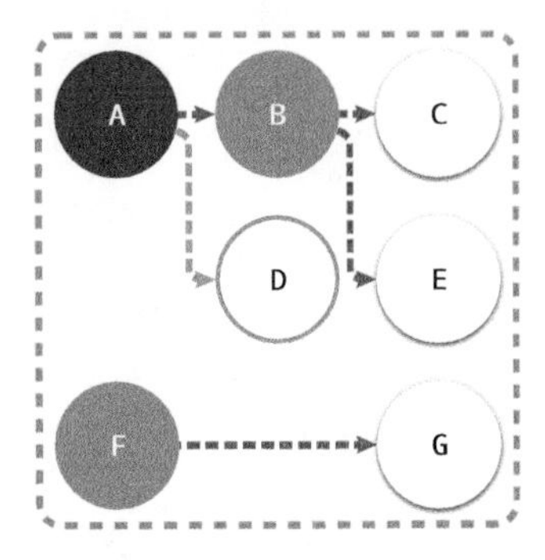

图 7-25 三色标记与用户程序

本来不应该被回收的对象却被回收了，这在内存管理中是非常严重的错误，我们将这种错误称为**悬挂指针**（dangling pointer），即指针没有指向特定类型的合法对象，影响了内存的安全性，要并发或者增量地标记对象还是需要使用屏障技术。

3. 屏障技术

内存屏障（memory barrier）技术是一种屏障指令，它可以让 CPU 或者编译器在执行内存相关操作时遵循特定约束。目前多数现代处理器会乱序执行指令以最大化性能，但是该技术能够保证内存操作的顺序性，在内存屏障前执行的操作一定会先于内存屏障后执行的操作。

想在并发或者增量的标记算法中保证正确性，我们需要达成以下两种**三色不变性**（tri-color invariant）中的一种，如图 7-26 所示。

(1) 强三色不变性——黑色对象不会指向白色对象，只会指向灰色对象或者黑色对象。

(2) 弱三色不变性——黑色对象指向的白色对象必须包含一条从灰色对象经由多个白色对象的可达路径①。

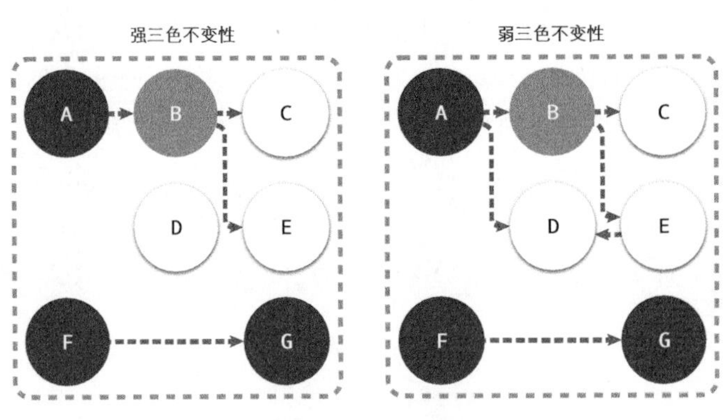

图 7-26 三色不变性

图 7-26 展示了遵循强三色不变性和弱三色不变性的堆内存，遵循上述两个不变性中的任意一个，我们都能保证垃圾收集算法的正确性，而屏障技术就是在并发或者增量标记过程中保证三色不

① 参见 Barrier techniques for incremental tracing（P. P. Pirinen, 1998）。

变性的重要技术。

垃圾收集中的屏障技术更像是一个钩子方法，它是在用户程序读取对象、创建新对象以及更新对象指针时执行的一段代码，根据操作类型的不同，可以分成**读屏障**（read barrier）和**写屏障**（write barrier）两种。因为读屏障需要在读操作中加入代码片段，对用户程序的性能影响很大，所以编程语言往往会采用写屏障保证三色不变性。

下面介绍 Go 语言中使用的两种写屏障技术，分别是 Dijkstra 提出的插入写屏障[①] 和 Yuasa 提出的删除写屏障[②]，我们会分析它们如何保证三色不变性和垃圾收集器的正确性。

❐ 插入写屏障

Dijkstra 在 1978 年提出了插入写屏障。通过如下所示的写屏障，用户程序和垃圾收集器可以在交替工作的情况下保证程序执行的正确性：

```
writePointer(slot, ptr):
    shade(ptr)
    *slot = ptr
```

上述插入写屏障的伪代码非常好理解，每当执行类似 `*slot = ptr` 的表达式时，我们会执行上述写屏障通过 `shade` 函数尝试改变指针的颜色。如果 `ptr` 指针是白色的，那么该函数会将该对象设置成灰色，其他情况则保持不变。

假设我们在应用程序中使用 Dijkstra 提出的插入写屏障，在一个垃圾收集器和用户程序交替运行的场景下会出现如图 7-27 所示的标记过程：

(1) 垃圾收集器将根对象指向的 A 对象标记成黑色并将 A 对象指向的 B 对象标记成灰色；

(2) 用户程序修改 A 对象的指针，将原本指向 B 对象的指针指向 C 对象，这时触发写屏障将 C 对象标记成灰色；

(3) 垃圾收集器依次遍历程序中的其他灰色对象，将它们分别标记成黑色。

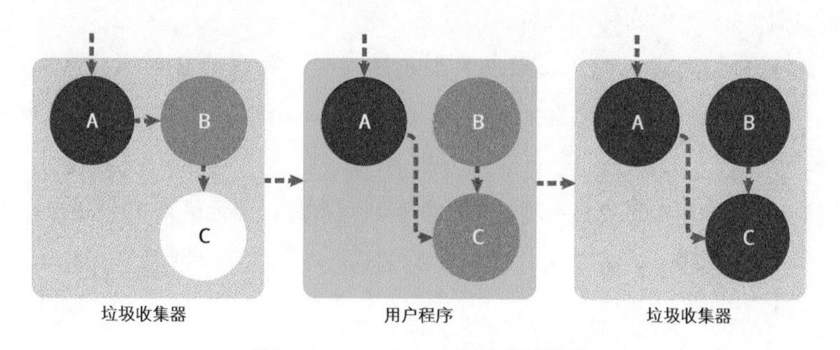

图 7-27 Dijkstra 插入写屏障

Dijkstra 的插入写屏障是一种相对保守的屏障技术，它会将**有存活可能的对象都标记成灰色**以满

---

① 参见 On-the-fly garbage collection: An exercise in cooperation（E. W. Dijkstra, L. Lamport, A. J. Martin, et al, 1978）。

② 参见 Real-time garbage collection on general-purpose machines（T. Yuasa, 1990）。

足强三色不变性。在如上所示的垃圾收集过程中，实际上不再存活的 B 对象最后没有被回收；而如果我们在第 2 步和第 3 步之间将指向 C 对象的指针改回指向 B 对象，垃圾收集器仍然认为 C 对象是存活的，这些被错误标记的垃圾对象只有在下一个循环才会被回收。

Dijkstra 的插入写屏障虽然实现非常简单并且能保证强三色不变性，但是它也有明显的缺点。因为栈上的对象在垃圾收集过程中也会被认作根对象，所以为了保证内存安全，Dijkstra 必须为栈上的对象增加写屏障或者在标记阶段重新扫描栈上的对象。这两种方法各有缺点，前者会大幅度增加写入指针的额外开销，后者重新扫描栈对象时需要暂停程序，垃圾收集算法的设计者需要在两者之间做出权衡。

删除写屏障

1990 年 Yuasa 在其论文“Real-time Garbage Collection on General-purpose Machines”中提出了删除写屏障，因为一旦该写屏障开始工作，它会保证开启写屏障时堆中所有对象可达，所以也被称作**快照垃圾收集**（snapshot GC）[①]：

> This guarantees that no objects will become unreachable to the garbage collector traversal all objects which are live at the beginning of garbage collection will be reached even if the pointers to them are overwritten.

该算法会使用如下所示的写屏障保证增量或者并发执行垃圾收集时程序的正确性：

```
writePointer(slot, ptr)
    shade(*slot)
    *slot = ptr
```

上述代码会在老对象的引用被删除时，将白色的老对象涂成灰色，这样删除写屏障就可以保证弱三色不变性，老对象引用的下游对象一定可以被灰色对象引用。

假设我们在应用程序中使用 Yuasa 提出的删除写屏障，在一个垃圾收集器和用户程序交替运行的场景下会出现如图 7-28 所示的标记过程：

(1) 垃圾收集器将根对象指向的 A 对象标记成黑色并将 A 对象指向的 B 对象标记成灰色；

(2) 用户程序将 A 对象原本指向 B 对象的指针指向 C，触发删除写屏障，但是因为 B 对象已经是灰色的，所以不做改变；

(3) **用户程序将 B 对象原本指向 C 的指针删除，触发删除写屏障，白色的 C 对象被涂成灰色；**

(4) 垃圾收集器依次遍历程序中的其他灰色对象，将它们分别标记成黑色。

① 参见 Uniprocessor Garbage Collection Techniques（Paul R Wilson）。

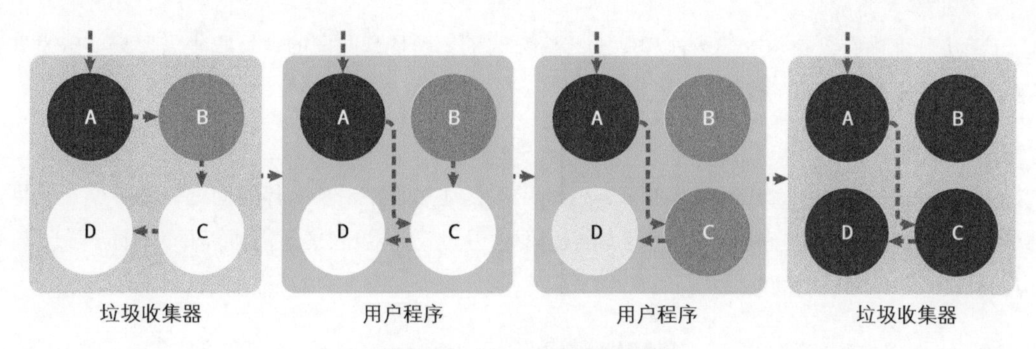

图 7-28　Yuasa 删除写屏障

上述过程的第三步触发了 Yuasa 删除写屏障的着色，因为用户程序删除了 B 对象指向 C 对象的指针，所以 C 和 D 两个对象会分别违反强三色不变性和弱三色不变性：

(1) 强三色不变性——黑色的 A 对象直接指向白色的 C 对象；

(2) 弱三色不变性——垃圾收集器无法从某个灰色对象出发，经过几个连续的白色对象访问白色的 C 和 D 两个对象。

通过对 C 对象的着色，Yuasa 删除写屏障保证了 C 对象和下游的 D 对象能够在这次垃圾收集的循环中存活，避免发生悬挂指针以保证用户程序的正确性。

4. 增量和并发

传统的垃圾收集算法会在垃圾收集的执行期间暂停应用程序（如图 7-29 所示），一旦触发垃圾收集，垃圾收集器会抢占 CPU 的使用权，占据大量计算资源以完成标记和清除工作，然而很多追求实时的应用程序无法接受长时间的 STW。

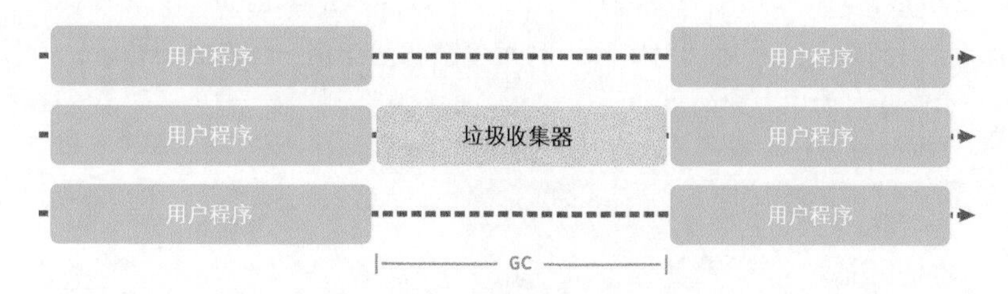

图 7-29　垃圾收集与暂停程序

早期的计算资源远没有今天这么丰富，今天的计算机往往采用多核处理器，垃圾收集器一旦开始执行，就会浪费大量计算资源，为了缩短应用程序暂停的最长时间和垃圾收集的总暂停时间，我们会使用下面的策略优化现代的垃圾收集器：

- 增量垃圾收集——增量地标记和清除垃圾，降低应用程序暂停的最长时间；
- 并发垃圾收集——利用多核的计算资源，在用户程序执行时并发标记和清除垃圾。

因为增量和并发两种方式都可以与用户程序交替运行，所以我们需要**使用屏障技术**保证垃圾收集的正确性；与此同时，应用程序也不能等到内存溢出时触发垃圾收集，因为当内存不足时，应用程序已经无法分配内存，这与直接暂停程序没有什么区别，增量和并发的垃圾收集需要提前触发并在内存不足前完成整个循环，避免程序长时间暂停。

❐ 增量收集器

增量（incremental）垃圾收集（如图 7-30 所示）是缩短程序最长暂停时间的一种方案，它可以将原本较长的暂停时间切分成多个更小的 GC 时间片，虽然从垃圾收集开始到结束的时间更长了，但是应用程序暂停的最长时间缩短了。

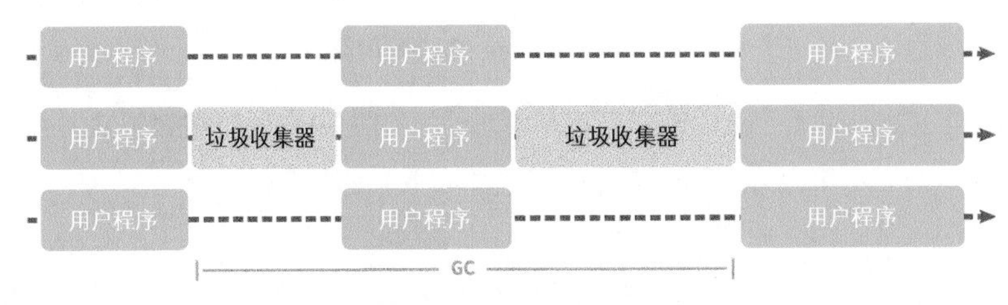

图 7-30 增量垃圾收集器

需要注意的是，增量垃圾收集需要与三色标记法一起使用。为了保证垃圾收集的正确性，我们需要在垃圾收集开始前打开写屏障，这样用户程序修改内存都会先经过写屏障的处理，保证了堆内存中对象关系的强三色不变性或者弱三色不变性。虽然增量垃圾收集能够减少程序的最长暂停时间，但是增量收集也会增加一次 GC 循环的总时间。在垃圾收集期间，因为写屏障的影响，用户程序也需要承担额外的计算开销，所以增量垃圾收集也不是只带来好处的，但是总体来说还是利大于弊。

❐ 并发收集器

并发（concurrent）垃圾收集（如图 7-31 所示）不仅能够缩短程序的最长暂停时间，还能缩短整个垃圾收集阶段的时间。通过开启读写屏障、**利用多核优势与用户程序并行执行**，并发垃圾收集器确实能够减少垃圾收集对应用程序的影响。

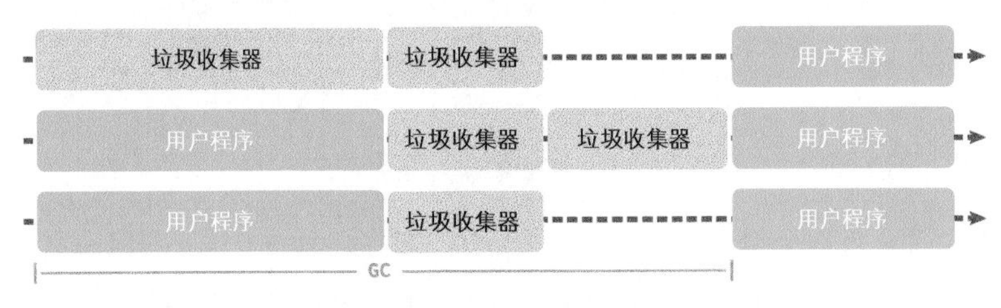

图 7-31 并发垃圾收集器

虽然并发收集器能够与用户程序一起运行，但并不是所有阶段皆如此，部分阶段还是需要暂停用户程序的，不过与传统的算法相比，并发的垃圾收集可以将能够并发执行的工作尽量并发执行。当然，因为读写屏障的引入，并发的垃圾收集器也一定会带来额外开销，不仅会增加垃圾收集的总时间，还会影响用户程序，这是设计垃圾收集策略时必须注意的。

7.2.2 演进过程

Go 语言的垃圾收集器从诞生之日起就一直在演进，除少数几个版本没有大的更新外，几乎每次发布的小版本都会提升垃圾收集的性能，而与性能一同提升的还有垃圾收集器代码的复杂度。下面从 Go 1.0 版本开始介绍垃圾收集器的演进过程。

(1) Go 1.0——完全串行的标记和清除过程，需要暂停整个程序。

(2) Go 1.1——在多核主机上并行执行垃圾收集的标记和清除阶段①。

(3) Go 1.3——基于**只有指针类型的值包含指针**的假设，运行时增加了对栈内存的精确扫描支持，实现了真正精确的垃圾收集②：

将 unsafe.Pointer 类型转换成整数类型的值认定为不合法，可能会造成悬挂指针等严重问题。

(4) Go 1.5——实现了基于**三色标记清除**的并发垃圾收集器③：

- 大幅度降低垃圾收集的延迟，从几百毫秒降至 10 毫秒以下；
- 计算垃圾收集启动的合适时间并通过并发加速垃圾收集过程。

(5) Go 1.6——实现了**去中心化**的垃圾收集协调器：

- 基于显式状态机使得任意 Goroutine 都能触发垃圾收集的状态迁移；
- 使用密集的位图替代空闲链表表示的堆内存，降低清除阶段的 CPU 占用④。

(6) Go 1.7——通过**并行栈收缩**将垃圾收集时间缩短至 2ms 以内⑤。

(7) GO 1.8——使用**混合写屏障**将垃圾收集时间缩短至 0.5ms 以内⑥。

(8) Go 1.9——彻底移除暂停程序重新扫描栈的过程⑦。

(9) Go 1.10——更新了垃圾收集**调频器**（pacer）的实现，分离软硬堆大小的目标⑧。

(10) Go 1.12——使用**新的标记终止算法**简化垃圾收集的几个阶段⑨。

(11) GO 1.13——通过新的 Scavenger 解决瞬时内存占用过高的应用程序将内存归还给操作系统的问题⑩。

(12) GO 1.14——使用全新的页分配器**优化内存分配速度**⑪。

从 Go 语言垃圾收集器的演进过程能够看到，该组件的实现和算法变得越来越复杂，最开始的垃圾收集器还是不精确的单线程 STW 收集器，而最新版本的垃圾收集器支持并发垃圾收集、去中心化

---

① 参见 Performance（Go 1.1 Release Notes）。
② 参见 Changes to the garbage collector（Go 1.3 Release Notes）。
③ 参见“Go 1.5 concurrent garbage collector pacing”。
④ 参见 Proposal: Dense mark bits and sweep-free allocation（Austin Clements, 2015）。
⑤ 参见 runtime: shrinkstack during mark termination significantly increases GC STW time。
⑥ 参见“Proposal: Eliminate STW stack re-scanning”。
⑦ 参见“Proposal: Eliminate STW stack re-scanning”。
⑧ 参见“Proposal: Separate soft and hard heap size goal”。
⑨ 参见“Proposal: Simplify mark termination and eliminate mark 2”。
⑩ 参见“Proposal: Smarter Scavenging”。
⑪ 参见“Proposal: Scaling the Go page allocator”。

协调等特性。接下来，我们就来学习最新版垃圾收集器相关的组件和特性。

1. 并发垃圾收集

Go 1.5 引入了并发垃圾收集器，该垃圾收集器使用了前面提到的三色抽象和写屏障技术来保证垃圾收集执行的正确性。这里就不展开介绍如何实现并发垃圾收集器了，我们来了解一下并发垃圾收集器的工作流程。

首先，并发垃圾收集器（如图 7-32 所示）必须在合适的时间点触发垃圾收集循环。假设我们的 Go 语言程序在一台四核的物理机上运行，那么在垃圾收集开始后，垃圾收集器会占用 25% 的计算资源在后台扫描并标记内存中的对象。

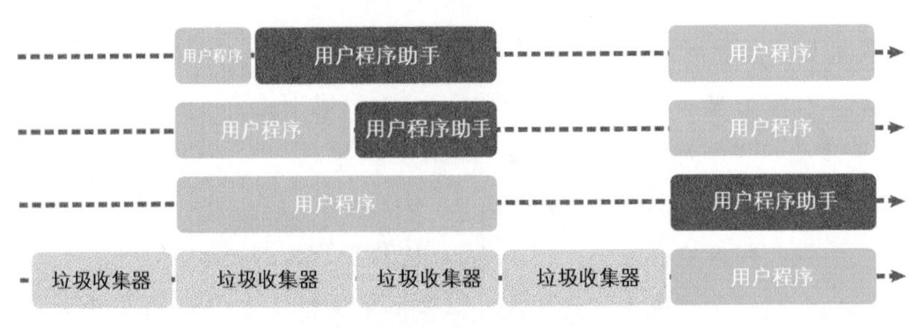

图 7-32 Go 语言的并发垃圾收集器

Go 语言的并发垃圾收集器会在扫描对象之前暂停程序做一些标记对象的准备工作，其中包括启动后台标记的垃圾收集器以及开启写屏障。如果在后台执行的垃圾收集器不够快，应用程序申请内存的速度超过预期，运行时会让申请内存的应用程序辅助完成垃圾收集的扫描阶段，标记和标记终止阶段结束之后就会进入异步清理阶段，将不用的内存增量回收。

Go 1.5 实现了并发垃圾收集策略，由专门的 Goroutine 负责在处理器之间同步和协调垃圾收集的状态。当其他 Goroutine 发现需要触发垃圾收集时，它们需要将该信息通知给负责修改状态的主 Goroutine，然而这个通知过程会带来一定的延迟，这个延迟的时间窗口很可能是不可控的，用户程序会在这段时间继续分配内存。

Go 1.6 引入了去中心化的垃圾收集协调机制[①]，将垃圾收集器变成一个显式状态机，任意 Goroutine 都可以调用方法触发状态迁移，常见的状态迁移方法包括：

- `runtime.gcStart`——从 `_GCoff` 转换至 `_GCmark` 阶段，进入并发标记阶段并打开写屏障；
- `runtime.gcMarkDone`——如果所有可达对象都已经完成扫描，调用 `runtime.gcMarkTermination`；
- `runtime.gcMarkTermination`——从 `_GCmark` 转换至 `_GCmarktermination` 阶段，进入标记终止阶段并在完成后进入 `_GCoff`。

上述 3 个方法是在与 runtime: replace GC coordinator with state machine 问题相关的提交中引入的，它们移除了过去中心化的状态迁移过程。

① 参见 Proposal: Decentralized GC coordination（Austin Clements, 2015）。

2. 回收堆目标

STW 的垃圾收集器虽然需要暂停程序，但是它能够有效控制堆内存的大小。Go 语言运行时的默认配置会在堆内存达到上一次垃圾收集的 2 倍时触发新一轮垃圾收集，这个行为可以通过环境变量 GOGC 调整，默认值为 100，即增长 100% 的堆内存才会触发 GC，如图 7-33 所示。

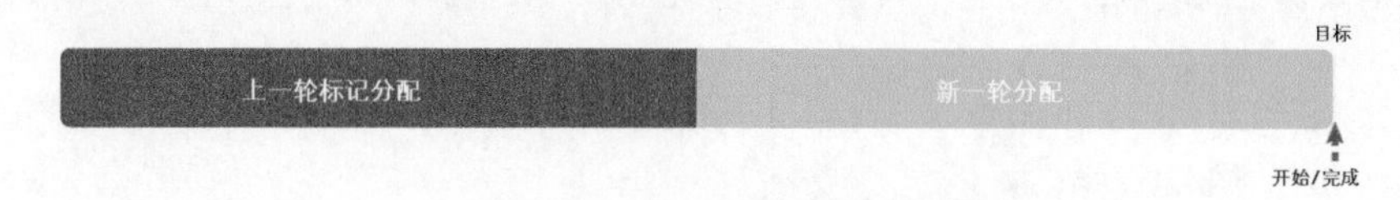

图 7-33 STW 垃圾收集器的垃圾收集时间

因为并发垃圾收集器会与程序一起运行，所以它无法准确控制堆内存的大小，并发收集器需要在达到目标前触发垃圾收集，这样才能够保证内存大小可控，并发收集器需要尽可能保证垃圾收集结束时堆内存与用户配置的 GOGC 一致。

引入并发垃圾收集器的同时，Go 1.5 使用垃圾收集**调步**（pacing）算法计算触发垃圾收集的最佳时间，确保触发的时间既不会浪费计算资源，也不会超出预期的堆大小。如图 7-34 所示，其中黑色的部分是上一次垃圾收集后标记的堆大小，绿色部分是上次垃圾收集结束后新分配的内存。因为我们使用并发垃圾收集，所以黄色部分就是在垃圾收集期间分配的内存，最后的红色部分是垃圾收集结束时与目标的差值。我们希望尽可能减少红色部分内存，降低垃圾收集带来的额外开销，缩短程序的暂停时间。

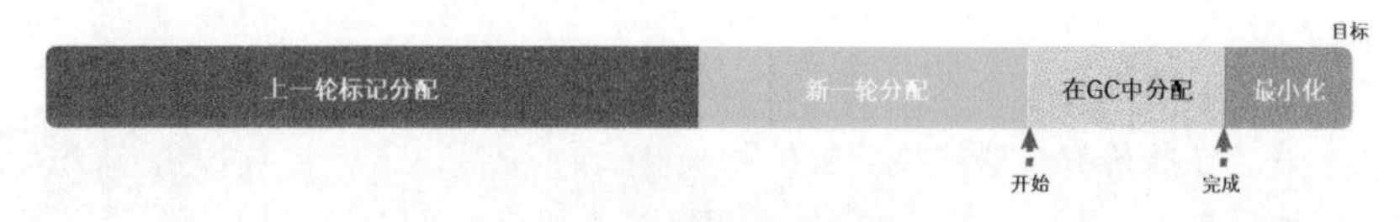

图 7-34 并发收集器的堆内存

垃圾收集调步算法是 Go 1.5 引入的，该算法的目标是优化堆的增长速度和垃圾收集器的 CPU 利用率[①]；Go 1.10 对该算法进行了优化，将原有的堆大小目标拆分成了软硬两个目标[②]。因为调整垃圾收集的执行频率涉及较为复杂的公式，对理解垃圾收集原理帮助较为有限，所以本节就不展开介绍了，感兴趣的读者可以自行阅读。

3. 混合写屏障

在 Go 1.7 之前，运行时会使用 Dijkstra 插入写屏障保证强三色不变性，但是运行时并没有在所有垃圾收集根对象上开启插入写屏障。因为应用程序可能包含成百上千个 Goroutine，而垃圾收集的根对象一般包括全局变量和栈对象。如果运行时需要在几百个 Goroutine 的栈上都开启写屏障，会带

① 参见“Go 1.5 concurrent garbage collector pacing”。

② 参见“Proposal: Separate soft and hard heap size goal”。

来巨大的额外开销，所以 Go 语言团队在实现上选择了在标记阶段完成时**暂停程序、将所有栈对象标记为灰色并重新扫描**。在活跃 Goroutine 非常多的程序中，重新扫描的过程需要占用 10ms～100ms 的时间。

Go 1.8 将 Dijkstra 插入写屏障和 Yuasa 删除写屏障组合成了如下所示的混合写屏障，该写屏障会**将被覆盖的对象标记成灰色，并在当前栈没有扫描时将新对象也标记成灰色**：

```
writePointer(slot, ptr):
    shade(*slot)
    if current stack is grey:
        shade(ptr)
    *slot = ptr
```

为了移除栈的重新扫描过程，除引入混合写屏障外，在垃圾收集的标记阶段，我们还需要**将创建的所有新对象都标记成黑色**，防止新分配的栈内存和堆内存中的对象被错误回收。因为栈内存在标记阶段最终都会变为黑色，所以不再需要重新扫描栈空间。

7.2.3 实现原理

在介绍垃圾收集器的演进过程之前，需要初步了解最新垃圾收集器的执行周期，这对我们了解其全局设计会有比较大的帮助。Go 语言的垃圾收集可以分成清除、清除终止、标记、标记终止和清除 5 个阶段（如图 7-35 所示），其中清除为循环阶段，各阶段具体工作如下[①]。

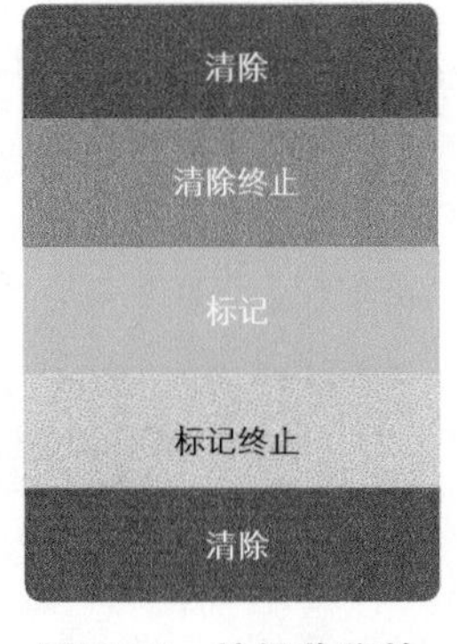

图 7-35 垃圾收集的多个阶段

(1) 清除阶段：

1) 将状态切换至 _GCoff 开始清除阶段，初始化清除状态并关闭写屏障；

2) 恢复用户程序，会将所有新创建的对象标记成白色；

3) 后台并发清除所有内存管理单元，当 Goroutine 申请新的内存管理单元时就会触发清除。

(2) 清除终止阶段：

1) **暂停程序**，这时所有处理器会进入**安全点**；

2) 如果当前垃圾收集循环是强制触发的，我们还需要处理尚未被清除的内存管理单元。

(3) 标记阶段：

1) 将状态切换至 _GCmark、开启写屏障、**用户程序助手**（mutator assist）并将根对象入队；

2) 恢复执行程序，标记进程和用于协助的用户程序会开始并发标记内存中的对象，写屏障会将被覆盖的指针和新指针都标记成灰色，而将所有新创建的对象都直接标记成黑色；

3) 开始扫描根对象，包括所有 Goroutine 的栈、全局对象以及不在堆中的运行时数据结构，扫描 Goroutine 栈期间会暂停当前处理器；

4) 依次处理灰色队列中的对象，将对象标记成黑色并将它们指向的对象标记成灰色；

① 参见 src/runtime/mgc.go。

5) 使用分布式的终止算法检查剩余工作，发现标记阶段完成后进入标记终止阶段。

(4) 标记终止阶段：

1) **暂停程序**、将状态切换至 _GCmarktermination 并关闭辅助标记的用户程序；

2) 清除处理器上的线程缓存。

(5) 清除阶段，同 (1)。

运行时虽然只会使用 _GCoff、_GCmark 和 _GCmarktermination 这 3 个状态表示垃圾收集的全部阶段，但是在实现上复杂很多，下面按照垃圾收集的不同阶段详细分析其实现原理。

1. 全局变量

在垃圾收集中有一些比较重要的全局变量，在分析其过程之前，我们先逐一介绍这些重要的变量，这些变量在垃圾收集的各个阶段会反复出现，所以理解它们的功能非常重要。首先介绍一些比较简单的变量：

(1) runtime.gcphase 是垃圾收集器当前所处阶段，可能处于 _GCoff、_GCmark 和 _GCmarktermination，Goroutine 在读取或者修改该阶段时需要保证原子性；

(2) runtime.gcBlackenEnabled 是一个布尔值，当垃圾收集处于标记阶段时，该变量会被置为 1，在这里辅助垃圾收集的用户程序和后台标记的任务可以将对象涂黑；

(3) runtime.gcController 实现了垃圾收集的调步算法，它能够决定触发并行垃圾收集的时间和待处理的工作；

(4) runtime.gcpercent 是触发垃圾收集的内存增长百分比，默认情况下为 100，即堆内存相比上次垃圾收集增长 100% 时应该触发 GC，并行垃圾收集器会在达到该目标前完成垃圾收集；

(5) runtime.writeBarrier 是一个包含写屏障状态的结构体，其中的 enabled 字段表示写屏障的开启与关闭；

(6) runtime.worldsema 是全局的信号量，获取该信号量的线程有权暂停当前应用程序。

除上述全局变量外，这里还需要简单了解 runtime.work 变量：

```
var work struct {
    full  lfstack
    empty lfstack
    pad0  cpu.CacheLinePad

    wbufSpans struct {
        lock mutex
        free mSpanList
        busy mSpanList
    }
    ...
    nproc  uint32
    tstart int64
    nwait  uint32
    ndone  uint32
```

```
    ...
    mode gcMode
    cycles uint32
    ...
    stwprocs, maxprocs int32
    ...
}
```

该结构体中包含大量垃圾收集相关字段，例如表示完成的垃圾收集循环次数、当前循环时间和CPU利用率、垃圾收集模式等，稍后我们会见到该结构体中的更多字段。

2. 触发时机

运行时会通过如下所示的 runtime.gcTrigger.test 方法决定是否需要触发垃圾收集：

```
func (t gcTrigger) test() bool {
    if !memstats.enablegc || panicking != 0 || gcphase != _GCoff {
        return false
    }
    switch t.kind {
    case gcTriggerHeap:
        return memstats.heap_live >= memstats.gc_trigger
    case gcTriggerTime:
        if gcpercent < 0 {
            return false
        }
        lastgc := int64(atomic.Load64(&memstats.last_gc_nanotime))
        return lastgc != 0 && t.now-lastgc > forcegcperiod
    case gcTriggerCycle:
        return int32(t.n-work.cycles) > 0
    }
    return true
}
```

当满足触发垃圾收集的基本条件时——允许垃圾收集、程序没有崩溃并且没有处于垃圾收集循环，该方法会根据3种方式触发不同的检查：

- gcTriggerHeap——堆内存的分配达到控制器计算的触发堆大小；
- gcTriggerTime——如果一定时间内没有触发，就会触发新的循环，该触发条件由 runtime.forcegcperiod 变量控制，默认为2分钟；
- gcTriggerCycle——如果当前没有开启垃圾收集，则触发新的循环。

用于开启垃圾收集的方法 runtime.gcStart 会接收一个 runtime.gcTrigger 类型的谓词（如图7-36所示），所有出现 runtime.gcTrigger 结构体的位置都是触发垃圾收集的代码：

- runtime.sysmon 和 runtime.forcegchelper——后台运行定时检查和垃圾收集；
- runtime.GC——用户程序手动触发垃圾收集；
- runtime.mallocgc——申请内存时根据堆大小触发垃圾收集。

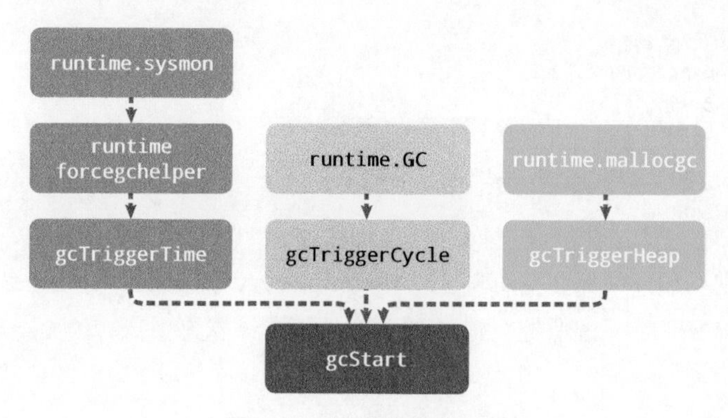

图 7-36 垃圾收集的触发

除使用后台运行的系统监控器和强制垃圾收集助手触发垃圾收集外，另外两个方法会从任意处理器上触发垃圾收集，这种不需要中心组件协调的方式是 Go 1.6 引入的。接下来详细介绍这 3 种触发时机。

❒ 后台触发

运行时会在应用程序启动时在后台开启一个用于强制触发垃圾收集的 Goroutine，该 Goroutine 的职责非常简单——调用 `runtime.gcStart` 尝试启动新一轮垃圾收集：

```
func init() {
    go forcegchelper()
}

func forcegchelper() {
    forcegc.g = getg()
    for {
        lock(&forcegc.lock)
        atomic.Store(&forcegc.idle, 1)
        goparkunlock(&forcegc.lock, waitReasonForceGGIdle, traceEvGoBlock, 1)
        gcStart(gcTrigger{kind: gcTriggerTime, now: nanotime()})
    }
}
```

为了减少对计算资源的占用，该 Goroutine 会在循环中调用 `runtime.goparkunlock` 主动陷入休眠等待其他 Goroutine 唤醒。`runtime.forcegchelper` 大多数时间是陷入休眠的，但在满足垃圾收集条件时会被系统监控器 `runtime.sysmon` 唤醒：

```
func sysmon() {
    ...
    for {
        ...
        if t := (gcTrigger{kind: gcTriggerTime, now: now}); t.test() && atomic.Load(&forcegc.
idle) != 0 {
            lock(&forcegc.lock)
            forcegc.idle = 0
```

```
            var list gList
            list.push(forcegc.g)
            injectglist(&list)
            unlock(&forcegc.lock)
        }
    }
}
```

系统监控器在每个循环中都会主动构建一个 runtime.gcTrigger，并检查垃圾收集的触发条件是否满足，如果满足条件，系统监控会将 runtime.forcegc 状态中持有的 Goroutine 加入全局队列等待调度器的调度。

❐ 手动触发

用户程序会通过 runtime.GC 函数在程序运行期间主动通知运行时执行，该方法在调用时会阻塞调用方直到当前垃圾收集循环完成，在垃圾收集期间也可能会通过 STW 暂停整个程序：

```
func GC() {
    n := atomic.Load(&work.cycles)
    gcWaitOnMark(n)
    gcStart(gcTrigger{kind: gcTriggerCycle, n: n + 1})
    gcWaitOnMark(n + 1)

    for atomic.Load(&work.cycles) == n+1 && sweepone() != ^uintptr(0) {
        sweep.nbgsweep++
        Gosched()
    }

    for atomic.Load(&work.cycles) == n+1 && atomic.Load(&mheap_.sweepers) != 0 {
        Gosched()
    }

    mp := acquirem()
    cycle := atomic.Load(&work.cycles)
    if cycle == n+1 || (gcphase == _GCmark && cycle == n+2) {
        mProf_PostSweep()
    }
    releasem(mp)
}
```

代码的核心逻辑如下：

(1) 在正式开始垃圾收集前，运行时需要通过 runtime.gcWaitOnMark 等待上一个循环的清除终止、标记和标记终止阶段完成；

(2) 调用 runtime.gcStart 触发新一轮垃圾收集，并通过 runtime.gcWaitOnMark 等待此轮垃圾收集的标记终止阶段正常结束；

(3) 持续调用 runtime.sweepone 清除全部待处理的内存管理单元，并等待所有清除工作完成，等待期间会调用 runtime.Gosched 让出处理器；

(4) 完成本轮垃圾收集的清除工作后，通过 runtime.mProf_PostSweep 将该阶段的堆内存状态快照发布出来，我们可以获取这时的内存状态。

手动触发垃圾收集过程不是特别常见，一般只在运行时的测试代码中出现，不过如果我们认为有必要触发主动垃圾收集，也可以直接调用该方法，但是笔者并不推荐这种做法。

❒ 申请内存

最后一个可能会触发垃圾收集的是 runtime.mallocgc：

```
func mallocgc(size uintptr, typ *_type, needzero bool) unsafe.Pointer {
    shouldhelpgc := false
    ...
    if size <= maxSmallSize {
        if noscan && size < maxTinySize {
            ...
            v := nextFreeFast(span)
            if v == 0 {
                v, _, shouldhelpgc = c.nextFree(tinySpanClass)
            }
            ...
        } else {
            ...
            v := nextFreeFast(span)
            if v == 0 {
                v, span, shouldhelpgc = c.nextFree(spc)
            }
          ...
        }
    } else {
        shouldhelpgc = true
        ...
    }
    ...
    if shouldhelpgc {
        if t := (gcTrigger{kind: gcTriggerHeap}); t.test() {
            gcStart(t)
        }
    }

    return x
}
```

7.1 节介绍过运行时会将堆中的对象按大小分成微对象、小对象和大对象 3 类，这 3 类对象的创建都可能会触发新的垃圾收集循环：

(1) 当前线程的内存管理单元中不存在空闲空间时，创建微对象和小对象需要调用 runtime.mcache.nextFree 从中心缓存或者页堆中获取新的管理单元，这时就可能触发垃圾收集；

(2) 当用户程序申请分配 32KB 以上的大对象时，一定会构建 runtime.gcTrigger 结构体尝试触发垃圾收集。

通过堆内存触发垃圾收集需要比较 runtime.mstats 中的两个字段——表示垃圾收集中存活对象字节数的 heap_live 和表示触发标记的堆内存大小的 gc_trigger。当内存中存活的对象字节数大于触发垃圾收集的堆大小时，新一轮垃圾收集就会开始。下面分别介绍这两个值的计算过程：

- heap_live——为了减少锁竞争，运行时只会在中心缓存分配或者释放内存管理单元以及在堆中分配大对象时才更新；
- gc_trigger——在标记终止阶段调用 runtime.gcSetTriggerRatio 更新触发下一次垃圾收集的堆大小。

runtime.gcController 会在每个循环结束后计算触发比例，并通过 runtime.gcSetTriggerRatio 设置 gc_trigger。它能够决定触发垃圾收集的时间，以及用户程序和后台处理的标记任务的多少，利用反馈控制算法根据堆的增长情况和垃圾收集 CPU 利用率确定触发垃圾收集的时机。

你可以在 runtime.gcControllerState.endCycle 中找到 Go 1.5 提出的垃圾收集调步算法①，在 runtime.gcControllerState.revise 中能找到 Go 1.10 引入的软硬堆目标分离算法②。

3. 垃圾收集启动

垃圾收集启动过程一定会调用 runtime.gcStart，虽然该函数的实现比较复杂，但其主要职责是修改全局的垃圾收集状态到 _GCmark 并做一些准备工作，我们会分以下几个阶段介绍该函数的实现：

(1) 两次调用 runtime.gcTrigger.test 检查是否满足垃圾收集条件；

(2) 暂停程序、在后台启动用于处理标记任务的工作 Goroutine、确定所有内存管理单元都被清除以及其他标记阶段开始前的准备工作；

(3) 进入标记阶段、准备后台的标记工作、根对象的标记工作以及微对象、恢复用户程序，进入并发扫描和标记阶段。

验证垃圾收集条件的同时，该方法还会在循环中不断调用 runtime.sweepone 清除已经被标记的内存单元，完成上一个垃圾收集循环的收尾工作：

```
func gcStart(trigger gcTrigger) {
    for trigger.test() && sweepone() != ^uintptr(0) {
        sweep.nbgsweep++
    }

    semacquire(&work.startSema)
    if !trigger.test() {
        semrelease(&work.startSema)
        return
    }
    ...
}
```

在验证了垃圾收集的条件并完成收尾工作后，该方法会通过 semacquire 获取全局的 worldsema 信号量、调用 runtime.gcBgMarkStartWorkers 启动后台标记任务、在系统栈中调用 runtime.stopTheWorldWithSema 暂停程序，并调用 runtime.finishsweep_m 保证上一个内存单元的正常回收：

① 参见"Go 1.5 concurrent garbage collector pacing"。

② 参见 runtime: separate soft and hard heap limits。

```go
func gcStart(trigger gcTrigger) {
	...
	semacquire(&worldsema)
	gcBgMarkStartWorkers()
	work.stwprocs, work.maxprocs = gomaxprocs, gomaxprocs
	...

	systemstack(stopTheWorldWithSema)
	systemstack(func() {
		finishsweep_m()
	})

	work.cycles++
	gcController.startCycle()
	...
}
```

除此之外，上述过程还会修改全局变量 runtime.work 持有的状态，包括垃圾收集需要的 Goroutine 数量以及已完成的循环数。

在完成全部准备工作后，该方法就进入了执行的最后阶段。在该阶段，我们会修改全局的垃圾收集状态到 _GCmark 并依次执行下面的步骤：

(1) 调用 runtime.gcBgMarkPrepare 初始化后台扫描需要的状态；

(2) 调用 runtime.gcMarkRootPrepare 扫描栈上的内存、全局变量等根对象并将它们加入队列；

(3) 设置全局变量 runtime.gcBlackenEnabled，用户程序和标记任务可以将对象涂黑；

(4) 调用 runtime.startTheWorldWithSema 启动程序，后台任务也会开始标记堆中的对象。

代码如下所示：

```go
func gcStart(trigger gcTrigger) {
	...
	setGCPhase(_GCmark)

	gcBgMarkPrepare()
	gcMarkRootPrepare()

	atomic.Store(&gcBlackenEnabled, 1)
	systemstack(func() {
		now = startTheWorldWithSema(trace.enabled)
		work.pauseNS += now - work.pauseStart
		work.tMark = now
	})
	semrelease(&work.startSema)
}
```

在分析垃圾收集的启动过程中，我们省略了几个关键的过程，其中包括暂停和恢复应用程序以及后台任务启动，下面详细分析这几个过程的实现原理。

❒ 暂停与恢复程序

runtime.stopTheWorldWithSema 和 runtime.startTheWorldWithSema 是一对用于暂停和恢

复程序的核心函数，它们的功能完全相反，但是程序的暂停比恢复复杂一些。我们来看一下前者的实现原理：

```
func stopTheWorldWithSema() {
    _g_ := getg()
    sched.stopwait = gomaxprocs
    atomic.Store(&sched.gcwaiting, 1)
    preemptall()
    _g_.m.p.ptr().status = _Pgcstop
    sched.stopwait--
    for _, p := range allp {
        s := p.status
        if s == _Psyscall && atomic.Cas(&p.status, s, _Pgcstop) {
            p.syscalltick++
            sched.stopwait--
        }
    }
    for {
        p := pidleget()
        if p == nil {
            break
        }
        p.status = _Pgcstop
        sched.stopwait--
    }
    wait := sched.stopwait > 0
    if wait {
        for {
            if notetsleep(&sched.stopnote, 100*1000) {
                noteclear(&sched.stopnote)
                break
            }
            preemptall()
        }
    }
}
```

暂停程序主要使用了 `runtime.preemptall`，该函数会调用前面介绍过的 `runtime.preemptone`。因为程序中活跃的最大处理数为 gomaxprocs，所以 `runtime.stopTheWorldWithSema` 在每次发现停止运行的处理器时都会对该变量减一，直到所有处理器都停止运行。该函数会依次停止当前处理器、等待处于系统调用的处理器以及获取并抢占空闲处理器，处理器的状态在该函数返回时都会更新至 `_Pgcstop`，等待垃圾收集器重新唤醒。

程序恢复过程会使用 `runtime.startTheWorldWithSema`，该函数的实现也比较简单：

(1) 调用 `runtime.netpoll` 从网络轮询器中获取待处理的任务并将其加入全局队列；

(2) 调用 `runtime.procresize` 扩容或者缩容全局的处理器；

(3) 调用 `runtime.notewakeup` 或者 `runtime.newm` 依次唤醒处理器或者为处理器创建新线程；

(4) 如果当前待处理的 Goroutine 数量过多，则创建额外的处理器辅助完成任务。

代码如下所示：

```
func startTheWorldWithSema(emitTraceEvent bool) int64 {
    mp := acquirem()
    if netpollinited() {
        list := netpoll(0)
        injectglist(&list)
    }

    procs := gomaxprocs
    p1 := procresize(procs)
    sched.gcwaiting = 0
    ...
    for p1 != nil {
        p := p1
        p1 = p1.link.ptr()
        if p.m != 0 {
            mp := p.m.ptr()
            p.m = 0
            mp.nextp.set(p)
            notewakeup(&mp.park)
        } else {
            newm(nil, p)
        }
    }

    if atomic.Load(&sched.npidle) != 0 && atomic.Load(&sched.nmspinning) == 0 {
        wakep()
    }
    ...
}
```

程序的暂停和启动过程都比较简单，暂停程序会使用 `runtime.preemptall` 抢占所有处理器，恢复程序时会使用 `runtime.notewakeup` 或者 `runtime.newm` 唤醒程序中的处理器。

❒ 后台标记模式

在垃圾收集启动期间，运行时会调用 `runtime.gcBgMarkStartWorkers` 为全局每个处理器创建用于执行后台标记任务的 Goroutine，每一个 Goroutine 都会运行 `runtime.gcBgMarkWorker`，这些 Goroutine 在启动后都会陷入休眠等待调度器唤醒：

```
func gcBgMarkStartWorkers() {
    for gcBgMarkWorkerCount < gomaxprocs {
        go gcBgMarkWorker()

        notetsleepg(&work.bgMarkReady, -1)
        noteclear(&work.bgMarkReady)

        gcBgMarkWorkerCount++
    }
}
```

这些 Goroutine 与处理器一一对应（如图 7-37 所示），当垃圾收集处于标记阶段并且当前处理器不需要做任何任务时，`runtime.findrunnable` 会在当前处理器上执行该 Goroutine 辅助并发的对象标记。

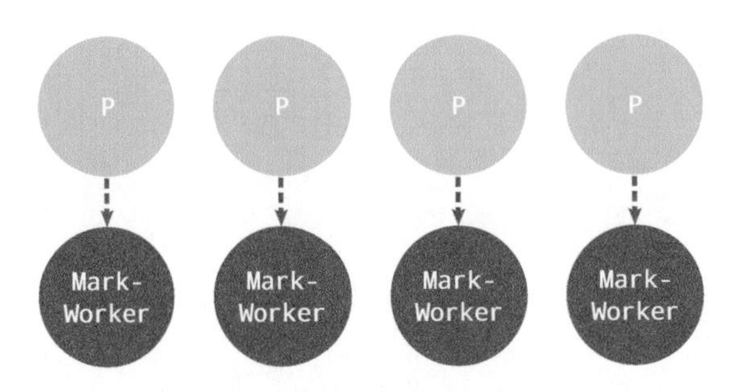

图 7-37 处理器与后台标记任务

调度器在调度循环 `runtime.schedule` 中还可以通过垃圾收集控制器的 `runtime.gcControllerState.findRunnabledGCWorker` 获取并执行用于后台标记的任务。

用于并发扫描对象的工作协程 Goroutine 总共有 3 种 `runtime.gcMarkWorkerMode` 模式，这 3 种模式的 Goroutine 在标记对象时使用完全不同的策略，垃圾收集控制器会按照需要执行不同类型的工作协程：

- `gcMarkWorkerDedicatedMode`——处理器专门负责标记对象，不会被调度器抢占；
- `gcMarkWorkerFractionalMode`——当垃圾收集的后台 CPU 利用率不及预期时（默认为 25%），启动该类型的工作协程帮助垃圾收集达到目标利用率，因为它只占用同一个 CPU 的部分资源，所以可以被调度；
- `gcMarkWorkerIdleMode`——当处理器没有可以执行的 Goroutine 时，它会运行垃圾收集的标记任务直到被抢占。

`runtime.gcControllerState.startCycle` 会根据全局处理器的个数以及垃圾收集的 CPU 利用率，计算出上述 `dedicatedMarkWorkersNeeded` 和 `fractionalUtilizationGoal`，以决定不同模式工作协程的数量。

因为后台标记任务的 CPU 利用率为 25%，如果主机是 4 核或者 8 核，那么垃圾收集需要 1 或 2 个专门处理相关任务的 Goroutine；不过，如果主机是 3 核或者 6 核，因为无法被 4 整除，所以这时需要 0 或 1 个专门处理垃圾收集的 Goroutine（如图 7-38 所示），运行时需要占用某个 CPU 的部分时间，使用 `gcMarkWorkerFractionalMode` 模式的协程保证 CPU 的利用率。

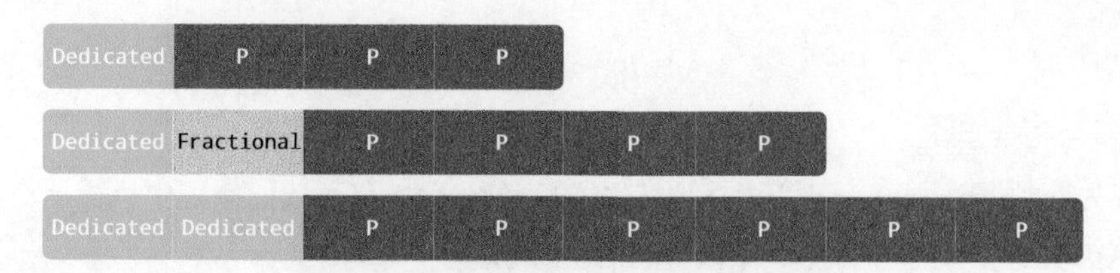

图 7-38 主机核数与垃圾收集任务模式

垃圾收集控制器会在 runtime.gcControllerState.findRunnabledGCWorker 方法中设置处理器的 gcMarkWorkerMode：

```
func (c *gcControllerState) findRunnableGCWorker(_p_ *p) *g {
    ...
    if decIfPositive(&c.dedicatedMarkWorkersNeeded) {
        _p_.gcMarkWorkerMode = gcMarkWorkerDedicatedMode
    } else if c.fractionalUtilizationGoal == 0 {
        return nil
    } else {
        delta := nanotime() - gcController.markStartTime
        if delta > 0 && float64(_p_.gcFractionalMarkTime)/float64(delta) >
c.fractionalUtilizationGoal {
            return nil
        }
        _p_.gcMarkWorkerMode = gcMarkWorkerFractionalMode
    }

    gp := _p_.gcBgMarkWorker.ptr()
    casgstatus(gp, _Gwaiting, _Grunnable)
    return gp
}
```

上述方法的实现比较清晰，控制器通过 dedicatedMarkWorkersNeeded 决定专门执行标记任务的 Goroutine 数量，并根据执行标记任务的时间和总时间决定是否启动 gcMarkWorkerFractionalMode 模式的 Goroutine。除这两种控制器要求的工作协程外，调度器还会在 runtime.findrunnable 中利用空闲处理器执行垃圾收集以加速该过程：

```
func findrunnable() (gp *g, inheritTime bool) {
    ...
stop:
    if gcBlackenEnabled != 0 && _p_.gcBgMarkWorker != 0 && gcMarkWorkAvailable(_p_) {
        _p_.gcMarkWorkerMode = gcMarkWorkerIdleMode
        gp := _p_.gcBgMarkWorker.ptr()
        casgstatus(gp, _Gwaiting, _Grunnable)
        return gp, false
    }
    ...
}
```

3 种模式的工作协程会相互协同保证垃圾收集的 CPU 利用率达到期望的阈值，在到达目标堆大小前完成标记任务。

4. 并发扫描与标记辅助

runtime.gcBgMarkWorker 是后台标记任务执行的函数，该函数的循环中执行了对内存中对象图的扫描和标记，我们分 3 个部分介绍该函数的实现原理：

(1) 获取当前处理器以及 Goroutine，打包成 runtime.gcBgMarkWorkerNode 类型的结构并主动陷入休眠等待唤醒；

(2) 根据处理器上的 gcMarkWorkerMode 模式决定扫描任务的策略；

(3) 所有标记任务都完成后，调用 runtime.gcMarkDone 方法完成标记阶段。

先看后台标记任务的准备工作，运行时在这里创建了 runtime.gcBgMarkWorkerNode，该结构会预先存储处理器和当前 Goroutine。当我们调用 runtime.gopark 触发休眠时，运行时会在系统栈中安全地建立处理器和后台标记任务的绑定关系：

```
func gcBgMarkWorker() {
    gp := getg()

    gp.m.preemptoff = "GC worker init"
    node := new(gcBgMarkWorkerNode)
    gp.m.preemptoff = ""

    node.gp.set(gp)

    node.m.set(acquirem())
    notewakeup(&work.bgMarkReady)

    for {
        gopark(func(g *g, parkp unsafe.Pointer) bool {
            node := (*gcBgMarkWorkerNode)(nodep)
            if mp := node.m.ptr(); mp != nil {
                releasem(mp)
            }

            gcBgMarkWorkerPool.push(&node.node)
            return true
        }, unsafe.Pointer(node), waitReasonGCWorkerIdle, traceEvGoBlock, 0)
    ...
}
```

通过 runtime.gopark 陷入休眠的 Goroutine 不会进入运行队列，它只会等待垃圾收集控制器或者调度器的直接唤醒。在唤醒后，我们会根据处理器 gcMarkWorkerMode 选择不同的标记执行策略，不同的执行策略都会调用 runtime.gcDrain 扫描工作缓冲区 runtime.gcWork：

```
        node.m.set(acquirem())
        atomic.Xadd(&work.nwait, -1)
        systemstack(func() {
            casgstatus(gp, _Grunning, _Gwaiting)
            switch pp.gcMarkWorkerMode {
```

```
        case gcMarkWorkerDedicatedMode:
            gcDrain(&_p_.gcw, gcDrainUntilPreempt|gcDrainFlushBgCredit)
            if gp.preempt {
                lock(&sched.lock)
                for {
                    gp, _ := runqget(_p_)
                    if gp == nil {
                        break
                    }
                    globrunqput(gp)
                }
                unlock(&sched.lock)
            }
            gcDrain(&_p_.gcw, gcDrainFlushBgCredit)
        case gcMarkWorkerFractionalMode:
            gcDrain(&_p_.gcw, gcDrainFractional|gcDrainUntilPreempt|gcDrainFlushBgCredit)
        case gcMarkWorkerIdleMode:
            gcDrain(&_p_.gcw, gcDrainIdle|gcDrainUntilPreempt|gcDrainFlushBgCredit)
        }
        casgstatus(gp, _Gwaiting, _Grunning)
    })
```

需要注意的是，gcMarkWorkerDedicatedMode 模式的任务是不能被抢占的。为了减少额外开销，第一次调用 runtime.gcDrain 时是允许抢占的，但是一旦处理器被抢占，当前 Goroutine 会将处理器上所有可运行的 Goroutine 转移至全局队列中，保证垃圾收集占用的 CPU 资源。

当所有后台工作任务都陷入等待并且没有剩余工作时，我们就认为此轮垃圾收集的标记阶段结束了，这时我们会调用 runtime.gcMarkDone：

```
    incnwait := atomic.Xadd(&work.nwait, +1)
    if incnwait == work.nproc && !gcMarkWorkAvailable(nil) {
        releasem(node.m.ptr())
        node.m.set(nil)

        gcMarkDone()
    }
  }
}
```

runtime.gcDrain 是用于扫描和标记堆内存中对象的核心方法，除该方法外，我们还会介绍工作池、写屏障以及标记辅助的实现原理。

❐ 工作池

调用 runtime.gcDrain 时，运行时会传入处理器上的 runtime.gcWork，该结构体是垃圾收集器中工作池（如图 7-39 所示）的抽象，它实现了一个生产者和消费者的模型，我们可以以该结构体为起点从整体理解标记工作。

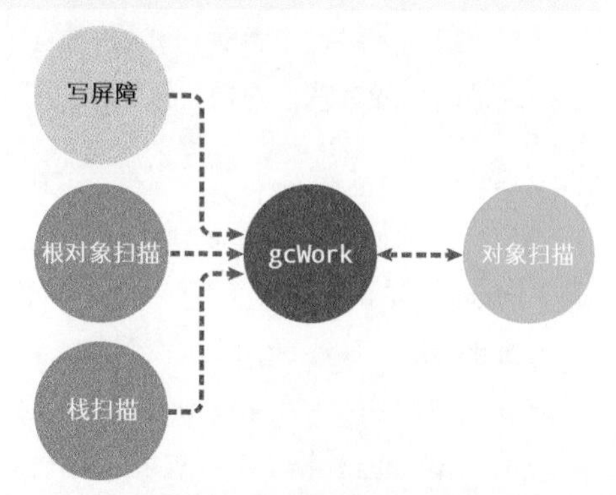

图 7-39　垃圾收集器工作池

写屏障、根对象扫描和栈扫描都会向工作池中增加额外的灰色对象等待处理，而对象的扫描过程会将灰色对象标记成黑色，同时也可能发现新的灰色对象，当工作队列中不包含灰色对象时，整个扫描过程就会结束。

为了减少锁竞争，运行时在每个处理器上会保存独立的待扫描工作，然而这会遇到与调度器一样的问题——不同处理器的资源不平均，导致部分处理器无事可做。调度器引入了工作窃取来解决这个问题，垃圾收集器也使用了类似的机制平衡不同处理器上的待处理任务。

`runtime.gcWork.balance` 会将处理器本地一部分工作放回全局队列中，让其他处理器处理，保证不同处理器负载的平衡，如图 7-40 所示。

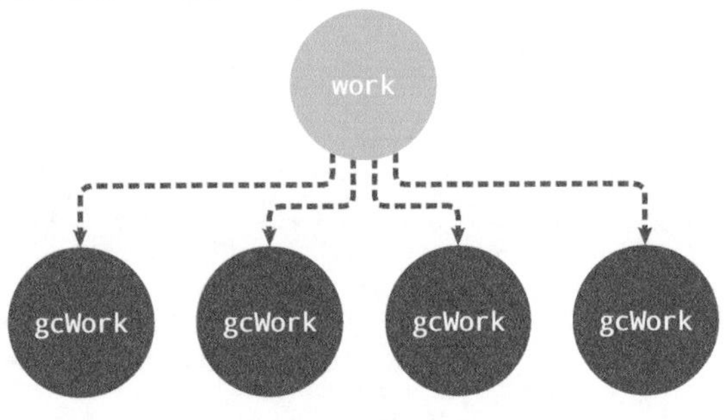

图 7-40　全局任务与本地任务

`runtime.gcWork` 为垃圾收集器提供了生产任务和消费任务的抽象，该结构体持有两个重要的工作缓冲区 `wbuf1` 和 `wbuf2`，分别是主缓冲区和备缓冲区：

```
type gcWork struct {
    wbuf1, wbuf2 *workbuf
    ...
}

type workbufhdr struct {
    node lfnode
    nobj int
}

type workbuf struct {
    workbufhdr
    obj [(_WorkbufSize - unsafe.Sizeof(workbufhdr{})) / sys.PtrSize]uintptr
}
```

当我们向该结构体中增加或者删除对象时，它总会先操作主缓冲区，一旦主缓冲区空间不足或者没有对象，会触发主备缓冲区的切换；而当两个缓冲区空间都不足或者都为空时，会从全局的工作缓冲区中插入或者获取对象，该结构体相关方法的实现都非常简单，这里就不展开分析了。

❐ 扫描对象

运行时会使用 `runtime.gcDrain` 扫描工作缓冲区中的灰色对象，它会根据传入 `gcDrainFlags` 的不同选择不同的策略：

- `gcDrainUntilPreempt`——当 Goroutine 的 `preempt` 字段被设置成 `true` 时返回；
- `gcDrainIdle`——调用 `runtime.pollWork`，当处理器上包含其他待执行 Goroutine 时返回；
- `gcDrainFractional`——调用 `runtime.pollFractionalWorkerExit`，当 CPU 的利用率超过 `fractionalUtilizationGoal` 的 20% 时返回；

- gcDrainFlushBgCredit——调用 runtime.gcFlushBgCredit 计算后台完成的标记任务量以减少并发标记期间辅助垃圾收集的用户程序的工作量。

代码如下所示：

```
func gcDrain(gcw *gcWork, flags gcDrainFlags) {
    gp := getg().m.curg
    preemptible := flags&gcDrainUntilPreempt != 0
    flushBgCredit := flags&gcDrainFlushBgCredit != 0
    idle := flags&gcDrainIdle != 0

    initScanWork := gcw.scanWork
    checkWork := int64(1<<63 - 1)
    var check func() bool
    if flags&(gcDrainIdle|gcDrainFractional) != 0 {
        checkWork = initScanWork + drainCheckThreshold
        if idle {
            check = pollWork
        } else if flags&gcDrainFractional != 0 {
            check = pollFractionalWorkerExit
        }
    }
    ...
}
```

运行时会使用本地变量中的 check 检查当前是否应该退出标记任务并让出该处理器。当我们做完准备工作后，就可以开始扫描全局变量中的根对象了，这也是标记阶段需要最先被执行的任务：

```
func gcDrain(gcw *gcWork, flags gcDrainFlags) {
    ...
    if work.markrootNext < work.markrootJobs {
        for !(preemptible && gp.preempt) {
            job := atomic.Xadd(&work.markrootNext, +1) - 1
            if job >= work.markrootJobs {
                break
            }
            markroot(gcw, job)
            if check != nil && check() {
                goto done
            }
        }
    }
    ...
}
```

扫描根对象需要使用 runtime.markroot，该函数会扫描缓存、数据段、存放全局变量和静态变量的 BSS 段以及 Goroutine 的栈内存。一旦完成了对根对象的扫描，当前 Goroutine 就会开始从本地和全局的工作缓存池中获取待执行的任务：

```
func gcDrain(gcw *gcWork, flags gcDrainFlags) {
    ...
    for !(preemptible && gp.preempt) {
```

```
        if work.full == 0 {
            gcw.balance()
        }

        b := gcw.tryGetFast()
        if b == 0 {
            b = gcw.tryGet()
            if b == 0 {
                wbBufFlush(nil, 0)
                b = gcw.tryGet()
            }
        }
        if b == 0 {
            break
        }
        scanobject(b, gcw)

        if gcw.scanWork >= gcCreditSlack {
            atomic.Xaddint64(&gcController.scanWork, gcw.scanWork)
            if flushBgCredit {
                gcFlushBgCredit(gcw.scanWork - initScanWork)
                initScanWork = 0
            }
            checkWork -= gcw.scanWork
            gcw.scanWork = 0

            if checkWork <= 0 {
                checkWork += drainCheckThreshold
                if check != nil && check() {
                    break
                }
            }
        }
    }
    ...
}
```

扫描对象会使用 `runtime.scanobject`，该函数会从传入的位置开始扫描，扫描期间会调用 `runtime.greyobject` 为找到的活跃对象着色。

当本轮扫描因为外部条件变化而中断时，该函数会通过 `runtime.gcFlushBgCredit` 记录这次扫描的内存字节数，用于减少辅助标记的工作量：

```
func gcDrain(gcw *gcWork, flags gcDrainFlags) {
    ...
done:
    if gcw.scanWork > 0 {
        atomic.Xaddint64(&gcController.scanWork, gcw.scanWork)
        if flushBgCredit {
            gcFlushBgCredit(gcw.scanWork - initScanWork)
        }
        gcw.scanWork = 0
    }
}
```

内存中对象的扫描和标记过程涉及很多位操作和指针操作，相关代码实现比较复杂，这里就不介绍相关内容了，感兴趣的读者可以将 runtime.gcDrain 作为入口研究三色标记的具体过程。

❒ 写屏障

写屏障是保证 Go 语言并发标记安全不可或缺的技术，我们需要使用混合写屏障维护对象图的弱三色不变性，然而写屏障的实现需要编译器和运行时的共同协作。在 SSA 中间代码生成阶段，编译器会使用 cmd/compile/internal/ssa.writebarrier 在 Store、Move 和 Zero 操作中加入写屏障，生成如下所示的代码：

```
if writeBarrier.enabled {
  gcWriteBarrier(ptr, val)
} else {
  *ptr = val
}
```

当 Go 语言进入垃圾收集阶段时，全局变量 runtime.writeBarrier 中的 enabled 字段会被置成开启，所有写操作都会调用 runtime.gcWriteBarrier：

```
TEXT runtime·gcWriteBarrier(SB),NOSPLIT,$28
    ...
    get_tls(BX)
    MOVL    g(BX), BX
    MOVL    g_m(BX), BX
    MOVL    m_p(BX), BX
    MOVL    (p_wbBuf+wbBuf_next)(BX), CX
    LEAL    8(CX), CX
    MOVL    CX, (p_wbBuf+wbBuf_next)(BX)
    CMPL    CX, (p_wbBuf+wbBuf_end)(BX)
    MOVL    AX, -8(CX)    // 记录值
    MOVL    (DI), BX
    MOVL    BX, -4(CX)    // 记录 *slot
    JEQ    flush
ret:
    MOVL    20(SP), CX
    MOVL    24(SP), BX
    MOVL    AX, (DI) // 触发写操作
    RET

flush:
  ...
    CALL    runtime·wbBufFlush(SB)
  ...
    JMP    ret
```

在上述汇编函数中，DI 寄存器是写操作的目的地址，AX 寄存器中存储了被覆盖的值，该函数会覆盖原值，并通过 runtime.wbBufFlush 通知垃圾收集器将原值和新值加入当前处理器的工作队列。因为该写屏障的实现比较复杂，所以写屏障对程序的性能有比较大的影响，之前只需要一条指令完成的工作，现在需要几十条指令。

前面提到 Dijkstra 写屏障和 Yuasa 写屏障组成的混合写屏障开启后，所有新创建的对象都需要直接涂成黑色，这里的标记过程是由 runtime.gcmarknewobject 完成的：

```
func mallocgc(size uintptr, typ *_type, needzero bool) unsafe.Pointer {
    ...
    if gcphase != _GCoff {
        gcmarknewobject(span, uintptr(x), size, scanSize)
    }
    ...
}

func gcmarknewobject(span *mspan, obj, size, scanSize uintptr) {
    objIndex := span.objIndex(obj)
    span.markBitsForIndex(objIndex).setMarked()

    arena, pageIdx, pageMask := pageIndexOf(span.base())
    if arena.pageMarks[pageIdx]&pageMask == 0 {
        atomic.Or8(&arena.pageMarks[pageIdx], pageMask)
    }

    gcw := &getg().m.p.ptr().gcw
    gcw.bytesMarked += uint64(size)
    gcw.scanWork += int64(scanSize)
}
```

runtime.mallocgc 会在垃圾收集开始后调用该函数，获取对象对应的内存单元以及标记位 runtime.markBits，并调用 runtime.markBits.setMarked 直接将新对象涂成黑色。

❒ 标记辅助

为了避免用户程序分配内存的速度超出后台任务的标记速度，运行时还引入了标记辅助技术，它遵循一条非常简单、朴实的原则——**分配多少内存就需要完成多少标记任务**。每一个 Goroutine 都持有 gcAssistBytes 字段，该字段存储了当前 Goroutine 辅助标记的对象字节数。在并发标记阶段，当 Goroutine 调用 runtime.mallocgc 分配新对象时，该函数会检查申请内存的 Goroutine 是否处于入不敷出的状态：

```
func mallocgc(size uintptr, typ *_type, needzero bool) unsafe.Pointer {
    ...
    var assistG *g
    if gcBlackenEnabled != 0 {
        assistG = getg()
        if assistG.m.curg != nil {
            assistG = assistG.m.curg
        }
        assistG.gcAssistBytes -= int64(size)

        if assistG.gcAssistBytes < 0 {
            gcAssistAlloc(assistG)
        }
    }
    ...
```

```
    return x
}
```

申请内存时调用的 runtime.gcAssistAlloc 和扫描内存时调用的 runtime.gcFlushBgCredit 分别负责借债和还债（如图 7-41 所示）。通过这套债务管理系统，我们能够保证 Goroutine 在正常运行的同时不会对垃圾收集造成太多压力，以便在达到堆大小目标时完成标记阶段。

图 7-41 辅助标记的动态平衡

每个 Goroutine 持有的 gcAssistBytes 表示当前协程辅助标记的字节数，全局垃圾收集控制器持有的 bgScanCredit 表示后台协程辅助标记的字节数。当本地 Goroutine 分配了较多对象时，可以使用全局信用 bgScanCredit 偿还。我们先来分析 runtime.gcAssistAlloc 的实现：

```
func gcAssistAlloc(gp *g) {
    ...
retry:
    debtBytes := -gp.gcAssistBytes
    scanWork := int64(gcController.assistWorkPerByte * float64(debtBytes))
    if scanWork < gcOverAssistWork {
        scanWork = gcOverAssistWork
        debtBytes = int64(gcController.assistBytesPerWork * float64(scanWork))
    }

    bgScanCredit := atomic.Loadint64(&gcController.bgScanCredit)
    stolen := int64(0)
    if bgScanCredit > 0 {
        if bgScanCredit < scanWork {
            stolen = bgScanCredit
            gp.gcAssistBytes += 1 + int64(gcController.assistBytesPerWork*float64(stolen))
        } else {
            stolen = scanWork
            gp.gcAssistBytes += debtBytes
        }
        atomic.Xaddint64(&gcController.bgScanCredit, -stolen)
        scanWork -= stolen

        if scanWork == 0 {
            return
        }
    }
    ...
}
```

该函数会先根据 Goroutine 的 gcAssistBytes 和垃圾收集控制器的配置，计算需要完成的标记任务数量。如果全局信用 bgScanCredit 中有可用的点数，那么会减去该点数。因为并发执行没有加锁，所以全局信用可能会更新成负值，然而从长期来看这个问题不是很重要。

如果全局信用不足以覆盖本地债务，运行时会在系统栈中调用 runtime.gcAssistAlloc1 执行标记任务，它会直接调用 runtime.gcDrainN 完成指定数量的标记任务并返回：

```
func gcAssistAlloc(gp *g) {
	...
	systemstack(func() {
		gcAssistAlloc1(gp, scanWork)
	})
	...
	if gp.gcAssistBytes < 0 {
		if gp.preempt {
			Gosched()
			goto retry
		}
		if !gcParkAssist() {
			goto retry
		}
	}
}
```

如果在完成标记辅助任务后，当前 Goroutine 仍然入不敷出并且 Goroutine 没有被抢占，那么运行时会执行 runtime.gcParkAssist；如果全局信用仍然不足，运行时会通过 runtime.gcParkAssist 令当前 Goroutine 陷入休眠、加入全局的辅助标记队列并等待后台标记任务唤醒。

用于还债的 runtime.gcFlushBgCredit 的实现比较简单，如果辅助队列中不存在等待的 Goroutine，那么当前信用会直接加到全局信用 bgScanCredit 中：

```
func gcFlushBgCredit(scanWork int64) {
	if work.assistQueue.q.empty() {
		atomic.Xaddint64(&gcController.bgScanCredit, scanWork)
		return
	}

	scanBytes := int64(float64(scanWork) * gcController.assistBytesPerWork)
	for !work.assistQueue.q.empty() && scanBytes > 0 {
		gp := work.assistQueue.q.pop()
		if scanBytes+gp.gcAssistBytes >= 0 {
			scanBytes += gp.gcAssistBytes
			gp.gcAssistBytes = 0
			ready(gp, 0, false)
		} else {
			gp.gcAssistBytes += scanBytes
			scanBytes = 0
			work.assistQueue.q.pushBack(gp)
			break
		}
	}

	if scanBytes > 0 {
		scanWork = int64(float64(scanBytes) * gcController.assistWorkPerByte)
		atomic.Xaddint64(&gcController.bgScanCredit, scanWork)
	}
}
```

如果辅助队列不为空，上述函数会根据每个 Goroutine 的债务数量和已完成的工作决定是否唤醒这些陷入休眠的 Goroutine。如果唤醒所有 Goroutine 后，标记任务量仍然有剩余，这些标记任务都会加入全局信用中，如图 7-42 所示。

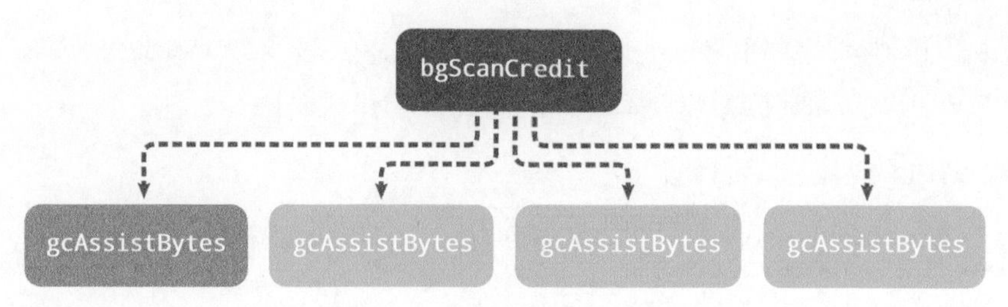

图 7-42　全局信用与本地信用

用户程序辅助标记的核心目的是，避免用户程序分配内存影响垃圾收集器完成标记工作的期望时间，它通过维护账户体系保证用户程序不会对垃圾收集造成过多负担。一旦用户程序分配了大量内存，该用户程序就会通过辅助标记的方式平衡账本。这个过程最后会达到相对平衡，保证标记任务在到达期望堆大小时完成。

5. 标记终止

当所有处理器的本地任务都完成并且不存在剩余工作 Goroutine 时，后台并发任务或者辅助标记的用户程序会调用 `runtime.gcMarkDone` 通知垃圾收集器。当所有可达对象都被标记后，该函数会将垃圾收集的状态切换至 `_GCmarktermination`。如果本地队列中仍然存在待处理任务，当前方法会将所有任务加入全局队列并等待其他 Goroutine 完成处理：

```
func gcMarkDone() {
    ...
top:
    if !(gcphase == _GCmark && work.nwait == work.nproc && !gcMarkWorkAvailable(nil)) {
        return
    }

    gcMarkDoneFlushed = 0
    systemstack(func() {
        gp := getg().m.curg
        casgstatus(gp, _Grunning, _Gwaiting)
        forEachP(func(_p_ *p) {
            wbBufFlush1(_p_)
            _p_.gcw.dispose()
            if _p_.gcw.flushedWork {
                atomic.Xadd(&gcMarkDoneFlushed, 1)
                _p_.gcw.flushedWork = false
            }
        })
        casgstatus(gp, _Gwaiting, _Grunning)
    })
```

```
    if gcMarkDoneFlushed != 0 {
        goto top
    }
    ...
}
```

如果运行时中不包含全局任务、处理器中也不存在本地任务，那么当前垃圾收集循环中的灰色对象也都标记成了黑色，我们就可以开始触发垃圾收集的阶段迁移了：

```
func gcMarkDone() {
    ...
    getg().m.preemptoff = "gcing"
    systemstack(stopTheWorldWithSema)

    ...

    atomic.Store(&gcBlackenEnabled, 0)
    gcWakeAllAssists()
    schedEnableUser(true)
    nextTriggerRatio := gcController.endCycle()
    gcMarkTermination(nextTriggerRatio)
}
```

上述函数在最后会关闭混合写屏障、唤醒所有协助垃圾收集的用户程序、恢复用户 Goroutine 的调度并调用 `runtime.gcMarkTermination` 进入标记终止阶段：

```
func gcMarkTermination(nextTriggerRatio float64) {
    atomic.Store(&gcBlackenEnabled, 0)
    setGCPhase(_GCmarktermination)

    _g_ := getg()
    gp := _g_.m.curg
    casgstatus(gp, _Grunning, _Gwaiting)

    systemstack(func() {
        gcMark(startTime)
    })
    systemstack(func() {
        setGCPhase(_GCoff)
        gcSweep(work.mode)
    })
    casgstatus(gp, _Gwaiting, _Grunning)
    gcSetTriggerRatio(nextTriggerRatio)
    wakeScavenger()

    ...

    injectglist(&work.sweepWaiters.list)
    systemstack(func() { startTheWorldWithSema(true) })
    prepareFreeWorkbufs()
    systemstack(freeStackSpans)
    systemstack(func() {
        forEachP(func(_p_ *p) {
            _p_.mcache.prepareForSweep()
```

```
        })
    })
    ...
}
```

我们省略了该函数中很多数据统计的代码，包括正在使用的内存大小、本轮垃圾收集的暂停时间、CPU 的利用率等数据，这些数据能够帮助控制器决定下一轮触发垃圾收集的堆大小。除数据统计外，该函数还会调用 runtime.gcSweep 重置清除阶段的相关状态，并在需要时阻塞地清除所有内存管理单元。_GCmarktermination 状态在垃圾收集过程中并不会持续太久，它会迅速转换至 _GCoff 并恢复应用程序。至此，垃圾收集的全过程基本上就结束了，用户程序在申请内存时才会惰性回收内存。

6. 内存清理

垃圾收集的清理中包含对象**回收器**（reclaimer）和内存单元回收器，这两种回收器使用不同的算法清理堆内存：

- 对象回收器在内存管理单元中查找并释放未被标记的对象，但是如果 runtime.mspan 中的所有对象都没有被标记，整个单元就会被直接回收，该过程会被 runtime.mcentral.cacheSpan 或者 runtime.sweepone 异步触发；
- 内存单元回收器会在内存中查找所有对象都未被标记的 runtime.mspan，该过程会被 runtime.mheap.reclaim 触发。

runtime.sweepone 是我们在垃圾收集过程中经常见到的函数，它会在堆内存中查找待清除的内存管理单元：

```
func sweepone() uintptr {
    ...
    var s *mspan
    sg := mheap_.sweepgen
    for {
        s = mheap_.nextSpanForSweep()
        if s == nil {
            break
        }
        if state := s.state.get(); state != mSpanInUse {
            continue
        }
        if s.sweepgen == sg-2 && atomic.Cas(&s.sweepgen, sg-2, sg-1) {
            break
        }
    }

    npages := ^uintptr(0)
    if s != nil {
        npages = s.npages
        if s.sweep(false) {
            atomic.Xadduintptr(&mheap_.reclaimCredit, npages)
        } else {
            npages = 0
        }
```

```
    }

    _g_.m.locks--
    return npages
}
```

查找内存管理单元时会通过 state 和 sweepgen 两个字段判断当前单元是否需要处理。如果内存单元的 sweepgen 等于 mheap.sweepgen-2，那么意味着当前单元需要清除；如果等于 mheap.sweepgen-1，那么当前管理单元正在清除。

所有回收工作最终都是靠 runtime.mspan.sweep 完成的，它会根据并发标记阶段回收内存单元中的垃圾并清除标记以免影响下一轮垃圾收集。

7.2.4 小结

Go 语言垃圾收集器的实现非常复杂，笔者认为这是编程语言中最复杂的模块。调度器的复杂度与垃圾收集器完全不在一个级别，我们在分析垃圾收集器的过程中不得不省略很多实现细节，其中包括并发标记对象的过程、清除垃圾的具体实现，这些过程涉及大量底层的位操作和指针操作。相关代码的链接大家可以查看本书附赠的线上参考资源，感兴趣的读者可以自行探索。

垃圾收集是一门非常古老的技术，它的执行速度和利用率很大程度上决定了程序的运行速度。Go 语言为了实现高性能的并发垃圾收集器，使用三色抽象、并发增量回收、混合写屏障、调步算法以及用户程序助手等机制，将垃圾收集的暂停时间优化至毫秒级以下。纵观从早期至今的版本，我们能体会到其中的工程设计和演进思路，笔者觉得研究垃圾收集的实现原理还是非常值得的。

7.2.5 延伸阅读

- “Garbage Collection In Go : Part I - Semantics”
- “Getting to Go: The Journey of Go’s Garbage Collector”
- 《垃圾收集算法手册》
- “Immix: A Mark-Region Garbage Collector with Space Efficiency, Fast Collection, and Mutator Performance”
- “Go’s march to low-latency GC”
- “GopherCon 2015: Rick Hudson - Go GC: Solving the Latency Problem”
- “Go GC: Latency Problem Solved”
- “Concurrent garbage collection”
- “Design and Implementation of a Comprehensive Real-time Java Virtual Machine”

7.3 栈空间管理

应用程序的内存一般分成堆区和栈区，程序在运行期间可以主动从堆区申请内存空间，这些内存由内存分配器分配并由垃圾收集器负责回收，我们在前面两节详细分析了堆内存的申请和释放过程，本节会介绍 Go 语言栈内存的管理。

7.3.1 设计原理

栈区的内存一般由编译器自动分配和释放，其中存储着函数的入参以及局部变量，这些参数会随着函数的创建而创建，随着函数的返回而消亡，一般不会在程序中长期存在。这种线性的内存分配策略效率极高，但是工程师往往不能控制栈内存的分配，这部分工作基本是由编译器完成的。

1. 寄存器

寄存器（register）是**中央处理器**（CPU）中的稀缺资源，它的存储能力非常有限，但是能提供最快的读写速度，充分利用寄存器的速度可以构建高性能的应用程序。寄存器在物理机上非常有限，然而栈区的操作会用到两个以上的寄存器，这足以说明栈内存对应用程序的重要性。

栈寄存器（stack register）是 CPU 寄存器中的一种，它的主要作用是跟踪函数的调用栈。Go 语言的汇编代码包含 BP 和 SP 两个栈寄存器，它们分别存储了栈的基址指针和栈顶的地址，如图 7-43 所示。栈内存与函数调用的关系非常紧密，4.1 节介绍过栈区，BP 和 SP 之间的内存就是当前函数的调用栈。

因为历史原因，栈区内存都是从高地址向低地址扩展的，当应用程序申请或者释放栈内存时，只需要修改 SP 寄存器的值，这种线性的内存分配方式与堆内存相比更加快速，仅会带来极少的额外开销。

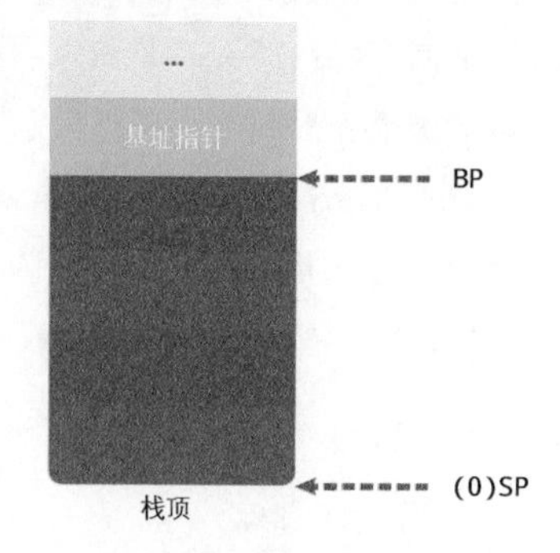

图 7-43 栈寄存器与内存

2. 线程栈

如果我们在 Linux 操作系统中执行 `pthread_create` 系统调用，进程会启动一个新线程，如果用户没有通过软资源限制 `RLIMIT_STACK` 指定线程栈的大小，那么操作系统会根据架构选择不同的默认栈大小①，如表 7-5 所示。

表 7-5 架构和线程默认栈大小

架构	默认栈大小
i386	2MB
IA-64	32MB
PowerPC	4MB
……	……
x86_64	2MB

① 参见“pthread_create(3) — Linux manual page”。

多数架构上默认栈大小为 2MB～4MB，极少数架构会使用 32MB 的栈，用户程序可以在分配的栈上存储函数参数和局部变量。然而这个固定的栈大小在某些场景下不合适，如果程序需要同时运行几百个甚至上千个线程，这些线程中的大部分只会用到很少的栈空间；当函数的调用栈非常深时，固定栈大小也无法满足用户程序的需求。

线程和进程都是代码执行的上下文[①]，但是如果一个应用程序包含成百上千个执行上下文并且每个上下文都是线程，就会占用大量内存空间并带来其他额外开销。Go 语言在设计时认为执行上下文是轻量级的，所以它在用户态实现 Goroutine 作为执行上下文。

3. 逃逸分析

在 C 语言和 C++ 这类需要手动管理内存的编程语言中，将对象或者结构体分配到栈上或者堆中是由工程师自主决定的，这也为工程师的工作带来了挑战。如果工程师能够精准地为每一个变量分配合理的空间，那么整个程序的运行效率和内存使用效率一定是最高的，但是手动分配内存会导致如下两个问题：

- 不需要分配到堆中的对象分配到了堆中——浪费内存空间；
- 需要分配到堆中的对象分配到了栈上——悬挂指针、影响内存安全。

与悬挂指针相比，浪费内存空间反而是小问题。在 C 语言中，栈上的变量被函数作为返回值返回给调用方是一个常见的错误。在如下所示的代码中，栈上的变量 i 被错误返回：

```
int *dangling_pointer() {
    int i = 2;
    return &i;
}
```

当 dangling_pointer 函数返回后，它的本地变量会被编译器回收，调用方获取的是危险的悬挂指针，我们不确定当前指针指向的值是否合法时，这种问题在大型项目中比较难发现和定位。

在编译器优化中，**逃逸分析**（escape analysis）是用来决定指针动态作用域的方法。Go 语言的编译器使用逃逸分析决定哪些变量应该在栈上分配，哪些变量应该在堆中分配，其中包括使用 new、make 和字面量等方法隐式分配的内存。Go 语言的逃逸分析遵循以下两个不变性：

- 指向栈对象的指针不能存在于堆中；
- 指向栈对象的指针在栈对象回收后无法存活。

图 7-44 展示了两个不变性存在的意义，当我们违反了第一个不变性时，堆中的绿色指针指向了栈中的黄色内存，一旦函数返回后，函数栈会被回收，该绿色指针指向的值就不再合法；如果我们违反了第二个不变性，因为寄存器 SP 下面的内存由

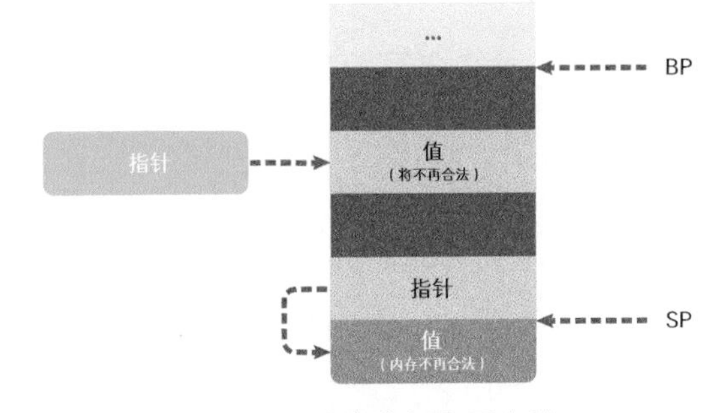

图 7-44 逃逸分析和不变性

① 参见 Re: proc fs and shared pids（Linus Torvalds, 1996）。

于函数返回已经释放，所以黄色指针指向的内存已经不再合法。

逃逸分析是静态分析的一种，在编译器解析了 Go 语言源文件后，它可以获得整个程序的抽象语法树，编译器可以根据抽象语法树分析静态的数据流。我们通过以下几个步骤实现静态分析的全过程：

(1) 构建带权重的有向图，其中顶点 `cmd/compile/internal/gc.EscLocation` 表示被分配的变量，边 `cmd/compile/internal/gc.EscEdge` 表示变量之间的分配关系，权重表示寻址和取址的次数；

(2) 遍历对象分配图并查找违反两个不变性的变量分配关系，如果堆中的变量指向了栈上的变量，那么该变量需要分配到堆中；

(3) 记录从函数的调用参数到堆以及返回值的数据流，增强函数参数的逃逸分析。

决定变量是在栈上还是堆中虽然重要，但是这是一个定义相对清晰的问题，我们可以通过编译器统一做决策。为了保证内存的绝对安全，编译器可能会将一些变量错误地分配到堆中，但是因为堆也会被垃圾收集器扫描，所以不会造成内存泄漏以及悬挂指针等安全问题，解放了工程师的生产力。

4. 栈内存空间

Go 语言使用用户态线程 Goroutine 作为执行上下文，它的额外开销和默认栈大小都比线程小很多，然而 Goroutine 的栈内存空间和栈结构在早期几个版本中发生过一些变化：

(1) Go 1.0～Go1.1——最小栈内存空间为 4KB；

(2) Go 1.2——最小栈内存升至 8KB①；

(3) Go 1.3——使用**连续栈**替换之前版本的分段栈②；

(4) Go 1.4——最小栈内存降至 2KB③。

Goroutine 的初始栈内存在最初的几个版本中多次修改，从 4KB 提升到 8KB 是临时解决方案，旨在减轻分段栈中的栈分裂对程序性能的影响；Go 1.3 引入连续栈之后，Goroutine 的初始栈大小降至 2KB，进一步减少了 Goroutine 占用的内存空间。

❒ 分段栈

分段栈是 Go 1.3 之前的实现，所有 Goroutine 在初始化时都会调用 `runtime.stackalloc:go1.2` 分配一块固定大小的内存，这块内存的大小由 `runtime.StackMin:go1.2` 表示，在 Go 1.2 中为 8KB：

```
void* runtime·stackalloc(uint32 n) {
    uint32 pos;
    void *v;
    if(n == FixedStack || m->mallocing || m->gcing) {
```

① 参见 Stack size（Go 1.2 Release Notes）。

② 参见 Stack（Go 1.3 Release Notes）。

③ 参见 Changes to the runtime（Go 1.4 Release Notes）。

```
        if(m->stackcachecnt == 0)
            stackcacherefill();
        pos = m->stackcachepos;
        pos = (pos - 1) % StackCacheSize;
        v = m->stackcache[pos];
        m->stackcachepos = pos;
        m->stackcachecnt--;
        m->stackinuse++;
        return v;
    }
    return runtime·mallocgc(n, 0, FlagNoProfiling|FlagNoGC|FlagNoZero|FlagNoInvokeGC);
}
```

如果通过该方法申请的内存大小为固定的 8KB 或者满足其他条件，运行时会在全局的栈缓存链表中找到空闲内存块，并将其作为新 Goroutine 的栈空间返回；在其余情况下，栈内存空间会从堆中申请一块合适的内存。

当 Goroutine 需要调用的函数层级或者局部变量越来越多时，运行时会调用 `runtime.morestack:go1.2` 和 `runtime.newstack:go1.2` 创建一个新的栈空间，这些栈空间虽然不连续，但是当前 Goroutine 的多个栈空间会以链表的形式串联起来（如图 7-45 所示），运行时会通过指针找到连续的栈片段。

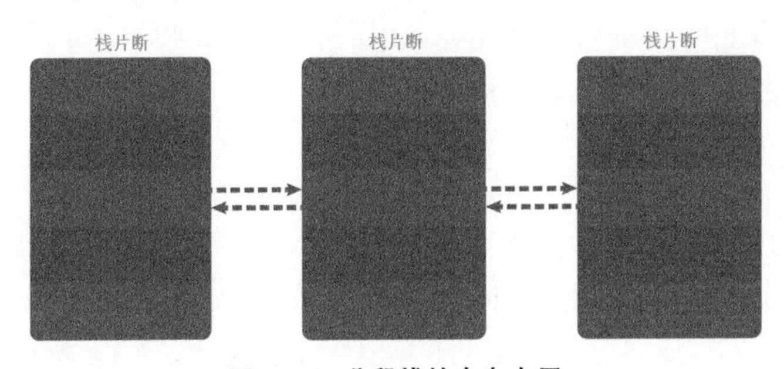

图 7-45 分段栈的内存布局

一旦 Goroutine 申请的栈空间不再被需要，运行时会调用 `runtime.lessstack:go1.2` 和 `runtime.oldstack:go1.2` 释放不再使用的内存空间。

分段栈机制虽然能够按需为当前 Goroutine 分配内存并且及时减少内存占用，但是它也存在两个比较大的问题。

(1) 如果当前 Goroutine 的栈几乎充满，那么任意函数调用都会触发栈扩容，当函数返回后又会触发栈缩容。如果在一个循环中调用函数，栈的分配和释放就会产生巨大的额外开销，这被称为**热分裂**（hot split）问题。

(2) 一旦 Goroutine 使用的内存**越过**了分段栈的扩缩容阈值，运行时会触发栈的扩容或缩容，带来额外的工作量。

❐ 连续栈

连续栈可以解决分段栈中存在的两个问题，其核心原理是每当程序的栈空间不足时，初始化一块更大的栈空间并将原栈中所有的值都迁移到新栈中，新的局部变量或者函数调用就有了充足的内存空间。使用连续栈机制时，栈空间不足导致的扩容会经历以下几个步骤：

(1) 在内存空间中分配更大的栈内存空间；

(2) 将旧栈中的所有内容复制到新栈中；

(3) **将指向旧栈对应变量的指针重新指向新栈；**

(4) 销毁并回收旧栈的内存空间。

在扩容过程中，最重要的是第三步调整指针，这一步能够保证指向栈的指针的正确性，因为栈中的所有变量内存都会发生变化，所以原本指向栈中变量的指针也需要调整，如图 7-46 所示。我们在前面提到过，经过逃逸分析的 Go 语言程序遵循以下不变性——**指向栈对象的指针不能存在于堆中**，所以指向栈中变量的指针只能在栈上，我们只需要调整栈中的所有变量就可以保证内存的安全。

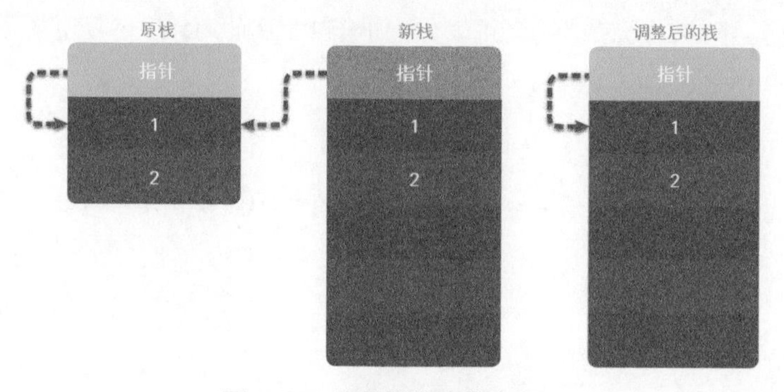

图 7-46 连续栈的内存布局

因为需要复制变量和调整指针，所以连续栈增加了栈扩容时的额外开销，但是通过合理的栈缩容机制就能避免热分裂带来的性能问题①，在 GC 期间如果 Goroutine 使用了栈内存的 1/4，那就将其内存减半，这样在栈内存几乎充满时也只会扩容一次，不会因为函数调用频繁扩缩容。

7.3.2 栈操作

Go 语言中的执行栈由 `runtime.stack` 表示，该结构体中只包含两个字段，分别表示栈的顶部和栈的底部，每个栈结构体都表示范围为 `[lo, hi)` 的内存空间：

```
type stack struct {
    lo uintptr
    hi uintptr
}
```

① 参见 Shrinking（Contiguous stacks）。

栈的结构虽然非常简单，但是想理解 Goroutine 栈的实现原理，还是需要从编译期间和运行时两个阶段入手：

(1) 编译器在编译阶段会通过 cmd/internal/obj/x86.stacksplit 在调用函数前插入 runtime.morestack 或者 runtime.morestack_noctxt 函数；

(2) 运行时在创建新的 Goroutine 时，会在 runtime.malg 中调用 runtime.stackalloc 申请新的栈内存，并在编译器插入的 runtime.morestack 中检查栈空间是否充足。

需要注意的是，Go 语言的编译器不会为所有函数插入 runtime.morestack，它只会在必要时插入指令以减少运行时的额外开销。编译指令 nosplit 可以跳过栈溢出的检查，虽然这能降低一些开销，不过固定大小的栈也存在溢出风险。下面分别分析栈的初始化、创建 Goroutine 时栈的分配、编译器和运行时协作完成的栈扩容，以及当栈空间利用率不足时的缩容过程。

1. 栈初始化

栈空间在运行时中包含两个重要的全局变量：runtime.stackpool 和 runtime.stackLarge，分别表示全局的栈缓存和大栈缓存，前者可以分配小于 32KB 的内存，后者用来分配大于 32KB 的栈空间：

```
var stackpool [_NumStackOrders]struct {
    item stackpoolItem
    _    [cpu.CacheLinePadSize - unsafe.Sizeof(stackpoolItem{})%cpu.CacheLinePadSize]byte
}

type stackpoolItem struct {
    mu   mutex
    span mSpanList
}

var stackLarge struct {
    lock mutex
    free [heapAddrBits - pageShift]mSpanList
}
```

这两个用于分配空间的全局变量都与内存管理单元 runtime.mspan 有关，我们可以认为 Go 语言的栈内存都是在堆中分配的，运行时初始化会调用 runtime.stackinit 初始化这些全局变量：

```
func stackinit() {
    for i := range stackpool {
        stackpool[i].item.span.init()
    }
    for i := range stackLarge.free {
        stackLarge.free[i].init()
    }
}
```

从调度器和内存分配的经验来看，如果运行时只使用全局变量来分配内存，势必会造成线程之间的锁竞争进而影响程序的执行效率。由于栈内存与线程关系比较密切，所以我们在每一个线程缓存 runtime.mcache 中都加入了栈缓存减少锁竞争影响：

```
type mcache struct {
    stackcache [_NumStackOrders]stackfreelist
}

type stackfreelist struct {
    list gclinkptr
    size uintptr
}
```

运行时使用全局的 runtime.stackpool 和线程缓存中的空闲链表分配 32KB 以下的栈内存，使用全局的 runtime.stackLarge 和堆内存分配 32KB 以上的栈内存，提高本地分配栈内存的性能，如图 7-47 所示。

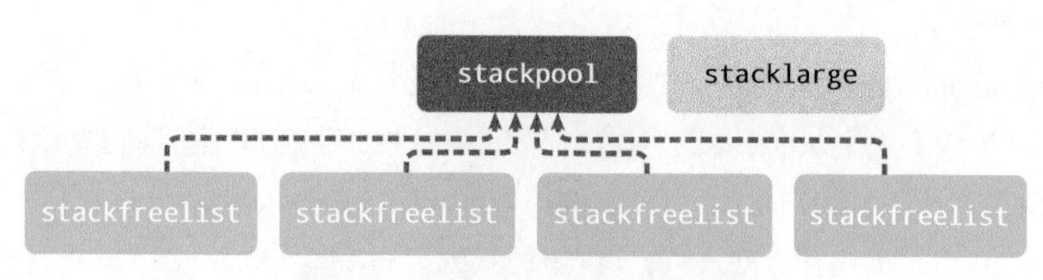

图 7-47 线程栈缓存和全局栈缓存

2. 栈上分配

运行时会在 Goroutine 的初始化函数 runtime.malg 中调用 runtime.stackalloc 分配一个大小足够的栈内存空间，根据线程缓存和申请栈的大小，该函数会通过 3 种方法分配栈空间：

(1) 如果栈空间较小，使用全局栈缓存或者线程缓存上固定大小的空闲链表分配内存；

(2) 如果栈空间较大，从全局的大栈缓存 runtime.stackLarge 中获取内存空间；

(3) 如果栈空间较大而 runtime.stackLarge 空间不足，在堆中申请一块大小足够的内存空间；

下面按照栈的大小分两部分介绍运行时对栈空间的分配。在 Linux 上，_FixedStack=2048、_NumStackOrders=4、_StackCacheSize=32768。也就是说，如果申请的栈空间小于 32KB，我们会在全局栈缓存池或者线程的栈缓存中初始化内存：

```
func stackalloc(n uint32) stack {
    thisg := getg()
    var v unsafe.Pointer
    if n < _FixedStack<<_NumStackOrders && n < _StackCacheSize {
        order := uint8(0)
        n2 := n
        for n2 > _FixedStack {
            order++
            n2 >>= 1
        }
        var x gclinkptr
        c := thisg.m.mcache
```

```
        if stackNoCache != 0 || c == nil || thisg.m.preemptoff != "" {
            x = stackpoolalloc(order)
        } else {
            x = c.stackcache[order].list
            if x.ptr() == nil {
                stackcacherefill(c, order)
                x = c.stackcache[order].list
            }
            c.stackcache[order].list = x.ptr().next
            c.stackcache[order].size -= uintptr(n)
        }
        v = unsafe.Pointer(x)
    } else {
        ...
    }
    ...
}
```

runtime.stackpoolalloc 会在全局的栈缓存池 runtime.stackpool 中获取新内存，如果栈缓存池中无剩余内存，运行时会从堆中申请一块内存空间；如果线程缓存中空间足够，我们可以从线程本地缓存中获取内存，一旦发现空间不足，就会调用 runtime.stackcacherefill 从堆中获取新内存。

如果 Goroutine 申请的内存空间过大，运行时会查看 runtime.stackLarge 中是否有剩余空间，如果没有，它也会从堆中申请新内存：

```
func stackalloc(n uint32) stack {
    ...
    if n < _FixedStack<<_NumStackOrders && n < _StackCacheSize {
        ...
    } else {
        var s *mspan
        npage := uintptr(n) >> _PageShift
        log2npage := stacklog2(npage)

        if !stackLarge.free[log2npage].isEmpty() {
            s = stackLarge.free[log2npage].first
            stackLarge.free[log2npage].remove(s)
        }

        if s == nil {
            s = mheap_.allocManual(npage, &memstats.stacks_inuse)
            osStackAlloc(s)
            s.elemsize = uintptr(n)
        }
        v = unsafe.Pointer(s.base())
    }

    return stack{uintptr(v), uintptr(v) + uintptr(n)}
}
```

需要注意的是，因为 OpenBSD 6.4+ 对栈内存有特殊需求，所以只要我们从堆中申请栈内存，就需要调用 runtime.osStackAlloc 做一些额外处理，然而其他操作系统没有这种限制。

3. 栈扩容

编译器会在 `cmd/internal/obj/x86.stacksplit` 中为函数调用插入 `runtime.morestack` 运行时检查，它会在几乎所有函数调用之前检查当前 Goroutine 的栈内存是否充足。如果当前栈需要扩容，我们会保存栈的一些相关信息并调用 `runtime.newstack` 创建新栈：

```
func newstack() {
    thisg := getg()
    gp := thisg.m.curg
    ...
    preempt := atomic.Loaduintptr(&gp.stackguard0) == stackPreempt
    if preempt {
        if !canPreemptM(thisg.m) {
            gp.stackguard0 = gp.stack.lo + _StackGuard
            gogo(&gp.sched)
        }
    }

    sp := gp.sched.sp
    if preempt {
        if gp.preemptShrink {
            gp.preemptShrink = false
            shrinkstack(gp)
        }

        if gp.preemptStop {
            preemptPark(gp)
        }

        gopreempt_m(gp)
    }
    ...
}
```

`runtime.newstack` 会先做一些准备工作并检查当前 Goroutine 是否发出了抢占请求，如果发出了抢占请求：

(1) 当前线程可以被抢占时，直接调用 `runtime.gogo` 触发调度器的调度；

(2) 如果当前 Goroutine 在垃圾收集过程中被 `runtime.scanstack` 标记成需要收缩栈，调用 `runtime.shrinkstack`；

(3) 如果当前 Goroutine 被 `runtime.suspendG` 函数挂起，调用 `runtime.preemptPark` 被动让出当前处理器的控制权并将 Goroutine 的状态修改至 `_Gpreempted`；

(4) 调用 `runtime.gopreempt_m` 主动让出当前处理器的控制权。

如果当前 Goroutine 不需要被抢占，意味着我们需要新的栈空间来支持函数调用和本地变量的初始化，运行时会先检查目标大小的栈是否会溢出：

```
func newstack() {
    ...
```

```
    oldsize := gp.stack.hi - gp.stack.lo
    newsize := oldsize * 2
    if newsize > maxstacksize {
        print("runtime: goroutine stack exceeds ", maxstacksize, "-byte limit\n")
        print("runtime: sp=", hex(sp), " stack=[", hex(gp.stack.lo), ", ", hex(gp.stack.hi),
"]\n")
        throw("stack overflow")
    }

    casgstatus(gp, _Grunning, _Gcopystack)
    copystack(gp, newsize)
    casgstatus(gp, _Gcopystack, _Grunning)
    gogo(&gp.sched)
}
```

如果目标栈的大小没有超出程序的限制，我们会将 Goroutine 切换至 _Gcopystack 状态，并调用 runtime.copystack 开始栈复制。在复制栈内存之前，运行时会通过 runtime.stackalloc 分配新的栈空间：

```
func copystack(gp *g, newsize uintptr) {
    old := gp.stack
    used := old.hi - gp.sched.sp

    new := stackalloc(uint32(newsize))
    ...
}
```

新栈的初始化和数据的复制过程比较简单，不过这不是整个过程中最复杂的地方，我们还需要将指向原栈的内存指向新栈，其间需要分别调整以下指针：

(1) 调用 runtime.adjustsudogs 或者 runtime.syncadjustsudogs 调整 runtime.sudog 结构体的指针；

(2) 调用 runtime.memmove 将原栈中的整块内存复制到新栈中；

(3) 调用 runtime.adjustctxt、runtime.adjustdefers 和 runtime.adjustpanics 调整 Goroutine 中其他结构的指针。

```
func copystack(gp *g, newsize uintptr) {
    ...
    var adjinfo adjustinfo
    adjinfo.old = old
    adjinfo.delta = new.hi - old.hi // 计算新栈和旧栈之间内存地址差

    ncopy := used
    if !gp.activeStackChans {
        adjustsudogs(gp, &adjinfo)
    } else {
        adjinfo.sghi = findsghi(gp, old)
        ncopy -= syncadjustsudogs(gp, used, &adjinfo)
    }

    memmove(unsafe.Pointer(new.hi-ncopy), unsafe.Pointer(old.hi-ncopy), ncopy)
```

```
    adjustctxt(gp, &adjinfo)
    adjustdefers(gp, &adjinfo)
    adjustpanics(gp, &adjinfo)

    gp.stack = new
    gp.stackguard0 = new.lo + _StackGuard
    gp.sched.sp = new.hi - used
    gp.stktopsp += adjinfo.delta
    ...
    stackfree(old)
}
```

调整指向栈内存的指针都会调用 runtime.adjustpointer，该函数会利用 runtime.adjustinfo 计算的新栈和旧栈之间的内存地址差来调整指针。所有指针都调整后，我们就可以更新 Goroutine 的几个变量并通过 runtime.stackfree 释放原栈的内存空间了。

4. 栈缩容

runtime.shrinkstack 是栈缩容时调用的函数，该函数的实现原理非常简单，其中大部分是检查是否满足缩容前置条件的代码，核心逻辑只有以下这几行：

```
func shrinkstack(gp *g) {
    ...
    oldsize := gp.stack.hi - gp.stack.lo
    newsize := oldsize / 2
    if newsize < _FixedStack {
        return
    }
    avail := gp.stack.hi - gp.stack.lo
    if used := gp.stack.hi - gp.sched.sp + _StackLimit; used >= avail/4 {
        return
    }

    copystack(gp, newsize)
}
```

如果要触发栈缩容，新栈的大小会是原栈的一半（如图 7-48 所示），不过如果新栈的大小低于程序的最低限制 2KB，那么缩容过程就会停止。

运行时只会在栈内存使用不足 1/4 时进行缩容，缩容也会调用扩容时使用的 runtime.copystack 开辟新的栈空间。

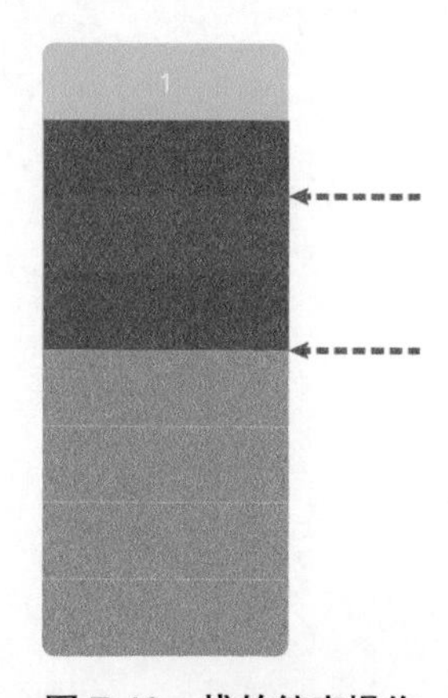

图 7-48 栈的缩容操作

7.3.3 小结

栈内存是 Go 语言应用程序中重要的内存空间，它支持本地的局部变量和函数调用，栈空间中的变量会与栈一同创建和销毁。这部分内存空间不需要工程师过多干预和管理，现代编程语言通过逃逸分析减少了我们的工作量。理解栈空间的分配对于理解 Go 语言运行时有很大的帮助。

7.3.4 延伸阅读

- “Go’s runtime C to Go rewrite, by the numbers”
- “Re: proc fs and shared pids”
- “Go 1.2 Runtime Symbol Information”
- “Precise Stack Roots”
- “GC scanning of stacks”
- “Go: How Does the Goroutine Stack Size Evolve?”

第8章 元编程

元编程是计算机编程中非常重要和有趣的概念，指的是使用代码生成代码的能力。一个工程师的元编程能力越强，他使用相同行数代码完成的工作就越多。笔者曾在《谈元编程和表达能力》一文中介绍过不同编程语言如何通过元编程增强自身的表达能力，编程语言的表达能力越强，工程师能获得的自由和幸福就越多。

常规的元编程可能是宏和模板等特性，然而我们在这里想要谈的是 Go 语言的一些非常规的元编程能力。

本章重点介绍 Go 语言的插件系统和代码生成。插件系统是基于 C 语言动态库实现的，了解该模块的工作原理可以让我们对编译和链接有更深的理解；相比之下，Go 语言的代码生成可能没有那么有趣，但如果使用得当，可以有效地解放一些生产力。

8.1 插件系统

熟悉 Go 语言的开发者一般都非常了解 Goroutine 和 Channel 的原理，包括如何设计基于 CSP 模型的应用程序。但是 Go 语言的插件系统是很少有人了解的模块，通过插件系统，我们可以在运行时加载动态库实现一些比较有趣的功能。

8.1.1 设计原理

Go 语言的插件系统是基于 C 语言动态库实现的，所以它继承了 C 语言动态库的优点和缺点，本节会对比 Linux 中的静态库和动态库，分析它们各自的特点和优势。

(1) **静态库**（static library）或者静态链接库是由编译期决定的程序、外部函数和变量构成的，编译器或者链接器会将程序和变量等内容复制到目标应用程序，并生成一个独立的可执行对象文件。

(2) **动态库**（dynamic library）或者共享对象可以在多个可执行文件之间共享，程序使用的模块会在运行时从共享对象中加载，而不是在编译程序时打包成独立的可执行文件[①]。

由于特性不同，因此静态库和动态库（如图 8-1 所示）的优缺点也比较明显。只依赖静态库并且通过静态链接生成的二进制文件因为包含了全部依赖，所以能够独立执行，但是编译结果比较大；而动态库可以在多个可执行文件之间共享，从而减少内存占用，其链接过程往往也都是在装载或者运行期间触发的，所以可以包含一些可以热插拔的模块并降低内存占用。

---

① 见维基百科词条 library (computing)。

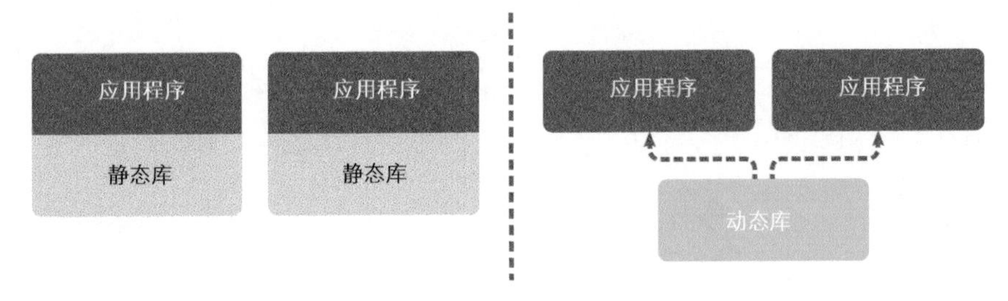

图 8-1 静态库与动态库

使用静态链接编译二进制文件在部署上有非常明显的优势，最终的编译产物也可以直接在大多数机器上运行。静态链接带来的部署优势远比更低的内存占用显得重要，所以很多编程语言（包括 Go）将静态链接作为默认链接方式。

1. 插件系统

今天，动态链接带来的低内存占用优势虽然已经没有太多作用，但是动态链接的机制可以为我们提供更多灵活性，主程序可以在编译后动态加载共享库实现热插拔的插件系统，如图 8-2 所示。

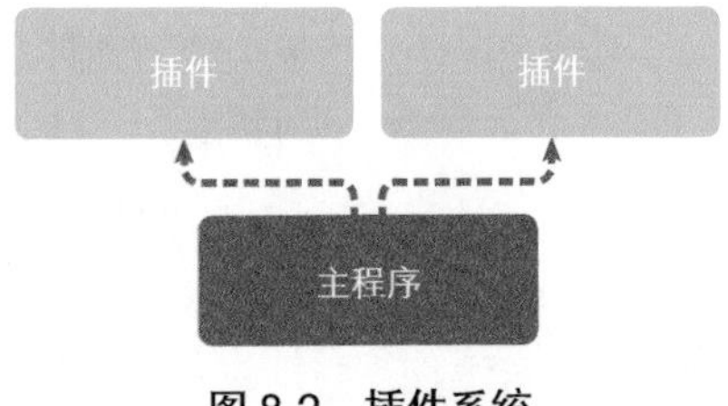

图 8-2 插件系统

通过在主程序和共享库之间定义一系列约定或者接口，我们可以通过以下代码动态加载他人编译的 Go 语言共享对象。这样做的好处是主程序和共享库的开发者不需要共享代码，只要双方的约定不变，修改共享库后也不需要重新编译主程序：

```go
type Driver interface {
    Name() string
}

func main() {
    p, err := plugin.Open("driver.so")
    if err != nil {
       panic(err)
    }

    newDriverSymbol, err := p.Lookup("NewDriver")
    if err != nil {
        panic(err)
    }

    newDriverFunc := newDriverSymbol.(func() Driver)
    newDriver := newDriverFunc()
    fmt.Println(newDriver.Name())
}
```

上述代码定义了 `Driver` 接口并认为共享库中一定包含 `func NewDriver() Driver` 函数，当我们通过 plugin.Open 读取包含 Go 语言插件的共享库后，获取文件中的 NewDriver 符号并转换成正确的函数类型，通过该函数初始化新的 Driver 并获取它的名字。

2. 操作系统

不同的操作系统会实现不同的动态链接机制和共享库格式，Linux 中的共享对象会使用 ELF（executable and linkable format）并提供操作动态链接器的一组接口，在本节的实现中我们会看到以下几个接口[①]：

```
void *dlopen(const char *filename, int flag);
char *dlerror(void);
void *dlsym(void *handle, const char *symbol);
int dlclose(void *handle);
```

dlopen 会根据传入的文件名加载对应的动态库并返回一个**句柄**（handle）。我们可以直接使用 dlsym 函数在该句柄中搜索特定符号，也就是函数或者变量，它会返回该符号被加载到内存中的地址。因为待查找的符号可能不存在于目标动态库中，所以每次查找后我们都应该调用 dlerror 查看当前查找的结果。

8.1.2 动态库

Go 语言插件系统的全部实现都包含在 plugin 中，这个包实现了符号系统的加载和决议。插件是带有公开函数和变量的包，我们需要使用下面的命令编译插件：

```
go build -buildmode=plugin ...
```

该命令会生成一个共享对象 .so 文件，当该文件被加载到 Go 语言程序中时会使用下面的结构体 plugin.Plugin 表示，该结构体中包含文件的路径以及包含的符号等信息：

```
type Plugin struct {
    pluginpath string
    syms       map[string]interface{}
    ...
}
```

与插件系统相关的两个核心方法分别是用于加载共享文件的 plugin.Open 和在插件中查找符号的 plugin.Plugin.Lookup，本节将详细介绍它们的实现原理。

1. cgo

在具体分析 plugin 包中的几个公有方法之前，我们需要先了解这个包中使用的两个 C 语言函数 plugin.pluginOpen 和 plugin.pluginLookup。plugin.pluginOpen 只是简单封装了标准库中的 dlopen 和 dlerror 函数，并在加载成功后返回指向动态库的句柄：

---

① 参见“dlopen(3) - Linux man page”。

```
static uintptr_t pluginOpen(const char* path, char** err) {
    void* h = dlopen(path, RTLD_NOW|RTLD_GLOBAL);
    if (h == NULL) {
        *err = (char*)dlerror();
    }
    return (uintptr_t)h;
}
```

plugin.pluginLookup 使用了标准库中的 dlsym 和 dlerror 获取动态库句柄中的特定符号：

```
static void* pluginLookup(uintptr_t h, const char* name, char** err) {
    void* r = dlsym((void*)h, name);
    if (r == NULL) {
        *err = (char*)dlerror();
    }
    return r;
}
```

这两个函数的实现原理都比较简单，它们的作用也只是简单封装标准库中的 C 语言函数，让它们的签名看起来更像是 Go 语言中的函数签名，方便在 Go 语言中调用。

2. 加载过程

用于加载共享对象的函数 plugin.Open 会将共享对象文件的路径作为参数并返回 plugin.Plugin 结构：

```
func Open(path string) (*Plugin, error) {
    return open(path)
}
```

上述函数会调用私有函数 plugin.open 加载插件，它是插件加载过程的核心函数，我们可以将该函数拆分成以下几个步骤：

(1) 准备 C 语言函数 plugin.pluginOpen 的参数；

(2) 通过 cgo 调用 plugin.pluginOpen 并初始化加载的模块；

(3) 查找加载模块中的 init 函数并调用该函数；

(4) 通过插件的文件名和符号列表构建 plugin.Plugin 结构。

首先是使用 cgo 提供的一些结构准备调用 plugin.pluginOpen 所需要的参数。下面的代码会将文件名转换成 *C.char 类型的变量，该类型的变量可以作为参数传入 C 函数中：

```
func open(name string) (*Plugin, error) {
    cPath := make([]byte, C.PATH_MAX+1)
    cRelName := make([]byte, len(name)+1)
    copy(cRelName, name)
    if C.realpath(
        (*C.char)(unsafe.Pointer(&cRelName[0])),
        (*C.char)(unsafe.Pointer(&cPath[0]))) == nil {
        return nil, errors.New(`plugin.Open("` + name + `"): realpath failed`)
    }
```

```go
	filepath := C.GoString((*C.char)(unsafe.Pointer(&cPath[0])))

	...
	var cErr *C.char
	h := C.pluginOpen((*C.char)(unsafe.Pointer(&cPath[0])), &cErr)
	if h == 0 {
		return nil, errors.New(`plugin.Open("` + name + `"): ` + C.GoString(cErr))
	}
	...
}
```

当我们拿到了指向动态库的句柄之后会调用 plugin.lastmoduleinit，链接器会将它链接到运行时的 runtime.plugin_lastmoduleinit 函数上，它会解析文件中的符号并返回共享文件的目录和其中包含的全部符号：

```go
func open(name string) (*Plugin, error) {
	...
	pluginpath, syms, errstr := lastmoduleinit()
	if errstr != "" {
		plugins[filepath] = &Plugin{
			pluginpath: pluginpath,
			err:        errstr,
		}
		pluginsMu.Unlock()
		return nil, errors.New(`plugin.Open("` + name + `"): ` + errstr)
	}
	...
}
```

在该函数的最后，我们会构建一个新的 plugin.Plugin 结构体，并遍历 plugin.lastmoduleinit 返回的全部符号，为每一个符号调用 plugin.pluginLookup：

```go
func open(name string) (*Plugin, error) {
	...
	p := &Plugin{
		pluginpath: pluginpath,
	}
	plugins[filepath] = p
	...
	updatedSyms := map[string]interface{}{}
	for symName, sym := range syms {
		isFunc := symName[0] == '.'
		if isFunc {
			delete(syms, symName)
			symName = symName[1:]
		}

		fullName := pluginpath + "." + symName
		cname := make([]byte, len(fullName)+1)
		copy(cname, fullName)
```

```
        p := C.pluginLookup(h, (*C.char)(unsafe.Pointer(&cname[0])), &cErr)
        valp := (*[2]unsafe.Pointer)(unsafe.Pointer(&sym))
        if isFunc {
            (*valp)[1] = unsafe.Pointer(&p)
        } else {
            (*valp)[1] = p
        }
        updatedSyms[symName] = sym
    }
    p.syms = updatedSyms
    return p, nil
}
```

上述函数在最后会返回一个包含符号名到函数或者变量的映射的 plugin.Plugin 结构体，调用方可以将该结构体作为句柄查找其中的符号。需要注意的是，上面这段代码中省略了查找 init 并初始化插件的过程。

3. 符号查找

plugin.Plugin.Lookup 可以在 plugin.Open 返回的结构体中查找符号 plugin.Symbol，该符号是 interface{} 类型的一个别名，我们可以将它转换成变量或者函数真实的类型：

```
func (p *Plugin) Lookup(symName string) (Symbol, error) {
    return lookup(p, symName)
}

func lookup(p *Plugin, symName string) (Symbol, error) {
    if s := p.syms[symName]; s != nil {
        return s, nil
    }
    return nil, errors.New("plugin: symbol " + symName + " not found in plugin " + p.
pluginpath)
}
```

上述方法调用的私有函数 plugin.lookup 的实现比较简单，它直接利用了结构体中的符号表，如果没有找到对应的符号会直接返回错误。

8.1.3 小结

Go 语言的插件系统利用操作系统的动态库实现模块化的设计，它提供的功能虽然比较有趣，但是在实际使用中会遇到比较多的限制，目前的插件系统也仅支持 Linux、Darwin 和 FreeBSD，在 Windows 上无法使用。因为插件系统的实现基于一些“黑魔法”，所以跨平台的编译会遇到一些比较“奇葩”的问题。笔者在使用插件系统时也踩过很多坑，如果对 Go 语言不是特别了解，不建议使用该模块。

8.1.4 延伸阅读

“Static Libraries vs. Dynamic Libraries”

8.2 代码生成

很多工程师可能经常听到“图灵完备”这个术语，它的一个重要特性是计算机程序可以生成另一个程序[①]，本节将介绍 Go 语言的代码生成机制。很多人可能认为代码生成在软件中并不常见，但实际上它在很多场景下扮演了重要角色，Go 语言中的测试就使用了代码生成机制，`go test` 命令会扫描包中的测试用例并生成程序，然后编译并执行它们。

8.2.1 设计原理

元编程是计算机编程中一个很重要也很有趣的概念，维基百科将元编程描述成一种让计算机程序将代码看作数据的编程技术。

> Metaprogramming is a programming technique in which computer programs have the ability to treat programs as their data.

如果能够将代码看作数据，那么代码就可以像数据一样在运行时被修改、更新和替换。元编程赋予了编程语言更加强大的表达能力，让我们能将一些计算过程从运行时挪到编译时、通过编译期间的展开生成代码或者允许程序在运行时改变自身的行为（如图 8-3 所示）。总而言之，元编程其实是一种使用代码生成代码的方式，无论是编译期间生成代码还是在运行时改变代码的行为，都是代码生成的一种[②]。

图 8-3　元编程的使用

现代编程语言大都会为我们提供元编程能力。总体来看，根据生成代码的时机不同，我们将元编程能力分为两种类型，一种是编译期间的元编程，例如宏和模板；另一种是运行期间的元编程，也就是运行时，它赋予了编程语言在运行期间修改行为的能力。当然，也有一些特性既可以在编译期实现，也可以在运行期间实现。

作为编译型编程语言，Go 语言提供了比较有限的运行时元编程能力，例如反射特性。然而由于性能问题，我们在很多场景下不推荐使用反射。当然，除反射外，Go 语言还提供了另一种编译期间的代码生成机制——`go generate`，它可以在代码编译之前根据源代码生成代码。

8.2.2 代码生成

Go 语言的代码生成机制会读取包含预编译指令的注释，然后执行注释中的命令读取包中的文件，它们将文件解析成抽象语法树，并根据语法树生成新的 Go 语言代码和文件，生成的代码会在项目的编译期间与其他代码一起编译和运行。

```
//go:generate command argument...
```

---

① 参见 Go 语言博客文章“Generating code”。

② 见本人博客（draveness）文章《谈元编程与表达能力》。

go generate 不会被 go build 等命令自动执行，该命令需要显式触发，手动执行该命令时会在文件中扫描上述形式的注释并执行后面的执行命令。需要注意的是，go:generate 和前面的 // 之间没有空格，这种不包含空格的注释一般是 Go 语言的编译器指令，而我们在代码中的正常注释都应该保留这个空格[①]。

代码生成最常见的例子就是官方提供的 stringer[②]，这个工具可以扫描如下所示的常量定义，然后为当前常量类型 Piller 生成对应的 String() 方法：

```
// pill.go
package painkiller

//go:generate stringer -type=Pill
type Pill int
const (
    Placebo Pill = iota
    Aspirin
    Ibuprofen
    Paracetamol
    Acetaminophen = Paracetamol
)
```

当我们在上述文件中加入 //go:generate stringer -type=Pill 注释并调用 go generate 命令时，在同一目录下会出现如下所示的 pill_string.go 文件，该文件中包含两个函数，分别是 _ 和 String：

```
// Code generated by "stringer -type=Pill"; DO NOT EDIT.

package painkiller

import "strconv"

func _() {
    // An "invalid array index" compiler error signifies that the constant values have changed.
    // Re-run the stringer command to generate them again.
    var x [1]struct{}
    _ = x[Placebo-0]
    _ = x[Aspirin-1]
    _ = x[Ibuprofen-2]
    _ = x[Paracetamol-3]
}

const _Pill_name = "PlaceboAspirinIbuprofenParacetamol"

var _Pill_index = [...]uint8{0, 7, 14, 23, 34}

func (i Pill) String() string {
    if i < 0 || i >= Pill(len(_Pill_index)-1) {
        return "Pill(" + strconv.FormatInt(int64(i), 10) + ")"
```

① 见本人博客（draveness）文章《如何写出优雅的 Go 语言代码》。
② 参见 command stringer 文档。

```
    }
    return _Pill_name[_Pill_index[i]:_Pill_index[i+1]]
}
```

这段生成的代码很值得我们学习，它通过编译器的检查提供了非常稳健的 String 方法。这里不展示具体使用过程，而是重点分析从执行 go generate 到生成对应 String 方法的整个过程，帮助各位理解代码生成机制的工作原理。代码生成过程可以分成以下两个部分：

(1) 扫描 Go 语言源文件，查找待执行的 //go:generate 预编译指令；

(2) 执行预编译指令，再次扫描源文件并根据源文件中的代码生成代码。

1. 预编译指令

当我们在命令行中执行 go generate 命令时，它会调用源代码中的 cmd/go/internal/generate.runGenerate 扫描包中的预编译指令，该函数会遍历命令行传入包中的全部文件并依次调用 cmd/go/internal/generate.generate：

```
func runGenerate(ctx context.Context, cmd *base.Command, args []string) {
    ...
    for _, pkg := range load.Packages(args) {
        ...
        pkgName := pkg.Name
        for _, file := range pkg.InternalGoFiles() {
            if !generate(pkgName, file) {
                break
            }
        }
        pkgName += "_test"
        for _, file := range pkg.InternalXGoFiles() {
            if !generate(pkgName, file) {
                break
            }
        }
    }
}
```

cmd/go/internal/generate.generate 会打开传入的文件，并初始化一个用于扫描 cmd/go/internal/generate.Generator 的结构：

```
func generate(pkg, absFile string) bool {
    fd, err := os.Open(absFile)
    if err != nil {
        log.Fatalf("generate: %s", err)
    }
    defer fd.Close()
    g := &Generator{
        r:        fd,
        path:     absFile,
        pkg:      pkg,
        commands: make(map[string][]string),
```

```
    }
    return g.run()
}
```

结构体 cmd/go/internal/generate.Generator 的私有方法 cmd/go/internal/generate.Generator.run 会在对应文件中扫描指令并执行。该方法的实现原理很简单，我们在这里展示一下该方法的简化实现：

```
func (g *Generator) run() (ok bool) {
    input := bufio.NewReader(g.r)
    for {
        var buf []byte
        buf, err = input.ReadSlice('\n')
        if err != nil {
            if err == io.EOF && isGoGenerate(buf) {
                err = io.ErrUnexpectedEOF
            }
            break
        }

        if !isGoGenerate(buf) {
            continue
        }

        g.setEnv()
        words := g.split(string(buf))
        g.exec(words)
    }
    return true
}
```

上述代码片段会按行读取被扫描的文件，并调用 cmd/go/internal/generate.isGoGenerate 判断当前行是否以 //go:generate 注释开头，如果该行确定以 //go:generate 开头，那么会解析注释中的命令和参数并调用 cmd/go/internal/generate.Generator.exec 运行当前命令。

2. 抽象语法树

stringer 充分利用了 Go 语言标准库对编译器各种能力的支持，其中包括用于解析抽象语法树的 go/ast、用于格式化代码的 go/fmt 等。Go 通过标准库中的这些包对外直接提供了编译器的相关能力，让使用者可以直接在它们上面构建复杂的代码生成机制并实施元编程技术。

作为二进制文件，stringer 命令的入口就是如下所示的 golang/tools/main.main 函数。在下面的代码中，我们初始化了一个用于解析源文件和生成代码的 golang/tools/main.Generator，然后开始拼接生成的文件：

```
func main() {
    types := strings.Split(*typeNames, ",")
    ...
    g := Generator{
```

```
        trimPrefix:  *trimprefix,
        lineComment: *linecomment,
    }
    ...

    g.Printf("// Code generated by \"stringer %s\"; DO NOT EDIT.\n", strings.Join(os.Args[1:], " "))
    g.Printf("\n")
    g.Printf("package %s", g.pkg.name)
    g.Printf("\n")
    g.Printf("import \"strconv\"\n")

    for _, typeName := range types {
        g.generate(typeName)
    }

    src := g.format()

    baseName := fmt.Sprintf("%s_string.go", types[0])
    outputName = filepath.Join(dir, strings.ToLower(baseName))
    if err := ioutil.WriteFile(outputName, src, 0644); err != nil {
        log.Fatalf("writing output: %s", err)
    }
}
```

从这段代码中我们能看到最终生成文件的轮廓。最上面调用的几次 golang/tools/main.Generator.Printf 会在内存中写入文件头的注释、当前包名以及引入的包等，随后会为待处理的类型依次调用 golang/tools/main.Generator.generate，这里会生成一个签名为 _ 的函数，通过编译器保证枚举类型的值不会改变：

```
func (g *Generator) generate(typeName string) {
    values := make([]Value, 0, 100)
    for _, file := range g.pkg.files {
        file.typeName = typeName
        file.values = nil
        if file.file != nil {
            ast.Inspect(file.file, file.genDecl)
            values = append(values, file.values...)
        }
    }
    g.Printf("func _() {\n")
    g.Printf("\t// An \"invalid array index\" compiler error signifies that the constant
values have changed.\n")
    g.Printf("\t// Re-run the stringer command to generate them again.\n")
    g.Printf("\tvar x [1]struct{}\n")
    for _, v := range values {
        g.Printf("\t_ = x[%s - %s]\n", v.originalName, v.str)
    }
    g.Printf("}\n")
    runs := splitIntoRuns(values)
    switch {
    case len(runs) == 1:
        g.buildOneRun(runs, typeName)
    ...
```

```
    }
}
```

随后调用的 golang/tools/main.Generator.buildOneRun 会生成两个常量的声明语句并为类型定义 String 方法，其中引用的 stringOneRun 常量是方法的模板，与 Web 服务的前端 HTML 模板比较相似：

```
func (g *Generator) buildOneRun(runs [][]Value, typeName string) {
    values := runs[0]
    g.Printf("\n")
    g.declareIndexAndNameVar(values, typeName)
    g.Printf(stringOneRun, typeName, usize(len(values)), "")
}

const stringOneRun = `func (i %[1]s) String() string {
    if %[3]si >= %[1]s(len(_%[1]s_index)-1) {
        return "%[1]s(" + strconv.FormatInt(int64(i), 10) + ")"
    }
    return _%[1]s_name[_%[1]s_index[i]:_%[1]s_index[i+1]]
}
```

整个代码生成过程就是使用编译器提供的库解析源文件并按照已有模板生成新代码，这与 Web 服务中利用模板生成 HTML 文件没有太多区别，只是生成文件的用途稍微有一些不同。

8.2.3 小结

Go 语言的标准库中暴露了编译器的很多能力，其中包含词法分析和语法分析，我们可以直接利用这些现成的分析器编译 Go 语言的源文件并获得抽象语法树。有了识别源文件结构的能力，我们就可以根据源文件对应的抽象语法树自由地生成更多代码，使用元编程技术来减少代码重复、提高工作效率。

第9章　标准库

编程语言不仅仅是一套简单的关键字和语法，社区提供的标准库也是非常重要的组成部分。标准库的代码质量和丰富程度在某种程度上决定了工程师的幸福程度，也会间接地影响语言社区的代码风格和规范。

Go 语言提供的标准库非常丰富，本章仅选择其中 3 个比较常见并具有代表性的标准库作为示例，分析它们的设计和实现原理，其中包括用于 JSON 数据处理的包、用于处理 HTTP 请求和响应的包以及用于管理和连接数据的包。这几个包的实现非常规整，是极易阅读和学习的“范文”，相信各位读者能够从中学到很多宝贵的经验。

9.1　JSON

JSON（JavaScript object notation，JavaScript 对象表示）作为一种轻量级的数据交换格式[①]，今天占据了绝大多数市场份额。虽然与更紧凑的数据交换格式相比，它的序列化和反序列化性能不佳，但是 JSON 提供了良好的可读性与易用性，在不追求极致性能的情况下，使用 JSON 作为序列化格式是一种非常好的选择。

9.1.1　设计原理

几乎所有现代编程语言都会将处理 JSON 的函数直接纳入标准库，Go 语言也不例外，它通过 encoding/json 对外提供标准的 JSON 序列化和反序列化方法，即 `encoding/json.Marshal` 和 `encoding/json.Unmarshal`，它们也是包中最常用的两个方法，如图 9-1 所示。

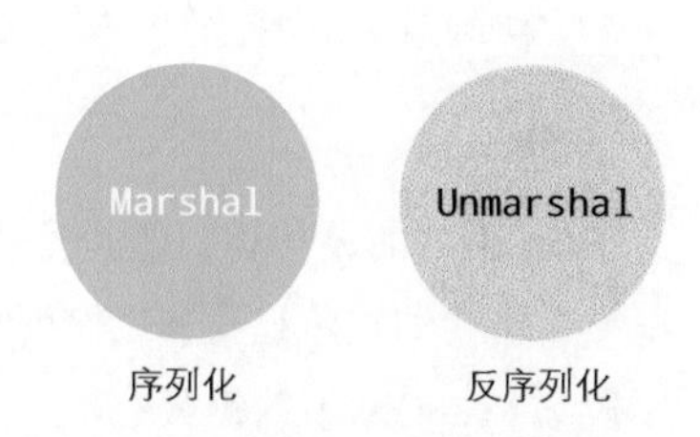

图 9-1　JSON 序列化和反序列化

序列化和反序列化的开销完全不同，JSON 反序列化的开销是序列化开销的好几倍，相信这背后的原因也非常好理解。Go 语言中的 JSON 序列化过程不需要被序列化的对象预先实现任何接口，它会通过反射获取结构体或者数组中的值，并以树形结构递归地进行编码，标准库也会根据 `encoding/json.Unmarshal` 中传入的值对 JSON 进行解码。

Go 语言 JSON 标准库编码和解码的过程大量运用了反射这一特性。稍后你会看到大量反射代码，这里就不多介绍了，而会简单介绍 JSON 标准库中的接口和标签，这是它为开发者提供的为数不多的会影响编解码过程的接口。

① 参见“Introducing JSON”。

1. 接口

JSON 标准库中提供了 encoding/json.Marshaler 和 encoding/json.Unmarshaler 两个接口，分别可以影响 JSON 的序列化结果和反序列化结果：

```
type Marshaler interface {
    MarshalJSON() ([]byte, error)
}

type Unmarshaler interface {
    UnmarshalJSON([]byte) error
}
```

在 JSON 序列化和反序列化的过程中，它会使用反射判断结构体类型是否实现了上述接口，如果实现了上述接口，就会优先使用对应方法进行编码和解码操作。除这两个方法外，Go 语言其实还提供了另外两个用于控制编解码结果的方法——encoding.TextMarshaler 和 encoding.TextUnmarshaler：

```
type TextMarshaler interface {
    MarshalText() (text []byte, err error)
}

type TextUnmarshaler interface {
    UnmarshalText(text []byte) error
}
```

一旦发现 JSON 相关的序列化方法没有实现，上述两个方法就会作为候选方法被 JSON 标准库调用并参与编解码过程。总的来说，我们可以在任意类型上实现上述 4 个方法自定义最终结果，后面两个方法的适用范围更广，但是不会被 JSON 标准库优先调用。

2. 标签

Go 语言的结构体标签也是一个比较有趣的功能。默认情况下，当我们在序列化和反序列化结构体时，标准库都会认为字段名和 JSON 中的键具有一一对应的关系。然而 Go 语言的字段一般采用驼峰命名法，JSON 中下划线的命名方式则比较常见，所以使用标签这一特性直接建立键与字段之间的映射关系是一个非常方便的设计，如图 9-2 所示。

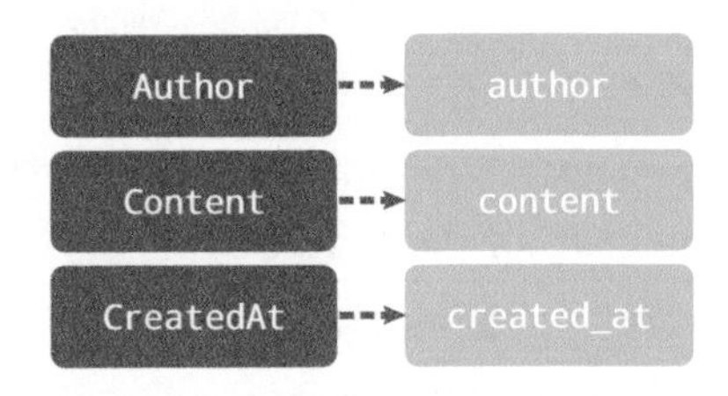

图 9-2 结构体与 JSON 的映射

JSON 中的标签由两部分组成，如下所示的 name 和 age 都是标签名，后面所有字符串都是标签选项，即 encoding/json.tagOptions，标签名和字段名会建立一一对应的关系，后面的标签选项也会影响编解码过程：

```
type Author struct {
    Name string `json:"name,omitempty"`
    Age  int32  `json:"age,string,omitempty"`
}
```

常见的两个标签是 string 和 omitempty，前者表示当前的整数或者浮点数是由 JSON 中的字符串表示的，而后者会在字段为零值时，直接在生成的 JSON 中忽略对应的键值对，例如 "age": 0、"author": "" 等。标准库会使用如下所示的 encoding/json.parseTag 来解析标签：

```
func parseTag(tag string) (string, tagOptions) {
    if idx := strings.Index(tag, ","); idx != -1 {
        return tag[:idx], tagOptions(tag[idx+1:])
    }
    return tag, tagOptions("")
}
```

从该方法的实现中我们能分析出 JSON 标准库中的合法标签是什么形式的：标签名和标签选项都以 , 连接，最前面的字符串为标签名，后面的都是标签选项。

9.1.2 序列化

encoding/json.Marshal 是 JSON 标准库中提供的最简单的序列化函数，它会接收一个 interface{} 类型的值作为参数，这也意味着几乎全部 Go 语言变量都可以被 JSON 标准库序列化。为了提供如此复杂和通用的功能，在静态语言中使用反射是常见的选项，下面我们来深入了解它的实现：

```
func Marshal(v interface{}) ([]byte, error) {
    e := newEncodeState()
    err := e.marshal(v, encOpts{escapeHTML: true})
    if err != nil {
        return nil, err
    }
    buf := append([]byte(nil), e.Bytes()...)
    encodeStatePool.Put(e)
    return buf, nil
}
```

上述方法会调用 encoding/json.newEncodeState 从全局的编码状态池中获取 encoding/json.encodeState，随后的序列化过程都会使用这个编码状态，该结构体也会在编码结束后被重新放回池中以便重复利用。

按照如图 9-3 所示的复杂调用栈，一系列序列化方法在最后获取了对象的反射类型，并调用了 encoding/json.newTypeEncoder 这个核心的编码方法。该方法会递归地为所有类型找到对应的编码方法，不过它的执行过程可以分成以下两个步骤：

(1) 获取用户自定义的 encoding/json.Marshaler 或者 encoding.TextMarshaler 编码器；

(2) 获取标准库中为基本类型内置的 JSON 编码器。

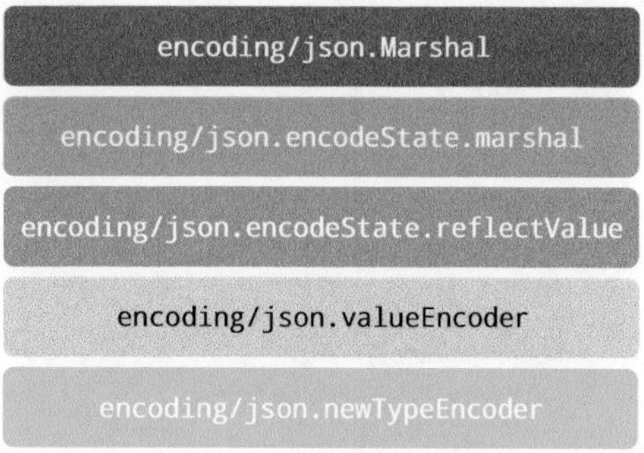

encoding/json.Marshal

encoding/json.encodeState.marshal

encoding/json.encodeState.reflectValue

encoding/json.valueEncoder

encoding/json.newTypeEncoder

图 9-3 序列化调用栈

在该方法的第一部分，我们会检查当前值的类型能否使用用户自定义的编码器，这里有两种判断方法：

(1) 如果当前值是值类型、可以取址并且值类型对应的指针类型实现了 encoding/json.Marshaler 接口，调用 encoding/json.newCondAddrEncoder 获取一个条件编码器，条件编码器会在 encoding/json.addrMarshalerEncoder 失败时重新选择新的编码器；

(2) 如果当前类型实现了 encoding/json.Marshaler 接口，可以直接使用 encoding/json.marshalerEncoder 进行序列化。

代码如下所示：

```
func newTypeEncoder(t reflect.Type, allowAddr bool) encoderFunc {
    if t.Kind() != reflect.Ptr && allowAddr && reflect.PtrTo(t).Implements(marshalerType) {
        return newCondAddrEncoder(addrMarshalerEncoder, newTypeEncoder(t, false))
    }
    if t.Implements(marshalerType) {
        return marshalerEncoder
    }
    if t.Kind() != reflect.Ptr && allowAddr && reflect.PtrTo(t).Implements(textMarshalerType) {
        return newCondAddrEncoder(addrTextMarshalerEncoder, newTypeEncoder(t, false))
    }
    if t.Implements(textMarshalerType) {
        return textMarshalerEncoder
    }
    ...
}
```

在这段代码中，标准库对 encoding.TextMarshaler 的处理也几乎完全相同，只是它会先判断 encoding/json.Marshaler 接口，这也印证了我们在 9.1.1 节中的推测。

encoding/json.newTypeEncoder 会根据传入值的反射类型获取对应的编码器，其中包括 bool、int、float 等基本类型的编码器和数组、结构体、切片等复杂类型的编码器：

```
func newTypeEncoder(t reflect.Type, allowAddr bool) encoderFunc {
    ...
    switch t.Kind() {
    case reflect.Bool:
        return boolEncoder
    case reflect.Int, reflect.Int8, reflect.Int16, reflect.Int32, reflect.Int64:
        return intEncoder
    case reflect.Uint, reflect.Uint8, reflect.Uint16, reflect.Uint32, reflect.Uint64, reflect.Uintptr:
        return uintEncoder
    case reflect.Float32:
        return float32Encoder
    case reflect.Float64:
        return float64Encoder
    case reflect.String:
        return stringEncoder
    case reflect.Interface:
        return interfaceEncoder
    case reflect.Struct:
```

```
        return newStructEncoder(t)
    case reflect.Map:
        return newMapEncoder(t)
    case reflect.Slice:
        return newSliceEncoder(t)
    case reflect.Array:
        return newArrayEncoder(t)
    case reflect.Ptr:
        return newPtrEncoder(t)
    default:
        return unsupportedTypeEncoder
    }
}
```

这里就不一一介绍全部内置类型编码器了，只挑选其中几个介绍，帮助各位了解整体设计。首先我们来看布尔值的 JSON 编码器，它的实现很简单，没有太多值得介绍的地方：

```
func boolEncoder(e *encodeState, v reflect.Value, opts encOpts) {
    if opts.quoted {
        e.WriteByte('"')
    }
    if v.Bool() {
        e.WriteString("true")
    } else {
        e.WriteString("false")
    }
    if opts.quoted {
        e.WriteByte('"')
    }
}
```

它会根据当前值向编码状态中写入不同的字符串，即 `true` 或者 `false`。除此之外，还会根据编码配置决定是否在布尔值两侧写入双引号 `"`，而其他基本类型编码器也大同小异。

复杂类型的编码器有着相对复杂的控制结构，这里以结构体的编码器 `encoding/json.structEncoder` 为例介绍它们的原理。`encoding/json.newStructEncoder` 会为当前结构体的所有字段调用 `encoding/json.typeEncoder` 获取类型编码器，并返回 `encoding/json.structEncoder.encode`：

```
func newStructEncoder(t reflect.Type) encoderFunc {
    se := structEncoder{fields: cachedTypeFields(t)}
    return se.encode
}
```

从 `encoding/json.structEncoder.encode` 的实现我们能看出结构体序列化的结果，该方法会遍历结构体中的全部字段，在写入字段名后，它会调用字段对应类型的编码方法将该字段对应的 JSON 写入缓冲区：

```
func (se structEncoder) encode(e *encodeState, v reflect.Value, opts encOpts) {
    next := byte('{')
```

```
FieldLoop:
    for i := range se.fields.list {
        f := &se.fields.list[i]

        fv := v
        for _, i := range f.index {
            if fv.Kind() == reflect.Ptr {
                if fv.IsNil() {
                    continue FieldLoop
                }
                fv = fv.Elem()
            }
            fv = fv.Field(i)
        }

        if f.omitEmpty && isEmptyValue(fv) {
            continue
        }
        e.WriteByte(next)
        next = ','
        e.WriteString(f.nameNonEsc)
        opts.quoted = f.quoted
        f.encoder(e, fv, opts)
    }
    if next == '{' {
        e.WriteString("{}")
    } else {
        e.WriteByte('}')
    }
}
```

数组以及指针等编码器的实现原理与该方法也没有太多区别，它们都会使用类似的策略递归地调用持有字段的编码方法，这样就能形成一个如图 9-4 所示的树形结构。

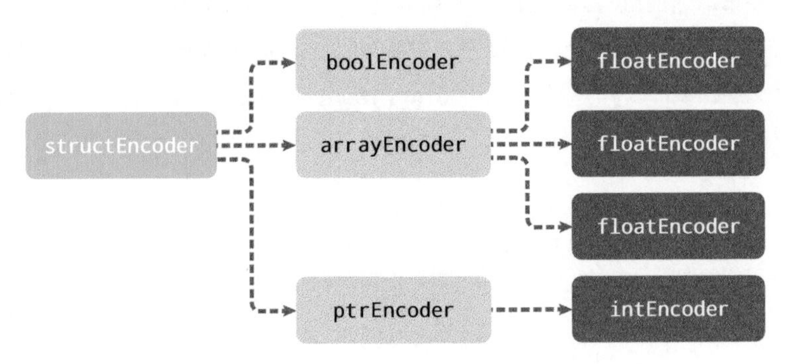

图 9-4 序列化与树形结构体

树形结构的所有叶节点都是基础类型编码器或者开发者自定义的编码器，得到了整棵树的编码器之后，会调用 encoding/json.encodeState.reflectValue 从根节点依次调用整棵树的序列化函数，整个 JSON 序列化的过程就是查找类型和子类型的编码方法并调用的过程，它利用了大量反射的特性做到了足够通用。

9.1.3 反序列化

标准库会使用 encoding/json.Unmarshal 处理 JSON 的反序列化。与执行过程确定的序列化相比，反序列化过程是逐步探索的过程，所以会复杂很多，开销也会高出几倍。因为 Go 语言的表达能力比较有限，反序列化的使用比较烦琐，所以需要传入一个变量帮助标准库进行反序列化：

```
func Unmarshal(data []byte, v interface{}) error {
    var d decodeState
    err := checkValid(data, &d.scan)
    if err != nil {
        return err
    }

    d.init(data)
    return d.unmarshal(v)
}
```

在真正执行反序列化之前，我们会先调用 encoding/json.checkValid 验证传入 JSON 的合法性，保证在反序列化过程中不会遇到语法错误问题。通过合法性验证之后，标准库会初始化数据并调用 encoding/json.decodeState.unmarshal 开始反序列化：

```
func (d *decodeState) unmarshal(v interface{}) error {
    rv := reflect.ValueOf(v)
    if rv.Kind() != reflect.Ptr || rv.IsNil() {
        return &InvalidUnmarshalError{reflect.TypeOf(v)}
    }
    d.scan.reset()
    d.scanWhile(scanSkipSpace)
    err := d.value(rv)
    if err != nil {
        return d.addErrorContext(err)
    }
    return d.savedError
}
```

如果传入的值不是指针或者是空指针，当前方法会返回常见错误 encoding/json.InvalidUnmarshalError，使用格式化输出可以将该错误转换成 "json: Unmarshal(non-pointer xxx)"。该方法调用的 encoding/json.decodeState.value 是所有反序列化过程的执行入口：

```
func (d *decodeState) value(v reflect.Value) error {
    switch d.opcode {
    default:
        panic(phasePanicMsg)
    case scanBeginArray:
        ...
    case scanBeginLiteral:
        ...
```

```
    case scanBeginObject:
        if v.IsValid() {
            if err := d.object(v); err != nil {
                return err
            }
        } else {
            d.skip()
        }
        d.scanNext()
    }
    return nil
}
```

该方法作为最顶层的反序列化方法，可以接收 3 种类型的值——数组、字面量和对象，这 3 种类型都可以作为 JSON 的顶层对象。首先来了解标准库是如何解析 JSON 中对象的，该过程会使用 `encoding/json.decodeState.object` 进行反序列化，它会先调用 `encoding/json.indirect` 查找当前类型对应的非指针类型：

```
func (d *decodeState) object(v reflect.Value) error {
    u, ut, pv := indirect(v, false)
    if u != nil {
        start := d.readIndex()
        d.skip()
        return u.UnmarshalJSON(d.data[start:d.off])
    }
    ...
}
```

在调用 `encoding/json.indirect` 的过程中，如果当前值的类型是 `**Type`，那么它会依次检查形如 `**Type`、`*Type` 和 `Type` 的类型是否实现了 `encoding/json.Unmarshal` 或者 `encoding.TextUnmarshaler` 接口，如果实现了，标准库会直接调用 `UnmarshalJSON` 使用开发者自定义的方法完成反序列化。

在其他情况下，我们仍然会回到默认逻辑中处理对象中的键值对。如下所示的代码会调用 `encoding/json.decodeState.rescanLiteral` 扫描 JSON 中的键，并在结构体中找到对应字段的反射值，接下来继续扫描符号 : 并调用 `encoding/json.decodeState.value` 解析对应的值：

```
func (d *decodeState) object(v reflect.Value) error {
    ...
    v = pv
    t := v.Type()
    fields = cachedTypeFields(t)
    for {
        start := d.readIndex()
        d.rescanLiteral()
        item := d.data[start:d.readIndex()]
        key, _ := d.unquoteBytes(item)
        var subv reflect.Value
        var f *field
```

```
        if i, ok := fields.nameIndex[string(key)]; ok {
            f = &fields.list[i]
        }
        if f != nil {
            subv = v
            for _, i := range f.index {
                subv = subv.Field(i)
            }
        }

        if d.opcode != scanObjectKey {
            panic(phasePanicMsg)
        }
        d.scanWhile(scanSkipSpace)

        if err := d.value(subv); err != nil {
            return err
        }
        if d.opcode == scanEndObject {
            break
        }
    }
    return nil
}
```

当上述方法调用 encoding/json.decodeState.value 时，该方法会重新判断键对应的值是否是对象、数组或者字面量。因为数组和对象都是集合类型，所以该方法会递归地进行扫描。这里就不介绍这些集合类型的解析过程了，我们来简单分析一下是如何处理字面量的：

```
func (d *decodeState) value(v reflect.Value) error {
    switch d.opcode {
    default:
        panic(phasePanicMsg)

    case scanBeginArray:
        ...
    case scanBeginObject:
        ...
    case scanBeginLiteral:
        start := d.readIndex()
        d.rescanLiteral()
        if v.IsValid() {
            if err := d.literalStore(d.data[start:d.readIndex()], v, false); err != nil {
                return err
            }
        }
    }
    return nil
}
```

对字面量的扫描会通过 encoding/json.decodeState.rescanLiteral，该方法会依次扫描缓冲区中的字符并根据字符的不同对字符串进行切片，整个过程有点儿像编译器的词法分析：

```
func (d *decodeState) rescanLiteral() {
    data, i := d.data, d.off
Switch:
    switch data[i-1] {
    case '"': // 字符串
        ...
    case '0', '1', '2', '3', '4', '5', '6', '7', '8', '9', '-': // 数字
        ...
    case 't': // true
        i += len("rue")
    case 'f': // false
        i += len("alse")
    case 'n': // null
        i += len("ull")
    }
    if i < len(data) {
        d.opcode = stateEndValue(&d.scan, data[i])
    } else {
        d.opcode = scanEnd
    }
    d.off = i + 1
}
```

因为 JSON 中的字面量其实也只包含字符串、数字、布尔值和空值这几种，所以该方法的实现不会特别复杂。当该方法扫描了对应的字面量之后，会调用 `encoding/json.decodeState.literalStore` 字面量存储到反射类型变量所在的地址中，在此过程中会调用反射的 `reflect.Value.SetInt`、`reflect.Value.SetFloat` 和 `reflect.Value.SetBool` 等方法。

9.1.4 小结

JSON 本身就是一种树形数据结构，无论是序列化还是反序列化，都会遵循自顶向下的编码和解码过程，使用递归方式处理 JSON 对象。作为标准库的 JSON 提供的接口非常简洁，虽然它的性能一直被开发者所诟病，但是作为框架，它提供了很好的通用性。通过分析 JSON 库的实现，我们也可以从中学习使用反射的各种方法。

9.2 HTTP

HTTP（hypertext transfer protocol，超文本传输协议）是今天使用最广泛的应用层协议，1989 年由 Tim Berners-Lee 在 CERN 起草，已成为互联网的数据传输核心。过去几年，HTTP/2 和 HTTP/3 对现有协议进行了更新，提供了更安全、更快速的传输功能。多数编程语言会在标准库中实现 HTTP/1.1 和 HTTP/2.0 以满足工程师的日常开发需求，本节要介绍的 Go 语言的网络库也实现了这两个大版本的 HTTP。

9.2.1 设计原理

HTTP是应用层协议，通常情况下我们会使用TCP作为底层的传输层协议传输数据包。但是HTTP/3在UDP协议上实现了新的传输层协议QUIC并使用QUIC传输数据，这意味着HTTP既可以跑在TCP上，也可以跑在UDP上，如图9-5所示。

图9-5 HTTP与传输层协议

Go语言标准库通过`net/http`包提供HTTP的客户端和服务端实现，在分析内部实现原理之前，我们先来了解一下HTTP相关的一些设计以及标准库内部的层级结构和模块之间的关系。

1. 请求和响应

HTTP中最常见的概念是HTTP请求与响应（如图9-6所示），我们可以把它们理解成客户端和服务端之间传递的消息。客户端向服务端发送HTTP请求，服务端收到HTTP请求后会做出计算，然后以HTTP响应的形式发送给客户端。

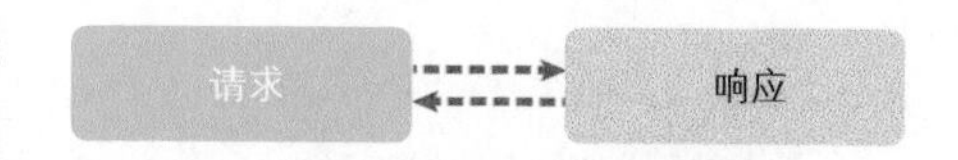

图9-6 HTTP请求与响应

与其他二进制协议不同，作为文本传输协议，HTTP的协议头都是文本数据，HTTP请求头的首行包含请求的方法、路径和协议版本，接下来是多个HTTP协议头以及携带的负载：

```
GET / HTTP/1.1
User-Agent: Mozilla/4.0 (compatible; MSIE5.01; Windows NT)
Host: draveness.me
Accept-Language: en-us
Accept-Encoding: gzip, deflate
Content-Length: <length>
Connection: Keep-Alive

<html>
    ...
</html>
```

HTTP响应也有着比较类似的结构，其中也包含响应的协议版本、状态码、响应头以及负载，这里就不展开介绍了。

2. 消息边界

目前HTTP主要还是跑在TCP（transmission control protocol）协议上。TCP是面向连接的、可靠的、基于字节流的传输层通信协议。应用层交给TCP的数据并不会以消息为单位向目标主机传输，这些数据在某些情况下会被组合成一个数据段发送给目标主机[①]。因为TCP是基于字节流的，所以基于TCP的应用层协议都需要自己划分消息边界。

---

① 见本人博客（draveness）文章《为什么TCP协议有粘包问题》。

在应用层协议中，最常见的两种解决方案是基于长度或者基于**终结符**（delimiter）的，如图9-7所示。HTTP其实同时实现了上述两种方案。在多数情况下，HTTP会在协议头中加入Content-Length表示负载的长度，消息的接收者解析到该协议头之后就可以确定当前HTTP请求/响应结束的位置，分离不同的HTTP消息。使用Content-Length划分消息边界的例子如下：

图9-7 实现消息边界的方法

```
HTTP/1.1 200 OK
Content-Type: text/html; charset=UTF-8
Content-Length: 138
...
Connection: close

<html>
  <head>
    <title>An Example Page</title>
  </head>
  <body>
    <p>Hello World, this is a very simple HTML document.</p>
  </body>
</html>
```

不过HTTP除了使用基于长度的方式实现边界，也会使用基于终结符的策略。当HTTP使用**块传输**（chunked transfer）机制时，HTTP头中就不再包含Content-Length了，它会使用负载大小为0的HTTP消息作为终结符表示消息的边界。

3. 层级结构

Go语言的net/http包中同时包含HTTP客户端和服务端的实现，为了提供更好的扩展性，它引入了net/http.RoundTripper和net/http.Handler两个接口。net/http.RoundTripper是用来表示执行HTTP请求的接口，调用方将请求作为参数可以获取请求对应的响应，而net/http.Handler主要用于HTTP服务端响应客户端的请求：

```
type RoundTripper interface {
    RoundTrip(*Request) (*Response, error)
}
```

HTTP请求的接收方可以实现net/http.Handler接口，其中实现了处理HTTP请求的逻辑，处理过程中会调用net/http.ResponseWriter接口的方法构造HTTP响应，它提供的3个接口Header、Write和WriteHeader会分别获取HTTP响应、将数据写入负载以及写入响应头：

```
type Handler interface {
    ServeHTTP(ResponseWriter, *Request)
}

type ResponseWriter interface {
```

```
    Header() Header
    Write([]byte) (int, error)
    WriteHeader(statusCode int)
}
```

客户端和服务端面对的都是双向的 HTTP 请求与响应，客户端构建请求并等待响应，服务端处理请求并返回响应。HTTP 请求和响应在标准库中不止有一种实现，它们都包含了层级结构，标准库中的 net/http.RoundTripper 包含如图 9-8 所示的层级结构。

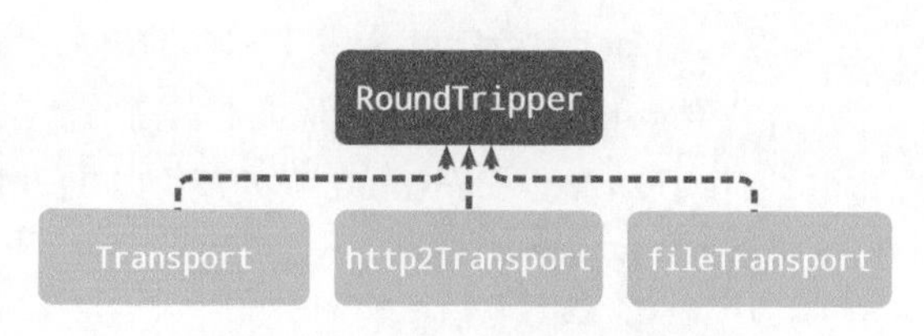

图 9-8 HTTP 标准库的层级结构

每个 net/http.RoundTripper 接口的实现都包含了一种向远程发出请求的过程，标准库中也提供了 net/http.Handler 的多种实现为客户端的 HTTP 请求提供不同的服务。

9.2.2 客户端

客户端可以直接通过 net/http.Get 使用默认客户端 net/http.DefaultClient 发起 HTTP 请求，也可以自己构建新的 net/http.Client 实现自定义的 HTTP 事务。多数情况下使用默认客户端都能满足我们的需求，不过需要注意的是，使用默认客户端发出的请求没有超时时间，所以在某些场景下会一直等待下去。除自定义 HTTP 事务外，我们还可以实现自定义的 net/http.CookieJar 接口管理和使用 HTTP 请求中的 Cookie。

事务和 Cookie（如图 9-9 所示）是 HTTP 客户端包为我们提供的两个最重要的模块，下面从 HTTP GET 请求开始，按照构建请求、数据传输、获取连接以及等待响应几个模块分析客户端的实现原理。当我们调用 net/http.Client.Get 发出 HTTP 时，会按照如下步骤执行：

图 9-9 事务和 Cookie

(1) 调用 net/http.NewRequest 根据方法名、URL 和请求体构建请求；

(2) 调用 net/http.Transport.RoundTrip 开启 HTTP 事务、获取连接并发送请求；

(3) 在 HTTP 持久连接的 net/http.persistConn.readLoop 方法中等待响应。

HTTP 的客户端中包含几个比较重要的结构体，分别是 net/http.Client、net/http.Transport 和 net/http.persistConn（如图 9-10 所示）。

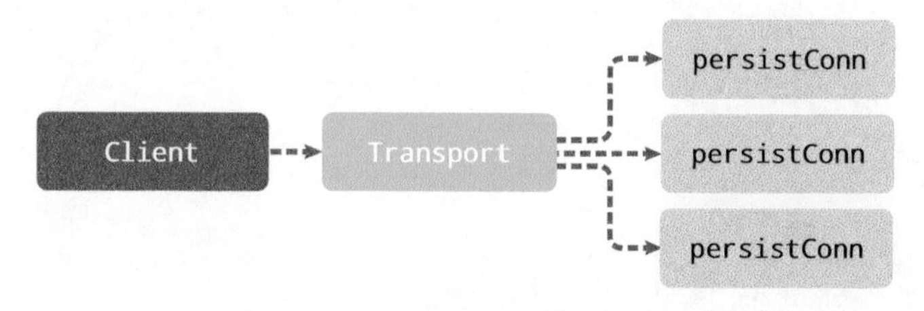

图 9-10 客户端的几大结构体

(1) net/http.Client 是 HTTP 客户端，它默认使用 net/http.DefaultTransport。

(2) net/http.Transport 是 net/http.RoundTripper 接口的实现，它的主要作用是支持 HTTP/HTTPS 请求和 HTTP 代理。

(3) net/http.persistConn 封装了一个 TCP 的持久连接，是我们与远程交换消息的句柄。

客户端 net/http.Client 是级别较高的抽象，它提供了 HTTP 的一些细节，包括 Cookie 和重定向；而 net/http.Transport 会处理 HTTP/HTTPS 协议的底层实现细节，其中包含连接复用、构建请求以及发送请求等功能。

1. 构建请求

net/http.Request 表示 HTTP 服务接收到的请求或者 HTTP 客户端发出的请求，其中包含 HTTP 请求的方法、URL、协议版本、协议头以及请求体等字段，除这些字段外，它还会持有一个指向 HTTP 响应的引用：

```
type Request struct {
	Method string
	URL *url.URL

	Proto      string // "HTTP/1.0"
	ProtoMajor int    // 1
	ProtoMinor int    // 0

	Header Header
	Body io.ReadCloser

	...
	Response *Response
}
```

net/http.NewRequest 是标准库提供的用于创建请求的方法，该方法会校验 HTTP 请求的字段并根据输入的参数拼装成新的请求结构体。

```
func NewRequestWithContext(ctx context.Context, method, url string, body io.Reader) (*Request,
error) {
	if method == "" {
		method = "GET"
	}
	if !validMethod(method) {
		return nil, fmt.Errorf("net/http: invalid method %q", method)
	}
	u, err := urlpkg.Parse(url)
	if err != nil {
		return nil, err
	}
	rc, ok := body.(io.ReadCloser)
	if !ok && body != nil {
		rc = ioutil.NopCloser(body)
	}
	u.Host = removeEmptyPort(u.Host)
```

```
    req := &Request{
        ctx:        ctx,
        Method:     method,
        URL:        u,
        Proto:      "HTTP/1.1",
        ProtoMajor: 1,
        ProtoMinor: 1,
        Header:     make(Header),
        Body:       rc,
        Host:       u.Host,
    }
    if body != nil {
        ...
    }
    return req, nil
}
```

请求拼装的过程比较简单，它会检查并校验输入的方法、URL 以及负载，然后初始化新的 net/http.Request 结构，处理负载的过程稍微有一些复杂，我们会根据负载的类型不同，使用不同的方法将它们封装成 io.ReadCloser 类型。

2. 开启事务

当我们使用标准库构建了 HTTP 请求之后，会开启 HTTP 事务发送 HTTP 请求并等待远程的响应，经过下面一连串的调用，我们最终见到了标准库实现底层 HTTP 的结构体——net/http.Transport：

- net/http.Client.Do
- net/http.Client.do
- net/http.Client.send
- net/http.send
- net/http.Transport.RoundTrip

net/http.Transport 实现了 net/http.RoundTripper 接口，也是整个请求过程中最重要且最复杂的结构体，该结构体会在 net/http.Transport.roundTrip 中发送 HTTP 请求并等待响应，我们可以将该函数的执行过程分成两个部分：

(1) 根据 URL 的协议查找并执行自定义的 net/http.RoundTripper 实现；

(2) 从连接池中获取或者初始化新的持久连接，并调用连接的 net/http.persistConn.roundTrip 发出请求。

我们可以在标准库的 net/http.Transport 中调用 net/http.Transport.RegisterProtocol，为不同的协议注册 net/http.RoundTripper 的实现，在下面这段代码中就会根据 URL 中的协议选择对应实现来替代默认的逻辑：

```
func (t *Transport) roundTrip(req *Request) (*Response, error) {
    ctx := req.Context()
```

```
    scheme := req.URL.Scheme

    if altRT := t.alternateRoundTripper(req); altRT != nil {
        if resp, err := altRT.RoundTrip(req); err != ErrSkipAltProtocol {
            return resp, err
        }
    }
    ...
}
```

默认情况下，我们会使用 net/http.persistConn 持久连接处理 HTTP 请求，该方法会先获取用于发送请求的连接，随后调用 net/http.persistConn.roundTrip：

```
func (t *Transport) roundTrip(req *Request) (*Response, error) {
    ...
    for {
        select {
        case <-ctx.Done():
            return nil, ctx.Err()
        default:
        }

        treq := &transportRequest{Request: req, trace: trace}
        cm, err := t.connectMethodForRequest(treq)
        if err != nil {
            return nil, err
        }

        pconn, err := t.getConn(treq, cm)
        if err != nil {
            return nil, err
        }

        resp, err := pconn.roundTrip(treq)
        if err == nil {
            return resp, nil
        }
    }
}
```

net/http.Transport.getConn 是获取连接的方法，它会通过两种方法获取用于发送请求的连接：

(1) 调用 net/http.Transport.queueForIdleConn 在队列中等待空闲的连接；

(2) 调用 net/http.Transport.queueForDial 在队列中等待建立新的连接。

代码如下所示：

```
func (t *Transport) getConn(treq *transportRequest, cm connectMethod) (pc *persistConn, err error) {
    req := treq.Request
    ctx := req.Context()

    w := &wantConn{
```

```
        cm:         cm,
        key:        cm.key(),
        ctx:        ctx,
        ready:      make(chan struct{}, 1),
    }

    if delivered := t.queueForIdleConn(w); delivered {
        return w.pc, nil
    }

    t.queueForDial(w)
    select {
    case <-w.ready:
        ...
        return w.pc, w.err
    ...
    }
}
```

连接是一种比较昂贵的资源，如果在每次发出 HTTP 请求之前都建立新的连接，可能会耗费比较多的时间，带来较大的额外开销。通过连接池对资源进行分配和复用可以有效地提高 HTTP 请求的整体性能，多数网络库客户端会采取类似的策略来复用资源。

当我们调用 `net/http.Transport.queueForDial` 尝试与远程建立连接时，标准库会在内部启动新的 Goroutine 执行 `net/http.Transport.dialConnFor` 用于建立连接，从最终调用的 `net/http.Transport.dialConn` 中我们能看到 TCP 连接和 `net` 库的身影：

```
func (t *Transport) dialConn(ctx context.Context, cm connectMethod) (pconn *persistConn, err error) {
    pconn = &persistConn{
        t:             t,
        cacheKey:      cm.key(),
        reqch:         make(chan requestAndChan, 1),
        writech:       make(chan writeRequest, 1),
        closech:       make(chan struct{}),
        writeErrCh:    make(chan error, 1),
        writeLoopDone: make(chan struct{}),
    }

    conn, err := t.dial(ctx, "tcp", cm.addr())
    if err != nil {
        return nil, err
    }
    pconn.conn = conn

    pconn.br = bufio.NewReaderSize(pconn, t.readBufferSize())
    pconn.bw = bufio.NewWriterSize(persistConnWriter{pconn}, t.writeBufferSize())

    go pconn.readLoop()
    go pconn.writeLoop()
    return pconn, nil
}
```

创建新的 TCP 连接后，我们还会在后台为当前连接创建两个 Goroutine，分别从 TCP 连接中读取数据或者向 TCP 连接写入数据。从建立连接的过程可以发现，如果我们为每一个 HTTP 请求都创建新连接并启动 Goroutine 处理读写数据，会占用很多资源。

3. 等待请求

持久的 TCP 连接会实现 `net/http.persistConn.roundTrip` 处理写入 HTTP 请求，并在 `select` 语句中等待响应返回：

```
func (pc *persistConn) roundTrip(req *transportRequest) (resp *Response, err error) {
    writeErrCh := make(chan error, 1)
    pc.writech <- writeRequest{req, writeErrCh, continueCh}

    resc := make(chan responseAndError)
    pc.reqch <- requestAndChan{
        req:        req.Request,
        ch:         resc,
    }

    for {
        select {
        case re := <-resc:
            if re.err != nil {
                return nil, pc.mapRoundTripError(req, startBytesWritten, re.err)
            }
            return re.res, nil
        ...
        }
    }
}
```

每个 HTTP 请求都是由另一个 Goroutine 中的 `net/http.persistConn.writeLoop` 循环写入的，这两个 Goroutine 独立执行并通过 Channel 进行通信。`net/http.Request.write` 会根据 `net/http.Request` 结构中的字段按照 HTTP 组成 TCP 数据段：

```
func (pc *persistConn) writeLoop() {
    defer close(pc.writeLoopDone)
    for {
        select {
        case wr := <-pc.writech:
            startBytesWritten := pc.nwrite
            wr.req.Request.write(pc.bw, pc.isProxy, wr.req.extra, pc.waitForContinue(wr.
continueCh))
            ...
        case <-pc.closech:
            return
        }
    }
}
```

当我们调用 net/http.Request.write 向请求中写入数据时，实际上直接写入了 net/http.persistConnWriter 中的 TCP 连接中，TCP 协议栈会负责将 HTTP 请求中的内容发送到目标服务端上：

```
type persistConnWriter struct {
    pc *persistConn
}

func (w persistConnWriter) Write(p []byte) (n int, err error) {
    n, err = w.pc.conn.Write(p)
    w.pc.nwrite += int64(n)
    return
}
```

持久连接中的另一个读循环 net/http.persistConn.readLoop 会负责从 TCP 连接中读取数据，并将数据发送给 HTTP 请求的调用方，真正负责解析 HTTP 的还是 net/http.ReadResponse：

```
func ReadResponse(r *bufio.Reader, req *Request) (*Response, error) {
    tp := textproto.NewReader(r)
    resp := &Response{
        Request: req,
    }

    line, _ := tp.ReadLine()
    if i := strings.IndexByte(line, ' '); i == -1 {
        return nil, badStringError("malformed HTTP response", line)
    } else {
        resp.Proto = line[:i]
        resp.Status = strings.TrimLeft(line[i+1:], " ")
    }

    statusCode := resp.Status
    if i := strings.IndexByte(resp.Status, ' '); i != -1 {
        statusCode = resp.Status[:i]
    }
    resp.StatusCode, err = strconv.Atoi(statusCode)

    resp.ProtoMajor, resp.ProtoMinor, _ = ParseHTTPVersion(resp.Proto)

    mimeHeader, _ := tp.ReadMIMEHeader()
    resp.Header = Header(mimeHeader)

    readTransfer(resp, r)
    return resp, nil
}
```

在上述方法中我们可以看到 HTTP 响应结构的大致框架，其中包含状态码、协议版本、请求头等内容，响应体还是在读取循环 net/http.persistConn.readLoop 中根据 HTTP 协议头进行解析的。

9.2.3 服务端

Go 语言标准库 net/http 包提供了非常易用的接口，如下所示，我们可以利用标准库提供的功能快速搭建新的 HTTP 服务：

```
func handler(w http.ResponseWriter, r *http.Request) {
    fmt.Fprintf(w, "Hi there, I love %s!", r.URL.Path[1:])
}

func main() {
    http.HandleFunc("/", handler)
    log.Fatal(http.ListenAndServe(":8080", nil))
}
```

上述 main 函数只调用了标准库提供的两个函数，分别是用于注册处理器的 net/http.HandleFunc 函数与用于监听和处理请求的 net/http.ListenAndServe，多数服务端框架会包含这两类接口，分别负责注册处理器和处理外部请求。这一种非常常见的模式，我们在这里也会从这两个维度介绍标准库如何支持 HTTP 服务端的实现。

1. 注册处理器

HTTP 服务是由一组实现了 net/http.Handler 接口的处理器组成的，处理 HTTP 请求时会根据请求的路由选择合适的处理器，如图 9-11 所示。

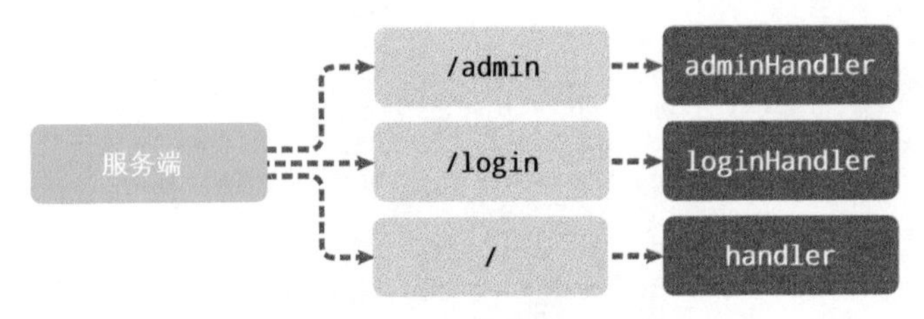

图 9-11 HTTP 服务与处理器

当我们直接调用 net/http.HandleFunc 注册处理器时，标准库会使用默认的 HTTP 服务端 net/http.DefaultServeMux 处理请求，该方法会直接调用 net/http.ServeMux.HandleFunc：

```
func (mux *ServeMux) HandleFunc(pattern string, handler func(ResponseWriter, *Request)) {
    mux.Handle(pattern, HandlerFunc(handler))
}
```

上述方法会将处理器转换成 net/http.Handler 接口类型调用 net/http.ServeMux.Handle 注册处理器：

```
func (mux *ServeMux) Handle(pattern string, handler Handler) {
    if _, exist := mux.m[pattern]; exist {
        panic("http: multiple registrations for " + pattern)
    }

    e := muxEntry{h: handler, pattern: pattern}
    mux.m[pattern] = e
    if pattern[len(pattern)-1] == '/' {
        mux.es = appendSorted(mux.es, e)
```

```
    }

    if pattern[0] != '/' {
        mux.hosts = true
    }
}
```

路由和对应的处理器会被组成 net/http.DefaultServeMux，该结构持有一个 net/http.muxEntry 哈希表，其中存储了从 URL 到处理器的映射关系，HTTP 服务端在处理请求时就会使用该哈希表查找处理器。

2. 处理请求

标准库提供的 net/http.ListenAndServe 可以用来监听 TCP 连接并处理请求，该函数会使用传入的监听地址和处理器初始化一个 HTTP 服务端 net/http.Server，调用该服务端的 net/http.Server.ListenAndServe 方法：

```
func ListenAndServe(addr string, handler Handler) error {
    server := &Server{Addr: addr, Handler: handler}
    return server.ListenAndServe()
}
```

net/http.Server.ListenAndServe 会使用网络库提供的 net.Listen 监听对应地址上的 TCP 连接，并通过 net/http.Server.Serve 处理客户端的请求：

```
func (srv *Server) ListenAndServe() error {
    if addr == "" {
        addr = ":http"
    }
    ln, err := net.Listen("tcp", addr)
    if err != nil {
        return err
    }
    return srv.Serve(ln)
}
```

net/http.Server.Serve 会在循环中监听外部的 TCP 连接，并为每个连接调用 net/http.Server.newConn 创建新的 net/http.conn，它是 HTTP 连接的服务端表示：

```
func (srv *Server) Serve(l net.Listener) error {
    l = &onceCloseListener{Listener: l}
    defer l.Close()

    baseCtx := context.Background()
    ctx := context.WithValue(baseCtx, ServerContextKey, srv)
    for {
        rw, err := l.Accept()
        if err != nil {
            select {
```

```
            case <-srv.getDoneChan():
                return ErrServerClosed
            default:
            }
            ...
            return err
        }
        connCtx := ctx
        c := srv.newConn(rw)
        c.setState(c.rwc, StateNew)
        go c.serve(connCtx)
    }
}
```

创建了服务端的连接之后，标准库中的实现会为每个 HTTP 请求创建单独的 Goroutine，并在其中调用 `net/http.Conn.serve` 方法（代码如下所示）。如果当前 HTTP 服务接收到海量请求，会在内部创建大量 Goroutine，这可能会使整个服务质量明显下降，无法处理请求。

```
func (c *conn) serve(ctx context.Context) {
    c.remoteAddr = c.rwc.RemoteAddr().String()

    ctx = context.WithValue(ctx, LocalAddrContextKey, c.rwc.LocalAddr())
    ctx, cancelCtx := context.WithCancel(ctx)
    c.cancelCtx = cancelCtx
    defer cancelCtx()

    c.r = &connReader{conn: c}
    c.bufr = newBufioReader(c.r)
    c.bufw = newBufioWriterSize(checkConnErrorWriter{c}, 4<<10)

    for {
        w, _ := c.readRequest(ctx)
        serverHandler{c.server}.ServeHTTP(w, w.req)
        w.finishRequest()
        ...
    }
}
```

上述代码片段是简化后的连接处理过程，其中包含读取 HTTP 请求、调用 Handler 处理 HTTP 请求以及调用完成该请求。读取 HTTP 请求会调用 `net/http.Conn.readRequest`，该方法会从连接中获取 HTTP 请求，并构建一个实现了 `net/http.ResponseWriter` 接口的变量 `net/http.response`，向该结构体写入的数据都会被转发到它持有的缓冲区中：

```
func (w *response) write(lenData int, dataB []byte, dataS string) (n int, err error) {
    ...
    w.written += int64(lenData)
    if w.contentLength != -1 && w.written > w.contentLength {
        return 0, ErrContentLength
    }
    if dataB != nil {
        return w.w.Write(dataB)
```

```
    } else {
        return w.w.WriteString(dataS)
    }
}
```

解析了 HTTP 请求并初始化 net/http.ResponseWriter 之后，我们就可以调用 net/http.serverHandler.ServeHTTP 查找处理器来处理 HTTP 请求了：

```
type serverHandler struct {
    srv *Server
}

func (sh serverHandler) ServeHTTP(rw ResponseWriter, req *Request) {
    handler := sh.srv.Handler
    if handler == nil {
        handler = DefaultServeMux
    }
    if req.RequestURI == "*" && req.Method == "OPTIONS" {
        handler = globalOptionsHandler{}
    }
    handler.ServeHTTP(rw, req)
}
```

如果当前 HTTP 服务端中不包含任何处理器，我们会使用默认的 net/http.DefaultServeMux 处理外部 HTTP 请求。

net/http.ServeMux 是一个 HTTP 请求的多路复用器，它可以接收外部 HTTP 请求、根据请求的 URL 匹配并调用最合适的处理器：

```
func (mux *ServeMux) ServeHTTP(w ResponseWriter, r *Request) {
    h, _ := mux.Handler(r)
    h.ServeHTTP(w, r)
}
```

经过一系列函数调用，上述过程最终会调用 HTTP 服务端的 net/http.ServerMux.match，该方法会遍历前面注册过的路由表并根据特定规则进行匹配：

```
func (mux *ServeMux) match(path string) (h Handler, pattern string) {
    v, ok := mux.m[path]
    if ok {
        return v.h, v.pattern
    }

    for _, e := range mux.es {
        if strings.HasPrefix(path, e.pattern) {
            return e.h, e.pattern
        }
    }
    return nil, ""
}
```

如果请求的路径和路由中的表项匹配成功，我们会调用表项中对应的处理器，处理器中包含的业务逻辑会通过 `net/http.ResponseWriter` 构建 HTTP 请求对应的响应，并通过 TCP 连接发送回客户端。

9.2.4 小结

Go 语言的 HTTP 标准库提供了非常丰富的功能，很多语言的标准库只提供了最基本的功能，实现 HTTP 客户端和服务端往往需要借助其他开源框架，但是 Go 语言的很多项目直接使用标准库实现 HTTP 服务端，这也从侧面展示了 Go 语言标准库的价值。

9.3 数据库

数据库几乎是所有 Web 服务不可或缺的一部分。在所有类型的数据库中，关系型数据库是我们持久存储数据的首要选择。因为关系型数据库种类繁多，所以 Go 语言的标准库 `database/sql` 仅为访问关系型数据提供了通用接口，这样不同数据库只要实现标准库中的接口，应用程序就可以通过标准库中的方法读写数据库中的数据。

9.3.1 设计原理

结构化查询语言（structured query language，SQL）是在关系型数据库系统中使用的**领域特定语言**（domain-specific language，DSL），它主要用于处理结构化数据。作为一门领域特定语言，它有更加强大的表达能力，与传统的命令式 API 相比，它有两个优点：

- 可以使用单个命令在数据库中访问多条数据；
- 不需要在查询中指定获取数据的方法。

所有关系型数据库都支持 SQL 作为查询语言（如图 9-12 所示），应用程序可以使用相同的 SQL 查询在不同数据库中查询数据。当然，不同数据库在实现细节和接口上略有不同，这些不兼容的特性在不同数据库中仍然无法通用，例如 PostgreSQL 中的几何类型，不过它们基本都会兼容标准的 SQL 查询以方便应用程序接入。

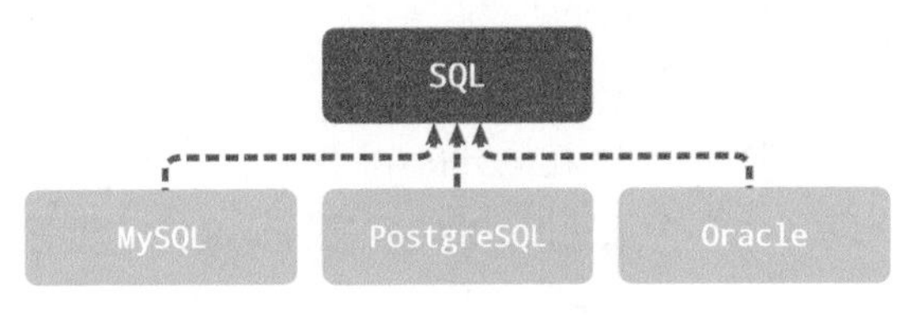

图 9-12 SQL 和数据库

如图 9-12 所示，SQL 是应用程序和数据库之间的中间层，多数情况下应用程序不需要关心底层数据库的实现，它们只关心 SQL 查询返回的数据。

Go 语言的 `database/sql` 就建立在上述前提下，我们可以使用相同的 SQL 语言查询关系型数据库，所有关系型数据库的客户端都需要实现如下所示的驱动接口：

```
type Driver interface {
    Open(name string) (Conn, error)
}
```

```go
type Conn interface {
    Prepare(query string) (Stmt, error)
    Close() error
    Begin() (Tx, error)
}
```

database/sql/driver.Driver 接口中只包含一个 Open 方法，该方法接收一个数据库连接串作为输入参数并返回一个特定数据库的连接。作为参数的数据库连接串是数据库特定的格式，这个返回的连接仍然是一个接口，整个标准库中的全部接口可以构成如图 9-13 所示的树形结构。

MySQL 的驱动 go-sql-driver/mysql 就实现了图 9-13 中的树形结构，我们可以使用语言原生的接口在 MySQL 中查询或者管理数据。

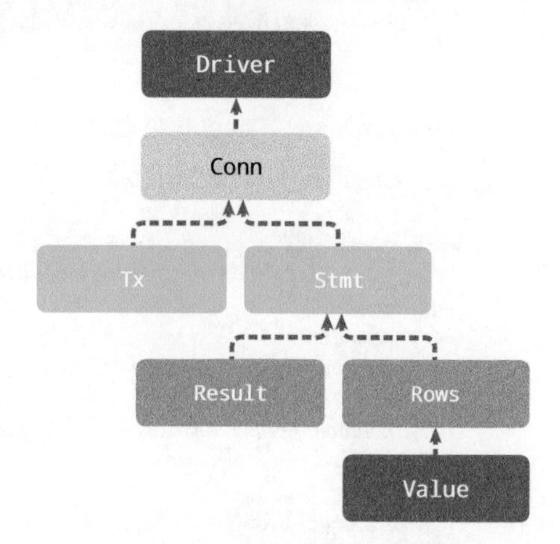

图 9-13 数据库驱动树形结构

9.3.2 驱动接口

下面以 database/sql 标准库提供的几个方法为入口分析这个中间层的实现原理，其中包括数据库驱动的注册、获取数据库连接和查询数据，这些方法都是我们与数据库打交道最常用的接口。

database/sql 中提供的 database/sql.Register 方法可以注册自定义的数据库驱动，该包内部包含两个变量，分别是 drivers 哈希表和 driversMu 互斥锁，所有数据库驱动都会存储在这个哈希表中：

```go
func Register(name string, driver driver.Driver) {
    driversMu.Lock()
    defer driversMu.Unlock()
    if driver == nil {
        panic("sql: Register driver is nil")
    }
    if _, dup := drivers[name]; dup {
        panic("sql: Register called twice for driver " + name)
    }
    drivers[name] = driver
}
```

MySQL 驱动会在 go-sql-driver/mysql/mysql.init 中调用上述方法，将实现 database/sql/driver.Driver 接口的结构体注册到全局的驱动列表中：

```go
func init() {
    sql.Register("mysql", &MySQLDriver{})
}
```

当我们在全局变量中注册了驱动之后，就可以使用 database/sql.Open 方法获取特定数据库的连接。在如下所示的方法中，我们通过传入的驱动名获取 database/sql/driver.Driver 组成 database/sql.dsnConnector 结构体，然后调用 database/sql.OpenDB：

```
func Open(driverName, dataSourceName string) (*DB, error) {
    driversMu.RLock()
    driveri, ok := drivers[driverName]
    driversMu.RUnlock()
    if !ok {
        return nil, fmt.Errorf("sql: unknown driver %q (forgotten import?)", driverName)
    }
    ...
    return OpenDB(dsnConnector{dsn: dataSourceName, driver: driveri}), nil
}
```

database/sql.OpenDB 会返回一个 database/sql.DB 结构，这是标准库包为我们提供的关键结构体。无论是我们直接使用标准库查询数据库，还是使用 GORM 等 ORM 框架，都会用到它：

```
func OpenDB(c driver.Connector) *DB {
    ctx, cancel := context.WithCancel(context.Background())
    db := &DB{
        connector:    c,
        openerCh:     make(chan struct{}, connectionRequestQueueSize),
        lastPut:      make(map[*driverConn]string),
        connRequests: make(map[uint64]chan connRequest),
        stop:         cancel,
    }
    go db.connectionOpener(ctx)
    return db
}
```

结构体 database/sql.DB 在刚刚初始化时不会包含任何数据库连接，它持有的数据库连接池会在真正应用程序申请连接时从单独的 Goroutine 中获取。database/sql.DB.connectionOpener 方法中包含一个不会退出的循环，每当该 Goroutine 收到请求时都会调用 database/sql.DB.openNewConnection：

```
func (db *DB) openNewConnection(ctx context.Context) {
    ci, _ := db.connector.Connect(ctx)
    ...
    dc := &driverConn{
        db:         db,
        createdAt:  nowFunc(),
        returnedAt: nowFunc(),
        ci:         ci,
    }
    if db.putConnDBLocked(dc, err) {
        db.addDepLocked(dc, dc)
    } else {
        db.numOpen--
        ci.Close()
    }
}
```

数据库结构体 database/sql.DB 中的链接器是实现了 database/sql/driver.Connector 类型的接口，我们可以使用该接口创建任意数量完全等价的连接，创建的所有连接都会加入连接池中，MySQL 的驱动在 go-sql-driver/mysql/mysql.connector.Connect 方法实现了连接数据库的逻辑。

无论是使用 ORM 框架还是直接使用标准库，我们查询数据库时都会调用 database/sql.DB.Query 方法，该方法的入参就是 SQL 语句和其中的参数，它会初始化新的上下文并调用 database/sql.DB.QueryContext：

```
func (db *DB) QueryContext(ctx context.Context, query string, args ...interface{}) (*Rows, error) {
    var rows *Rows
    var err error
    for i := 0; i < maxBadConnRetries; i++ {
        rows, err = db.query(ctx, query, args, cachedOrNewConn)
        if err != driver.ErrBadConn {
            break
        }
    }
    if err == driver.ErrBadConn {
        return db.query(ctx, query, args, alwaysNewConn)
    }
    return rows, err
}
```

database/sql.DB.query 的执行过程可以分成两部分，首先调用私有方法 database/sql.DB.conn 获取底层数据库的连接，数据库连接既可能是刚刚通过连接器创建的，也可能是之前缓存的连接；获取连接之后调用 database/sql.DB.queryDC 在特定的数据库连接上执行查询：

```
func (db *DB) queryDC(ctx, txctx context.Context, dc *driverConn, releaseConn func(error),
query string, args []interface{}) (*Rows, error) {
    queryerCtx, ok := dc.ci.(driver.QueryerContext)
    var queryer driver.Queryer
    if !ok {
        queryer, ok = dc.ci.(driver.Queryer)
    }
    if ok {
        var nvdargs []driver.NamedValue
        var rowsi driver.Rows
        var err error
        withLock(dc, func() {
            nvdargs, err = driverArgsConnLocked(dc.ci, nil, args)
            if err != nil {
                return
            }
            rowsi, err = ctxDriverQuery(ctx, queryerCtx, queryer, query, nvdargs)
        })
        if err != driver.ErrSkip {
            if err != nil {
                releaseConn(err)
                return nil, err
```

```
            }
            rows := &Rows{
                dc:          dc,
                releaseConn: releaseConn,
                rowsi:       rowsi,
            }
            rows.initContextClose(ctx, txctx)
            return rows, nil
        }
    }
    ...
}
```

上述方法在准备了 SQL 查询所需的参数之后，会调用 `database/sql.ctxDriverQuery` 完成 SQL 查询，我们会判断当前的查询上下文究竟实现了哪个接口，然后调用对应接口的 `Query` 或者 `QueryContext`：

```
func ctxDriverQuery(ctx context.Context, queryerCtx driver.QueryerContext, queryer driver.
Queryer, query string, nvdargs []driver.NamedValue) (driver.Rows, error) {
    if queryerCtx != nil {
        return queryerCtx.QueryContext(ctx, query, nvdargs)
    }
    dargs, err := namedValueToValue(nvdargs)
    if err != nil {
        return nil, err
    }
    ...
    return queryer.Query(query, dargs)
}
```

对应的数据库驱动会真正负责执行调用方输入的 SQL 查询，作为中间层的标准库可以不在乎具体实现，抹平不同关系型数据库的差异，为用户程序提供统一的接口。

9.3.3 小结

Go 语言的标准库 `database/sql` 是抽象层的一个经典例子，虽然关系型数据库的功能比较复杂，但是我们仍然可以通过定义一系列构成树形结构的接口提供合理的抽象，这也是我们在编写框架和中间层时应该注意的，即面向接口编程——只依赖抽象的接口，不依赖具体的实现。